高等学校规划教材

安装工程工程量清单计价原理与实务

（第二版）

王和平　主编

中国建筑工业出版社

图书在版编目(CIP)数据

安装工程工程量清单计价原理与实务 / 王和平主编.
—2 版. —北京:中国建筑工业出版社,2014.8(2024.2 重印)
高等学校规划教材
ISBN 978-7-112-17074-6

Ⅰ.①安… Ⅱ.①王… Ⅲ.①建筑安装工程—工程造价
—高等学校—教材 Ⅳ.①TU723.3

中国版本图书馆 CIP 数据核字(2014)第 152168 号

本书依据《建设工程工程量清单计价规范》GB 50500—2013 和《通用安装工程工程量计算规范》GB 50856—2013,着重讲解了工程量清单计价原理、工程量清单编制方法以及工程量清单综合单价分析方法,对《广东省安装工程综合定额》(2010)的水、电、空调专业部分定额进行了较为详细的解释,以丰富的示例阐明操作思路和具体的计算方法。

本书理论体系完整、内容新颖、插图丰富、案例详实、通俗易懂,在阐明基本原理的前提下,注重实际操作,符合教学与自学的需要。本书适合于高等学校相关专业安装工程造价课程的教材,也适用于工程造价人员的培训教材、自学参考书和业务指导书。

* * *

责任编辑:徐晓飞 张明

高等学校规划教材
安装工程工程量清单计价原理与实务
(第二版)
王和平 主编

*

中国建筑工业出版社出版、发行(北京西郊百万庄)
各地新华书店、建筑书店经销
广州市友间文化传播有限公司制版
北京云浩印刷有限责任公司印刷

*

开本:787×1092 毫米 1/16 印张:23¼ 字数:566 千字
2014 年 8 月第二版 2024 年 2 月第十三次印刷
定价:**42.00** 元
ISBN 978-7-112-17074-6
(25238)

第二版前言

《安装工程工程量清单计价原理与实务》第一版于2010年9月出版至今已近四年。该书是以《建设工程工程量清单计价规范》GB 50500—2008(以下简称“08规范”)为依据编写的。住房和城乡建设部、国家质量监督检验检疫总局于2012年12月25日联合发布了《建设工程工程量清单计价规范》GB 50500—2013(以下简称《13计价规范》)和9本工程量计算规范,于2013年7月1日起实施。这9本工程量计算规范是:

1)《房屋建筑与装饰工程工程量计算规范》GB 50854—2013

2)《仿古建筑工程工程量计算规范》GB 50855—2013

3)《通用安装工程工程量计算规范》GB 50856—2013

4)《市政工程工程量计算规范》GB 50857—2013

5)《园林绿化工程工程量计算规范》GB 50858—2013

6)《矿山工程工程量计算规范》GB 50859—2013

7)《构筑物工程工程量计算规范》GB 50860—2013

8)《城市轨道交通工程工程量计算规范》GB 50861—2013

9)《爆破工程工程量计算规范》GB 50862—2013

与“08规范”比较,《13计价规范》和9本工程量计算规范在工程量清单项目设置和工程量计算方面做了较大的调整。主要体现在:确立了工程计价标准体系、扩大了计价计量规范的适用范围、注重了与施工合同的衔接、明确了工程计价风险分担的范围、统一了合同价款调整的分类内容、确立了施工全过程计价控制与工程结算的原则、细化了措施项目计价的规定。新的规范体系使工程计量规则标准化、工程计价行为规范化、工程造价形成市场化,体现了不分何种计价方式,必须执行计价和工程量计算规范,对规范发承包双方计价行为有了统一的标准,充分适应工程造价运行机制的改革需要。另外,根据国家有关法律、法规及相关政策,在总结原建设部、财政部《关于印发<建筑安装工程费用项目组成>的通知》(建标[2003]206号)执行情况的基础上,住房和城乡建设部、财政部于2013年3月21日发布了《关于印发<建筑安装工程费用项目组成>的通知》(建标[2013]44号)文件,将建筑安装工程费用项目进行了调整。在建筑安装工程费用项目组成和计价规范均做了全面调整之后,本书有必要根据《建设工程工程量清单计价规范》GB 50500—2013、《通用安装工程工程量计算规范》GB 50856—2013(本书简称《工程量计算规范》)和建标[2013]44号文件进行及时修编,以便读者掌握与工程造价有关的国家最新技术标准和规定。

由于广东省建设工程计价依据尚未根据《13计价规范》、《工程量计算规范》和建标[2013]44号文件完成修编,故本书的工程量清单计价例题依然按照广东省2010计价依据的有关规定进行计算，在实际应用时，读者应执行当地主管部门的具体规定。

本次编写调整的主要内容有：第 1 章、第 2 章和第 10 章根据《建设工程工程量清单计价规范》GB 50500—2013 和建标[2013]44 号文进行全面调整，其余章节根据《工程量计算规范》进行调整。本次修编继续保持“阐明基本原理的前提下，注重实际操作”的特色，继续保持适用于教学和自学的特点。

本书由王和平主编。具体编写分工如下：第 1、2、3、4、10 章由王和平编写，第 5 章由王和平、罗鹏飞编写，第 6 章由郭喜庚编写，第 7 章由陈文楚编写，第 8 章由夏蓓娅编写，第 9 章由梅胜编写，附录由温淑荷编写，李美仪、吴翠如、郑伟浩参与了全书的文稿校对和整理工作。

由于时间仓促，水平有限，书中难免有错漏之处，恳请读者批评指正。

编　者

第一版前言

建筑设备，是指为建筑物的使用者提供生活和工作服务的各种设施和设备系统的总称。它包括给水、排水、热水供应、供电、供暖、通风、空调、燃气、消防、通信、音响、电视、保安、防盗以及智能化设备系统。各行各业的基本建设项目，都离不开各种设备的安装，工业建设项目的设备是项目生产能力的重要标志；民用建设项目的建筑设备，不但在很大程度上反映了建筑物的功能、规格和档次的高低，而且建筑设备功能的完善程度、自动化程度的高低是建筑物现代化程度的重要标志。近些年来，建筑设备的功能迅速提高，所用的设备种类和材料不断地更新、充实和拓展，建筑设备的投资占整个建筑物的比例也正在日益增大。

根据中华人民共和国住房和城乡建设部公告第63号，国家标准《建设工程工程量清单计价规范》GB 50500—2008自2008年12月1日起实施。新的计价规范按照工程造价全过程控制目标，制定了一系列管理条文，涵盖了从招标投标开始至竣工结算为止的施工阶段全过程工程计价技术与管理的内容。为了配合2008清单计价规范的实施，广东省住房和城乡建设厅组织制定了《广东省建设工程计价依据》(2010)，自2010年4月1日起实施。

《建设工程工程量清单计价规范》GB 50500—2008和《广东省建设工程计价依据》(2010)的发布和实施，对工程量清单计价带来了新的理念、方法和新的市场运行规则。为了帮助工程造价人员对《建设工程工程量清单计价规范》GB 50500—2008和广东省2010计价依据的正确应用，编者总结了自工程量清单计价规范实施以来广东省工程量清单计价方面的工程实际和教学经验编写本书。全书较系统地介绍了工程量清单计价的基本原理、工程量清单编制的方法和工程量清单综合单价计算与定额应用的相互关系，对综合单价计算应用的定额及其说明，均是指《广东省安装工程综合》(2010)。

本书由王和平主编。具体编写分工如下：第1、2、3、4、10章及附录A~附录D由王和平编写，第5章由王和平、罗鹏飞、刘亮编写，第6章由郭喜庚编写，第7章由陈文楚编写，第8章由夏蓓娅编写，第9章由梅胜编写。

由于时间仓促，水平有限，书中难免有错漏之处，恳请读者批评指正。

编　者

目　录

第1章 建设工程造价概论

工程造价的直接意义就是工程的建造价格。建设工程计价是指以建设工程为对象，在工程建设的各个阶段通过编制各类价格文件对拟建工程造价进行的预先测算和确定。工程造价是由一系列不同用途、不同层次的价格文件所反映的建设工程投资额度或建造的费用，包括项目的投资估算造价、概算造价、施工图预算、招投标价格、工程结算价格、竣工决算价格等。围绕着工程项目建设，在整个项目的实施阶段进行的预测、计算、确定和监控工程造价及其变动的系统活动称为工程造价管理。

1.1 工程造价的基本概念

1.1.1 投资的含义与分类

投资是指用某种有价值的资产（有形的或无形的）投入某种对象或事业，以取得一定收益或社会效益的活动。

工程项目投资是固定资产投资活动的重要组成部分，它是以资金作资本，建造、购置、安装固定资产，从而取得社会效益、经济效益和环境效益的一项经济活动。

投资具有明确的主体性和目标性。主体性是指投资行为必然要有一个主体。从事投资活动的主体可以划分三类：企业、个人和政府。各投资主体投资的目的不同，所追求的预期效益也不同。一般讲，政府投资主体，主要考虑的是社会效益和环境效益，其投资主要投向非盈利性的基础性项目和公益性项目；企业投资主体和个人投资主体主要考虑的是经济效益，主要投向盈利性项目以获取更大的效益。

近年来，随着社会体制不断完善和市场需求变化，固定资产投资的基本形式有建设投资、更新改造投资、房地产开发投资及其他投资四大类。

1.1.2 工程造价的含义与特点

1.1.2.1 工程造价的含义

中国建设工程造价管理协会学术委员会于1996年9月10日讨论通过了对工程造价含义的界定意见：一是指完成一个建设项目投资费用的总和；二是指建筑产品的建造价格。工程造价的这两种含义都离不开市场经济的大前提。

第一种含义：工程造价是指建设一项工程预期开支或实际开支的全部固定资产投资费用，也就是一项工程通过建设形成相应的固定资产、无形资产和其他资产等所需一次性费用的总和。显然，这一含义是从投资者的角度来定义的。投资者选定一个投资项目，然后在这一系列投资活动中所支付的全部费用就构成了工程造价。从这个意义上说，工程造价就是工程投资费用，也就是为建成一项工程，预计或实际在建设各阶段（包括土地市场、设备市场、技术劳务市场以及有形建筑市场等）交易活动中所花费的全部费用之和。

工程造价的第二种含义通常只认定工程发包与承包价格，即具体项目上的建筑安装工程造价。发包与承包价格是工程造价中一种最典型的价格形式。它是在建筑市场通过招投标或发包与承包交易,由需求主体(投资者)和供给主体(建筑商)共同认可的价格。

工程造价的两种含义所涵盖的工程范围不同。对建设工程的投资者来说,面对市场经济条件下的工程造价就是项目投资,是“购买”工程项目要付出的价格;同时也是投资者在作为市场供给主体时“出售”工程项目时定价的基础。对于承包商、供应商和规划、设计等机构来说,工程造价是他们作为市场供给主体出售商品和劳务的价格的总和,或是特指范围的工程造价,如对于承包商而言,即为建筑安装工程造价。

1.1.2.2　工程造价两层含义的区别

工程造价的两种含义关系密切。工程投资涵盖建设项目的所有费用,而工程价格只包括建设项目的局部费用,如承发包工程的费用。在总体数额及内容组成上,建设项目投资费用总是高于工程承发包价格。工程投资不含业主的利润和税金,它形成了投资者的固定资产;而工程价格则包含了承包方的利润和税金。同时,工程价格以“价格”形式进入建设项目投资费用,是工程投资费用的基础部分。但是,无论工程造价是哪种含义,它强调的都只是工程建设所消耗资金的数量。

区别工程造价两种含义的理论意义,在于为投资者和承包商在工程建设领域的市场行为提供理论依据。作为工程项目的投资者,关注的是完善项目功能,在确保建设要求、工程质量的基础上,为谋求以较低的投入获得较高的产出,建设成本总是越低越好。当工程项目为政府投资项目时,政府提出降低工程造价,是以投资者的身份充当着市场需求主体的角色;当承包商提出要提高工程造价、提高利润率,并获得更多的实际利润时,他是要实现一个市场供给主体的经营目标。工程价格对于承发包双方的利益是矛盾的,在具体工程上,双方都在通过市场谋求有利于自身的承发包价格,这是市场运行机制的必然。

1.1.2.3　工程造价的特点

(1)工程造价的大额性

能够发挥投资效用的任何一项工程,不仅实物形体庞大,而且造价高昂。动辄数百万元、数千万元、数亿元、数十亿元,特大的工程项目造价可达百亿元、千亿元人民币。工程造价的大额性使它关系到有关各方面的重大经济利益,同时也会对宏观经济产生重大影响。这就决定了工程造价的特殊地位,也说明了造价管理的重要意义。

(2)工程造价的个别性、差异性

任何一项工程都有特定的用途、功能、规模。因此,对每一项工程的结构、造型、空间分割、设备配置和内外装饰都有具体的要求,造就了工程的实物形态都具有个别性、差异性。建筑产品的个别性、差异性决定了工程造价的个别性、差异性。同时每项工程所处地区、地段都不相同,也使这一特点得到强化。

(3)工程造价的动态性

任何一项工程从决策到竣工交付使用,都有一个较长的建设周期,而且由于不可控因素的影响,在建设周期内,许多影响工程造价的动态因素,如工程变更、设备材料价格、工资标准、利率、汇率等变化,必然会影响到造价的变动。所以,工程造价是动态的,在整个建设期中处于变化之中,直至竣工决算后才能最终确定工程的实际造价。

1.1.3　工程投资与工程造价的关系

造价和投资在国民经济发展和社会经济活动中,有很多一致的地方,但不是一个等同的概念。从目的来看，投资是为了使投下去的一定量的货币能保证回流，并实现增值；造价是为了使投资项目的工程价格水平控制在目标额度之内；从行为过程来看，投资的行为过程是资金投入＋项目实施＋项目控制＋资金回收，造价的行为过程是造价确定（包括投资估算、设计概算、施工图预算）＋过程控制＋竣工决算。投资的行为过程比造价的行为过程更长。同是资金运作过程，造价是使货币资金转化为实现目标额度内的资产，而投资是使货币资金转化为资产，并通过资产的使用又使货币资金回流。

1.2 建设程序与工程计价

建设工程是通过项目从酝酿提出、策划、可行性研究、勘察设计、施工、生产准备、竣工验收和试生产等一系列非常复杂的技术经济活动完成的。因此，建设工程的计价工作贯穿于建设项目从酝酿提出直至竣工验收、交付使用的整个建设过程之中，其目的是为了规划、控制和确定建设项目投资和建设工程造价。

1.2.1 工程计价与建设程序的关系

建设程序是工程建设活动规律的客观反映，从项目建议书、可行性研究、初步设计等到合同实施、竣工验收，工程计价工作在工程建设各个不同的阶段也是分阶段对应进行的，各阶段工程计价的作用如下：

(1) 在项目建议书阶段，按照有关规定，应编制初步投资估算。经有关部门批准为拟建项目列入国家中长期计划和开展前期工作的控制造价。

(2) 在可行性研究阶段，按照有关规定编制的投资估算，经有关部门批准，即为该项目的控制造价。

(3) 在初步设计阶段，按照有关规定编制的初步设计总概算，经有关部门批准，即作为拟建项目工程造价的最高限额。对初步设计阶段，实行建设项目招标承包制签订承包合同协议的，其合同价也应在最高限价（总概算）相应的范围以内。

(4) 在施工图设计阶段，按规定编制施工图预算，用以核实施工图阶段预算造价是否超过批准的初步设计概算。

(5) 对施工图预算为基础发包承包的工程，通过竞争确定发包承包价，并以经济合同形式确定建筑安装工程造价。

(6) 在工程实施阶段要按照承包方实际完成的工程量，以合同价为基础，同时考虑因物价上涨所引起的造价提高，考虑到设计中难以预计的而在实施阶段实际发生的工程和费用，合理确定结算价。

(7) 在竣工验收阶段，全面汇集在工程建设过程中实际花费的全部费用，编制竣工决算，如实体现该建设工程的实际造价。

(8) 在后评价阶段，作为一个投资项目的综合性评价，也是对该项目工程造价的总结。一方面总结在整个项目建设期内全面管理工程造价的经验；另一方面分析整个项目建设期内工程造价控制方面的教训，尽可能找出因主观原因而影响全过程工程造价管理的因素，并加以改正。通过建设项目的后评估，可以达到肯定成绩、总结经验、研究问题、吸取教训、提出建议、改进工作，不断提高建设项目决策水平和投资效果，也使工程造价控制工作有始有终。

由上可知，在工程建设的各个阶段，都有与之相配套的工程计价工作，整个计价工作从投资估算、设计总概算、施工图预算到招标承包合同价，再到各项工程结算价和最后在结算价基础上编制的竣工决算，是一个由粗到细、由浅到深，计价过程各环节之间相互衔接，前者控制后者，后者补充前者，最后确定工程实际造价的过程。工程计价与建设程序关系示意见图1.2。

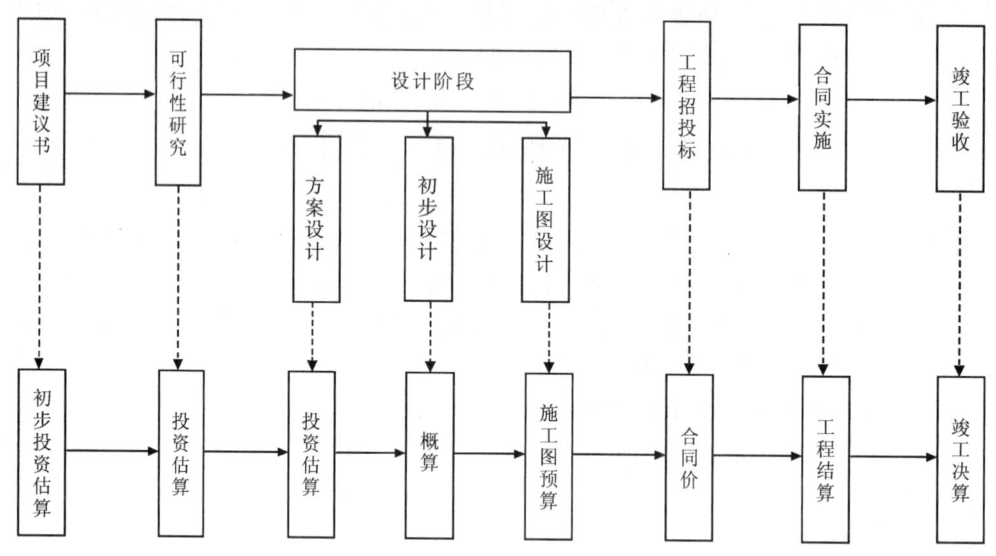

图1.2 工程计价与建设程序关系示意图

1.2.2 工程造价管理的内容

工程造价管理是指遵循工程造价运动的客观规律和特点，运用科学技术原理和经济及法律等管理手段，解决工程建设活动中的工程造价确定与控制、技术与经济、经营与管理等实际问题，力求合理使用人力、物力和财力，达到提高投资效益和经济效益的全部业务行为和组织活动。工程项目造价管理的基本内容就是合理确定和有效的控制工程项目造价。

工程造价管理有两种含义，一是建设工程投资费用管理，二是工程价格管理。建设工程的投资费用管理是为了达到预期的效果(效益)对建设工程的投资行为进行计划、预测、组织、指挥和监控等系统活动，属于投资管理范畴。工程价格管理，属于价格管理范畴。在社会主义市场经济条件下，价格管理又分为：微观层次上的生产企业在掌握市场价格信息的基础上，为实现管理目标而进行的成本控制、计价、定价和竞价的系统活动；宏观层次上，政府根据社会经济发展的要求，利用法律手段、经济手段和行政手段对价格进行管理和调控，以及通过市场管理规范市场主体行为的系统活动。

工程造价管理是全过程的，是指从建设项目可行性研究阶段工程造价的预测开始，工程造价预控、经济性论证、承发包价格确定、建设期间资金的运用管理、工程实际造价的确定和经济后评价为止的整个建设过程的一系列活动。

建设项目造价咨询服务是指工程造价咨询机构接受项目法人(建设单位或其他投资人)的委托，对建设项目从前期(立项、可行性研究)、实施(设计、施工)到竣工结算(决算)各阶段、各环节的工程造价进行全过程监督和控制。其主要内容一般分为决策阶段项目建议书和可行性研究报告中的投资估算、方案设计阶段的投资估算和初步设计概算以及实施阶段的工程招投标中的招标控制价与合同价、施工过程中的动态造价及竣工结算中的造价编制与审核。

(1)工程造价管理的目标和任务

1)工程造价管理的目标是按照经济规律的要求,根据社会主义市场经济的发展形势,利用科学管理方法和先进管理手段,合理地确定造价和有效地控制造价,以提高投资效益和建筑安装企业经营效果。

2)工程造价管理的任务是加强工程造价的全过程动态管理,强化工程造价的约束机制,维护有关各方的经济利益,规范价格行为,促进微观效益和宏观效益的统一。

(2) 工程造价管理的基本内容

工程造价管理的基本内容就是合理确定和有效地控制工程造价。

1)工程造价的合理确定,就是在建设程序的各个阶段,合理确定投资估算、概算造价、预算造价、发包承包价、结算价、竣工决算价。

2)工程造价的有效控制,就是在优化建设方案、设计方案的基础上,在建设程序的各个阶段,采用一定的方法和措施,把工程造价的发生控制在合理的范围和核定的造价限额内。根据工程造价控制的原则,设计概算不得大于投资估算,施工图预算不得大于概算造价,竣工结算不得大于施工图预算。

(3)关于"工程造价的有效控制"应注意的问题

工程造价的有效控制不能简单地理解为将工程项目实际发生的造价控制在计划投资的范围之内,而应认识到造价控制与质量控制和进度控制是同时进行的,造价控制是整个项目目标系统所实施的控制活动的一个组成部分,在造价控制的同时要兼顾质量和进度目标。所以,在对投资目标进行论证时,应综合考虑整个目标系统的协调和统一,一方面要争取使项目实际的造价限定在计划投资额度内,同时又要满足项目的功能、使用要求和质量标准。如果将"工程造价的有效控制"简单地、机械地理解为概算不能超估算、预算不能超概算,一味地考虑节约,可能会导致人们不去考虑建设项目的合理变更,只强调不突破建设项目预算造价的问题,这样会牺牲建设项目造价最小化与价值最大化的核心目标,同时会伤害建设项目业主和承包商的根本利益。

1.3 建筑产品价格形成的市场机制

1.3.1 建筑市场

建筑市场是国民经济总市场的一个组成部分,它既服从一般市场的运行规律,也有其本身的特点。关于市场的定义可分为两类:一是把市场定义为社会经济活动中人们进行商品和劳务交换的场所;二是把市场定义为社会经济活动中参与商品和劳务交换的若干交易主体之间的交换关系。

因此,对建筑市场一般可以从狭义和广义两个角度来理解。狭义的建筑市场,是指以建筑产品为交换内容的场所;广义的建筑市场,则是指建筑产品供求关系的总和。

建筑市场的主体由卖方和买方组成。建筑市场的买方是指各种业主,包括国家、政府、企业、非生产性机构、私人、私人机构等。卖方包括勘察设计单位、建筑施工企业(承包商)、建筑材料及设备供应商、工程咨询单位等。上述买卖双方的区分不是绝对的。比如承包商对于业主来说是卖方,而相对于建筑材料供应商则成为买方。

建筑市场活动的客体(交易对象)可以分为两类:一是与建筑产品生产有关的各个环节的交换,交易内容包括勘察设计、建筑安装、项目管理、建筑材料、设备机械、建筑劳务、综合信息等;二是最终建筑产品的交换,交易内容包括房屋、构筑物、基础设施等。

1.3.2 建筑市场运行特点

与一般市场相比,建筑市场具有许多特点,主要表现在以下方面:

(1)建筑市场没有商业中介,而是由建筑产品需求者和生产者直接进行交易活动。

(2)在建筑市场中交换关系的确立在产品生产之前。

(3)与一般商品的交换相比,建筑产品的交换过程很长。

(4)建筑市场具有显著的地域性。一般来说,建筑产品的规模越小、技术越简单,则建筑产品的区域性越强,或者说区域范围越小;反之,建筑产品的规模越大,技术越复杂,建筑市场的区域性就越弱,即区域范围越大。

(5)建筑市场的竞争较为激烈。在建筑市场中,建筑产品生产者之间竞争激烈,需求者相对来说处于主导地位,甚至是相对垄断的地位,这自然就加剧了建筑市场竞争的激烈程度。建筑产品生产者之间的竞争主要表现为激烈的价格竞争。

(6)建筑市场风险较大,不仅对生产者有风险,而且对需求者也有风险。生产者在建筑市场上的风险主要体现为以下三方面:一是定价风险;二是生产过程中的风险;三是需求者的支付能力风险。需求者在建筑市场上的风险主要是:价格与质量的矛盾;价格与交货时间的矛盾;预付工程款的风险等。

1.3.3 建筑产品的特点

建筑产品同其他工业产品一样具有价值和使用价值。但是,与工业产品相比有着不同的技术经济特点:

(1)建筑产品的多样性

一般的工业产品是批量生产的,它们可以按照同一种设计图纸、同一种工艺流程进行加工制作,表现为批量的单一性。建筑产品是根据投资者具体的功能、结构和外形的不同要求而生产的,几乎每一个建筑产品都有它独特的建筑形式和结构特点,需要一套单独的设计图纸。所以建筑产品具有多样性、不能重复生产的特点,即使是标准住宅设计也因地质条件各异会有不同的基础结构。

(2)建筑产品的固定性

一般工业产品的生产,生产者和生产设备固定不动,产品在生产线上流动,产品的使用地点也不是生产地点。与此相反,建筑物和构筑物是固定于土地上的,所有建筑产品无论其规模大小,用途如何,它与大地不可分离。有的工程如涵洞、隧道等,土地本身还是其建筑的构成部分,建筑产品的使用地点就是生产地点。所以,同工业产品相比,建筑产品是固定的,而生产者则随生产对象的更换不断流动,并且多是在露天作业。

(3) 建筑产品体积大、价值高,用途具有局限性

与一般的工业产品相比,普通的小型建筑物,价值即达十几万、几十万元,大型建筑产品的价值则可达到几千万元、几亿元,甚至高达几十亿元。这样巨大的价值,意味着建筑产品要占用和消耗巨大的社会资源,也意味着建筑产品与国民经济、人民的工作和生活息息相关,尤其是重要的建筑产品,可直接影响国计民生。建筑产品是按照某一特定使用者的要求,在特定的地点进行建造,建成之后,通常只能为这个特定的使用者和特定的地点,按照原

来特定的用途而使用。建筑产品的用途不仅直接取决于用户的要求,而且在一定程度上取决于它所处的位置,取决于它周围建筑所形成的功能环境。

(4) 建筑产品生产过程具有需求在先、供给在后的特点

因为产品的一次性,建筑产品不可能像工业产品成批量生产后,再在市场上等待需求。只能是先有投资需求,以后再由投资者在市场上寻找供给者。建筑产品的这个特点,使建筑业生产带有一定的被动性,建筑市场也容易形成买方市场。

(5)建筑产品的社会性

一般的工业产品主要受当时当地的技术发展水平和经济条件影响,而建筑产品则还要受到当时当地的社会、政治、文化、风俗以及历史、传统等因素的综合影响。这些因素决定着建筑产品的造型、结构、装饰和设计标准。一些重要的有特征的建筑产品还是珍贵的艺术品。

1.3.4 建筑产品价格的概念

建筑产品价格是建筑产品价值的货币表现,反映的是建筑市场上以建筑产品为对象的商品交换过程。此处,建筑产品价格指的是狭义的建筑产品价格,即建设工程发承包及实施阶段的计价活动确定的价格。

建设工程发承包及实施阶段的计价活动确定的价格可表现为招标控制价、投标价、合同价、结算价等形式。招标控制价是招标人根据国家或省级、行业建设主管部门颁发的有关计价依据和颁发,以及拟定的招标文件和招标工程量清单,结合工程具体情况编制的招标工程的最高投标限价,招标控制价由招标人自行编制或委托具有编制标底资格和能力的中介机构代理编制;投标报价是由投标人投标报价时响应招标文件要求所报出的对已标价工程量清单汇总后标明的总价,是投标人自主决定的报价;中标价格是依据评标原则和方法确定的中标人的投标报价。工程招标投标的中标价格是买卖双方合同价格的依据。合同价格是发包方与中标方正式签订工程承包合同时以中标价为基础约定的工程承包价。工程结算价格是承包商在履行合同过程中,依据承包合同中关于付款的规定和已完成的工程量,按照合同约定以及调整的价款,向业主收取的工程金额。

招标采购的形式诞生于竞争,没有竞争仍然可以有交易,但是没有竞争就没有招标投标。这一点说明了招标投标机制最具市场经济的特性。

建筑产品价格由承包人根据具体情况自主提出,通过招标投标在竞争中形成,由发包人和承包人在合同中约定。

1.4 我国工程造价管理体制的沿革

1.4.1 我国建设工程概预算制度的建立

我国的工程造价管理体制建立于建国初期。1949 年新中国成立后,三年经济恢复时期和第一个五年计划时期,全国面临着大规模的恢复重建工作,特别是实施第一个五年计划后,为合理确定工程造价,用好有限的基本建设资金,引进了前苏联一套概预算定额管理制度,同时也为新组建的国营建筑施工企业建立了企业管理制度。1957 年颁布的《关于编制工业与民用建设预算的若干规定》规定各不同设计阶段都应编制概算和预算,明确了概预算的作用,建立了概预算工作制度,确立了概预算在基本建设工作中的地位,同时对概预算的

编制原则、内容、方法和审批、修正办法、程序等作了规定，确立了对概预算编制依据实行集中管理为主的分级管理原则。

为了加强概预算的管理工作，国家综合管理部门先后成立预算组、标准定额处、标准定额局，1956 年单独成立建筑经济局。概预算制度的建立，有效地促进了建设资金的合理和节约使用，为国民经济恢复和第一个五年计划的顺利完成起到了积极的作用。但这个时期的造价管理只局限于建设项目的概预算管理。

1958～1967 年，概预算定额管理逐渐被削弱。从 1977 年起，国家恢复重建造价管理机构。1983 年原国家计委成立了基本建设标准定额研究所、基本建设标准定额局，1985 年成立了中国工程建设概预算定额委员会，1990 年在此基础上成立了中国建设工程造价管理协会，1996 年国家人事部和建设部已确定并行文建立注册造价工程师制度，对学科的建设与发展起了重要作用，标志着该学科已发展成为一个独立的、完整的学科体系。

1.4.2 我国建设工程工程量清单计价模式的实施和发展

为了全面推行工程量清单计价，2003 年 2 月 17 日，建设部以第 119 号公告批准发布了国家标准《建设工程工程量清单计价规范》GB 50500—2003（以下简称“03 规范”），自 2003 年 7 月 1 日起实施。“03 规范”的实施，使我国工程造价从传统的以预算定额为主的计价方式向国际上通行的工程量清单计价模式转变，是我国工程造价管理政策的一项重大措施，在工程建设领域受到了广泛的关注与积极的响应。“03 规范”实施以来，在各地和有关部门的工程建设中得到了有效推行，积累了宝贵的经验，取得了丰硕的成果。但在执行中，也反映出一些不足之处。

2008 年 7 月 9 日，住房和城乡建设部以第 63 号公告，发布了《建设工程工程量清单计价规范》GB 50500—2008（以下简称“08 规范”）。“08 规范”总结了“03 规范”实行工程量清单计价以来的经验和取得的成果，与“03 规范”相比，内容更加全面。“03 规范”主要侧重于规范工程招投标中的计价行为，而对工程实施阶段全过程中如何规范工程量清单计价行为的指导性不强。“08 规范”的内容涵盖了从招投标开始到工程竣工结算办理的全过程，包括工程量清单的编制；招标控制价和投标报价的编制；工程发、承包合同签订时对合同价款的约定；施工过程中工程量的计量与价款支付；索赔与现场签证；工程价款的调整；工程竣工后竣工结算的办理以及工程计价争议的处理等内容。在安全文明施工费、规费等计取上，规定了不允许竞价；在应对物价波动对工程造价的影响上，较为公平地提出了发、承包双方共担风险的规定。避免了招标人凭借工程发包中的有利地位无限制地转嫁风险的情况，同时遏制了施工企业以牺牲职工切身利益为代价作为市场竞争中降价的利益驱动。“08 规范”实施以来，对规范工程实施阶段的计价行为起到了良好的作用。

为了进一步适应建设市场的发展，更加深入地推行工程量清单计价，规范建设工程发承包双方的计量、计价行为，住房和城乡建设部、国家质量监督检验检疫总局于 2012 年 12 月 25 日联合发布了《建设工程工程量清单计价规范》GB 50500—2013（以下简称《13 计价规范》）和 9 本工程量计算规范，这 9 本工程量计算规范是：

1)《房屋建筑与装饰工程工程量计算规范》GB 50854—2013

2)《仿古建筑工程工程量计算规范》GB 50855—2013

3)《通用安装工程工程量计算规范》GB 50856—2013

4)《市政工程工程量计算规范》GB 50857—2013

5)《园林绿化工程工程量计算规范》GB 50858—2013

6)《矿山工程工程量计算规范》GB 50859—2013

7)《构筑物工程工程量计算规范》GB 50860—2013

8)《城市轨道交通工程工程量计算规范》GB 50861—2013

9)《爆破工程工程量计算规范》GB 50862—2013

《13 计价规范》和 9 本工程量计算规范是以“08 规范”为基础,以原建设部发布的工程基础定额、消耗量定额、预算定额以及各省、自治区、直辖市或行业建设主管部门发布的工程计价定额为参考,以工程计价相关的国家或行业的技术标准、规范、规程为依据,收集近年来新的施工技术、工艺和新材料的项目资料,经过整理后编制而成。与“08 规范”比较,具有如下特点:

(1)确立了工程计价标准体系的形成

《13 计价规范》和 9 个专业的工程计量规范的出台,使整个工程计价标准体系明晰了。

(2)扩大了计价计量规范的适用范围

《13 计价规范》、9 本工程量计算规范明确规定,“本规范适用于建设工程发承包及实施阶段的计价活动”、而非“08 规范”规定的“适用于工程量清单计价活动”。表明了不分何种计价方式,必须执行计价规范,对规范发承包双方计价行为有了统一的标准。

(3)深化了工程造价运行机制的改革

坚持了“政府宏观调控、企业自主报价、竞争形成价格、监管行之有效”的工程造价管理模式的改革方向。在条文设置上,使其工程计量规则标准化、工程计价行为规范化、工程造价形成市场化。

(4) 新增了部分强制性条文,强化了工程计价计量的强制性规定

(5)注重了与施工合同的衔接

在名词、术语、条文设置上尽可能与施工合同相衔接,既重视规范的指引和指导作用,又充分尊重发承包双方的意思一致,为造价管理与合同管理相统一搭建了平台。

(6)明确了工程计价风险分担的范围

进一步细化、细分了发承包阶段工程计价风险,并提出了风险的分类负担规定,为发承包双方共同应对计价风险提供了依据。

(7)完善了招标控制价制度

统一了招标控制价称谓,从编制、复核、投诉与处理对招标控制价作了详细规定。

(8)规范了不同合同形式的计量与价款交付

对单价合同、总价合同给出了明确定义,指明了其在计量和合同价款中的不同之处,提出了单价合同中的总价项目和总价合同的价款支付分解及支付的解决办法。

(9)统一了合同价款调整的分类内容

按照形成合同价款调整的因素,明确将索赔也纳入合同价款调整的内容,每一方面均有具体的条文规定,为规范合同价款调整提供了依据。

(10)确立了施工全过程计价控制与工程结算的原则

从合同约定到竣工结算的全过程均设置了可操作性的条文,体现了发承包双方应在施工全过程中管理工程造价,明确规定竣工结算应依据施工过程中的发承包双方确认的计量、计价资料办理的原则,为进一步规范竣工结算提供了依据。

(11)提供了合同价款争议解决的方法

将合同价款争议专列一章,根据现行法律规定立足于把争议解决在萌芽状态,为及时并有效解决施工过程中的合同价款争议,提出了不同的解决方法。

(12)增加工程造价鉴定的专门规定

由于不同的利益诉求,一些施工合同纠纷采用仲裁、诉讼的方式解决,这时,工程造价鉴定意见就成了一些施工合同纠纷案件裁决或判决的主要依据。因此,工程造价鉴定除应按照工程计价规定外,还应符合仲裁或诉讼的相关法律规定。

(13)细化了措施项目计价的规定

根据措施项目计价的特点,按照单价项目、总价项目分类列项,明确了措施项目的计价方式。

(14)增强了规范的操作性

9 本工程量计算规范在项目划分上体现简明适用,项目特征既体现本项目的价值,又方便操作人员的描述;计量单位和计算规则,既方便了计量的选择,又考虑了与现行计价定额的衔接。

第2章　建设工程计价原理

工程计价是对工程项目造价的计算，是以建设工程为对象，研究其在建设前期、工程实施和工程竣工的全过程中计算工程造价的理论、方法以及工程造价运动规律的科学，是工程项目建设中一项重要的技术与经济活动。

建设工程发承包及实施阶段的计价活动，包括工程量清单编制、招标控制价编审、投标报价编制、工程合同价款约定、工程施工过程中工程计量与合同价款支付、索赔与现场签证、工程价款调整、竣工结算的办理、合同价款争议的解决以及工程造价鉴定等活动。

工程计价活动，既是工程建设投资，又是工程建设交易活动的价值反映。因此，不仅要客观反映工程建设投资，而且要体现工程建设交易活动的公平、公正。

2.1　建设项目划分

建设项目是庞大、复杂的综合体，为了实现对项目建设的有效控制，便于正确编审工程造价文件，指导和规范基本建设工程的计划、统计、财务、供应等方面的管理工作，必须对建设项目按层次进行划分。

2.1.1　建设项目划分

根据实物形态和组成，建设工程一般可划分为建设项目、单项工程、单位工程、分部工程和分项工程五个层次。

2.1.1.1　建设项目

指具有计划任务书和总体设计，经济上实行独立核算，行政上具有独立组织形式的基本建设单位，建设项目通常由群体建筑所组成。如一个工厂，一个医院，一所学校，一个楼盘等。一个建设项目中，可以有几个工程项目（或称单项工程），也可能只有一个工程项目。

2.1.1.2　单项工程

又称工程项目，是指在一个建设项目中，具有独立的设计文件，建成后可以独立发挥生产能力或工程效益的项目。它是建设项目的组成部分。如生产车间、办公楼、食堂、图书馆、学生宿舍、住宅楼等。单项工程是包括土建、装饰装修、水、电、空调等建筑设备所组成的一个复杂的综合体，是具有独立存在意义的一个完整的实物形态。

2.1.1.3　单位工程

指具有单独设计、独立组织施工的工程，是单项工程的组成部分。一个单项工程按其构成可分为建筑工程、设备安装工程。

（1）建筑工程

根据其中组成部分的性质、作用分为以下若干单位工程：

一般土建工程：包括各种建筑物和构筑物的结构工程和装饰工程；

特殊构筑物工程：包括各种设备基础、高炉烟囱、桥梁、涵洞、隧道等。

(2)安装工程

指各种设备、装置的安装工程。通常包括工业、民用设备，电气、智能化控制设备，自动化控制仪表，通风空调，工业、消防、给排水、采暖燃气管道以及通信设备安装等。

每一个单位工程是一个完整的专业系统工程，它由多个分部工程组成。

2.1.1.4　分部工程

分部工程是单位工程的组成部分，一般是按照建筑物的主要结构、部位和安装工程的种类划分的。

例如电气照明工程为一个单位工程，它由控制设备及低压电器、电缆、防雷及接地装置、配管配线、照明器具等分部工程组成。

2.1.1.5　分项工程

是分部工程的组成部分。分项工程通过较为简单的施工过程就能生产出来，并且可以用适当计量单位计算的建筑或设备安装工程产品，如电气配管属于分部工程，它可进一步分为电线管敷设、钢管敷设、套管敷设、塑料管敷设、软管敷设等分项工程。一般地说，分项工程没有独立存在的意义，它只是建筑或安装工程的一种基本子项，是为了计算建筑或安装工程造价而找出的一种产品，是工程造价计量、分析计算的基础。

将建设工程作以上划分，最终分解为可以用技术经济参数测算价格的基本计价单元，这个基本计价单元称之为分部分项工程，这是既能够用适当的计量单位计算并便于测定、验收，又可以用基本的、关系密切的施工过程生产出来的单元产品。将这些基本计价单元根据工程项目的实际数量逐层组合汇总，就可以计算出单位工程、单项工程和建设项目的造价了。建设工程项目划分关系如表2.1所示。

建设工程项目划分　　**表2.1**

<table>
<tr><th>建设项目</th><th>单项工程</th><th>单位工程</th><th>分部工程</th><th>分　项　工　程</th></tr>
<tr><td rowspan="12">××学校</td><td rowspan="12">1号
教学楼</td><td>土建工程</td><td>……</td><td>……</td></tr>
<tr><td>装饰装修工程</td><td>……</td><td>……</td></tr>
<tr><td rowspan="7">给水排水工程</td><td>管道工程</td><td>钢管、镀锌钢管、给水铸铁管、排水铸铁管、给水塑料管(U-PVC、PE、PEX、PP-R等)、排水塑料管、钢塑给水管、铝塑复合管、铜管等</td></tr>
<tr><td>阀门</td><td>螺纹阀门、法兰阀门、排气阀、浮球阀、水位控制阀等</td></tr>
<tr><td>伸缩器</td><td>波纹伸缩器、螺纹套筒伸缩器、法兰套管伸缩器、方形伸缩器</td></tr>
<tr><td>低压器具</td><td>减压器、疏水器、水锤消除器等</td></tr>
<tr><td>水表</td><td>螺纹水表、法兰水表等</td></tr>
<tr><td>卫生器具</td><td>浴盆、洗脸盆、洗手盆、洗涤盆、化验盆、淋浴器、大便器、小便器、水龙头、地漏、电热水器、加热器等</td></tr>
<tr><td>小型容器</td><td>钢板水箱、大(小)便槽等</td></tr>
<tr><td>电气工程</td><td>……</td><td>……</td></tr>
<tr><td>采暖工程</td><td>……</td><td>……</td></tr>
<tr><td>弱电工程</td><td>……</td><td>……</td></tr>
</table>

续表

建设项目	单项工程	单位工程	分部工程	分 项 工 程
××学校	2号教学楼	土建工程	……	……
		装饰装修工程	……	……
		给水排水工程	……	……
		电气工程	……	……
		采暖工程	……	……
		弱电工程	……	……
	实验楼	……	……	……
	办公楼	……	……	……
	等等	……	……	……

2.1.2 建设工程计价特点

由于建筑产品的技术经济特点，其工程计价具有与其他工业产品价格不同的特点，主要表现在以下几个方面：

2.1.2.1 单件性计价

工业产品一般都是进行批量生产，统一计价。而建筑产品从总体上来看千差万别，在建筑、结构、构造、功能、规模、标准等方面都有所不同，因而也就不可能统一定价，而必须根据每个建筑产品的具体情况单独计价。当然，如果将建筑产品分解到分部分项工程，不同建筑产品之间的差异性减少，共性增加，正是这种不同建筑产品构成要素的相似性形成了建筑产品单独计价的基础。

2.1.2.2 多次性计价

建设工程涉及面广、环节多、周期长、规模大、造价高，是由多行业和多部门密切协作配合的社会经济活动。因此，建设工程按照建设程序要分阶段进行，在工程建设的每一个阶段，都由相应的工程造价工作与之配合。对同一个建设项目，从投资估算、设计概算、施工图预算到合同价、工程结算直至竣工决算，是一个多次计价的过程，这也是项目投资控制的必要保证。

2.1.2.3 分部组合计价

建设工程具有分部组合计价的特点。计价时，首先要对工程项目进行分解，按构成进行分部计算，并逐层汇总。其计价顺序是：分部分项工程造价→单位工程造价→单项工程造价→建设项目总造价。

2.1.2.4 定价在先

对于一种工业产品来说，一般是先生产、后定价。但是，对于期货生产的建筑产品来说，由于建筑产品所具有的多样性等特点，在生产开始之前，供给者难以充分考虑各种成本要素以及拟建建筑产品所具有的特点，必须先由需求者对拟建建筑产品的各种特点和要求确定之后，再根据必要的程序对建筑产品进行定价，最后进行生产，即建筑产品在未生产出来之前就要投标报价，确定价格。但是在生产之前所确定的建筑产品价格实际上只是一种暂定价格。建筑产品生产周期都比较长，这期间各种建设因素可能会发生变化，而实际价格要等建筑产品建成交付使用之后才能最终确定。建筑产品价格定价在先，生产具有"时滞性"的特点，使得人们十分重视对建筑产品的动态管理和合约索赔管理。

2.1.2.5 供求双方直接定价

对于一般产品来说，是由供给者决定产品的价格，而需求者则根据价格进行选择，对产品价格没有决定权。产品的价格与成本之差决定了产品利润的大小，而需求者对其所购买的产品利润额究竟多高是根本不知道的。建筑产品在生产之前定价时，并不是由供给者单独定价。通常，建筑产品的供给者根据需求者的要求对拟建建筑产品的生产成本进行估计并在此基础上附加一定的利润，向需求者提交一份该建筑产品价格的估算书。需求者通过对若干份估算书的分析、比较，从中选择一份认为合理并可以接受的估算书，从而确定拟建建筑产品的暂定价格。从这个意义上讲，建筑产品的价格是由供求双方共同决定的，而且需求方在某种程度上对确定建筑产品的价格起着主导作用。

2.1.2.6 “观念流通”规律

建筑产品具有固定性，产品不能随销售而作空间转移，一般只是所有权和使用权的转移。因此，建筑产品只有观念的流通，没有物的流通。由于建筑产品没有物的流通，就需要生产机构转移到另一个地点再进行生产，产生的一些特殊费用，如施工机构迁移费，临时设施工程费等，这些实质上是一般商品的流通费用，在建筑产品生产中表现为生产费用。这些流通费用都包括在建筑产品价格中。

2.2 建设工程造价的构成

工程造价的构成按工程项目建设过程中各类费用支出或花费的性质、途径等，是指通过费用划分和汇集所形成的工程造价的费用分解结构。工程造价基本构成中，包括用于购买工程项目所含各种设备的费用，用于建筑施工和安装施工所需支出的费用，用于委托工程勘察设计应支付的费用，用于购置土地所需的费用，也包括用于建设单位自身进行项目筹建和项目管理所花费费用等。

2.2.1 建设项目总资金

2.2.1.1 建设项目总资金的构成

工程建设项目总资金是指与工程建设有关的工作所支出的一切费用，包括建设项目总投资（即建设项目总造价）和建成投产后所需的铺底流动资金。建设项目总造价包括建设项目概算费用、预备费和建成投产后所需的铺底流动资金，如表2.2所示。

建设项目总造价构成 **表2.2**

<table>
<tr><td rowspan="10">建设项目总造价</td><td rowspan="8">建设项目概算费用</td><td rowspan="4">建筑安装工程费</td><td>人工费、材料费、施工机具使用费</td></tr>
<tr><td>企业管理费</td></tr>
<tr><td>利润</td></tr>
<tr><td>规费和税金</td></tr>
<tr><td colspan="2">设备工器具购置费</td></tr>
<tr><td colspan="2">其他费用</td></tr>
<tr><td rowspan="2">预备费</td><td>基本预备费</td></tr>
<tr><td>涨价预备费</td></tr>
<tr><td colspan="3">建设期贷款利息、固定资产投资方向调节税（已暂停征收）</td></tr>
<tr><td colspan="3">建成投产后所需的铺底流动资金</td></tr>
</table>

2.2.1.2　建设工程造价(概算投资)的构成

建设工程造价,一般是由以下五部分组成:建筑工程费用、设备安装工程费用、设备购置费用、工器具及生产家具购置费用、其他费用。对建设工程造价作这样的分类,便于区分生产与非生产性投资,考察机械和电气设备在总造价中所占的比重,从而尽量扩大生产性投资,特别是尽量扩大机械和电气设备所占比重,增加生产能力,充分发挥投资投益。

(1)建筑工程费用:包括各种厂房、仓库、住宅、宿舍等建筑物和矿井、铁路、公路、码头等构筑物的建筑工程;各种管道、电力和电信导线的敷设工程;设备基础,各种工业炉砌筑;金属结构等工程;水利工程和其他特殊工程等的费用。

(2)设备安装工程费用:有些设备需要将其装配和装置起来方能使用,需要计算安装费用。列入这类费用的有动力、通信、起重、运输、医疗、实验等设备的安装工程,与设备相连的工作台、梯子等的装设工程,附属于被安装设备的管线敷设工程,被安装设备的绝缘、保温和油漆工程,为测定设备安装工程质量对单个设备进行无负荷试车的费用等。

(3)设备购置费:是指为购置设计文件规定的各种机械和电气设备的全部费用。费用包括原价、包装费、运输费、供销部门手续费和采购保管费。

机械设备一般包括:各种工艺设备、动力设备、起重运输设备、实验设备及其他机械设备等。

电气设备包括:各种变电、配电和整流设备;电气传动设备和控制设备;弱电系统设备以及各种单独的电器仪表等。

设备分为需要安装的和不需要安装的两类。需要安装的设备是指将其整个或个别部件装配起来、安装在基础或支架上才能动用的设备,如刮泥机、水泵等。不需要安装的设备是指不需要固定于一定的基础上或支架上就可以使用的设备,如微型计算机、电焊机等。

(4)工、器具及生产家具购置费用:包括车间、实验室所应配备的,达到固定资产的各种工具、器具、仪器及生产家具的购置费,如工具箱、工作台、实验仪器等的购置费。不够固定资产水平的购置费,应列入总概算其他工程和费用中的相应概算内。

(5)建设期利息、固定资产投资方向调节税。

建设期利息是指建设项目建设投资中有偿使用部分(即借贷资金)在建设期内产生的借款利息及承诺费。

固定资产投资方向调节税为了贯彻国家产业政策,控制投资规模,引导投资方向,调整投资结构,加强重点建设,促进国民经济持续、稳定、协调发展,对在我国境内进行固定资产投资的单位和个人(不含中外合资经营企业、中外合作经营企业和外商独资企业)征收固定资产投资方向调节税(简称投资方向调节税)。

2.2.1.3　工程建设其他费用

工程建设其他费用主要包括三类,一是土地使用费,二是与工程建设有关的其他费用,三是与未来企业生产经营有关的其他费用。

(1)土地使用费

1)土地征用及迁移补偿费(通过划拨方式取得无限期的土地使用权),包括土地补偿费,青苗补偿费和被征用土地上的房屋、水井、树木等附着物补偿费,安置补助费,缴纳耕地占用税或城镇土地使用税、土地登记费及征地管理费,征地动迁费,水利水电工程水库淹没处理补偿费。

2)土地使用权出让金(通过土地使用权出让方式,取得有限期的土地使用权),城市土地的出让和转让可采用协议(市政工程、公益事业等用地)、招标(一般工程建设用地)、公开拍卖(盈利高的行业用地)等方式。

(2)与项目建设有关的其他费用

1)建设单位管理费(建设单位开办费、建设单位经费)

2)勘察设计费

3)研究试验费

4)建设单位临时设施费

5)工程监理费

6)工程保险费

7)引进技术和进口设备其他费用

8)工程承包费

(3)与未来企业生产经营有关的其他费用

1)联合试运转费

2)生产准备费

3)办公和生活家具购置费

2.2.1.4　预备费

预备费包括基本预备费和涨价预备费。

(1)基本预备费

定义:指在初步设计及概算内难以预料的工程费用,其范围包括:

1)在批准的初步设计范围内,技术设计、施工图设计及施工过程中所增加的工程费用;设计变更、局部的地基处理等增加的费用。

2)一般自然灾害造成的损失和预防自然灾害所采取的措施费用。实行工程保险的工程项目费用应适当降低。

3)竣工验收时为鉴定工程质量对隐蔽工程进行必要的挖掘和修复费用(若鉴定结果不符合质量要求的,此项费用由施工单位来负责;若鉴定结果符合质量要求,由建设方负责)。

基本预备费的计算:

基本预备费=(设备及工、器具购置费+建筑安装工程费用+工程建设其他费用)×基本预备费率

(2)涨价预备费

指建设项目在建设期间内由于价格等变化引起工程造价变化的预测预留费用。费用内容包括:人工、设备、材料、施工机械的价差费,建筑安装费及工程建设其他费用的调整,利率、汇率调整、国家新批准的税费等增加的费用。涨价预备费一般根据国家规定的投资综合

价格指数，按估算年份价格水平的投资额为基数，采用复利方法计算。

2.2.1.5　建成投产后所需的铺底流动资金

铺底流动资金是保证项目投产后，能正常生产经营所需要的最基本的周转资金数额，是项目总费用中的一个组成部分。

2.2.2　建筑安装工程费用

在建设工程造价中，设备、工器具及生产家具购置费的确定是比较容易的，因为它是一种价值的转移。其他费用的确定，根据国家和地方的规定，计算也是方便的。但是，对于建设项目投资的主要组成部分——建筑工程费和安装工程费的计算却较为复杂。因为建筑及安装工程的施工，是一项生产活动，是创造价值和转移价值的过程，其价值和其他工业产品一样，是由必须消耗的劳动量确定的。由于建筑工程和设备安装工程费用的组成内容与性质基本相同，故将建筑工程费和设备安装工程费归并成为建筑安装工程费，这样，可以统一工程费用项目，使建筑安装工程计价、统计和核算的口径取得一致结果。

根据住房和城乡建设部、财政部《关于印发〈建筑安装工程费用项目组成〉的通知》（建标[2013]44 号），建筑安装工程费用项目分为按费用构成要素组成划分和按工程造价形成顺序划分两种方法。

2.2.2.1　按照费用构成要素划分

建筑安装工程费按照费用构成要素划分：由人工费、材料费（包含工程设备，下同）、施工机具使用费、企业管理费、利润、规费和税金组成。其中人工费、材料费、施工机具使用费、企业管理费和利润包含在分部分项工程费、措施项目费、其他项目费中。

（1）人工费：是指按工资总额构成规定，支付给从事建筑安装工程施工的生产工人和附属生产单位工人的各项费用。内容包括：

1）计时工资或计件工资：是指按计时工资标准和工作时间或对已做工作按计件单价支付给个人的劳动报酬。

2）奖金：是指对超额劳动和增收节支支付给个人的劳动报酬。如节约奖、劳动竞赛奖等。

3）津贴补贴：是指为了补偿职工特殊或额外的劳动消耗和因其他特殊原因支付给个人的津贴，以及为了保证职工工资水平不受物价影响支付给个人的物价补贴。如流动施工津贴、特殊地区施工津贴、高温（寒）作业临时津贴、高空津贴等。

4）加班加点工资：是指按规定支付的在法定节假日工作的加班工资和在法定日工作时间外延时工作的加点工资。

5）特殊情况下支付的工资：是指根据国家法律、法规和政策规定，因病、工伤、产假、计划生育假、婚丧假、事假、探亲假、定期休假、停工学习、执行国家或社会义务等原因按计时工资标准或计时工资标准的一定比例支付的工资。

（2）材料费：是指施工过程中耗费的原材料、辅助材料、构配件、零件、半成品或成品、工程设备的费用。内容包括：

1）材料原价：是指材料、工程设备的出厂价格或商家供应价格。

2)运杂费:是指材料、工程设备自来源地运至工地仓库或指定堆放地点所发生的全部费用。

3)运输损耗费:是指材料在运输装卸过程中不可避免的损耗。

4)采购及保管费:是指为组织采购、供应和保管材料、工程设备的过程中所需要的各项费用。包括采购费、仓储费、工地保管费、仓储损耗。

工程设备是指构成或计划构成永久工程一部分的机电设备、金属结构设备、仪器装置及其他类似的设备和装置。

(3)施工机具使用费:是指施工作业所发生的施工机械、仪器仪表使用费或其租赁费。

1)施工机械使用费:以施工机械台班耗用量乘以施工机械台班单价表示,施工机械台班单价应由下列七项费用组成:

a. 折旧费:指施工机械在规定的使用年限内,陆续收回其原值的费用。

b. 大修理费:指施工机械按规定的大修理间隔台班进行必要的大修理,以恢复其正常功能所需的费用。

c. 经常修理费:指施工机械除大修理以外的各级保养和临时故障排除所需的费用。包括为保障机械正常运转所需替换设备与随机配备工具附具的摊销和维护费用,机械运转中日常保养所需润滑与擦拭的材料费用及机械停滞期间的维护和保养费用等。

d. 安拆费及场外运费:安拆费指施工机械(大型机械除外)在现场进行安装与拆卸所需的人工、材料、机械和试运转费用以及机械辅助设施的折旧、搭设、拆除等费用;场外运费指施工机械整体或分体自停放地点运至施工现场或由一施工地点运至另一施工地点的运输、装卸、辅助材料及架线等费用。

e. 人工费:指机上司机(司炉)和其他操作人员的人工费。

f. 燃料动力费:指施工机械在运转作业中所消耗的各种燃料及水、电等。

g. 税费:指施工机械按照国家规定应缴纳的车船使用税、保险费及年检费等。

2)仪器仪表使用费:是指工程施工所需使用的仪器仪表的摊销及维修费用。

(4)企业管理费:是指建筑安装企业组织施工生产和经营管理所需的费用。内容包括:

1)管理人员工资:是指按规定支付给管理人员的计时工资、奖金、津贴补贴、加班加点工资及特殊情况下支付的工资等。

2)办公费:是指企业管理办公用的文具、纸张、账表、印刷、邮电、书报、办公软件、现场监控、会议、水电、烧水和集体取暖降温(包括现场临时宿舍取暖降温)等费用。

3)差旅交通费:是指职工因公出差、调动工作的差旅费、住勤补助费,市内交通费和误餐补助费,职工探亲路费,劳动力招募费,职工退休、退职一次性路费,工伤人员就医路费,工地转移费以及管理部门使用的交通工具的油料、燃料等费用。

4)固定资产使用费:是指管理和试验部门及附属生产单位使用的属于固定资产的房屋、设备、仪器等的折旧、大修、维修或租赁费。

5)工具用具使用费:是指企业施工生产和管理使用的不属于固定资产的工具、器具、家具、交通工具和检验、试验、测绘、消防用具等的购置、维修和摊销费。

6)劳动保险和职工福利费：是指由企业支付的职工退职金、按规定支付给离休干部的经费，集体福利费、夏季防暑降温、冬季取暖补贴、上下班交通补贴等。

7）劳动保护费：是企业按规定发放的劳动保护用品的支出。如工作服、手套、防暑降温饮料以及在有碍身体健康的环境中施工的保健费用等。

8）检验试验费：是指施工企业按照有关标准规定，对建筑以及材料、构件和建筑安装物进行一般鉴定、检查所发生的费用，包括自设试验室进行试验所耗用的材料等费用。不包括新结构、新材料的试验费，对构件做破坏性试验及其他特殊要求检验试验的费用和建设单位委托检测机构进行检测的费用，对此类检测发生的费用，由建设单位在工程建设其他费用中列支。但对施工企业提供的具有合格证明的材料进行检测不合格的，该检测费用由施工企业支付。

9)工会经费：是指企业按《工会法》规定的全部职工工资总额比例计提的工会经费。

10)职工教育经费：是指按职工工资总额的规定比例计提，企业为职工进行专业技术和职业技能培训，专业技术人员继续教育、职工职业技能鉴定、职业资格认定以及根据需要对职工进行各类文化教育所发生的费用。

11)财产保险费：是指施工管理用财产、车辆等的保险费用。

12)财务费：是指企业为施工生产筹集资金或提供预付款担保、履约担保、职工工资支付担保等所发生的各种费用。

13)税金：是指企业按规定缴纳的房产税、车船使用税、土地使用税、印花税等。

14)其他：包括技术转让费、技术开发费、投标费、业务招待费、绿化费、广告费、公证费、法律顾问费、审计费、咨询费、保险费等。

(5)利润：是指施工企业完成所承包工程获得的盈利。

(6)规费：是指按国家法律、法规规定，由省级政府和省级有关权力部门规定必须缴纳或计取的费用。包括：

1)社会保险费

a. 养老保险费：是指企业按照规定标准为职工缴纳的基本养老保险费。

b. 失业保险费：是指企业按照规定标准为职工缴纳的失业保险费。

c. 医疗保险费：是指企业按照规定标准为职工缴纳的基本医疗保险费。

d. 生育保险费：是指企业按照规定标准为职工缴纳的生育保险费。

e. 工伤保险费：是指企业按照规定标准为职工缴纳的工伤保险费。

2)住房公积金：是指企业按照规定标准为职工缴纳的住房公积金。

3)工程排污费：是指按规定缴纳的施工现场工程排污费。

其他应列而未列入的规费，按实际发生计取。

(7)税金：是指国家税法规定的应计入建筑安装工程造价内的营业税、城市维护建设税、教育费附加以及地方教育附加。

建筑安装工程费用项目(按费用构成要素组成划分)见图2.2-1。

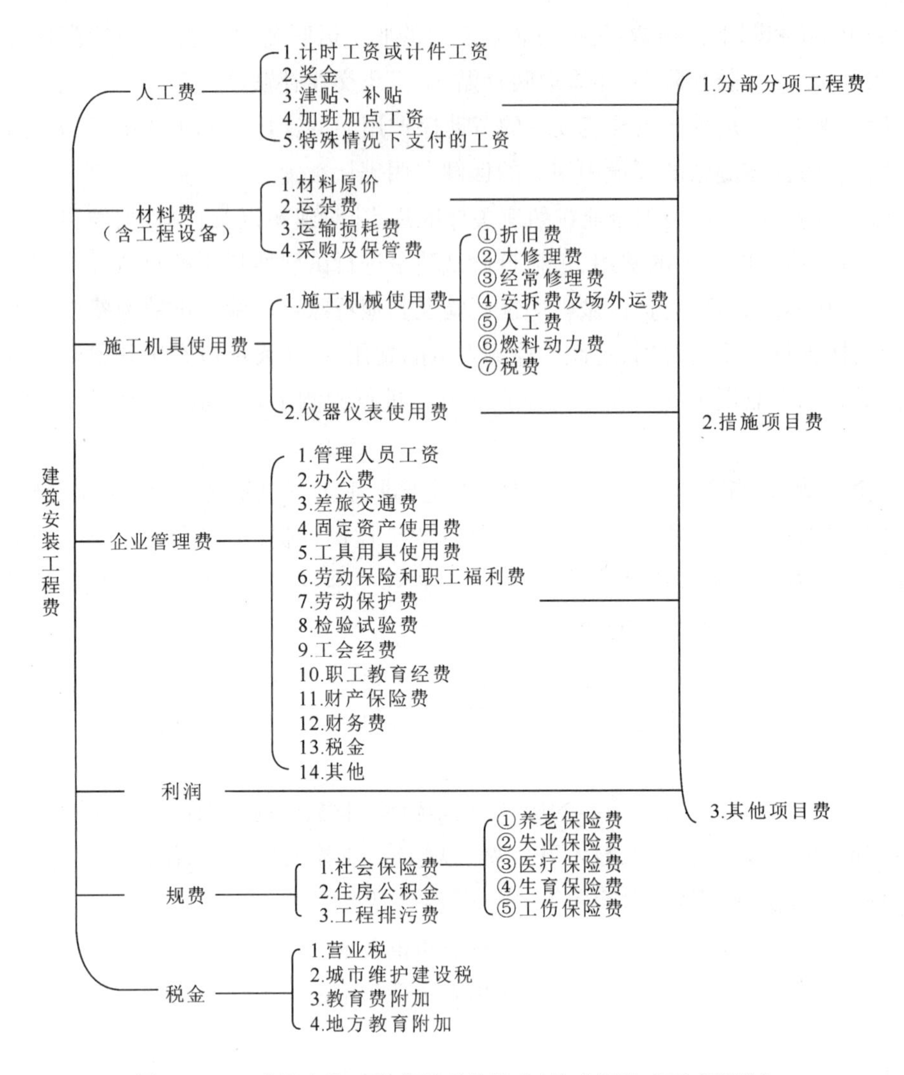

图 2.2-1　建筑安装工程费用项目组成（按费用构成要素划分）

2.2.2.2　按照工程造价形成划分

建筑安装工程费按照工程造价形成由分部分项工程费、措施项目费、其他项目费、规费、税金组成，分部分项工程费、措施项目费、其他项目费包含人工费、材料费、施工机具使用费、企业管理费和利润。

（1）分部分项工程费：是指各专业工程的分部分项工程应予列支的各项费用。

1）专业工程：是指按现行国家计量规范划分的房屋建筑与装饰工程、仿古建筑工程、通用安装工程、市政工程、园林绿化工程、矿山工程、构筑物工程、城市轨道交通工程、爆破工程等各类工程。

2）分部分项工程：指按现行国家计量规范对各专业工程划分的项目。如房屋建筑与装饰工程划分的土石方工程、地基处理与桩基工程、砌筑工程、钢筋及钢筋混凝土工程等。

各类专业工程的分部分项工程划分见现行国家或行业计量规范。

（2）措施项目费：是指为完成建设工程施工，发生于该工程施工前和施工过程中的技术、生活、安全、环境保护等方面的费用。内容包括：

1）安全文明施工费

安全文明施工费是指在合同履行过程中，承包人按照国家法律、法规、标准等规定，为保证安全施工、文明施工，保护现场内外环境和搭拆临时设施等所采用的措施而发生的费用。安全文明施工包括的工作内容和范围如下：

a. 环境保护费：是指施工现场为达到环保部门要求所需要的各项费用，包括：现场施工机械设备降低噪声、防扰民措施；水泥和其他易飞扬细颗粒建筑材料密闭存放或采取覆盖措施等；工程防扬尘洒水；土石方、建渣外运车辆保护措施等；现场污染源的控制、生活垃圾清理外运、场地排水排污措施；其他环境保护措施。

b. 文明施工费：是指施工现场文明施工所需要的各项费用，包括："五牌一图"；现场围挡的墙面美化（包括内外粉刷、刷白、标语等）、压顶装饰；现场厕所便槽刷白、贴面砖，水泥砂浆地面或地砖，建筑物内临时便溺设施；其他施工现场临时设施的装饰装修、美化措施；现场生活卫生设施；符合卫生要求的饮水设备、淋浴、消毒等设施；生活用洁净燃料；防煤气中毒、防蚊虫叮咬等措施；施工现场操作场地的硬化；现场绿化、治安综合治理；现场配备医药保健器材、物品费用和急救人员培训：用于现场工人的防暑降温、电风扇、空调等设备及用电；其他文明施工措施。

c. 安全施工费：是指施工现场安全施工所需要的各项费用，包括：安全资料、特殊作业专项方案的编制，安全施工标志的购置及安全宣传；"三宝"（安全帽、安全带、安全网）、"四口"（楼梯口、电梯井口、通道口、预留洞口）、"五临边"（阳台围边、楼板围边、屋面围边、槽坑围边、卸料平台两侧）、水平防护架、垂直防护架、外架封闭等防护措施；施工安全用电，包括配电箱三级配电、两级保护装置要求、外电防护措施；起重机、塔吊等起重设备（含井架、门架）及外用电梯的安全防护措施（含警示标志）及卸料平台的临边防护、层间安全门、防护棚等设施；建筑工地起重机械的检验检测；施工机具防护棚及其围栏的安全保护设施；施工安全防护通道；工人的安全防护用品、用具购置；消防设施与消防器材的配置；电气保护、安全照明设施；其他安全防护措施。

d. 临时设施费：是指施工企业为进行建设工程施工所必须搭设的生活和生产用的临时建筑物、构筑物和其他临时设施费用，包括临时设施的搭设、维修、拆除、清理费或摊销费等。具体内容有施工现场采用彩色、定型钢板，砖、混凝土砌块等围挡的安砌、维修、拆除；施工现场临时建筑物、构筑物的搭设、维修、拆除，如临时宿舍、办公室、食堂、厨房、厕所、诊疗所、临时文化福利用房、临时仓库、加工场、搅拌台、临时简易水塔、水池等；施工现场临时设施的搭设、维修、拆除，如临时供水管道、临时供电管线、小型临时设施等；施工现场规定范围内临时简易道路铺设，临时排水沟、排水设施安砌、维修、拆除；其他临时设施的搭设、维修、拆除。

2）夜间施工增加费：是指因夜间施工所发生的夜班补助费、夜间施工降效、夜间施工照明设备摊销及照明用电等费用。

3）二次搬运费：是指因施工场地条件限制而发生的材料、构配件、半成品等一次运输不能到达堆放地点，必须进行二次或多次搬运所发生的费用。

4）冬雨期施工增加费：是指在冬期或雨期施工需增加的临时设施、防滑、排除雨雪，人工及施工机械效率降低等费用。

5）已完工程及设备保护费：是指竣工验收前，对已完工程及设备采取的必要保护措施所发生的费用。

6)工程定位复测费:是指工程施工过程中进行全部施工测量放线和复测工作的费用。

7)特殊地区施工增加费:是指工程在沙漠或其边缘地区、高海拔、高寒、原始森林等特殊地区施工增加的费用。

8)大型机械设备进出场及安拆费:是指机械整体或分体自停放场地运至施工现场或由一个施工地点运至另一个施工地点,所发生的机械进出场运输及转移费用及机械在施工现场进行安装、拆卸所需的人工费、材料费、机械费、试运转费和安装所需的辅助设施的费用。

9)脚手架工程费:是指施工需要的各种脚手架搭、拆、运输费用以及脚手架购置费的摊销(或租赁)费用。

措施项目及其包含的内容详见各类专业工程的现行国家或行业计量规范。

(3)其他项目费

1)暂列金额:是指建设单位在工程量清单中暂定并包括在工程合同价款中的一笔款项。用于施工合同签订时尚未确定或者不可预见的所需材料、工程设备、服务的采购,施工中可能发生的工程变更、合同约定调整因素出现时的工程价款调整以及发生的索赔、现场签证确认等的费用。

2)计日工:是指在施工过程中,施工企业完成建设单位提出的施工图纸以外的零星项目或工作所需的费用。

3)总承包服务费:是指总承包人为配合、协调建设单位进行的专业工程发包,对建设单位自行采购的材料、工程设备等进行保管以及施工现场管理、竣工资料汇总整理等服务所需的费用。

(4)规费和税金定义如前所述。

建筑安装工程费用项目(按工程造价形成顺序划分)见图2.2-2。

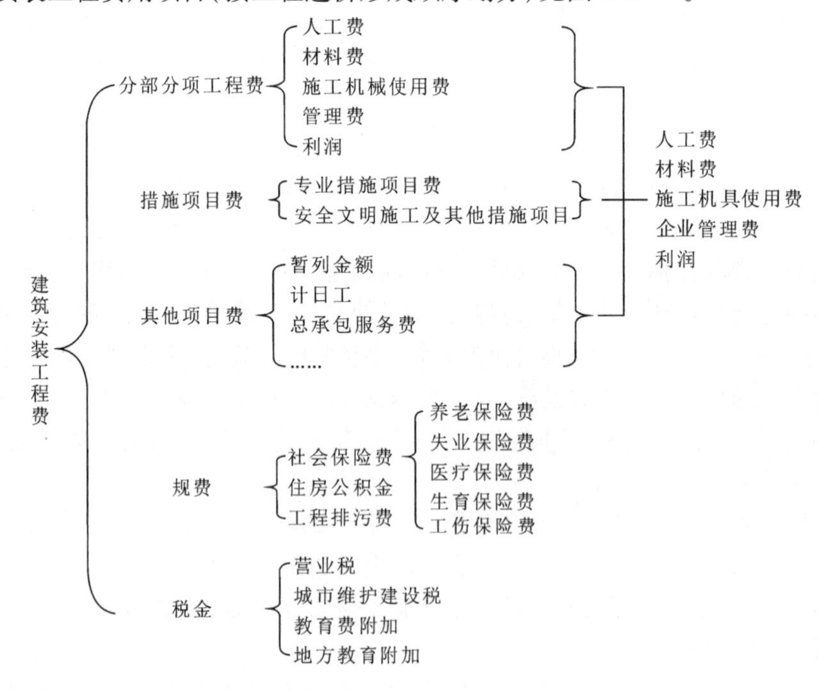

图2.2-2 建筑安装工程费用项目组成(按造价形成顺序划分)

2.3 工程量清单计价的基本原理

工程量清单计价模式是国际上普遍使用的计价方法,已经有近百年的历史,具有广泛的适应性。工程量清单计价是指甲方根据设计要求,在招标文件中明确所需分部分项工程的要求和数量,投标人根据招标文件和清单项目的要求以及工程数量,按照本企业的施工水平、技术水平及机械装备力量、管理水平、设备材料的进货渠道和所掌握的价格情况及对利润追求的程度对招标文件中的工程量清单项目逐项进行报价。同一个建设项目,同样的工程数量,各投标单位以各自的内部定额为基础所报的价格不同,反映了企业之间个别成本的差异,形成企业之间整体实力的竞争。

2.3.1 工程量清单计价的基本涵义

工程量清单计价实质上是一种固定单价的发承包计价方式。

在市场经济条件下,买方注重的是产品的质量、数量、交货时间及其与之相适应的价格,卖方关注的是完成订单要求所投入的生产资料的质量和数量,它与生产工艺和生产过程直接相关,也决定着成本的大小。

招标投标是买方与卖方在市场中的交易行为,其标的物为建筑产品。卖方交付的产品是行为目标,技术规范是行为准则,工程量清单是招标人的订货单,是行为依据。卖方根据合同,按照设计图纸加工制作,其责任和义务在于不折不扣地完成设计图纸明确的或隐含的全部工作内容,买方则按照设计图纸和合同进行验收。工程项目的建造采用招标投标的形式通过竞争选择承包商,实质上不是标的的竞争,主要在于价格的竞争。在工程量清单中,买方对每一项单元产品的质量和数量均给予明确,卖方按买方的要求报价,中标后按要求加工制作。

2.3.2 工程量清单计价的作用

与传统的定额计价模式相比,采用工程量清单计价主要有以下的作用:

(1)有利于体现招投标公平竞争的原则

由于工程量清单由招标人负责统一公开提供,从而有效保证了投标单位竞争基础的一致性,减少了由于投标单位编制投标文件时出现的偶然性技术误差而导致失败的可能。

(2)有利于风险的合理分担

采用工程量清单计价模式后,投标单位只对自己所报的单价负责,而工程量清单的变更或计算错误等引起的风险则由业主承担,这样双方在招投标过程中处在一个平等的地位上,体现了合同法中合同双方平等的原则。

(3)工程量清单计价具有合同化的法定性

投标时的工程量清单报价是工程结算的依据,从而大大简化了工程项目各个阶段的预结算编审工作。

2.3.3 工程量清单编制与计价的基本原理

当一个建设工程的设计完成之后,招标人按设计图纸和计算规则,将建设工程“物理”分解为便于计量的基本计价单元产品,列出清单进行招标采购。招标人编制的工程量清单应当全面反映产品的功能、质量和数量要求,具有不可竞争性。工程量清单用于招投标的目的是在相同产品要求的前提下经过多个投标人价格的竞争选择承包商的一种技术方法。投标人按照招标文件和清单的要求，根据自己的技术优势和实力进行报价，只要能供给符合招标人要求的建筑产品，投标人采用什么方法和技术措施达到目的，是投标人自己的事。工程量清单计价的基本精神就是甲乙双方明确自己的职责和目标，甲方的职责是根据设计文件和招标文件的要求编制清单，目标是在清单中全面表述自己对产品的要求；乙方的职责是根据招标文件和清单的要求自主报价，目标是根据本企业的实力和技术水平确定具有竞争力的价格。

例如，分部分项工程是工程建设的实体项目，其工程量清单计价的形象过程可以由图2.3简单地表示。

招标工程量清单

(由招标人完成)

分部分项工程量清单与计价表

工程名称：　　　　第　页共　页

序号	项目编码	项目名称	项目特征	计量单位	工程数量	金额(元)		
						综合单价	合价	暂估价
1	×××	××××××××	×××	×	××			
2	×××	××××××××	×××	×	××			
3	×××	××××××××	×××	×	××			
4	×××	××××××××	×××	×	××			
5	×××	××××××××	×××	×	××			
6	×××	××××××××	×××	×	××			
7	×××	××××××××	×××	×	××			
8	×××	××××××××	×××	×	××			
9	×××	××××××××	×××	×	××			
10	×××	××××××××	×××	×	××			
11	×××	××××××××	×××	×	××			
12	×××	××××××××	×××	×	××			
13	×××	××××××××	×××	×	××			
		本页小计						
		合　计						

编制人：　证号：　编制日期：　年　月　日

招标

已标价工程量清单

(由投标人完成)

分部分项工程量清单与计价表

工程名称：　　　　第　页共　页

序号	项目编码	项目名称	项目特征	计量单位	工程数量	金额(元)		
						综合单价	合价	暂估价
1	×××	××××××××	×××	×	××	√	√	
2	×××	××××××××	×××	×	××	√	√	
3	×××	××××××××	×××	×	××	√	√	
4	×××	××××××××	×××	×	××	√	√	√
5	×××	××××××××	×××	×	××	√	√	
6	×××	××××××××	×××	×	××	√	√	√
7	×××	××××××××	×××	×	××	√	√	
8	×××	××××××××	×××	×	××	√	√	
9	×××	××××××××	×××	×	××	√	√	
10	×××	××××××××	×××	×	××	√	√	√
11	×××	××××××××	×××	×	××	√	√	
12	×××	××××××××	×××	×	××	√	√	
13	×××	××××××××	×××	×	××	√	√	
		本页小计					√	
		合　计					√	

编制人：　证号：　编制日期：　年　月　日

投标

图2.3　工程量清单招投标活动示意

2.4　招标工程量清单编制

招标工程量清单是招标人依据国家标准、招标文件、设计文件以及施工现场实际情况编制的，随招标文件发布供投标报价的工程量清单，包括其说明和表格。招标工程量清单应体现招标人要求投标人完成的工程项目、技术要求及相应工程数量，全面反映标的物的要求，是投标人进行报价的依据。招标人编制的工程量清单，是建筑产品需求者的购货单，每一条清单项目，描述了需求者购买一个产品的具体要求。招标工程量清单是产生中标人后，甲乙双方签订承发包合同的组成部分，每一条清单项目，代表了一个具体的合同条款。编制工程量清单是一项专业性、综合性很强的工作。清单编制人编制工程量清单的行为，实质上是在编写具体的合同条款，清单项目的划分、特征描述、工程量计算的准确性直接影响到合同的质量，最终影响到双方的直接利益。

2.4.1 工程量清单编制的一般规定

(1)招标工程量清单应由具有编制能力的招标人或受其委托、具有相应资质的工程造价咨询人编制。

(2)招标工程量清单必须作为招标文件的组成部分，其准确性和完整性应由招标人负责。

(3)招标工程量清单是工程量清单计价的基础，应作为编制招标控制价、投标报价、计算或调整工程量、索赔等的依据之一。

(4)招标工程量清单应以单位(项)工程为单位编制，应由分部分项工程项目清单、措施项目清单、其他项目清单、规费和税金项目清单组成。

(5)工程量清单的编制依据：

1)计价规范和相关工程的国家计量规范；

2)国家或省级、行业建设主管部门颁发的计价定额和办法；

3)建设工程设计文件及相关资料；

4)与建设工程有关的标准、规范、技术资料；

5)拟定的招标文件；

6)施工现场情况、工程地质勘察及水文资料、工程特点及常规施工方案；

7)其他相关资料。

2.4.2 分部分项工程量清单编制

分部分项工程是将建设工程物理肢解为单元产品的结果。分部分项工程的划分是以形成工程实体为原则，《通用安装工程工程量清单计算规范》GB 50856—2013(以下简称《工程量计算规范》)列出了各专业常规的分部分项工程项目，共计 1144 个清单项目，基本满足一般工业设备安装工程和工业民用建筑(含公共建筑)配套工程(电气、消防、给排水、采暖、燃气、通风等)工程量清单的编制和计价的需要。

分部分项工程项目清单必须载明项目编码、项目名称、项目特征、计量单位和工程量。分部分项工程量清单是由清单编制人按照《工程量计算规范》附录规定的项目编码、项目名称、项目特征、计量单位和工程量计算规则进行编制。招标人编制的工程量清单应能反映影响工程造价的全部因素，以便投标人和招标控制价编制人对该项目有一个非常清楚的了解，从而达到能准确分析综合单价的目的。分部分项工程量清单编制有二部分内容，其一是清单项目设置，其二是清单工程量计算。

2.4.2.1 分部分项工程量清单项目设置

分部分项工程量清单项目设置的内容包括项目名称开列、项目编码套用和项目特征描述。项目名称是物理肢解工程项目的结果，项目编码是为了规范市场、方便查询，项目特征是对单元产品要求的描述。

项目名称应结合工程的实际情况，套用《工程量计算规范》附录中的项目名称，也可以按照《工程量计算规范》附录中的项目名称并结合某些项目特征确定，例如室外承插铸铁管道

(项目编码 031001005)安装,当采用前者时项目名称的取定方法为"铸铁管",当采用后者时考虑项目特征内的安装部位和输送介质,可以确定为"室外给水承插铸铁管",对于初学者本书推荐采用前者,即直接采用规范名称。

为了统一和规范市场,方便用户查询和输入,同时也为网络的接口和资源共享奠定基础,《工程量计算规范》对每一个分部分项工程清单项目均给定一个编码。分部分项工程量清单的项目编码,应采用十二位阿拉伯数字表示。一至九位应按附录的规定设置,十至十二位应根据拟建工程的工程量清单项目名称设置,同一标段的招标工程项目编码不得有重码。编码的十二位数字可分为五级,前三级每级为二位数,后二级每级为三位数,每一级编码都有特定的含义,具体如下:

编码	××	××	××	×××	×××
级	一	二	三	四	五

其中:

第一级　为专业工程代码,表示建设工程的大专业:01——房屋建筑与装饰工程;02——仿古建筑工程;03——通用安装工程;04——市政工程;05——园林绿化工程;06——矿山工程;07——构筑物工程;08——城市轨道交通工程;09——爆破工程。

第二级　附录分类顺序码,在安装工程和市政工程中表示小专业,例如 0304 为安装工程的"电气设备安装工程";0402 为市政工程的"道路工程"。

第三级　表示分部工程顺序码。

第四级　分项工程项目顺序码。

第五级　清单项目名称顺序码,主要区别同一分项工程具有不同特征的项目。

【例 2.4-1】030903006 表示:安装工程—消防工程—泡沫灭火系统—第 6 个分项工程(泡沫发生器);

【例 2.4-2】030404017 表示:安装工程—电气设备安装工程—控制设备及低压电器——第 17 个分项工程(配电箱安装);

【例 2.4-3】031003013 表示:安装工程—给排水、采暖、燃气工程—管道附件—第 10 个分项工程(水表)。

工程量清单表中每个项目有各自不同的编码,前九位已在《工程量计算规范》中给定,清单编制时,应按《工程量计算规范》附录中的相应编码设置。编码中的十至十二位是具体的清单项目名称顺序码,由清单编制人根据拟建工程的项目名称和特征设置,应自 001 起顺序编制。如果同一个项目名称下由于特征不同有多个项目时,应分别列项,此时项目编码前九位相同,后三位不同。同一招标工程(同一标段)的项目编码不得有重码。

项目特征是用来描述清单项目的。通过对项目特征的描述,反映需求者对工程项目质量的要求。工程项目的质量体现在功能和使用价值,功能反映项目本体特性的自然属性,例如规格、型号、容量、材质等,通常由设计决定;使用价值是指满足需求者对工程项目建设质量的主观需求,例如民用建筑中许多带有装饰效果的外露设备形状、颜色以及原材料和设备的质量等级等,使用价值常由清单编制人根据需求者的某种偏爱或者延伸功能的需求所决定。另外,有关安装工艺方面的作业条件,如埋地管道的土质、地下水位以及安装物的高度超过基本高度时,也是项目特征描述的内容。安装工程各专业的基本安装高度见表2.4-1。

安装工程各专业基本安装高度(m)　　表2.4-1

专业工程	高度	专业工程	高度
机械设备安装工程	10	通风空调工程、刷油、防腐蚀、绝热工程	6
给排水、采暖、燃气工程	3.6	电气设备安装工程、建筑智能化工程、消防工程	5

在《工程量计算规范》附录中,每一个清单项目均列出了常规特征,这对工程量清单编制给予了很好的指引。清单项目特征描述应结合技术规范、标准图集、施工图纸,按照工程结构、使用材质及规格或安装位置等,予以详细而准确的表述和说明。当文字描述有困难时,对采用标准图集或施工图纸能满足要求的,项目特征可以直接采用详见××标准图集或××图号的方式进行描述,以保证投标人能够准确报价,避免不必要的纠纷。

编制工程量清单出现附录中未包括的项目,编制人应作补充,并报省级或行业工程造价管理机构备案。补充清单项目的编码由《工程量计算规范》的大专业代码(通用安装工程为03)与B和三位阿拉伯数字组成,并应从×B001(安装工程为03B001)起顺序编制,同一招标工程的项目不得重码。补充的工程量清单项目需附有补充项目的名称、项目特征、计量单位、工程量计算规则、工作内容,不能计量的措施项目,需附有补充项目的名称、工作内容及包含范围。

2.4.2.2　分部分项清单工程量计算

(1)工程量的意义

工程量是工程数量的简称。工程量是以物理计量单位或自然计量单位表示的各个具体工程的数量。分部分项清单工程量是招标人的订货数量,既具有唯一性,又具有不可竞争性。招标人计算的清单工程量是购货量,投标人计算的工程量则是加工量,他们具有不同的概念。

(2)工程量的计算方法

工程量的计算涉及到计量单位和各项目之间的有关边界问题,例如管道工程量,当计算管道的长度时,在管道上安装的阀门等附件所占的长度以及管件所占的长度如何处理,工程量计算中大量的此类问题需要制定统一的规则予以约定,这就是工程量计算规则。需要注意的是,不同的造价文件编制依据具有相应的工程量计算规则,如《工程量计算规范》的工程量计算规则、统一定额的工程量计算规则、企业定额的工程量计算规则可能不同,不能混用。

在《工程量计算规范》的附录中,每个清单项目均给出了计量单位和工程量计算规则,这是计算工程量的依据。

安装工程涉及的专业多,内容广泛、复杂,但各专业的工艺规律是用管线将各种设备连接为系统。因此工程量的计算就可以归纳为设备(包括附件等)和管线的计算,设备通常以自然计量单位计算,管线通常以物理计量单位计算。计算工程量时除了熟悉和了解相应的专业知识以外,为了方便工程量的计算,做到不重算、不漏项,将整个系统分解为各个小系统计算工程量是非常有效的,合理的系统分解常常可以达到事半功倍的效果。具体的分解方法根据实际工程的不同因人而异,一般地,水系统常以设计的立管编号分解系统,电气工程常常按照回路分解系统。

2.4.2.3　分部分项工程量清单的编制程序

(1)根据设计要求,将拟建工程分解为《工程量计算规范》附录中对应的清单项目,套用项目名称，选取相应的项目编码（此为 9 位数），根据符合该清单项目不同种类或规格的特征，按一定顺序补充后 3 位编码（自 001 开始），共计 12 位数字。

（2）按照《工程量计算规范》的计量单位和工程量计算规则计算清单工程量。

（3）完成上述工作后，即可填写分部分项工程量清单。本书推荐项目名称直接套用规范，然后根据设计和使用要求，按照《工程量计算规范》附录中该清单项目中的“项目特征”进行特征描述。

（4）工程量清单编制只需遵守《13 计价规范》和《工程量计算规范》即可，与定额无关。

2.4.2.4　分部分项工程量清单编制注意事项

（1）提供综合单价分析的项目

对于某些造价较高、工程量较大或对本工程项目影响较大的清单项目，招标文件可以要求投标人对其综合单价提供分析数据，避免出现过多过滥的分析项目或分析表，造成既无重点，也无法分析比较情况。

（2）提供主要材料设备单价的项目

对于某些不是由招标人提供的主要材料设备，为了便于比较和分析，在编制分部分项工程量清单项目时，可以要求投标人提供“主要材料设备单价”。

（3）指定或暂定主要材料设备单价的项目

由招标人提供的主要材料设备，或因设计无法确定规格、品种、型号等要求而采用暂定单价的项目，在编制分部分项工程量清单项目时，可以列出指定或暂定的主要材料设备的名称与单价清单。指定或暂定单价的材料设备，招标文件中应说明其交接的地点与方式及投标人应完成的工作。

由招标人指定单价的部分（即招标人提供的材料设备）不宜过多，过多的指定单价项目将影响投标人的投标积极性。招标人供应材料设备（提供指定单价），就必须承担相应的运输、仓储、保管等的责任，也必须保证其质量和数量，并按工程进度要求准时到达工地。因此招标人不应一味追求表面利益，而不综合考虑上述因素。

2.4.3　措施项目清单编制

措施项目是为了完成工程施工，发生于工程施工前和施工过程中技术、安全、生活等方面的非工程实体项目。措施项目的多少，与工程类型、施工条件及合同条款具有关联性。

措施项目清单是根据工程的特点和所在地的环境开列的措施项目明细清单。承包商建造现场的生产、生活、安全、环保等设施以及进退场费用，单独列为一张措施项目清单。为便于评标和月度支付，招标人应分别列出专业措施项目和安全文明及其他措施项目，由投标人根据各自实际情况自行增列措施项目。招标人提出的措施项目清单是根据一般情况确定的，应力求全面，按照不涉及施工方案、施工工艺的列项原则。不考虑不同投标人的个性，也不存在是不是最优方案的问题。

2.4.3.1　措施项目清单编制内容

有些措施项目与施工组织有关，有些措施项目与施工技术有关。基于措施项目这种特点，可将措施项目大致分解为两大类：一类为组织措施，如环境保护、安全施工、文明施工、临时设施、材料的二次搬运、夜间施工等；一类为技术措施，如脚手架搭拆、焦炉烘炉等措施是专业工程的施工所必需的。大多数组织措施贯穿于工程施工始末，而且不固定属于某一具体分部分项工程，可以说它几乎服务于整个工程项目。技术措施项目和分部分项工程关系密切。

《工程量计算规范》中列出了措施项目的，编制工程量清单时应按规范所列的项目编码、项目名称、项目特征、计量单位、工程量计算规则执行。《工程量计算规范》所列的安全文明及其他措施项目和专业工程的措施项目见表2.4－2、表2.4－3。若出现《工程量计算规范》未列的项目，可根据工程实际情况补充。

安全文明施工及其他措施项目 **表2.4－2**

项目编码	项目名称	工作内容及包含范围
031302001	安全文明施工	1. 环境保护； 2. 文明施工； 3. 安全施工； 4. 临时设施
031302002	夜间施工增加费	1. 夜间固定照明灯具和临时可移动照明灯具的设置、拆除； 2. 夜间施工时，施工现场交通标志、安全标牌、警示灯等的设置、移动、拆除； 3. 夜间照明设备及照明用电、施工人员夜班补助、夜间施工劳动效率降低等
031302003	非夜间施工增加费	为保证工程施工正常进行，在地下（暗）室、设备及大口径管道内等特殊施工部位施工时所采用的照明设备的安拆、维护及照明用电、通风等；在地下（暗）室等施工引起的人工工效降低以及由于人工工效降低引起的机械降效
031302004	二次搬运费	由于施工场地条件限制而发生的材料、成品、半成品等一次运输不能到达堆放地点，必须进行二次或多次搬运
031302005	冬雨期施工增加费	1. 冬雨（风）期施工时增加的临时设施（防寒保温、防雨、防风设施）的搭设、拆除； 2. 冬雨（风）期施工时，对砌体、混凝土等采用的特殊加温、保温和养护措施； 3. 冬雨（风）期施工时，施工现场的防滑处理、对影响施工的雨雪的清除； 4. 冬雨（风）期施工时增加的临时设施、施工人员的劳动保护用品，冬雨（风）期施工劳动效率降低等
031302006	已完工程及设备保护	对已完工程及设备采取的覆盖、包裹、封闭、隔离等必要保护措施
031302007	高层施工增加费	1. 高层施工引起的人工工效降低以及由于人工工效降低引起的机械降效； 2. 通信联络设备的使用
粤031302008	赶工措施费	1. 合同工期； 2. 定额工期
粤031302009	文明工地增加费	获得文明工地的等级（市级文明工地或省级文明工地）

注：1. 本表所列项目应根据工程实际情况计算措施项目费用，需分摊的应合理计算摊销费用。
2. 施工排水是指为保证工程在正常条件下施工而采取的排水措施所发生的费用。
3. 施工降水是指为保证工程在正常条件下施工而采取的降低地下水位的措施所发生的费用。
4. 高层施工增加：
1）单层建筑物檐口高度超过20m，多层建筑物超过6层时，按各附录分别列项。
2）突出主体建筑物顶的电梯机房、楼梯出口间、水箱间、瞭望塔、排烟机房等不计入檐口高度。计算层数时，地下室不计入层数。

专业措施项目　　表 2.4-3

项目编码	项目名称	工作内容及包含范围
031301001	吊装加固	1. 吊车梁加固;2. 桥式起重机加固及负荷试验;3. 整体吊装临时加固件,加固设施拆除、清理
031301002	金属桅杆安装、拆除、移位	1. 安装、拆除;2. 位移;3. 吊耳制作安装;4. 拖拉坑挖埋
031301003	平台铺设、拆除	1. 场地平整;2. 基础及支墩砌筑;3. 支架型钢搭设;4. 铺设;5. 拆除、清理
031301004	顶升、提升装置	安装、拆除
031301005	大型设备专用机具	
031301006	焊接工艺评定	焊接、实验及结果评价
031301007	胎(模)具制作、安装、拆除	制作、安装、拆除
031301008	防护棚制作安装拆除	防护棚制作、安装、拆除
031301009	特殊地区施工增加	1. 高原、高寒施工防护;2. 地震防护
031301010	安装与生产同时进行施工增加	1. 火灾防护;2. 噪声防护
031301011	在有害身体健康环境中施工增加	1. 有害化合物防护;2. 粉尘防护;3. 有害气体防护;4. 高浓度氧气防护
031301012	工程系统检测、检验	1. 起重机、锅炉、高压容器等特种设备安装质量监督检验检测;2. 由国家或地方检测部门进行的各类检测
031301013	设备、管道施工的安全、防冻和焊接保护	保证工程施工正常进行的防冻和焊接保护
031301014	焦炉烘炉、热态工程	1. 烘炉安装、拆除、外运;2. 热态作业劳保消耗
031301015	管道安拆后的充气保护	充气管道安装、拆除
031301016	隧道内施工的通风、供水、供气、供电、照明及通信设施	通风、供水、供气、供电、照明及通信设施安装、拆除
031301017	脚手架搭拆	1. 场内、场外材料搬运;2. 搭、拆脚手架;3. 拆除脚手架后的材料的堆放
031301018	其他措施	为保证工程施工正常进行所发生的费用

注:1. 由国家或地方检测部门进行的各类检测,指安装工程不包括的属经营服务性项目,如通电测试、防雷装置检测、安全、消防工程检测、室内空气质量检测等。
2. 脚手架按各附录分别列项。
3. 其他措施项目必须根据实际措施项目名称确定项目名称,明确描述工作内容及包括范围。

措施项目清单的编制,应考虑多种因素,除工程本身的因素外,还涉及水文、气象、环境、安全等以及施工企业的实际情况。措施项目名目繁多,有些是招标人提供的,有些需要投标人根据实际情况增减。措施项目的设置,宜粗不宜细,主要是列出组织类措施项目,至于技术类措施项目可以简单列出,将技术措施所采用的材料品种等项目特征、施工方案、施工工艺等留给施工企业自主确定。招标人还可选择不提供措施项目清单或要求投标人依据招标人提供的措施项目清单自行考虑增减项目,这样招标人也可以回避由于措施项目清单提供不完善而带来的风险,同时有利于投标人竞争。

措施项目中可以计算工程量的项目清单宜采用分部分项工程量清单的方式编制,列出项目编码、项目名称、项目特征和工程量;不能计算工程量的项目清单,以“项”为计量单位的方式编制。

2.4.3.2 措施项目清单编制注意事项

(1)措施项目清单应体现招标人的要求

通常情况下招标人对工程项目的施工会有一定的要求。在市区内施工,招标人会对噪声控制、粉尘控制、夜间施工、安全保护等提出要求。又如有些项目现场的地上地下管线较多、距周边建筑(构筑物)较近,则招标人要明确要求投标人对地下地上管线的保护,对临近建筑(构筑物)的保护,对过往行人车辆的保护,甚至施工现场内主要通道行人、车辆的保护等所采取的措施等。

(2)需投标人作分析的措施项目

如果某些项目有可能发生变化,或因其价值较大,招标人需了解其价格组成,则在措施项目清单中,应列明要求投标人作价格分析。

招标人(招标代理机构)应根据工程特点,对有可能因各种情况变化而影响措施项目价格的项目,应提出计量单位并要求投标人填报综合单价,复杂者要求作综合单价分析;项目金额较大,报价组成复杂的,应要求其提供类似的综合单价分析表,不能简单仅以“项”进行报价。

措施项目清单被称为开口清单,允许投标人合理增加项目,但是招标文件应当规定这些增加的项目需要在技术标中给予足够的说明。措施项目费一经报出,即被认为是包括了所有应该发生的措施项目的全部费用。如果在措施项目清单报价表中没有列项,且施工中又必须发生的项目,招标人有权认为其已经综合在分部分项工程量清单的综合单价中。

2.4.4 其他项目清单编制

其他项目是指为完成工程项目施工发生的,除上述工程项目和措施项目以外的,可以预见(或暂估的)费用的项目。其他项目清单由暂列金额、暂估价(包括材料暂估价、工程设备暂估单价、专业工程暂估价)、计日工、总承包服务费、索赔与现场签证组成,由招标人估算填写。广东省规定将工程优质费在其他项目中开列。

2.4.4.1 暂列金额

暂列金额应根据工程特点按有关计价规定估算。

2.4.4.2 暂估价

暂估价在招标阶段预见肯定要发生,只是因为标准不明确或者需要由专业承包人完成,暂时无法确定某些特征。暂估价中的材料、工程设备暂估单价应根据工程造价信息或参照市场价格估算,列出明细表;专业工程暂估价应分不同专业,按有关计价规定估算,列出明细表。

2.4.4.3 计日工

由招标人估计发包工程图纸以外的零星工作所消耗的人工工时、材料数量、机械台班填写。

计日工的范围很广,可以是建设方为清除某些地下障碍物的纯人工费,也可能是为加固某些地方的综合费用,也可能是与本工程无关的其他零星项目。计日工应详细列出人工、材料、机械的名称、计量单位和暂估数量,人工应按工种列项,材料和机械应按规格型号列项。

2.4.4.4 总承包服务费

总承包服务费内容包括二个方面:

(1)总承包单位对指定分包的专业工程进行总承包管理和协调。

主要指总承包单位对指定分包工程及施工现场进行协调管理,为分包单位安排合理的作业时间、对各专业交叉作业予以配合、协调分包工程的进度、分包工程的竣工验收资料的归档整理及竣工验收前的初验等内容。

(2)总承包单位对指定分包的专业工程提供配合服务。

主要指总承包单位除按前款说明进行总承包管理和协调外,还需要提供分包施工现场资源配合,如水电接驳、脚手架、垂直运输、临时设施等;根据分包工程的专业类别提供分包施工条件配合服务,如门窗洞口修补、墙面基底处理、屋面基底处理等,以及其他力所能及的配合服务。

总承包服务费应列出服务项目及其内容。

2.4.4.5　工程优质费

工程优质费在其他项目中开列。发包人要求承包人创建优质工程时,应开列工程优质费。

2.4.4.6　其他项目清单编制注意事项

工程建设项目建设标准的高低、工程的复杂程度、工期长短、组成内容等直接影响其他项目清单中的具体内容。其他项目清单中由招标人填写的内容随招标文件发至投标人或招标控制价编制人,其项目、数量、金额等不得随意改动。由投标人填写的部分必须进行报价,如果不报价,招标人有权认为投标人就未报价内容将无偿为自己服务。当投标人认为招标人列项不全时,投标人可自行增加列项并确定本项目的工程数量及报价。

其他项目清单中的总承包服务费的内容及计取标准应在分包工程开工之前由有关各方在分包工程合同中约定。当发包人对建设工程项目采用总包与平行发包模式时,在主体工程的招标文件及工程量清单其他项目费清单中应载明拟分包专业工程估算并明确发包人对总承包人提供服务内容的要求,编制招标控制价时应按标准计算总承包服务费。

2.4.5　规费项目清单编制

规费是根据省级政府或省级有关部门规定必须缴纳的,应计入建筑安装工程造价的费用。规费项目清单应按照下列内容列项:

(1)社会保险费:包括养老保险费、失业保险费、医疗保险费、工伤保险费、生育保险费;

(2)住房公积金;

(3)工程排污费。

当出现计价规范未列的项目,应根据省级政府或省级有关部门的规定列项。

2.4.6　税金项目清单编制

税金是国家税法规定的应计入建筑安装工程造价内的营业税、城市维护建设税、教育费附加和地方教育附加。当出现计价规范未列的项目,应根据税务部门的规定列项。

2.4.7　工程量清单编制审核

2.4.7.1　工程量清单的审核方法

为确保工程量清单编制的准确性和严密性,其审核方法有:

(1)组织多方专业人员对工程量清单进行审查。在发放招标文件前,招标方组织监理单位、设计单位及清单编制单位共同对工程量清单进行符合性审查。

(2)工程量清单的项目设置是否合理,项目特征描述是否准确全面,防止漏项引起的索赔。

(3)清单工程量是否准确,依据《工程量计算规范》附录的工程量计算规则及招标文件的规定优先核对,防止由于清单工程量不准确,给投标人提供不平衡报价的机会。

(4)工程量清单有无错项和漏项。如将有差别的同类项目作了合并,例如:管道沿墙暗敷与沿地面敷设是否合并;设计说明对混凝土有抗渗、防腐要求的都要特别注意是否漏项。防止由于工程量清单错项、漏项或增项,给投标人提供不平衡报价的机会,导致施工时承包商向业主提出索赔。

2.4.7.2　对询价较困难的设备及材料提供详细说明

材料价和设备价是影响工程造价的重要因素,在招投标阶段尤其要有事先控制措施,并将材料价和设备价纳入竞争,从而获得合理低价。

(1)对主要设备材料的规格、型号及质量等特殊要求作详细说明。

(2)对部分材料市场价格不稳定,无法正确预计未来的市场价格,业主可在招标时给出一个暂估价,结算时,按实际发生时间,依据本地区造价管理部门发布的造价信息或甲方签证价进行换算结算(如钢材)(调整依据应在合同中约定)。

(3)对某些有感观性要求的设备价格,如卫生器具、灯具,因质地、色泽、形状、品牌不同而使价格相差比较大,在编制工程量清单时可直接给出暂估价,其结算按合同约定。

2.4.8　工程量清单编制总说明的编写

工程量清单编制总说明应按下列内容填写:

(1)工程概况:建设规模、工程特征、计划工期、施工现场实际情况、自然地理条件、环境保护要求等。

(2)工程招标和专业工程发包范围。

(3)工程量清单编制依据。

(4)工程质量、材料、施工等的特殊要求。

(5)其他需要说明的问题。

2.5　工程量清单计价

工程量清单计价,是指实行工程量清单计价招标投标的建设工程,招标控制价与投标报价的编制、合同价款的确定、计量与支付、索赔与签证、工程结算、合同价款争议的解决等活动。

安装工程分部分项工程量清单的综合单价,应根据《13 计价规范》规定的综合单价组成,按设计文件、参照《工程量计算规范》附录中的"工作内容"确定计价项目,按企业定额、市场价格信息计算费用。综合单价是指完成分部分项工程量清单中一个清单项目计量单位人工费、材料费、机具费、管理费、利润,以及一定范围内的风险费用(不包括规费和税金)。根据《广东省建设工程计价通则》(2010),综合单价也可以参考广东省建设工程综合定额、工程量清单计价指引、建设工程造价机构发布的价格信息进行计算。

2.5.1　工程量清单计价依据

(1)《13 计价规范》和《工程量计算规范》;

(2) 国家或省级、行业建设主管部门颁发的计价定额和计价办法;

(3) 建设工程设计文件及相关资料;

(4) 拟定的招标文件及招标工程量清单;

(5) 企业定额、有关招标的补充通知、答疑纪要(投标报价的依据);

(6) 与建设项目相关的标准、规范、技术资料;

(7) 施工现场情况、工程特点及常规施工方案;

(8) 投标时拟定的施工组织设计或施工方案(投标报价的依据);

(9) 工程造价管理机构发布的工程造价信息,当工程造价信息没有发布时,参照市场价(投标报价时首选市场价);

(10) 其他的相关资料。

2.5.2 分部分项工程量清单计价

分部分项工程量清单应采用综合单价计价。分部分项工程量清单项目一般是以一个"综合实体"考虑的,通常包括多项工作内容。在《工程量计算规范》附录中,所列出的工作内容是根据我国境内绝大多数工程项目的实践结果,是计算综合单价的主要参考依据,对于初学者非常有益。但是由于受各种因素的影响,就某一个具体工程而言所含的工作内容会发生差异,在确定综合单价时应注意工作内容项目的增减。

广东省建设工程造价管理总站为了方便造价工作者特别是初学者利用广东省建设工程综合定额进行综合单价的计算,将分部分项工程清单项目的工作内容能够用到的综合定额子目对应列出,汇总而成广东省安装工程工程量清单计价指引,是造价工作者有针对性地选用综合定额子目进行综合单价分析计算的重要参考依据。

$$分部分项工程费 = \sum(分部分项工程量 \times 综合单价) \qquad (2.5-1)$$

式中:综合单价包括人工费、材料费、施工机具使用费、企业管理费和利润以及一定范围的风险费用。

2.5.2.1 分部分项工程量清单综合单价分析计算步骤

(1)研究招标文件,熟悉图纸。

(2)核算甲方提供的清单工程量,核实清单项目特征。

(3)根据分部分项工程量清单的特征描述和该清单项目的安装工艺或施工组织设计,对照"计价规范"附录中的"工作内容"所列项目,逐项分析其是否属于本清单项目的计价项目(或称组价项目),如属于计价项目,则根据定额工程量计算规则,计算该项的计价工程量(又称定额工程量)。

(4)将所列出的计价项目和工程量逐项移至"综合单价分析表"中,选套定额,逐项计算一个清单项目中所包含的各计价项目的费用。如果采用综合定额进行单价分析,可参考当地工程造价主管部门编制的工程量清单计价指引选套定额。根据《工程量计算规范》,有些清单项目涉及的工作内容较多,这些工作内容是根据大多数工程的情况列出的,实际的计价项目应根据工程的具体情况而定,有些内容不需要,有些内容则可能根据项目的个性需要增加。在进行综合单价计算的过程中,应注意综合单价应包括的费用内容,即不但包括人工费、材料费、机具费、管理费和利润,还应该考虑风险因素,如果采用统一定额进行计算时,还应包括价差和分部分项工程增加费。

(5)将"综合单价分析表"中计算所得的综合单价抄入"分部分项工程和措施项目计价表"中对应的清单项目的综合单价栏内,并计算合价。

2.5.2.2 分部分项工程量清单综合单价计算注意事项

(1)投标人应按招标人提供的工程量清单填报价格。填写的项目编码、项目名称、项目特征、计量单位、工程量必须与招标人提供的一致。

(2)招标文件中提供了暂估单价的材料和设备,按照暂估单价计入综合单价。

(3)招标文件中的工程量清单标明的工程量是投标人投标报价的共同基础,竣工结算的工程量将按发、承包双方在合同中约定应予计量且实际完成的工程量确定。招标文件中的工程量清单标明的工程量是招标人根据拟建工程设计文件预计的工程量,不能作为承包人在履行合同义务中应予完成的实际和准确的工程量,它一方面是投标人进行投标报价的共同基础,另一方面也是对评审投标人投标报价的共同平台。这是招投标活动应当遵循公开、公平、公正和诚实信用原则的具体体现。

2.5.3　措施项目清单计价

措施项目费最能反映企业的竞争实力。措施项目清单计价应根据拟建工程的施工组织设计,可以计算工程量的措施项目,应按分部分项工程量清单的方式采用综合单价计价;其余的措施项目可以"项"为单位的方式计价,应包括除规费、税金外的全部费用。

措施项目清单中的安全文明施工费必须按照国家或省级、行业建设主管部门的规定计价,不得作为竞争性费用。

措施项目费计算的基本依据是施工组织设计方案。可以计算工程量的措施项目组价常采用消耗量定额或企业定额计算,以"项"为单位计算的措施项目费常采取费率形式计算,其费用包括人工费、材料费及机械费、管理费和利润。

措施项目费计算方法

(1)国家计量规范规定可以计算工程量的措施项目,其计算公式为:

$$措施项目费 = \sum(措施项目工程量 \times 综合单价) \qquad (2.5-2)$$

(2)国家计量规范规定不可以计算工程量的措施项目计算方法如下:

1)脚手架搭拆费的计算

当安装物操作高度较高时,必须搭设脚手架,才能使安装工作顺利进行。脚手架属于措施项目费,其搭设拆除需要消耗一定的人工、材料和材料的运输,这些都是脚手架搭拆费的组成部分。安装工程的脚手架不固定属于某一具体分部分项工程,可以说它几乎服务于整个专业工程项目,贯穿于工程施工始末,因此为了简便起见,在实践中脚手架搭拆费通常按照系数计算。安装工程脚手架搭拆费的计算参考《广东省安装工程综合定额》(2010)(以下简称《综合定额》)各专业册所给的系数,采取按人工费为计算基础进行计算(系数包括管理费、利润)。《综合定额》在测算脚手架搭拆系数时,按以下因素考虑:一是施工工艺和现场条件;二是专业工程交叉作业施工时可以互相利用脚手架;三是在楼层内按简易脚手架考虑的。《综合定额》脚手架搭拆费系数见表2.5-1。

《综合定额》脚手架搭拆费系数　　表2.5-1

综合定额	计费基础	系数(%)或规定	说　明
第一册	起重主钩起重量(t)	见第一册P747页	只适用C.1.4章,其余项目不计
第二册	人工费	4	10kV以下架空线路和单独承担埋地或沟槽敷设线缆工程除外
第三册	人工费	10	适用C.3.1~C.3.5章
		5	适用C.3.6章
第四册	人工费	25	指单座炉窑系统工程中单个炉500m^{3}以内
		20	2000m^{3}以内
		15	2000m^{3}以上

续表

综合定额	计费基础	系数(%)或规定	说　明
第五册	人工费	5	静置设备制作工程
		10	除静置设备制作以外的工程
第六册	人工费	7	单独承担埋地管道工程除外
第七册	人工费	5	
第八册	人工费	5	单独承担埋地管道工程除外
第九册	人工费	3	
第十册	人工费	4	
第十一册	人工费	12	
第十三册	人工费	4	

2)安全文明施工费

安全文明施工费 = 计算基数 × 安全文明施工费费率(%)　(2.5-3)

计算基数应为定额基价(定额分部分项工程费 + 定额中可以计量的措施项目费)、定额人工费或(定额人工费 + 定额机械费),其费率由工程造价管理机构根据各专业工程的特点综合确定。根据《综合定额》,按人工费的26.57%计算。

3)夜间施工增加费

夜间施工增加费 = 计算基数 × 夜间施工增加费费率(%)　(2.5-4)

4)二次搬运费

二次搬运费 = 计算基数 × 二次搬运费费率(%)　(2.5-5)

(3)冬雨期施工增加费:

冬雨期施工增加费 = 计算基数 × 冬雨期施工增加费费率(%)　(2.5-6)

(4)已完工程及设备保护费:

已完工程及设备保护费 = 计算基数 × 已完工程及设备保护费费率(%)(2.5-7)

上述(2)~(4)项措施项目的计费基数应为定额人工费或(定额人工费 + 定额机械费),其费率由工程造价管理机构根据各专业工程特点和调查资料综合分析后确定。

2.5.4　其他项目清单计价

(1)暂列金额

暂列金额应按招标工程量清单中列出的金额填写,根据《综合定额》,招标控制价和施工图预算按分部分项工程费的10%~15%,具体由发包人根据工程特点确定。结算按实际发生数额计算。

(2)暂估价

暂估价中的材料、工程设备单价应按招标工程量清单中列出的单价计入综合单价,暂估价中的专业工程金额应按招标工程量清单中列出的金额填写。

1)材料暂估价:招标控制价和施工图预算按工程所在地工程造价管理机构发布的工程造价信息;工程造价信息没有的,参考市场价格确定;投标报价时按照市场价格确定;结算时,若材料是招标采购的,按照中标价调整;非招标采购的,按发承包双方最终确认的单价调整。

2)专业工程暂估价:招标控制价和施工图预算应区分不同专业,按规定估算确定。结算时,若专业工程是招标采购的,其金额按照中标价计算;非招标采购的,其金额按发承包双方最终确认的金额计算。

(3)计日工

招标控制价和预算中计日工单价按工程所在地工程造价管理机构发布的工程造价信息计列,工程造价信息没有的,参考市场价格确定。工程结算时,工程量按承包人实际完成的工作量计算;单价按合同约定的计日工单价,合同没有约定的,按工程所在地工程造价管理机构发布的工程造价信息计列(其中人工按签证用工规定执行)。

(4)总承包服务费

总承包服务费的内容及计取标准应在分包工程开工之前由有关各方在分包工程合同中约定。当发包人对建设工程项目采用总包与平行发包模式时,在主体工程的招标文件及工程量清单其他项目费清单中应载明拟分包专业工程估算并明确发包人对总承包人提供服务内容的要求,编制招标控制价时参考表2.5-2计算总承包服务费,投标人据此进行自主报价。工程结算时,应以投标报价中的费率和最终确定的分包专业工程造价为准计算总承包服务费,由发包人支付给总包单位。分包单位对分包工程的安全、质量和工期负责,总承包人仅在约定的服务内容履行不到位的范围内承担连带责任。

总承包服务费计取标准(%) **表2.5-2**

序号	分包内容	计费基础	计取标准
1	仅要求对发包人发包的专业工程进行总承包管理和协调时	专业工程造价	1.5
2	要求对发包人发包的专业工程进行总承包管理和协调,并同时要求提供配合和服务	专业工程造价	3~5
3	配合发包人自行供应材料的(不含建设单位供应材料的保管费)	按发包人供应材料价值	1
4	承包人保管发包人供应材料,材料、设备单价在5万元以下的		1.5
5	承包人保管发包人供应材料,材料、设备单价在5万元以上的	材料、设备保管费必须经双方协商约定计算	

注:本表根据粤建造发[2013]4号文编制。

分包工程不与总承包工程同时施工,且总承包单位不提供相应服务或虽在同一现场同时施工,但总承包单位未向分包单位提供相应服务的不应收取总承包服务费。计取了总承包服务费后,总包单位不得再就已约定的服务内容另行计算相关费用。

工程项目总承包单位经发包人同意将承包工程中的部分工程发包给具有相应资质的分包单位,所需的总包管理费由总包单位与分包单位自行协商确定,总包单位不应向发包人收取总承包服务费。同时,总包单位对分包工程的质量、安全和工期承担连带责任。

(5)材料检验试验费

指依据国家有关法律、法规和工程建设强制性标准,对具有出厂合格证明的进场材料送检发生的工料和检测费用,除单独承包土石方工程外,广东省按分部分项工程费的0.2%计算。

(6)预算包干费

一般是固定总价合同中使用的,为了弥补各种不可预料风险而增加的一个系数,包干使用。根据各地的实际情况的不同,系数的取定也不同,一般按0~2%计算,计算基础为分部分项工程费。预算包干费应根据施工现场实际情况,由甲乙双方商定并在合同中注明包干的内容和费率。

预算包干费的内容:材料价差、材料代用、因临时停水、停电而造成的一天以内的施工现场的停工费(但停水、停电每月不得超过规定次数,如超过时由双方签证另行结算)、材料的理论重量和实际重量的差。以上包干范围和内容如有扩大或缩小时,由建设单位和施工单位协商另行确定包干系数,并在承包合同中约定。

(7)工程优质费

发包人要求承包人创建优质工程,经有关部门鉴定或评定达到合同要求的优质工程质量标准的,工程结算应按照合同约定计算工程优质费,合同没有约定的,参照表2.5-3计算。

优质工程费标准 **表2.5-3**

工程质量	市级质量奖	省级质量奖	国家级质量奖
计算基础	分部分项工程费		
费用标准(%)	1.50	2.50	4.00

注:本表摘自《综合定额》。

(8)其他费用

如工程发生时,由编制人根据工程要求和施工现场实际情况,按实际发生或经批准的施工方案计算。

2.5.5 规费和税金清单项目计价

规费和税金不列入招标投标竞争范围,招标人应严格执行国家、省有关规定的标准。

(1)社会保险费和住房公积金

社会保险费和住房公积金应以定额人工费为计算基础,根据工程所在地省、自治区、直辖市或行业建设主管部门规定费率计算。

社会保险费和住房公积金 = Σ(工程定额人工费 × 社会保险费和住房公积金费率)

式中:社会保险费和住房公积金费率可以每万元发承包价的生产工人人工费和管理人员工资含量与工程所在地规定的缴纳标准综合分析取定。

(2)工程排污费

工程排污费等其他应列而未列入的规费应按工程所在地环境保护等部门规定的标准缴纳,按实计取列入。规费各地没有统一规定,计价时根据招标文件的要求填报。根据《综合定额》,工程排污费的计算基础是分部分项工程费、措施项目费、其他项目费之和。

(3)税金

在建设工程费用组成中税金包括:营业税、城市建设维护税、教育费附加、地方教育附加,其中:

1)营业税:以应税营业额为计税基础,税率3%。

2)城市建设维护税:以营业税税额为计税基础,税率分别为,市区7%、县镇5%、乡村1%。

3)教育费附加:以营业税税额为计税基础,税率3%。

4)地方教育附加:以营业税税额为计税基础,税率2%。

营业税是价内税,营业税一般以营业收入全额为计税依据,实行比例税率,税款随营业收入额的实现而实现。

$$应纳营业税款 = 计税营业额 \times 营业税税率 \tag{2.5-8}$$

当以不含税工程造价为基础计算税金时,市区、县镇、乡村的综合税率分别为:

市区:3% ×(1 +7% +3% +2%)/[1 -3% ×(1 +7% +3% +2%)] =3.477%

县镇：$3\% \times (1+5\%+3\%+2\%)/[1-3\% \times (1+5\%+3\%+2\%)]=3.413\%$

乡村：$3\% \times (1+1\%+3\%+2\%)/[1-3\% \times (1+1\%+3\%+2\%)]=3.284\%$

因此，建设工程造价中税金的计算式为：

$$税金=不含税工程造价 \times 综合税率 \quad (2.5-9)$$

5）实行营业税改增值税的，按纳税地点现行税率计算。

规费和税金，虽然列入清单报价内容，但却不是投标人的收入，而是收取以后应上缴的费用。

采用工程量清单计价的工程，应在招标文件或合同中明确风险内容及其范围（幅度），不得采用无限风险、所有风险或类似语句规定风险内容及其范围（幅度）。

2.5.6 工程量清单计价注意事项

2.5.6.1 招标控制价

国有资金投资的工程建设项目应实行工程量清单招标，并应编制招标控制价。招标控制价超过批准的概算时，招标人应将其报原概算部门审核。投标人的投标报价高于招标控制价的，其投标应予以拒绝。

招标控制价编制的依据均为公开信息。综合单价中应包括招标文件中要求投标人承担的风险费用。暂估价中的材料单价应根据工程造价信息或参照市场价格估算；计日工应按招标工程量清单中列出的项目根据工程特点和有关计价依据确定综合单价计算；总承包服务费应根据招标文件列出的内容和要求估算。

招标控制价应在招标时公布，不应上调或下浮，招标人应将招标控制价及有关资料报送工程所在地工程造价管理机构备查。

2.5.6.2 投标价

除《工程量计算规范》强制性规定外，投标价由投标人自主确定，但不得低于成本。投标人应按招标人提供的工程量清单填报价格。投标价与招标控制价的编制内容基本相同，计算依据的不同点有：

（1）计价依据方面，投标价主要依据企业定额、施工现场情况、工程特点及拟定的投标施工组织设计或施工方案；

（2）投标人可根据工程实际情况结合施工组织设计，对招标人所列的措施项目进行增补；

（3）计日工按招标人在其他项目清单中列出的项目和数量，自主确定综合单价并计算计日工费用；

（4）总承包服务费根据招标文件中列出的内容和提出的要求自主确定；

（5）招标工程量清单与计价表中列明的所有需要填写单价和合价的项目，投标人均应填写且只允许有一个报价。未填写单价和合价的项目，可视为此项费用已包含在已标价工程量清单中其他项目的单价和合价之中。当竣工结算时，此项目不得重新组价予以调整；

（6）投标总价应当与分部分项工程费、措施项目费、其他项目费和规费、税金的合计金额一致。

2.5.6.3 合同价款约定

（1）合同约定不得违背招标、投标文件中关于工期、造价、质量等方面的实质性内容。招标文件与中标人投标文件不一致的地方，应以投标文件为准。

(2)不实行招标的工程合同价款,应在发承包双方认可的工程价款基础上,由发承包双方在合同中约定。

(3)实行工程量清单计价的工程,应采用单价合同;建设规模较小,技术难度较低,工期较短,且施工图设计已审查批准的建设工程可采用总价合同;紧急抢险、救灾以及施工技术特别复杂的建设工程可采用成本加酬金合同。

2.5.7 工程量清单计价文件总说明的编写

工程量清单计价文件总说明应按下列内容填写:

(1)工程概况:建设规模、工程特征、计划工期、合同工期、实际工期、施工现场及变化情况、施工组织设计的特点、自然地理条件、环境保护要求等。

(2)编制依据等。

2.5.8 工程量清单计价表格

工程量清单计价的主体内容是在统一的表格内进行,《13 计价规范》规定了工程量清单计价表格的标准格式。《13 计价规范》规定的计价表格名称见表 2.5－4。

工程计价表格　　表 2.5－4

序号	表格名称	序号	表格名称
附录 B	**工程计价文件封面**	F.2	综合单价分析表
B.1	招标工程量清单封面	F.3	综合单价调整表
B.2	招标控制价封面	F.4	总价措施项目清单与计价表
B.3	投标总价封面	**附录 G**	**其他项目计价表**
B.4	竣工结算书封面	G.1	其他项目清单与计价汇总表
B.5	工程造价鉴定意见书封面	G.2	暂列金额明细表
附录 C	**工程计价文件扉页**	G.3	材料(工程设备)暂估单价及调整表
C.1	招标工程量清单扉页	G.4	专业工程暂估价及结算价表
C.2	招标控制价扉页	G.5	计日工表
C.3	投标总价扉页	G.6	总承包服务费计价表
C.4	竣工结算总价扉页	G.7	索赔与现场签证计价汇总表
C.5	工程造价鉴定意见书扉页	G.8	索赔费用申请(核准)表
附录 D	**工程计价总说明**	G.9	现场签证表
附录 E	**工程计价汇总表**	H	规费、税金项目计价表
E.1	建设项目招标控制价/投标报价汇总表	**附录 J**	**工程计量申请(核准)表**
E.2	单项工程招标控制价/投标报价汇总表	**附录 K**	**合同价款支付申请(核准)表**
E.3	单位工程招标控制价/投标报价汇总表	K.1	预付款支付申请(核准)表
E.4	建设项目竣工结算汇总表	K.2	总价项目进度款支付分解表
E.5	单项工程竣工结算汇总表	K.3	进度款支付申请(核准)表
E.6	单位工程竣工结算汇总表	K.4	竣工结算款支付申请(核准)表
附录 F	**分部分项工程和措施项目计价表**	K.5	最终结清支付申请(核准)表
F.1	分部分项工程量清单与计价表	**附录 L**	**主要材料、工程设备一览表**

续表

序号	表格名称	序号	表格名称
L.1	承包人提供材料和工程设备一览表	L.3	承包人提供主要材料和工程设备一览表(适用于价格指数差额调整法)
L.2	承包人提供主要材料和工程设备一览表(适用于造价信息差额调整法)		

2.5.9 工程量清单计价程序

由于工程费用项目比较多,费用计算时前后又有一定的关系,为了方便计算,避免混乱,减少漏项,提高计算效率和准确性,造价管理部门根据费用之间的关系和计算方法编制出计价程序供造价人员使用。根据《广东省安装工程计价通则》(2010),工程清单计价的计价程序见表2.5-5。

工程量清单计价程序 **表2.5-5**

序号	名　称	计算方法	
		招标控制价	投标报价
1	分部分项工程费	Σ(清单工程量×综合单价)	自主报价
2	措施项目费	按计价规定计算(2.1+2.2)	自主报价(2.1+2.2)
2.1	安全文明施工费	按规定标准计算(包括利润)	按规定标准计算
2.2	其他措施项目费	按计价规定估算(包括利润)	
3	其他项目费	按计价规定计算	
3.1	其中:暂列金额	按计价规定估算	按招标文件提供金额计列
3.2	其中:专业工程暂估价	按计价规定估算	按招标文件提供金额计列
3.3	其中:计日工	按计价规定估算	自主报价
3.4	其中:总承包服务费	按计价规定估算	自主报价
4	规费	(1+2+3)×费率(按规定标准)	
5	税金	(1+2+3+4)×规定税率	
6	含税工程造价	1+2+3+4+5	

第3章　定　额

广义地说，定额就是处理特定事物的数量界限。在现代社会经济生活中，定额无所不在，在生产领域有工时定额、原材料消耗定额、原材料和成品半成品储备定额、流动资金定额等，都是企业管理的重要内容。在工程建设领域也存在多种定额，它伴随着管理科学的产生而产生，伴随着管理科学的发展而发展。

定额即规定的额度，是企业在进行生产经营活动时，人力、物力、财力消耗方面应遵守或达到的数量标准。工程建设定额是指在一定的生产条件下，完成指定工作内容，生产质量合格的单位建筑产品所需要的劳动力、材料和机械台班及其资金等数量标准。工程建设定额确定了建造基本单元产品的消耗数量标准，是计算建设工程造价的重要依据之一。

3.1　建设工程计价定额种类

由于建设工程具有分阶段建设、多专业组合的特点，其计价工作就需要与之相适应的计价定额。为了对建设工程造价进行计算、控制和管理，政府部门制定、颁发了一系列的定额，形成了我国特有的建设工程计价定额体系，这是我国几十年工程建设实践的结晶，是整合建设工程领域内社会资源的结果，是我国工程建设领域内的宝贵财富。建设工程定额的种类较多，通常按生产要素、用途、适用范围、专业性质进行分类。

3.1.1　按生产要素分类

定额按生产要素分为劳动定额、材料消耗定额、机械台班使用定额，这三种定额是编制各类建设工程计价定额的基础，因此亦称为基础定额。

3.1.1.1　劳动定额

劳动定额是指完成单位合格产品所允许消耗的劳动量，这个数值是对工人在单位时间内完成的产品数量和质量的综合要求。劳动定额可以用时间定额和产量定额两种形式表示。

时间定额（也称工时定额），是指工人在合理的劳动组织与合理使用材料的条件下，生产单位合格产品或完成一定工作任务的劳动时间消耗的限额，包括准备与结束的时间、基本工作时间、辅助工作时间、不可避免的中断时间以及工人必需的休息时间。时间定额的计量单位为“工日”或“工天”，每一工日按8小时计算。

$$\text{时间定额}=\frac{\text{班组成员劳动时间的总和(工日)}}{\text{班组完成的产品总数}}\ \text{(工日/单位产品)} \qquad (3.1-1)$$

产量定额是指工人在合理的劳动组织与合理使用材料的条件下，单位时间内生产合格产品的数量或完成工作任务量的限额，以产品（工程量）的计量单位表示。

$$\text{产量定额}=\frac{\text{班组完成的产品总数}}{\text{班组成员劳动时间总和(工日)}}\ \text{(产品数/工日)} \qquad (3.1-2)$$

由时间定额与产量定额的意义，二者互为倒数。即：

$$\text{时间定额}=\frac{1}{\text{产量定额}} \qquad \text{产量定额}=\frac{1}{\text{时间定额}} \qquad (3.1-3)$$

$$\text{时间定额}\times\text{产量定额}=1 \qquad (3.1-4)$$

时间定额和产量定额，是劳动定额两种不同的表现形式，它们有各自的用途。时间定额，以工日为单位，便于计算分部分项工程所需要的总工日数，计算工期和核算工资，编制施工进度计划。因此劳动量通常采用时间定额进行计算。产量定额是以产品的数量来计量，便于小组分配任务，编制作业计划、签发施工任务单和考核生产效率。

表3.1－1摘自2009年国家人力资源和社会保障部、住房和城乡建设部联合发布实施的《建设工程劳动定额》，按表3.1－1，若安装*DN*32，长为10m的室内衬塑钢管（丝接），需要1.97个工日（即时间定额）。

衬塑钢管安装（手工螺纹连接） **表3.1－1**

工作内容：预留管洞、检查及清扫管材、修洞堵洞、切管、套丝、上管件、调直、裁钩钉及卡子、一次水压试验等操作过程。

单位：10m

定额编号	CA0023	CA0024	CA0025	CA0026	CA0027	CA0028	CA0029	CA0030
项目	公称直径（≤mm）							
	20	32	50	70	80	100	125	150
综合	1.63	1.97	2.48	2.63	2.78	3.15	3.50	4.01

注：本标准以手工操作为准，若采用机械套丝乘以系数0.8。

【例3.1】安装室内衬塑钢管*DN*32，长35m，螺纹连接，试确定所需工日数。若由2名工人完成，所需的施工天数为多少？

由表3.1－1查得安装*DN*32每10m的时间定额为1.97工日，则总工日数为：

3.5m×1.97工日/10m＝6.90工日

所需的施工天数为：

6.90÷2＝3.45d

3.1.1.2　材料消耗定额

材料消耗定额是指在合理使用材料的条件下，生产单位合格产品所需消耗的各种材料、成品、半成品、构配件及动力等资源的数量，即：

$$\text{材料消耗定额}=\frac{\text{某种材料的耗量总数}}{\text{产品数量}}\quad \text{材料数量/单位产品}\qquad(3.1-5)$$

3.1.1.3　机械台班使用定额

机械台班使用定额也称机械台班定额。它反映施工机械在正常的施工条件下，合理、均衡地组织劳动和使用机械时，该机械在单位时间内的生产效率。机械台班使用定额的表现形式分为时间定额和产量定额。

机械时间定额是指在合理的劳动组织与合理使用机械的条件下，完成单位合格产品所需的工作时间，包括有效工作时间（正常负荷下的工作时间和降低负荷下的工作时间）、不可避免的中断时间、不可避免的无负荷工作时间。机械的时间定额以“台班”（一台机械工作8小时为1个台班）表示。

机械产量定额是指施工机械在正常运转和合理使用机械的条件下，单位时间内应完成的合格产品的数量。

时间定额与产量定额互为倒数。

3.1.2　按用途分类

一个建设项目从提出项目建议书开始直至项目建成交付使用，要经过多个环节、不同的阶段，每一个阶段都有与之相对应的工程造价工作，因此就要有与之相配套的工程计价依据。项目进行的不同阶段所使用的定额也不同,分别有估算指标、概算指标、概算定额、预算定额、施工定额。

3.1.2.1 估算指标

估算指标是项目建议书阶段或可行性研究阶段,用以计算工程投资及其主要人工、材料、机械耗用量的指标。估算指标以独立的单项工程或完整的工程项目为计算对象,其概略程度与可行性研究阶段相适应,适宜于编制投资估算。

3.1.2.2 概算指标

概算指标是初步设计阶段或可行性研究阶段,用以计算工程中人工、材料、造价及主要分项实物量等参考数额。概算指标是概算定额的综合和扩大,与初步设计的深度相适应,适宜于编制设计概算和投资估算。概算指标在表现形式上有综合指标与单项指标两种,是投资(工程造价)控制的工具之一,也是基本建设决策阶段编制计划任务书的依据。

3.1.2.3 概算定额

概算定额是扩大初步设计阶段,用以计算分部工程或扩大构件的综合项目所需人工材料、机械台班、价值等的数量标准。概算定额项目划分较粗,它是在预算定额的基础上,以分部工程的主体项目为主,合并相关的附属项目,按其含量综合制定的一种估价定额,与扩大初步设计的深度相适应,适宜于编制设计概算和招标标底。概算定额是投资(工程造价)控制的重要依据。

3.1.2.4 预算定额

预算定额是指以分项工程为对象,完成单位分项工程所消耗的各种人工、材料、机械台班及其资金的数量标准。预算定额项目划分较细,因此计算精度较高,适宜于编制施工图预算、招标控制价、投标报价和竣工结算。预算定额是建设工程计价的重要依据,同时,预算定额是编制概算定额的基础。

各地以国家统一预算定额内容及其指标为依据,套用本地区现行“要素”单价基础上而编制的单位估价表、预算价目表、项目计价表等,都是本地区(地方)预算定额。

3.1.2.5 施工定额

施工定额是以同一性质的施工过程为标定对象,表示某一施工过程中的人工、材料和机械消耗量。它既不同于劳动定额,也不同于预算定额和概算定额,但接近预算定额。施工定额不仅要考虑到预算定额的分部方法和内容,又要考虑到劳动定额的分工种做法。施工定额有人工、材料和机械台班三部分。定额人工部分要比劳动定额粗,步距大些,工作内容有适当综合和扩大。但施工定额比预算定额细,要考虑到劳动组合。施工定额的编制应能够反映比较成熟的先进技术和先进经验,应能体现大多数生产者经过努力能够达到和超过水平,即平均先进水平原则。

施工定额是企业在工程施工阶段考核劳动生产率水平、管理水平的尺度和计算工程成本、投标报价、编制施工作业进度计划、签发工程任务单(包括限额领料单)的依据。施工定额是施工企业内部经济核算的依据,也是编制预算定额的基础。

3.1.3 按适用范围分类

定额按适用范围分为全国统一定额、行业(主管部)定额、地方定额、企业定额、补充定额。

3.1.4 按专业性质分类

定额按专业性质分为建筑工程定额,安装工程定额,市政工程定额,园林、绿化工程定额,铁路工程定额,公路工程定额等。

在我国几十年的建设工程造价管理中,国家相继发布实施了一些全国统一定额,是在全国范围内适用的专业定额,见表3.1－2。

国家发布的统一定额 **表3.1－2**

序号	定 额 名 称	发布时间
1	建筑安装工程统一劳动定额	1962,1979,1985,1994
2	全国统一安装工程预算定额	1986,2000
3	仿古建筑及园林工程预算定额	1988
4	全国统一市政工程预算定额	1988,1999
5	全国统一施工机械台班费用定额	1988,1994,1998
6	全国统一建筑工程基础定额	1995
7	全国统一安装工程基础定额	1995
8	人防工程预算定额	1999

3.1.5 按费用性质分类

定额按费用性质分为分部分项工程费定额和费用定额。分部分项工程费定额是指一系列的分部分项工程概预算定额表及其说明,费用定额是指措施项目费(仅指不能计算工程量的措施项目)、其他项目费、规费、税金的计算方法和计算系数。

3.2 预算定额

预算定额是完成规定计量单位质量标准的分部分项工程项目的人工、材料、机械台班消耗量的标准,是编制施工图预算的主要依据,是由国家行政主管部门根据社会平均生产力发展水平,综合考虑施工企业的现状,以施工定额为基础编制的一种社会平均消耗量标准。

3.2.1 预算定额的作用

(1)预算定额是编制施工图预算和招标控制价的依据;

(2)预算定额是承包商投标报价的参考;

(3)预算定额是拨付工程价款和工程竣工结算的依据;

(4)在编制施工组织设计时,预算定额是确定劳动力、建筑材料、成品、半成品和施工机械需要量的依据;

(5)预算定额是对设计方案进行经济比较的依据;

(6)预算定额是施工企业进行经济核算和经济活动分析的依据;

(7)预算定额是编制概算定额和概算指标的基础。

3.2.2 预算定额的编制依据

(1)现行的劳动定额和施工定额;

(2)通用设计标准图集、定型设计图纸和有代表性的设计图纸;

(3)现行的设计规范、施工及验收规范、质量评定标准和安全技术规程;

(4)新技术、新结构、新材料的科学试验、测定、统计以及经济分析资料;

(5)现行的预算定额和补充单位估价表;

(6)现行的人工工资标准、材料预算价格和施工机械台班预算价格。

3.2.3　预算定额的性质

在计划经济体制下，预算定额具有法令性。但是在当前市场经济条件下，投资主体的多元化和招标投标制的实行，特别是 2003 年 7 月 1 日实行工程量清单计价以来，在投标活动中要求根据企业的实力自主报价，因此预算定额作为计价依据其法令性逐渐被淡化。但是由于预算定额是建筑行业几十年生产活动的经验总结，是历史的沉积。预算定额是由国家或地方主管部门统一组织编制和颁发，其数据反映社会（行业）的平均水平，确定了建筑产品的计划价格，是建设工程各方主体共同的参照物。因此，预算定额在建设工程领域内仍然具有权威性，是建设工程计价、定价的重要参考依据。

3.2.4　预算定额的构成

预算定额在建设工程各类定额中内容最广、专业最全、统一性最高、执行最严。预算定额的内容一般由目录、总说明、分部（各章）说明、工程量计算规则、分部分项定额项目表及有关附录所组成。

3.2.4.1　总说明（册说明）

主要说明该定额的编制原则和依据、适用范围和作用、定额已考虑和未考虑的共性问题、使用定额应注意的问题等内容。

3.2.4.2　工程量计算规则

工程量计算规则是对各计价项目套用本定额时在工程量的计量单位、计算范围、计算方法等所作的具体规定。

3.2.4.3　各章（分部说明）说明

主要说明本章（分部）定额的编制和使用规则，定额中包括、未包括的工作内容和说明，定额指标的调整及换算方法、项目解释等内容。

3.2.4.4　分部分项工程定额项目表

定额项目表是预算定额的主体部分，反映了完成一定计量单位的分项工程，所消耗的人工、各种材料，机械台班数额及其费用的数值。分部分项工程定额项目表由项目描述，定额编号，人工、材料和机械的消耗量及其资金四部分组成，见图 3.2 所示。表 3.2 是《全国统一安装工程预算定额》第八册（给水排水、采暖、煤气工程）的室内镀锌管（丝接）安装的定额项目表。

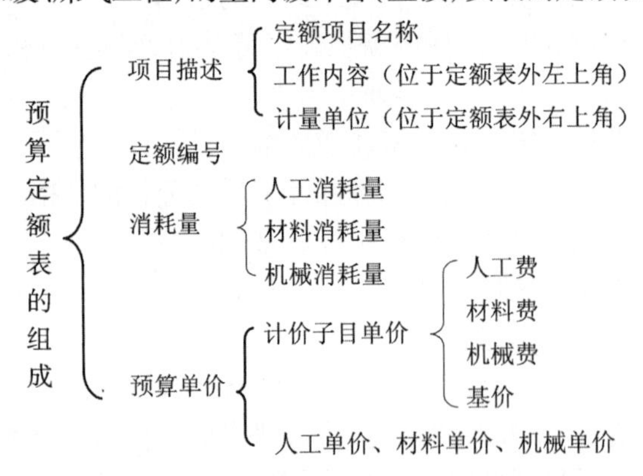

图 3.2　全国统一安装工程预算定额表的组成

镀锌钢管(螺纹连接) **表 3.2**

工作内容:打堵洞眼、切管、套丝、上零件、调直、管道安装、水压试验。 计量单位:10m

定额编号				8-87	8-88	8-89	8-90	8-91	8-92
项目				公称直径(mm 以内)					
				15	20	25	32	40	50
名称		单位	单价(元)	数量					
人工	综合工日	工日	23.22	1.830	1.830	2.200	2.200	2.620	2.680
材料	镀锌钢管 *DN*15	m	—	(10.20)	—	—	—	—	—
	镀锌钢管 *DN*20	m	—	—	(10.20)	—	—	—	—
	镀锌钢管 *DN*25	m	—	—	—	(10.20)	—	—	—
	镀锌钢管 *DN*32	m	—	—	—	—	(10.20)	—	—
	镀锌钢管 *DN*45	m	—	—	—	—	—	(10.20)	—
	镀锌钢管 *DN*50	m	—	—	—	—	—	—	(10.20)
	镀锌钢管接头零件 *DN*15	个	0.80	16.37	—	—	—	—	—
	镀锌钢管接头零件 *DN*20	个	1.14	—	11.52	—	—	—	—
	镀锌钢管接头零件 *DN*25	个	1.85	—	—	9.78	—	—	—
	镀锌钢管接头零件 *DN*32	个	2.74	—	—	—	8.03	—	—
	镀锌钢管接头零件 *DN*40	个	3.53	—	—	—	—	7.16	—
	镀锌钢管接头零件 *DN*50	个	5.87	—	—	—	—	—	6.51
	钢锯条	根	0.62	0.39	3.41	2.55	2.41	2.67	1.33
	尼龙砂轮片 *D*400	片	11.80	—	—	0.05	0.05	0.05	0.15
	机油	kg	3.55	0.23	0.17	0.17	0.16	0.17	0.20
	铅油	kg	8.77	0.14	0.12	0.13	0.12	0.14	0.14
	线麻	kg	10.40	0.012	0.012	0.013	0.012	0.014	0.014
	管子托钩 *DN*15	个	0.48	1.46	—	—	—	—	—
	管子托钩 *DN*20	个	0.48	—	1.44	—	—	—	—
	管子托钩 *DN*25	个	0.53	—	—	1.16	1.16	—	—
	管卡子(单立管)*DN*25	个	1.34	1.64	1.29	2.06	—	—	—
	管卡子(单立管)*DN*20	个	1.64	—	—	—	2.06	—	—
	普通硅酸盐水泥 42.5 级	kg	0.34	1.34	3.17	4.20	4.50	0.69	0.39
	砂子	m^3	44.23	0.10	0.10	0.10	0.10	0.22	0.25
	镀锌铁丝 8 号~12 号	kg	6.14	0.14	0.39	0.44	0.15	0.01	0.04
	破布	kg	5.83	0.10	0.10	0.10	0.10	0.24	0.25
	水	t	1.65	0.05	0.06	0.08	0.09	0.13	0.16
机械	管子切断机 *D*60~150	台班	18.29	—	—	0.02	0.02	0.02	0.06
	管子切断套丝机 *D*159	台班	22.03	—	—	0.03	0.03	0.03	0.08
基价(元)				65.45	66.72	82.91	85.56	93.25	110.13
其中	人工费(元)			42.49	42.49	51.08	51.08	60.84	62.23
	材料费(元)			22.96	24.23	30.80	33.45	31.38	45.04
	机械费(元)			—	—	1.03	1.03	1.03	2.86

在预算定额表内，人工费、材料费、机械费是表内各自对应子目的生产要素单价与其消耗量乘积的和，表内费用之间的关系是：

$$人工费 = 人工单价 \times 人工数量 \tag{3.2-1}$$

$$材料费 = \sum(材料单价 \times 材料数量) \tag{3.2-2}$$

$$机械费 = \sum(机械台班单价 \times 机械数量) \tag{3.2-3}$$

$$基价 = 人工费 + 材料费 + 机械费 \tag{3.2-4}$$

3.2.4.5　附录

附录在定额的最后部分，列出主要材料的损耗率、相关的工程技术资料等。

3.2.5　预算定额生产要素消耗量

预算定额的消耗量指标由人工消耗量、材料消耗量和机械台班消耗量三部分组成。

3.2.5.1　人工消耗量

预算定额人工消耗量指标是指完成一定计量的分项工程或构件（单位产品）额定消耗的劳动量标准，它由基本用工、辅助用工及定额幅度差用工组成。即：

$$\begin{aligned} 定额人工消耗量指标 &= 基本用工 + 辅助用工 + 定额幅度差用工 \\ &= (基本用工 + 辅助用工) \times (1 + 幅度差系数) \end{aligned} \tag{3.2-5}$$

基本用工是指项目主体的作业用工，或称"净用工量"，一般通过施工定额的劳动定额指标按项目组成内容综合计算而得。辅助用工是指完成该项目施工任务时，必须消耗的材料加工、施工配合用工、超运距用工等辅助性劳动的用工量，它也可以通过确定"含量"，运用施工定额换算。幅度差额用工是指施工定额、劳动定额中没有包括，而又必须考虑的用工，以及施工定额与预算定额之间存在的定额水平差额。例如作业准备与清场扫尾、质量的自检与互检、临时性停电或停水、必要的维修与保养工作等造成影响工效而增加的用工。

3.2.5.2　材料消耗量

预算定额中所列的材料，可分为主要材料、辅助材料、周转性材料和次要材料。主要材料和辅助材料是指直接构成工程实体的材料。周转性材料（又称工具性材料），是指在施工中多次使用、且不构成工程实体的材料，如模板、脚手架等，此类材料的定额消耗量是指材料的摊销量，即材料多次使用，以逐次分摊的形式进入材料消耗量定额中。次要材料是指耗用量少、价值不大、对基价影响小的其他零星材料，定额中不列品种与耗量，而用货币计量，在安装工程定额中以"其他材料费"表示。

材料的消耗量指标包括材料的净用量和损耗量。净用量是指材料经过加工后转移到产品中的数量，损耗量包括材料经过加工后不能直接使用的废料和施工操作、场内运输、现场堆放损耗量，材料消耗量的计算见式（3.2-6）和式（3.2-7）。

$$\begin{aligned} 材料消耗量 &= 材料净用量 + 损耗量 \\ &= 净用量 \times (1 + 损耗率) \end{aligned} \tag{3.2-6}$$

$$材料损耗率(\%) = \frac{材料损耗量}{材料净用量} \times 100\% \tag{3.2-7}$$

材料损耗率是编制材料消耗定额的重要依据之一。各种材料的损耗率应根据现场实际进行测算而得,我国的预算定额在附录中一般均列出材料损耗率。

3.2.5.3　机械台班消耗量

施工机械台班消耗量指标是指在正常施工条件下,完成单位分项工程或构件所消耗的施工机械工作时间(台班)。它由实际耗量和影响耗量两部分组成。实际耗量一般是根据施工定额中机械产量定额的指标换算求出的,也可通过统计分析、技术测定、理论推算等方法分别确定。影响耗量(又称机械幅度差)是指劳动定额中未包括的,而在合理的施工组织条件下机械所必需的停歇时间,这些因素会影响机械效率,因而在编制预算定额时必须加以考虑。其内容包括:

(1)施工机械转移工作面及配套机械互相影响损失的时间;

(2)在正常施工情况下,机械施工中不可避免的工序间歇;

(3)工作结尾时,工作量不饱满所损失的时间;

(4)检查工程质量影响机械操作的时间;

(5)临时水电线路在施工过程中移动所发生的不可避免的工序间歇时间;

(6)配合机械的人工在人工幅度差范围内的工作间歇,从而影响机械操作的时间。

$$\text{机械台班消耗量指标} = \text{实际消耗量} + \text{影响消耗量} = \text{实际消耗量} \times (1 + \text{幅度差额系数\%}) \quad (3.2-8)$$

机械幅度差系数一般根据测定和统计资料取定。例如,大型机械的机械幅度差系数是:土方机械0.25;打桩机械0.33;吊装机械0.3。

3.2.6　**预算单价**

预算单价包含两部分内容,一是指完成单位分部分项工程所投入的货币量的数值,即预算定额表中所列出的人工费、材料费、机械费和基价,称为预算定额子目单价;一是指生产要素单价,即人工单价、材料价格、机械台班单价,这是计算定额人工费、材料费、机械费的基础价格。

3.2.6.1　预算定额子目单价

预算定额子目单价是分部分项工程定额项目一个计量单位的价格,由定额消耗量指标与其对应的资源要素预算单价的乘积和。即:

$$\text{定额基价} = \text{人工费} + \text{材料费} + \text{机械费} \quad (3.2-9)$$

$$\text{人工费} = \text{定额人工消耗量指标} \times \text{人工单价(预算工资标准,元/工日)} \quad (3.2-10)$$

$$\text{材料费} = \sum(\text{定额材料消耗指标} \times \text{材料预算单价}) \quad (3.2-11)$$

$$\text{机械费} = \sum[\text{定额机械台班消耗指标} \times \text{机械台班预算单价(元/台班)}] \quad (3.2-12)$$

预算定额子目单价和资源要素预算单价是不同的概念,预算定额子目单价表示完成一定计量单位分部分项工程(建筑产品)的价格,它的使用与工程量相对应;生产要素预算单价是指原材料的价格,它的使用与人工、材料、机械的消耗量相对应。

3.2.6.2 生产要素单价

本书所说的生产要素单价是指人工工资标准(人工单价)、材料单价和机械台班单价,生产要素单价在预算定额表内是计算预算定额子目单价和工程造价计价的基础性数据。

(1)人工单价(工资单价)

人工单价是指一个建筑安装工人一个工作日在预算中应计入的人工费用,它反映了建筑安装工人的工资水平和一个工人在一个工作日中可以得到的报酬。人工日工资单价一般由基本工资、辅助工资、工资性津贴、劳动保护费、职工福利费、生产工人劳动保护费等组成。

(2)材料价格

材料价格是指材料由产地(或发货地点)到达工地仓库为终点所发生的一切费用的单位价格。它由供应价、包装费、运杂费、采购及保管费等五个因素所组成。规定的计算式为

材料价格 =(供应价 + 包装费 + 运杂费)×(1 十采购保管费率%)- 包装品回收值 (3.2-13)

原价以材料产地交货地点的价格为准,按不同管理方式有出厂价、调拨价、批发价、调剂价、核定价、零售价等区分。供销部门手续费是指物资供销部门转口供货收取的费用,按以原价为基数的规定费率(%)计取;包装费指为使材料在搬运、保管中不受损失或便于运输、而对材料进行包装发生的费用,但不包括已计入材料原价的包装费。运杂费包括运输部门规定的各种运输费、装卸费、堆码整理费及正常运输损耗等费用。采购保管费是指为组织材料采购和保管过程中所发生的各种费用。

(3)施工机械台班单价

机械费单价是指使用施工机械作业发生的机械使用费及机械安装、拆卸和进出场费用。机械台班单价是指在正常的运转下,一台施工机械在一个工作班(8 小时)中应分摊和支出的各种费用之和。机械台班预算单价由第一类费用和第二类费用两部分构成,即:

机械台班预算单价 = 第一类费用 + 第二类费用 (3.2-14)

第一类费用(不变费用)是根据施工机械年工作制度确定的费用,属于不受施工地点和条件限制,而需经常性固定支付的费用。第一类费用由以下八项费用组成:折旧费、大修费、经常修理费、替换设备及工具附具费、润滑擦拭材料费、安装拆卸及辅助设施费、机械进退场费、机械保管费。

第二类费用(可变费用)是指只在机械运转时才会发生的费用,由以下三项费用组成:随机人工工资、动力燃料费、养路费及牌照税。

在计划经济体制下,预算定额是国家宏观调控的工具,历来由国家统一测算、统一定价,此时的价格具有法令性。随着我国经济体制改革的深入开展,建筑产品的定价权属逐步地转给市场。为了规范市场的价格行为,保护建筑产品交易双方的权益,满足建设各方对建设工程造价信息的需求,工程造价管理机构和社会信息咨询单位定期发布市场价格信息(包括人工、材料、机械和费用等价格信息),这些价格信息是建筑产品交易双方合同定价的重要参考资料。

3.3　安装工程预算定额

安装工程预算定额属于专业定额，是编制水、电、空调和设备安装工程计价文件的依据。

3.3.1　全国统一安装工程预算定额

1986年，原国家计委发布实施了《全国统一安装工程预算定额》（十五册）。针对十几年工程建设的发展，国家对1986年安装定额进行了修订和补充，2000年3月17日中华人民共和国建设部以建标[2000]60号文发布了《全国统一安装工程预算定额》（第一～第十一册，第十三册）（GYD－201－2000～GYD－211－2000，GYD－213－2003）（以下简称"全统定额"），另有《安装工程施工仪器仪表台班费用定额》和《全国统一安装工程预算工程量计算规则》（GYD_{GZ}－201－2000），作为安装工程预算定额计算工程量和机械、施工仪器仪表台班费用的依据。

3.3.2　广东省安装工程综合定额

3.3.2.1　《广东省安装工程综合定额》编制依据

《广东省安装工程综合定额》已经发布了三版。《广东省安装工程综合定额》（2002）是在《全国统一安装工程预算定额》（第一～第十一册）（GYD－201－2000～GYD－211－2000）和《广东省安装工程单位估价表》（1989）基础上，结合本省安装工程设计、施工、招投标的实际情况编制的，共分十一册，该版预算定额各分册的名称、定额项目及其定额编号均与《全国统一安装工程预算定额》一致，所不同的主要有以下几点：一是人工消耗量略有调整；二是将国家预算定额的生产要素单价变为广东地区的单价重新计算预算定额单价；三是预算定额单价增加了管理费，即定额基价由人工费、材料费、机械费、管理费组成。

《广东省安装工程综合定额》（2006）是在《广东省安装工程综合定额》（2002）基础上，结合《13计价规范》的有关规定进行了补充和调整后发布实施；现行的《综合定额》是根据《建设工程工程量清单计价规范》GB 50500—2008，在《广东省安装工程综合定额》（2006）基础上，进行补充和调整后于2010年4月1日起实施。

3.3.2.2　《广东省安装工程综合定额》（2010）组成

《广东省安装工程综合定额》（2010）（以下简称《综合定额》）各分册名称与《全国统一安装工程预算定额》各分册的名称相同，有12个专业册，另外有一本适用于各专业的《广东省建设工程计价通则》，共计13册。综合定额由以下各册组成：

第一册　机械设备安装工程

第二册　电气设备安装工程

第三册　热力设备安装工程

第四册　炉窑砌筑工程

第五册　静置设备与工艺金属结构制作安装工程

第六册　工业管道工程

第七册　消防及安全防范设备安装工程

第八册　给排水、采暖、燃气工程

第九册　通风空调工程

第十册　自动化控制仪表安装工程

第十一册　刷油、防腐蚀、绝热工程

第十三册　建筑智能化系统设备安装工程

《综合定额》和《广东省建设工程计价通则》统称为广东省安装工程计价依据。根据广东省建设厅粤建市[2010]15 号文件,该计价依据是国家标准《建设工程工程量清单计价规范》(GB 50500—2008)的实施办法,是编审标设计概算、招标控制价、施工图预算、工程计量与价款支付、工程价款调整、竣工结算、调解工程造价纠纷,鉴定工程造价依据。

3.3.2.3 《综合定额》各分册的组成

综合定额各专业册由以下内容组成:

(1)总说明

(2)册说明

(3)工程量计算规则

(4)分部分项工程项目

(5)措施项目

(6)其他项目

(7)规费

(8)税金

(9)附录

其中,总说明、册说明、工程量计算规则、分部分项工程项目表、附录与一般的预算定额具有相同的内容和作用,在措施项目、其他项目、规费、税金中分别列出了各自的费用组成、费用标准、计算方法和说明。

3.3.2.4 《综合定额》表的构成

《广东省安装工程综合定额》表的构成与《全国统一安装工程预算定额》的内容基本相同,包括了《全国统一安装工程预算定额》表中的人、材、机消耗量和预算定额单价的全部内容,只是定额单价的内容多了管理费项目,即:

基价 = 人工费 + 材料费 + 机械费 + 管理费

综合定额的管理费是根据不同类别地区的施工企业为组织施工生产经营活动所发生的费用测算确定的,综合定额中的管理费将工程所在地划分为四个地区类别,分别为

一类地区:广州、深圳

二类地区:珠海、佛山、东莞、中山

三类地区:汕头、惠州、江门

四类地区:韶关、河源、梅州、汕尾、阳江、湛江、茂名、肇庆、清远、潮州、揭阳、云浮。

表 3.3 - 1 是《综合定额》第八册　给排水、采暖、燃气工程的定额表示例。表中的数据是以表头所示的工作内容和计量单位为边界条件的。以定额编号 C8 - 1 - 196 的子目为例,表示安装 10m 的室内钢塑给水管 *DN*25,在完成配合土建预留孔洞、切管、调直、安装、水压试验的全部工作时,人工费 =79.76 元,材料费 =53.77 元,机械费 =0 元,如工程所在地是广州市,则管理费 =22.11元。

钢塑给水管 **表 3.3－1**

工作内容:配合土建预留孔洞,切管,调直,安装,水压试验计量单位:10m

定额编号				C8－1－194	C8－1－195	C8－1－196	C8－1－197
子目名称				室内钢塑给水管			
				公称直径(mm 以内)			
				15	20	25	32
基价(元)		一类		150.16	155.58	155.64	209.39
		二类		147.62	153.04	152.78	206.53
		三类		145.49	150.91	150.38	204.13
		四类		143.63	149.05	148.28	202.03
其中	人工费(元)			70.69	70.69	79.76	79.76
	材料费(元)			59.87	65.29	53.77	107.52
	机械费(元)			—	—	—	—
	管理费(元)	一类		19.60	19.60	22.11	22.11
		二类		17.06	17.06	19.25	19.25
		三类		14.93	14.93	16.85	16.85
		四类		13.07	13.07	14.75	14.75
编码	名称	单位	单价(元)	消耗量			
0001001	综合日工	工日	51.00	1.386	1.386	1.564	1.564
1455021	钢塑复合管	m		[10.200]	[10.200]	[10.200]	[10.200]
1516311	室内钢塑给水管接头零件 $DN15$	个	3.25	16.370		—	—
1516321	室内钢塑给水管接头零件 $DN20$	个	4.97		11.520		—
1516331	室内钢塑给水管接头零件 $DN25$	个	4.54	—	—	9.780	
1516341	室内钢塑给水管接头零件 $DN32$	个	12.18				8.030
3115001	水	m^3	2.80	0.050	0.060	0.080	0.100
9946131	其他材料费	元	1.00	6.53	7.87	9.14	9.43

注:1. 其他材料费已综合考虑管堵、锯条等辅助材料的费用。

2. 止水环如有发生时按实另计材价。

3.3.2.5 安装工程预算定额的特点

安装工程是按照一定的施工工艺和方法,将设备安置在指定(设计)的地方,或将材料经过加工、与配(元、器)件组合、装配成有使用价值产品的工作。在制定综合定额时,将消耗的辅助或次要材料的价值,计入定额的材料费和基价中,这类材料称为计价材料,其特点是,在定额表中列出材料的消耗量和单价。对于构成工程实体的主体材料,定额中只列出了材料的名称、规格、品种和消耗量,不规定其单价,故在定额的材料费和基价中,不包括其价值,其价值由定额执行地区,根据定额所列出的消耗量,按计价期的信息价或市场询价计算进入工程造价,这种材料称为未计价材料,又称主材。与此相对应,定额材料费中包含的材料称为计价材料,简称辅材。主材价值是分部分项工程费的主要组成部分,按计算期选定的实际价格计算,能相对准确地反映工程实际造价。

在综合定额中,材料消耗量带"[　]"者,即为未计价材料的消耗量。安装工程中有些项目,在达到同一目的的前提下,可以用不同品种、规格和型号的材料加工制作,定额编制时不能事先确定其品种、规格、数量,因此定额将这类材料也作为未计价材料,其名称列在定额表下方的附注内。未计价材料数量的计算方法如下:

对于定额表中列出材料消耗量的未计价材料

$$材料数量=工程量\times未计价材料的定额消耗量 \tag{3.3-1}$$

对于定额表中未列出材料消耗量的未计价材料

$$材料数量=设计用量\times(1+损耗率) \tag{3.3-2}$$

安装工程预算定额中未计价材料的表现形式有以下几种：

(1)定额中该材料未注明单价,材料消耗量用[ ]内的数字表示;

(2)在定额表的下方用附注表示;

(3)在册说明或分部工程(章)说明中表示。

在表3.3-1中,定额编号为C8-1-196的子目,钢塑给水管的消耗量以[10.20]的形式出现,是未计价材料,表示材料费(53.77)未包括钢塑给水管的费用;在表底的附注2中,"止水环如有发生时按实另计材价",表示止水环也是未计价材料;

根据综合定额第八册第1章说明8.1.4.3条:"室内外给水、雨水铸铁管包括接头零件所需的人工,但接头零件的价格另行计算",表示给水、雨水铸铁管的接头零件是未计价材料。

【例3.3-1】某室内钢塑给水管明敷设,管道规格 *DN*25,管道长度180m。采用综合定额计价,利润率按18%,不考虑人工、材料价差,试计算:

(1)该管道工程的材料费

(2)如建设地点在广州市,计算该管道工程的分部分项工程费。

【解】查安装定额C8-1-196(表3.3-1),人工费=79.76元/10m,材料费(辅材费)=53.77/10m,一类地区基价=155.64/10m;定额的钢塑给水管为未计价材料,消耗量10.2m/10m。查当地的建设工程材料信息价,当前 *DN*25 的热镀锌复合钢管(PE)的材料价格=37.01元/m。则

材料费=辅材费+主材费

=53.77×18+10.2×18×37.01=967.86+6795.04=7762.9元

分部分项工程费=定额基价×工程量+主材费+利润

=155.64×18+6795.04+79.76×18×18%=2801.52+6795.04+258.42=9854.98元

在计算主材费时,如果定额中没有列出材料的消耗量,计算主材消耗量时应按工程量加上损耗量。

【例3.3-2】某铜芯电力电缆敷设工程,电缆的长度经计算其工程量为1010m,试根据综合定额计算该电缆的主材费。查信息价该电缆的材料预算单价为16.32元/m。

【解】查第二册定额C2-8-144~C2-8-148,定额表中无未计价材料,但根据表底的附注,电缆是未计价材料,表明电缆的消耗量需要自己计算。查综合定额第二册附录的主要材料损耗率表,得电力电缆的损耗率为1.0%,故:

电缆的材料费=1010×(1+1.0%)×16.32=16648.03元

【例3.3-3】安装螺纹阀门J11T-16 *DN*20共计5个,一类地区,不考虑人工、材料价差。

(1)计算主材费

(2)计算分部分项工程费

【解】查综合定额第二册,C8-2-2,人工费=3.62元/个,一类地区基价=11.75/个;主材消耗量[1.01],查当地的建设工程材料信息价,J11T-16 *DN*20 阀门单价16.73元/个,利润率按18%。

(1)主材费=1.01×5×16.73=84.49元

(2)分部分项工程费＝定额基价×工程量＋主材费＋利润

$=11.75\times5+84.49+3.62\times5\times18\%$

$=58.75+84.49+3.26=146.50$ 元

3.3.3 安装工程分部分项工程增加费

分部分项工程增加费，是指在特殊环境下为完成工程项目施工而发生的技术、生产、安全等方面的费用，包括了对人工降效、材料、机械消耗的补偿。这类费用不便列定额子目计算，综合定额列为按系数计算的费用，计算的结果均作为人工费，项目内容见表3.3－2。

《综合定额》规定的分部分项工程增加费　　表3.3－2

序号	费用名称	计算基础	系数(%)
1	安装与生产同时进行增加费	人工费	10
2	在有害身体健康的环境中施工增加费		10
3	在洞内、地下室内、库内或暗室内进行施工增加系数		30
4	在管井内、竖井内和封闭天棚内进行施工增加费		25
5	工程超高增加费		见表3.3－4
6	高层建筑增加费		见表3.3－5

注:1.《工程量计算规范》将"高层建筑增加费"列为其他措施项目费;
2.《工程量计算规范》将1、2项列为专业措施项目;
3.《工程量计算规范》将第3、6项列为其他措施项目。

《综合定额》各册按系数计取的项目内容见表3.3－3。由于各册的专业特点与要求不同，各册规定的项目系数值也不同，所以不能混用，在应用定额时应当加以注意。

《综合定额》各册按系数计取的费用项目　　表3.3－3

册号	名称	按系数计算的项目
第一册	机械设备安装工程	1. A、B、C、D 2. 制冷站、空压站等系统调整费
第二册	电气设备安装工程	A、B、C、D、E、F
第三册	热力设备安装工程	A、B、C
第四册	炉窑砌筑工程	A、B、C、D
第五册	静置设备与工艺金属结构制作安装工程	A、B、C、D
第六册	工业管道工程	A、B、C
第七册	消防及安全防范设备安装工程	A、B、C、D、E、F
第八册	给排水、采暖、燃气工程	1. A、B、C、D、E、F 2. 采暖系统调试费
第九册	通风空调工程	1. A、B、C、D、E、F 2. 系统调整费
第十册	自动化控制仪表安装工程	A、B、C
第十一册	刷油、防腐蚀、绝热工程	1. A、B、C、D、F 2. 厂区外1～10km施工增加费
第十三册	建筑智能化系统设备安装工程	1. A、B、C、D、E 2. 扩声全系统联调费 3. 背景音乐全系统联调费 4. 停车场管理全系统联调费 5. 楼宇安全防范全系统联调费

注:表中除注明者外，其余符号的意义:A. 安装与生产同时进行增加费;B. 在有害身体健康环境中施工增加费;C. 在洞内、地下室或暗室内进行施工增加费;D. 工程超高增加费;E. 高层建筑增加费;F 在管井内、竖井内和封闭天棚内进行施工增加费。

(1)安装与生产同时进行增加费

安装与生产同时进行增加费,是指改、扩建工程在生产车间或装置内施工,因生产操作或生产条件限制(如不准动火),干扰了安装工作正常进行而降效的增加费用,不包括为保证安全生产和施工所采取的措施费用。如果施工不受生产的干扰,则不应计此项费用。安装与生产同时施工增加费的计算基础为人工费,系数为10%。

(2)在有害身体健康的环境中施工增加费

在有害身体健康的环境中施工增加费,是指在民法通则有关规定允许的前提条件下,改、扩建工程由于车间、装置范围内的高温、多尘、高分贝噪声超过国家标准和在有害气体的环境中工作,以至影响身体健康而降效的费用,不包括劳保条例规定应享受的工程保健费。此项费用以人工费为计算基础,系数为10%。

(3)在洞内、地下室内、库内或暗室内进行施工增加费

在洞内、地下室内、库内或暗室内的环境中施工,受作业条件限制,不但功效降低,并需提供照明、通风、抽水等措施来保障施工正常作业。该增加费的计算基础为此条件下作业的人工费,系数为30%。

(4)在管井内、竖井内和封闭天棚内进行施工增加费。

在管井内、竖井内和封闭天棚内的环境中进行施工,空间狭小,功效降低,该增加费的计算基础为此条件下作业的人工费,系数为25%。

(5)工程超高增加费

工程超高增加费是指操作物高度超出定额规定范围以上的工程所要增加的降效费用。操作物高度是指:有楼层的按楼地面至安装物的距离;无楼层的按操作地点(或设计正负零)至操作物的距离而言。工程超高增加费系数见表3.3-4。

《综合定额》工程超高增加费系数 **表3.3-4**

<table>
<tr><th>综合定额</th><th>设备底座或安装标高</th><th>系数(%)</th><th>说明</th></tr>
<tr><td rowspan="6">第一册</td><td>标高15m以内</td><td>25</td><td rowspan="6">设备底座超过地坪±10m时计取</td></tr>
<tr><td>标高20m以内</td><td>35</td></tr>
<tr><td>标高25m以内</td><td>45</td></tr>
<tr><td>标高30m以内</td><td>55</td></tr>
<tr><td>标高40m以内</td><td>70</td></tr>
<tr><td>标高40m以上</td><td>90</td></tr>
<tr><td>第二册</td><td>标高20m以内</td><td>33</td><td>安装高度为5m以上、20m以下时计取</td></tr>
<tr><td>第四册</td><td>标高40m以上</td><td>35</td><td>专业炉窑不计取,一般工业炉窑和钢结构烟囱内喷涂施工高度40m以上时计取</td></tr>
<tr><td rowspan="3">第五册</td><td>标高20m以内</td><td>25</td><td rowspan="3">铝制、铸铁及非金属设备安装项目,其底座安装标高超过地坪面±10m以上时计取</td></tr>
<tr><td>标高30m以内</td><td>45</td></tr>
<tr><td>标高30m以上</td><td>70</td></tr>
<tr><td rowspan="4">第七册</td><td>标高8m以内</td><td>10</td><td rowspan="4">操作物高度离楼地面5m以上时计取</td></tr>
<tr><td>标高12m以内</td><td>15</td></tr>
<tr><td>标高16m以内</td><td>20</td></tr>
<tr><td>标高20m以内</td><td>25</td></tr>
</table>

续表

综合定额	设备底座或安装标高	系数(%)	说　明
第八册	标高 8m 以内	10	操作物高度离楼地面 3.6m 以上时计取
	标高 12m 以内	15	
	标高 16m 以内	20	
	标高 20m 以内	25	
第九册	标高 6m 以上	15	操作物高度离楼地面 6m 以上时计取
第十一册	标高 20m 以内	30	操作物高度离楼地面 ±6m 以上时计取
	标高 30m 以内	40	
	标高 40m 以内	50	
	标高 50m 以内	60	
	标高 60m 以内	70	
	标高 70m 以内	80	
	标高 80m 以内	90	
	标高 80m 以上	100	
第十三册	标高 10m 以内	20	操作物高度离楼地面 5m 以上时计取
	标高 20m 以内	30	
	标高 20m 以上	50	

工程超高增加费的计取方法是：以操作物高度在定额规定高度以上的工程中的那部分人工费乘以超高系数。即超高增加费只有安装高度超过定额规定高度的工程量才能计取，没有超过定额规定高度的不能计取超高费。例如，综合定额第二册规定，当安装物高度在 5～20m时计取超高费。如在同一建筑物内，吸顶灯或吊灯的安装高度为 4.8m 和 5.6m 两种，则高 4.8m 的灯具安装不计取超高增加费，但高 5.6m 的灯具安装应计取超高费。

(6)高层建筑增加费

高层建筑增加费是指建筑物从第六层以上(不含六层)或建筑高度在 20m 以上(不含 20m)的建筑物的增加费用，主要考虑人工降效。综合定额规定二、七、八、九册的工程均设置高层建筑增加费，其他各册不设该项费用，其计算结果全部为人工费。高层建筑增加费计算时注意以下约束条件：

1)多层建筑，层数在六层以上或虽不足六层以上但建筑物高度从室外设计标高正负零至檐口的高度在 20m 以上。

2)单层建筑，建筑物高度从室外设计标高正负零至檐口的高度在 20m 以上。单层建筑以建筑物高度除以 3m 计算出相当于多层建筑层数，再按“高层建筑增加费用系数表”相应层数计算高层建筑增加费。

3)同一建筑物有不同高度时，应分别按不同高度计取高层建筑增加费。例如，某建筑有 A、B、C 三个区，A 区高度 51m，B 区高度 28m，C 区高度 17m，则 A 区与 B 区分别以各自的全部人工费乘其相应的系数计取高层建筑增加费，而 C 区则不能计算高层建筑增加费。

4)为高层建筑供电的变电所和供水等动力工程如装在高层建筑的底层或地下室的均不计取高层建筑增加费，装在 6 层以上的变电工程和动力工程，同样计取高层建筑增加费。

高层建筑增加费系数，是用 6 层以上(不含六层)或 20m 以上(不含 20m)所需要增加的费用，除以包括六层或 20m 以下的全部人工费计算得出的。因此使用该系数计算高层建筑增加费时,应以包括六层(或20m)以下工程的人工费为计算基础。即高层建筑增加费是按单位工程全部工程量中的人工费为计算基础,不扣除六层或20m以下的工程量。

高层建筑增加费,是按建筑物的层数或高度为档次,按规定的百分比计取,见表3.3－5。

高层建筑增加费系数 **表3.3－5**

层数(高度)	9层以下(30m)	12层以下(40m)	15层以下(50m)	18层以下(60m)	21层以下(70m)	24层以下(80m)
按人工费(%)	2	3	4	6	8	10
层数(高度)	27层以下(90m)	30层以下(100m)	33层以下(110m)	36层以下(120m)	39层以下(130m)	42层以下(140m)
按人工费(%)	13	16	19	22	25	28
层数(高度)	45层以下(150m)	48层以下(160m)	51层以下(170m)	54层以下(180m)	57层以下(190m)	60层以下(200m)
按人工费(%)	31	34	37	40	43	46
层数(高度)	65层以下(220m)	70层以下(240m)	75层以下(260m)	80层以下(280m)	85层以下(300m)	90层以下(330m)
按人工费(%)	50	55	65	78	93	108

【例3.3－4】某建筑层数为15层的综合楼,某碳钢通风管道制作安装工程量为350m,其中有33m的安装高度为6.2m,其余的安装高度为3.6m以下,该管道展开面积为3.77m^2/m。经套《综合定额》计算该通风管道的分部分项工程综合费用为211.60元/m^2,其中人工费67.83元/m^2。试确定该通风管道的分部分项工程增加费。

【解】查表3.3－4,第九册通风空调工程安装高度6m以上应计算工程超高费,费率为15%;查表3.3－5,15层建筑应计算高层建筑增加费,费率4%。

33m管道应计算的工程超高费:67.83×3.77×33×15%＝1265.81元

350m管道的高层建筑增加费:67.83×3.77×350×4%＝3580.06元

【例3.3－5】某12层建筑物(层高3m)内给排水工程安装费共计10万元,其中六层以下的人工费为8000元,六层以上的人工费为7000元,试计算该建筑给排水工程的高层建筑增加费和工程超高费。

【解】建筑层高为3m,不具备计算工程超高费的条件。建筑物为12层,应计算高层建筑增加费。查表3.3－5,得高层建筑增加系数为3%,则

高层建筑增加费:(8000＋7000)×3%＝450元

根据《工程量计算规范》(查表2.4－2),高层施工增加费属于其他措施项目费。

《综合定额》采用系数计算的费用有两类,一类是前面所述的项目费用,这类费用的特点是实体对象不具体,通常是对某一个整体而言;另一类是定额各册和章节规定的系数,这类系数的对象具体,针对性强,主要是对同一实体项目(或定额子目),外界条件发生变化而应考虑的额外消耗。例如第二册(电气设备安装工程)第八章电缆工程,该章说明“电缆在一般山地、丘陵地区敷设时,其定额人工乘以系数1.3”。由于这类系数常常是对定额子目的补充,故在应用定额时应当予以注意。

3.3.4 《综合定额》单价的取定

(1)定额人工单价

综合定额的工日单价，采用四类地区综合用工水平 51 元/工日，各市的水平差异和幅度差通过发布动态人工单价进行调整。

（2）定额材料单价

材料价格是指材料由来源地到工地仓库出库后的价格，包括材料供应价、运输费、运输损耗费、采购和保管费等。综合定额的材料价格是按照 2009 年第二季度广东省综合水平确定的。

（3）施工机械台班单价

施工机械台班单价，是按照 2009 年第二季度广东省综合水平确定的。大型机械（自重 5t 以上）的场外运输费，按实际情况自行计算。

凡单位价值在 2000 元以内，使用年限在 2 年以内的不构成固定资产的工具、用具等未进入综合定额机械费内，但已计在综合定额管理费内。

（4）施工仪器、仪表台班消耗量的取定

施工仪器、仪表台班单价，是按照 2009 年第二季度广东省综合水平确定的。

凡单位价值在 2000 元以内，使用年限在 2 年以内的不构成固定资产的施工仪器仪表等未进入综合定额机械费内，但已计在综合定额管理费内。

3.3.5 设备材料费用归类与计算

设备是指经过加工制造，由多种部件按各自用途组成独特结构，具有生产加工、动力、传送、储存、运输、科研、容量及能量传递或转换等功能的机器、容器和成套装置等。设备按生产和生活使用目的分为工艺设备和建筑设备，按是否定型生产分为标准设备和非标准设备。材料是指为完成建筑、安装工程所需的，经过工业加工的原料和设备本体以外的零配件、附件、成品、半成品等。

设备、材料划分是建设工程计价的基础，根据《建设工程计价设备材料划分标准》GB/T 50531—2009 的规定，在进行工程计价文件编制时，未明确由建设单位供应的设备，其中建筑设备费用应作为计算营业税、城乡建设维护税、教育费附加及地方教育附加的基数；工艺设备和工艺性主要材料费用不应作为计算建筑安装工程营业税、城乡建设维护税、教育费附加及地方教育附加的基数。明确由建设单位供应的设备，其设备费用不应作为计算建筑安装工程营业税、城乡建设维护税、教育费附加及地方教育附加的基数。进行工程计价时，凡属于设备范畴的有关费用均应列入设备购置费，凡属于材料范畴的有关费用可按专业类别分别列入建筑工程费或安装工程费。工业、交通等项目中的建筑设备购置有关费用应列入建筑工程费，单一的房屋建筑工程项目的建筑设备购置有关费用宜列入建筑工程费。由于非设备供应厂家原因的设备不完整或缺陷而进行修复所发生的修理、配套、改造、检验费用应计入设备购置费。

3.3.6 相关规定

（1）在综合定额中注有“×××以内”或“×××”以下者，均包括×××本身；“×××以外”或“×××以上”者，则不包括×××本身。

（2）工程计量时每一项目汇总的有效位数应遵守下列规定：

1）以“t”为单位，应保留小数点后三位数字，第四位小数四舍五入；

2）以“m”、“m^2”、“m^3”、“kg”为单位，应保留小数点后两位数字，第三位小数四舍五入；

3）以“台”、“个”、“件”、“套”、“根”、“组”、“系统”等为单位，应取整数。

3.4 安装工程预算定额的应用

为了正确地运用定额(指标),测算工程所需的人工、材料、机械消耗量,编制工程造价文件,进行技术经济分析,应全面了解定额体系和定额项目边界。

3.4.1 全面了解定额体系,学习掌握所用定额的通用条件

3.4.1.1 了解定额体系,熟悉定额项目的组成

定额是建设工程基本计价单元(分部分项工程)的汇总表,在使用定额前要浏览定额目录,了解定额的分部、分项工程如何划分。只有掌握定额分部、分项工程的划分方法,才能正确地、合理地将单位工程分解成若干个分部、分项工程,并罗列出整个单位工程中所包含的所有分部、分项工程的名称,为下一步计算工程量作准备。

3.4.1.2 学习定额的总说明、册说明和章说明

定额的总说明、册说明和分部工程说明中给出了定额的编制原则、编制依据、适用范围、已经考虑和尚未考虑的因素以及其他有关问题的说明,这些说明与定额项目构成了定额完整体系,是正确套用定额、换算定额和补充定额的前提条件。对于项目中新结构、新技术、新材料的不断涌现,使现有定额(指标)不能完全适用,就需要补充定额(指标)或对原有定额作适当修正(换算)。总说明、分部说明为补充定额、换算定额提供依据,指明路径。因此必须认真学习,尤其对定额换算的条款要逐条阅读,深刻理解,至少应该留有印象,用时即查。

3.4.2 掌握定额项目表量、价的内涵及其与工作内容的关系

要熟悉定额项目表的结构,必须明确定额项目表内的人工消耗量、材料消耗量和机械消耗量的确切含义,明确这三个消耗量与人工费、材料费和机械费的关系。而对于具体的定额项目(或子目),其消耗量又是在工作内容的约束条件下的数量,因此,定额项目的工作内容以及定额的总说明、册说明和分部工程说明均是定额子目的约束条件,他构成了定额子目完整的数据应用边界。因此,对定额子目边界的熟悉程度决定着定额应用的正确、合理与否。

3.4.3 选用定额

选用定额与列项密切相关,同时也与定额换算有关。

3.4.3.1 选用定额

选用定额又称套定额。定额选用涉及到三方面的内容:一是定额的分部分项工程划分方法,二是工程量计算规则,三是定额子目边界。

选用定额就是将拟计价项目按照定额的分部、分项工程划分方法进行拆分列项,因此,在列项目时,不能根据个人的喜好进行,应该遵守定额项目的划分结果。

工程量计算规则有时涉及到数量计算的边界,产生是否应该列项的问题。如《综合定额》(第五册)"静置设备与工艺金属结构制作安装工程"的工程量计算规则第5.2.1条:"分片设备组装"和"分段设备组对"项目内均不包括设备吊装就位工作内容,其含义就是设备吊装就位应另列项目计算。

定额子目边界也决定列项,在定额边界内的不另行列项,在边界以外的应另行列项。例如,根据管道安装工程的施工工艺,给水管道安装完毕后应进行水压试验,生活饮用水管道水压试验合格后还应进行冲洗消毒。根据《综合定额》(第八册)"给排水、采暖、燃气工程",给水管道安装定额的工作内容描述,已经包括水压试验,但是没有包括冲洗消毒,此时,冲洗

消毒应另行列项，单独计算工程量套用定额计价。

3.4.3.2　定额换算

由于工程建设工期较长，又多露天作业，在施工过程中经常会发生一些难以预料的情况，这些情况的出现直接影响到施工过程的人工、材料、机械消耗量，而在定额中又无法加以考虑；另外，为了减少定额的篇幅和定额的子目，在编制定额时常有意地留下部分活口，允许定额在适当的条件下，按规定的方法进行调整和换算以增加定额子目的适用性。应此，定额选用经常碰到需要换算的情况。定额选用的三种情况是：

（1）设计要求和施工方案（方法）与定额分项工程的工作内容完全一致时，对号入座，直接选用定额。

（2）设计要求和施工方案（方法）与定额分项工程的工作内容基本一致，但有部分内容不同——此时又分两种情况：

第一种情况是，定额已综合考虑，不必（不宜）换算"强行入座"、"生搬硬套"，仍选用原定额子目。

另一种情况是，定额建议换算调整后选用——先换算后选用。选用时，仍使用原来的定额名称和编号，只是在原定额编号后再加注一下标"换"字，以示该定额子日已经换算。

（3）设计要求或施工工艺在定额中没有对应的项目，属于定额的缺项时，先补充定额，然后再套用。

应当注意，定额具有科学性和严肃性，一般情况下不强调自身的特殊性对定额进行随意换算。定额换算的前提条件是定额建议（允许）换算。

3.4.4　材料价差的调整计算

材料价差是指预算编制时工程所在地的材料预算单价与定额材料单价之间的差额。造成这种差额的原因有以下几种：

（1）工程所在地的材料预算单价与定额编制地区的材料单价的价差（地差）；

（2）预算编制期与定额编制期以及工程实施阶段前后的材料价格变动（时差）；

（3）贸易价格因供求关系变化产生的价差（势差）。

对于材料价差的调整计算，我国大部分地区采用实物法（又称抽料法）调整和系数法调整。

3.4.4.1　实物法调整

实物法调整即将需要进行价差计算的每一种材料进行调整，这种方法主要是针对工程造价影响大、价格变化快的材料采用的方式，其计算方法是直接用主材数量乘以市场材料单价，此时不存在调整价差的问题。

$$\text{未计价材料费} = \sum(\text{材料数量} \times \text{当地材料单价}) \tag{3.4-1}$$

$$\text{或}\quad \text{未计价材料费} = \sum[\text{设计用量} \times (1 + \text{损耗率}) \times \text{当地材料单价}] \tag{3.4-2}$$

3.4.4.2　系数法调整

即将价差按占材料费或直接费的比例确定系数，由地方主管部门经过测算后发布。采用系数法调整价差的材料一般是针对工程造价影响小、实物法调整以外的材料，在安装工程中计价材料（即基价中包括的材料）通常采用系数法调整。

$$\text{计价材料价差} = \text{材料价差系数} \times \sum \text{定额材料费} \tag{3.4-3}$$

$$\text{或计价材料价差} = \text{材料价差系数} \times \sum \text{定额直接费} \tag{3.4-4}$$

注意，式(3.4－3)和式(3.4－4)中的材料价差系数的测算基数不同，故两式的材料价差系数值也不相同。

广东省安装工程早已实行放开材料价格，报价时确定的主材价格一般包含5%以内的风险，合同应约定材料价格变化5%以外的处理办法；辅材价差可按当地的结算文件规定系数调整。

3.4.5 补充定额

3.4.5.1 编制补充定额的原因

编制补充定额的直接原因是定额缺项，而根本原因是：

(1)设计中采用了定额项目中没有的新材料；

(2)施工中采用了定额中没有包括的施工工艺或新的施工机具；

(3)结构设计上采用定额没有的新的结构做法。

3.4.5.2 编制补充定额的基本要点

补充定额的编制原则、编制依据和编制方法均与前述的定额编制原则、编制依据和编制方法相同。但在编制补充定额时要注意以下3个基本要点：

(1)定额的分部工程范围划分(即属于哪一分部)，分项工程的工作内容及其计量单位应与现行定额中同类项目保持一致。

(2)材料损耗率必须符合现行定额的规定。

(3)数据计算必须实事求是。

3.4.5.3 补充定额具体编制方法

(1)人工消耗量确定

1)根据全国统一劳动定额计算，考虑辅助用工、超运距用工和人工幅度差，同编制预算定额一样。这种方法比较准确，但工作量大，计算复杂。

2)根据实际消耗量计算。

$$\text{定额人工消耗量}=\frac{\text{实际人工消耗量}}{\text{实际完成工作量}}$$

这种方法，应以现场施工日记记录为准，数据必须可靠、可信；它比较方便，但不尽合理，往往把不合理的人工消耗也计入定额消耗量内。

3)比照类似定额项目的人工消耗量。

(2)材料消耗量确定

1)以理论方法计算出材料净用量，然后再查找出该材料的定额损耗率。这种方法适用于主要材料。

材料消耗量＝净用量×(1＋损耗率)

2)参照类似定额材料消耗量，按比例计算。这种方法适用于次要材料。

3)按实计算。

$$\text{定额材料消耗量}=\frac{\text{实际材料消耗量}}{\text{实际完成工作量}}$$

采用这种方法，数据必须可靠、可信，应以材料领料单为准，它的缺点是将材料不合理的损耗也计入定额消耗量内。

(3)机械消耗量

1)按全国统一劳动定额计算。

2)参照类似定额机械消耗量,对比确定。

3)按实计算。

$$定额机械消耗量=\frac{实际台班使用量}{实际完成工作量}$$

3.4.6 计价步骤

3.4.6.1 收集资料,熟悉图纸

(1)熟悉施工图纸

全面、系统的阅读图纸,是计算工程造价的第一步。阅读图纸时应注意以下几点:

1)设计要求收集图纸选用的标准图、大样图。

2)认真阅读设计说明,掌握安装构件的部位和尺寸,安装施工要求及特点。

3)了解本专业施工与其他专业施工工序之间的关系。

4)对图纸中的错、漏以及表示不清除的地方予以记录,以便向建设单位和设计单位询问解决。

(2)了解工程招标或合同条件

工程招标条款和施工合同条件,同样是计算工程造价的依据。在计价时必须依据招标或施工合同条件中有关承发包工程范围、内容、期限、工程材料、设备采购供应办法进行。

(3)熟悉工程量计算规则

(4)了解施工组织设计

施工组织设计或施工方案是施工单位的技术部门针对具体工程编制的施工作业的指导性文件,其中对施工技术措施、安全措施、施工机械配置、是否增加辅助项目等,都应在工程计价中予以注意。

(5)熟悉加工定货的有关情况

明确建设、施工单位双方在加工定货方面的分工。对需要进行委托加工定货的设备、材料、零件等,提出委托价格计划,并落实加工单位及加工产品的价格。

(6)明确主材和设备的来源及价格情况

主材和设备的型号、规格、重量、材质、品牌等对工程造价影响很大,因此主材和设备的计价范围及产地和厂家有关的产品价格和运输价格必须掌握。

3.4.6.2 计算工程量

计算工程量是工程造价计算的最主要的工作,在工程造价文件的编制工作中,工程量的计算工作量最大,计算烦琐,要求在计算中力求做到:依据充足,数字准确,计算及时。工程量计算的一般要求:

(1)严格按照定额所规定的计算规则计取工程量。

(2)除了以施工图纸(包括会审图纸补充后的内容)为计算依据外,注意设计说明中对采用的施工技术标准和标准图的理解,并计取相应的工程数量。

(3)工程量计算时应列式清晰,层次分明,标注计算部位、轴线符号、图号及增减数量的换算依据。按通用的工程量计算表进行记录,这样既方便汇总又方便复核。

(4)计算工程量时,应注意清单项目计价和定额计价时的计算方法有所不同。

(5)工程量汇总,将相同子目工程的工程数量整理、合并、汇总列表。

3.4.6.3 套用定额,计算费用

(1)计算分部分项工程费。由分项工程量乘以定额人工费、材料费、机械费、管理费以及主材单价和消耗量而得。

(2)计算人工费。人工费是计算措施项目费、其他项目费、规费的基础,因此,应单独列出。

(3)计算措施项目费、其他项目费、规费、税金等。

3.4.7 计价程序和计价表格

工程造价按造价形成的顺序,由分部分项工程费、利润、措施项目费、其他项目费、规费和税金组成,具体项目的费用计算执行各地制定的计算程序。当采用综合定额计价时,表3.4为《广东省建设工程计价通则》(2010)规定的计价程序。

定额计价程序表 **表3.4**

序号	名称	计算方法
1	分部分项工程费	1.1+1.2+1.3
1.1	定额分部分项工程费	$\sum$(工程量×子目基价)
1.2	价差	$\sum$[数量×(编制价-定额价)]
1.3	利润	人工费×利润率
2	措施项目费	2.1+2.2
2.1	安全文明施工费	按照规定计算(包括利润)
2.2	其他措施项目费	按照规定计算(包括利润)
3	其他项目费	按照规定计算
4	规费	(1+2+3)×费率
5	税金	按照税务部门规定计算
6	含税工程造价	1+2+3+4+5

第4章　给排水、采暖、燃气工程工程量清单编制与计价

在住宅或公共建筑内，为保证一定的舒适条件和工作条件，按照当地的实际情况设置采暖系统、给水排水系统与燃气系统，这些系统统称为暖卫系统。建筑给水系统根据用途的不同，可分为生活、生产和消防给水系统，这三个给水系统不一定单独设置，常常是两者或三者并用的联合系统。建筑排水系统是将建筑内部人们在日常生活和工业生产中使用过的水收集起来，及时排出室外，按照系统排出的污水性质不同，建筑内部排水可分为生活污水、生活废水、工业废水、屋面雨水。生活污（废）水、工业废水、雨水分别设置管道排放，称为分流制；将两类以上合并在同一种管道内排放，称为合流制；采用何种形式应根据水质情况以及地方的不同要求并经过技术经济比较后确定。采暖是以人工方法提供热量，使在较低的环境温度下，仍能够保持适宜的工作或生活条件的一种技术手段。按设施的布置情况主要分集中采暖和局部采暖两大类。集中采暖由锅炉房供给热水或蒸汽（称载热体），通过管道分别输送到各有关室内的散热器，将热量散发后再流回锅炉循环使用，或将空气加热后用风管分送到各有关房间去。局部采暖由火炉、电炉或燃气炉等就地发出热量，只供给本室内部或少数房间应用。城市燃气管网通常包括街道燃气管网和庭院燃气管网两部分。庭院燃气管网是指燃气总阀门井以后至各建筑物前的户外管路。街道燃气管网（高压或中压）经过区域调压站后，进入街道低压管网，再经庭院管网进入用户，临近街道的建筑物也可直接由街道管网引入。室内燃气管道是指引入管进入房屋以后，到燃气用具前的管路，由用户引入管、干管、立管、用户支管、燃气计量表、燃气用具连接管组成。

4.1　给排水、采暖、燃气工程工程量清单编制

根据国家《工程量计算规范》，给排水、采暖、燃气工程分部分项工程量清单项目设置分为给排水和采暖燃气管道、支架及其他、管道附件、卫生器具、供暖器具、采暖和给排水设备、燃气器具及其他、医疗气体设备及附件、采暖和空调水工程系统调试几部分。

4.1.1　给排水、采暖管道工程量清单编制

4.1.1.1　给排水、采暖管道清单项目

《工程量计算规范》附录K中给排水、采暖燃气管道安装分部分项工程共有11个清单项目，管道支架及其他有3个清单项目，各清单项目设置的具体内容见表4.1－1、表4.1－2；室外管沟土石方工程量清单项目直接套用《市政工程工程量计算规范》GB 50857的相关项目，清单项目设置见表4.1－3、表4.1－4；刷油、防腐蚀、绝热工程套用《工程量计算规范》

附录 M,清单项目设置见表4.1－5～表4.1－7。

给排水、采暖、燃气管道(编码:031001) **表4.1－1**

项目编码	项目名称	项目特征	计量单位	工程量计算规则	工作内容
031001001	镀锌钢管	1.安装部位 2.介质 3.规格、压力等级 4.连接形式 5.压力试验及吹、洗设计要求 6.警示带形式	m	按设计图管道中心线以长度计算	1.管道安装 2.管件制作、安装 3.压力试验 4.吹扫、冲洗 5.警示带铺设
031001002	钢管				
031001003	不锈钢管				
031001004	铜管				
031001005	铸铁管	1.安装部位 2.介质 3.材质、规格 4.连接形式 5.接口材料 6.压力试验及吹、洗设计要求 7.警示带形式			1.管道安装 2.管件安装 3. 压力试验 4. 吹扫、冲洗 5.警示带铺设
031001006	塑料管	1.安装部位 2.介质 3.材质、规格 4.连接形式 5.阻火圈的设计要求 6.压力试验及吹、洗设计要求 7.警示带形式			1.管道安装 2.管件安装 3. 塑料卡固定 4. 阻火圈安装 5.压力试验 6.吹扫、冲洗 7.警示带铺设
031001007	复合管	1.安装部位 2.介质 3.材质、规格 4.连接形式 5.压力试验及吹、洗设计要求 6.警示带形式			1.管道安装 2.管件安装 3.塑料卡固定 4.压力试验 5.吹扫、冲洗 6.警示带铺设
031001008	直埋式 预制保温管	1.埋设深度 2.介质 3.管道材质、规格 4.连接形式 5.接口保温材料 6.压力试验及吹、洗设计要求 7.警示带形式			1.管道安装 2.管件安装 3. 接口保温 4.压力试验 5.吹扫、冲洗 6.警示带铺设
031001009	承插陶 瓷缸瓦管	1.埋设深度 2.规格 3.接口方式及材料 4.压力试验及吹、洗设计要求 5.警示带形式			1.管道安装 2.管件安装 3.压力试验 4.吹扫、冲洗 5.警示带铺设
031001010	承插水泥管				

续表

项目编码	项目名称	项目特征	计量单位	工程量计算规则	工作内容
031001011	室外管道碰头	1. 介质 2. 碰头形式 3. 材料、规格 4. 连接形式 5. 防腐、绝热设计要求	处	按设计图示以处计算	1. 填挖工作坑或暖气沟拆除及修复 2. 碰头 3. 接口处防腐 4. 接口处绝热及保护层 5. 吹扫、冲洗

支架及其他（编码:031002） 表4.1－2

项目编码	项目名称	项目特征	计量单位	工程量计算规则	工作内容
031002001	管道支架	1. 材质 2. 管架形式	1. kg 2. 套	1. 以"kg"计量，按设计图示质量计算 2. 以套计量，按设计图示数量计算	1. 制作 2. 安装
031002002	设备支架	1. 材质 2. 形式			
031002003	套管	1. 名称、类型 2. 材质 3. 规格 4. 填料材质	个	按设计图示数量计算	1. 制作 2. 安装 3. 除锈、刷油

土方工程（编号:040101） 表4.1－3

项目编码	项目名称	项目特征	计量单位	工程量计算规则	工作内容
040101001	挖一般土方	1. 土壤类别 2. 挖土深度	m^3	按设计图示尺寸以体积计算	1. 排地表水 2. 土方开挖 3. 围护（挡土板）及拆除 4. 基底钎探 5. 场内运输
040101002	挖沟槽土方			按设计图示尺寸以基础垫层底面积乘以挖土深度计算	
040101003	挖基坑土方				

石方工程（编号:040102） 表4.1－4

项目编码	项目名称	项目特征	计量单位	工程量计算规则	工作内容
040102001	挖一般石方	1. 岩石类别 2. 开凿深度	m^3	按设计图示尺寸以体积计算	1. 排地表水 2. 石方开凿 3. 修整底、边 4. 场内运输
040102002	挖沟槽石方			按设计图示尺寸以基础垫层底面积乘以挖石深度计算	
040102003	挖基坑石方				

刷油工程(编码:031201)　表 4.1-5

项目编码	项目名称	项目特征	计量单位	工程量计算规则	工作内容
031201001	管道刷油	1. 除锈级别 2. 油漆品种 3. 涂刷遍数、漆膜厚度 4. 标志色方式、品种	1. m^2 2. m	1. 以“m^2”计量,按设计图示表面积尺寸以面积计算 2. 以“m”计量,按设计图示尺寸以长度计算	1. 除锈 2. 调配、涂刷
031201002	设备与矩形管道刷油				
031201003	金属结构刷油	1. 除锈级别 2. 油漆品种 3. 结构类型 4. 涂刷遍数、漆膜厚度	1. m^2 2. kg	1. 以“m^2”计量,按设计图示表面积尺寸以面积计算 2. 以“kg”计量,按金属结构的理论质量计算	
031201004	铸铁管、散热片刷油	1. 除锈级别 2. 油漆品种 3. 涂刷遍数、漆膜厚度	1. m^2 2. m	1. 以“m^2”计量,按设计图示表面积尺寸以面积计算 2. 以“m”计量,按设计图示尺寸以长度计算	
031201005	灰面刷油	1. 油漆品种 2. 涂刷遍数、漆膜厚度 3. 涂刷部位	m^2	按设计图示表面积计算	调配、涂刷
031201006	布面刷油	1. 布面品种 2. 油漆品种 3. 涂刷遍数、漆膜厚度 4. 涂刷部位			
031201007	气柜刷油	1. 除锈级别 2. 油漆品种 3. 涂刷遍数、漆膜厚度 4. 涂刷部位			1. 除锈 2. 调配、涂刷
031201008	玛瑞脂面刷油	1. 除锈级别 2. 油漆品种 3. 涂刷遍数、漆膜厚度			调配、涂刷
031201009	喷漆	1. 除锈级别 2. 油漆品种 3. 喷涂遍数、漆膜厚度 4. 喷涂部位			1. 除锈 2. 调配、喷涂

防腐蚀涂料工程(编码:031202) 表 4.1-6

项目编码	项目名称	项目特征	计量单位	工程量计算规则	工作内容
031202001	设备防腐蚀	1. 除锈级别 2. 涂刷(喷)品种 3. 分层内容 4. 涂刷(喷)遍数、漆膜厚度	m^2	按设计图示表面积计算	1. 除锈 2. 调配、涂刷(喷)
031202002	管道防腐蚀		1. m^2 2. m	1. 以"m^2"计量,按设计图示表面积尺寸以面积计算 2. 以"m"计量,按设计图示尺寸以长度计算	
031202003	一般钢结构防腐蚀		kg	按一般钢结构的理论质量计算	
031202004	管廊钢结构防腐蚀			按管廊钢结构的理论质量计算	
031202005	防火涂料	1. 除锈级别 2. 涂刷(喷)品种 3. 涂刷(喷)遍数、漆膜厚度 4. 耐火极限(h) 5. 耐火厚度(mm)	m^2	按设计图示表面积计算	1. 除锈 2. 调配、涂刷(喷)
031202006	H型钢制钢结构防腐蚀	1. 除锈级别 2. 涂刷(喷)品种 3. 分层内容 4. 涂刷(喷)遍数、漆膜厚度	m^2	按设计图示表面积计算	1. 除锈 2. 调配、涂刷(喷)
031202007	金属油罐内壁防静电				
031202008	埋地管道防腐蚀	1. 除锈级别 2. 刷缠品种 3. 分层内容 4. 刷缠遍数	1. m^2 2. m	1. 以"m^2"计量,按设计图示表面积尺寸以面积计算 2. 以"m"计量,按设计图示尺寸以长度计算	1. 除锈 2. 刷油 3. 防腐蚀 4. 缠保护层
031202009	环氧煤沥青防腐蚀				1. 除锈 2. 涂刷、缠玻璃布
031202010	涂料聚合一次	1. 聚合类型 2. 聚合部位	m^2	按设计图示表面积计算	聚合

绝热工程(编码:031208) **表 4.1-7**

项目编号	项目名称	项目特征	计量单位	工程量计算规则	工作内容
031208001	设备绝热	1.绝热材料品种 2.绝热厚度 3.设备形式 4.软木品种	m^2	按图示表面积加绝热层厚度及调整系数计算	4.安装 5.软木制品安装
031208002	管道绝热	1.绝热材料品种 2.绝热厚度 3.管道外径 4.软木品种			
031208003	通风管道绝热	1.绝热材料品种 2.绝热厚度 3.软木品种	1.m^3 2.m^2	1.以“m^3”计量,按图示表面积加绝热层厚度及调整系数计算 2.以“m^2”计量,按图示表面积及调整系数计算	
031208004	阀门绝热	1.绝热材料 2.绝热厚度 3.阀门规格	m^3	按图示表面积加绝热层厚度及调整系数计算	安装
031208005	法兰绝热	2.绝热材料 3.绝热厚度 4.法兰规格			
031208006	喷涂、涂抹	1.材料 2.厚度 3.对象	m^2	按图示表面积计算	喷涂、涂抹安装
031208007	防潮层、保护层	1.材料 2.厚度 3.层数 4.对象 5.结构形式	1.m^2 2.kg	1.以“m^2”计量,按图示表面积加绝热层厚度及调整系数计算 2.以“kg”计量,按图示金属结构质量计算	安装
031208008	保温盒、保温托盘	名称	1.m^2 2.kg	1.以“m^2”计量,按图示表面积计算 2.以“kg”计量,按图示金属结构质量计算	制作、安装

给排水、采暖、燃气管道安装时,立管穿楼板时应设套管,套管直径比管径大1~2号,一般房间套管顶部比地面高出20mm,卫生间和厨房比地面高出30~50mm,套管底部与楼板底面平齐;给水引入管和排水排出管穿地下室墙时,应设防水套管;管道穿越基础、墙和楼板时应预留孔洞;排水塑料管必须按设计要求及位置装设伸缩节,如设计无要求时,伸缩节间距不得大于4m;高层建筑中明设塑料排水管道应按设计要求设置阻火圈或防火套管。故给排水、采暖、燃气管道工程量清单编制时,应注意避免遗漏这些管道附件的工程量确定项目。

4.1.1.2 给排水、采暖管道清单项目特征

项目名称、项目编码、计量单位按表中的规定套用即可,项目编码应补足12位。项目特征描述是清单项目设置的主要内容。特征描述根据《工程量计算规范》附录中(如表4.1-1~表4.1-7)列出的特征作为指引,根据工程的实际情况进行描述,指引中的一些特征在实际工程中不发生时则不予描述。表中所列管道的清单项目设置的主要问题说明如下:

(1)室内、室外管道分别设置清单项目,并在项目中描述此特征。

(2)不同输送介质的管道应分别设置清单项目,并在项目中描述此特征。

(3)材质是管道的主要特征,必须给予描述。有些管道的材质与项目名称相同,此时应注意材质进一步细化的特征,如果没有进一步细化的特征,则可不再描述。项目特征描述应到位,使计价人员不存在理解上的偏差和歧义。

1)镀锌钢管。镀锌钢管是低压流体输送用焊接钢管(又称水煤气钢管)的表面热浸镀锌后而成,材质有Q195、Q215A、Q235A,分普通镀锌钢管(公称压力≤1.0MPa)和加厚镀锌钢管(公称压力≤1.6MPa)两种,一般不特别指明,均是指普通镀锌钢管,编制清单时应注意设计文件的要求。

2)钢管。钢管的种类较多,可分为无缝钢管、有缝钢管(焊接钢管),有缝钢管又分为直缝焊接和螺旋卷焊焊接。目前我国用于制作钢管的材料主要有碳素钢(Q235)和普通低合金结构钢。普通低合金结构钢比碳素钢具有较高的强度,制作的钢管管壁薄,重量轻、安装方便。

3)不锈钢管。不锈钢管的材质牌号比较多,相互之间有一定的差异,故对不锈钢的牌号应予描述,常见的不锈钢的材质牌号有:1Cr13、1Cr18Ni9Ti、Cr25Ti、Cr18Ni12Mo2Ti、Cr17Mn13Mo2N等。

4)铜管。铜管的材质有T2、T3、TP1、TP2、TU2、H62、H65、H68等牌号,分紫铜管、黄铜管,特征描述时应予注意。

5)铸铁管安装适用于承插铸铁管、球墨铸铁管、柔性抗振铸铁管等。承插铸铁管有灰口铸铁管和球墨铸铁管之分。灰口铸铁管由于产品质量较差,已被列为淘汰产品。球墨铸铁管是当前埋地给水管的主要管材之一,管道按其壁厚分为K8级、K9级、K10级、K12级。柔性抗振铸铁管用于高层住宅建筑中的排水立管,具有伸缩性低、噪声低、柔性抗振耐受力强,安装维修简易等优点,连接方式为卡箍式。

6)塑料管。塑料管种类繁多,其材质PVC-U、PVC、PP-C、PP-R、PE、PEX管等,应根据设计要求直接在项目名称中体现即可。

7)复合管有铝塑复合管、镀锌钢塑复合管和不锈钢塑复合管、钢骨架复合管等,其中镀锌钢塑复合管有两种,一种是PVC衬里钢管,它是在传统的输水钢管内插入一根薄壁的PVC管,使两者紧密结合,就成为PVC衬里钢管;另一种是PE粉末树脂衬里钢管,它是在钢管内壁粘接一层PE粉末树脂而成。不锈钢塑复合管有三种:一种是内层为高密度聚乙烯(或交联聚乙烯),外层为对接焊不锈钢,采用特制热熔胶使聚乙烯内管与不锈钢外管紧密粘接,融为一体;第二种是以薄壁不锈钢管为内层,以PPR或PPB为外层,中间层采用热熔胶经特殊工艺复合而成的管材。钢骨架塑料复合管有两种,一种是以优质低碳钢丝网为增强相,以高密度聚乙烯为基体,在挤出生产线上连续成型的双面防腐压力管道;另一种是薄钢板均匀冲孔后卷筒焊接制成加强骨架与聚乙烯(中密度或高密度)热塑性塑料注塑成型的钢骨架塑料复合管。

8)直埋预制保温管。管道直接埋在地下,绝热层为预制,绝热层外有一层防护管,一般为钢管、玻璃钢或HDPE。直埋式预制保温管由各类管件、补偿器、滚动或固定支架、疏水器、排潮口等组成。

9)承插水泥管。制品管按输送介质分为给水管和排水管。用于给水管道的有预应力钢筋混凝土管和自应力钢筋混凝土管。预应力混凝土管成型工艺分为振动挤压(一阶段,用YYG表示)管和管芯缠绕(三阶段管,用SYG表示),按使用期间的静水压力分为5级,压力分别为0.4MPa、0.6MPa、0.8MPa、1.0MPa、1.2MPa。自应力混凝土管按工作压力分为6种类型,分部为:工压-4、工压-5、工压-6、工压-8、工压-10、工压-12。排水所用的水泥制品管有钢筋混凝土管和素混凝土管。钢筋混凝土管的标准管长为2m,有重型管和轻型管之分;素混凝土管的管径不大于400mm,标准管长为1m。

10)室外管道碰头。指新建或扩建工程的管道与原(旧、主管)管道连接。

(4)规格:管道的规格用管径表示,管径的表达方式如下:

1)水煤气输送钢管(镀锌或非镀锌管)、铸铁管等管材,管径宜以公称直径 *DN* 表示(如 *DN*15、*DN*50);

2)无缝钢管、焊接钢管(直缝或螺旋缝)、铜管、不锈钢管等管材,管径以外径 $D\times$壁厚表示(如 $D108\times4$、$D159\times4.5$ 等);

3)钢筋混凝土(或混凝土)管、陶土管、耐酸陶瓷管、缸瓦管等管材,管径宜以内径 d 表示(如 $d230$、$d380$ 等);

4)塑料管材,管径按产品标准的方法表示。

(5)连接方式:连接方式是管道安装的工艺特征,必须描述。各种管材的连接方式见表4.1-8。

管道连接方式 **表4.1-8**

管材种类		连接方式
钢管		螺纹连接、焊接、法兰连接和卡箍连接
塑料管		粘接、橡胶圈连接、热熔连接、电熔连接
铸铁管	灰口铸铁管	承插连接、法兰连接、机械连接
	球墨铸铁管	承插连接橡胶圈接口、机械连接
复合管	铝塑复合管	机械式胶圈接头
	镀锌钢塑复合管	螺纹连接
	不锈钢塑复合管	按产品标准

(6)一般管道不描述接口材料,只有承插连接的灰口铸铁管才描述接口材料,其接口材料有石棉水泥接口、膨胀水泥接口、铅接口。

(7)压力试验按设计要求描述试验方法,如水压试验、气压试验、泄漏性试验、闭水试验、通球试验、真空试验等。吹、洗按设计要求描述吹扫、冲洗方法、如水冲洗、消毒冲洗、空气冲扫等。

(8)刷油、防腐、绝热。刷油、绝热、防腐的种类繁多,具体描述时按设计文件。

(9)管道支架。根据管道的工艺特点,管道支架的形式有固定支架(卡环式、挡板式)、活动支架(低滑动支架、高滑动支架、导向支架、滚动支架)、托架、吊架、托钩、管卡等。管道支架一般用型钢制作,刷防锈底漆,面漆与管道工艺要求相适应。

(10)套管。套管的形式有直接将管道切割后的短管、带翼环的刚性防水套管、柔性防水套管。一般穿墙、过梁所用套管为短管，材质有塑料套管和钢套管；穿过卫生间、厨房楼板的管道应采用带翼环的刚性防水套管，在有震动的管道穿墙处采用柔性防水套管。

(11) 土石方工程清单项目特征描述，应根据设计文件、地质资料及周围环境，按照《市政工程工程量计算规范》GB 50857 中的项目特征指引进行。土壤类别按照地质资料，管外径、挖沟平均深度、回填要求查阅设计文件，弃土运距根据周围的环境要求和当地的规定情况而定。

(12)警示带。埋设于地面和管道之间，与埋管同时进行，铺设在管道上面 30 ~ 50cm 处，起警示标志作用，以免以后因施工开挖时管线受无谓的损伤，造成重大事故。警示带有两种，一种为普通警示带（一般为复合塑料编织），另一种为夹金属可探测警示带（又称示踪带），以利对非金属管线进行探测。

4.1.1.3 清单项目工程量计算

(1)管道安装清单工程量按长度计算，管道支架清单工程量按质量计算。支架工程量的计算取决于管道长度、支架安装间距和支架的单重。支架安装的最大间距由技术规范决定，给水钢立管一般每层须安装一个管卡，当层高大于 5m 时，则每层需安装 2 个。支架的单重应根据管道的工艺特性以及所采用的支架类型按照设计或标准图（通用图）进行计算，支架数量按照设计要求或支架设置的最大间距（见附录 C）另加附件、转弯处增加的数量计算。如设计没有要求，钢管道支架重量可参考经验公式(4.1－1)或式(4.1－2)进行计算。

当 $DN40 \sim DN150$ 时 $W = 0.36LF$ (4.1－1)

当 $DN200 \sim DN300$ 时 $W = 0.18LF$ (4.1－2)

式中 W——管道的支架重量，kg；

L—— 管道长度，m；

F——管道支架单重，kg/个，对于一般管道的托架和吊架重量，可参考附录 A 和附录 B。

(2)埋地管道土石方工程量按体积计算。管沟土方工程量的计算应先确定管沟形状和尺寸，管沟形状有矩形和梯形，取决于埋深和土质，参考表 4.1－9 取定；管沟的深度由设计决定，沟底宽度为结构宽度与两侧的工作面宽度之和，工作面宽度按表 4.1－10 计算。挖沟槽因工作面和放坡增加的工程量，是否并入土方工程量中，按各省、自治区、直辖市或行业建设主管部门的规定实施。如并入土方工程量中，编制工程量清单时，可按表 4.1－9、表 4.1－10 的规定计算；办理工程结算时，按经发包人认可的施工组织设计规定计算。

放坡系数（沟深：坡宽）表 **表 4.1－9**

土壤类别	放坡起点(m)	人工挖土	机械挖土		
			在沟槽、坑内作业	在沟槽侧、坑边上作业	顺沟槽方向坑上作业
一、二类土	1.20	1:0.5	1:0.33	1:0.75	1:0.50
三类土	1.50	1:0.33	1:0.25	1:0.67	1:0.33
四类土	2.00	1:0.25	1:0.10	1:0.33	1:0.25

注：1. 沟槽、基坑中土类别不同时，分别按其放坡起点、放坡系数，依不同土类别厚度加权平均计算。
2. 计算放坡时，在交接处的重复工程量不予扣除，原槽、坑做的基础底层时，放坡自垫层上表面开始计算。

管沟施工每侧所需工作面宽度计算表(单位:mm)　　表 4.1-10

<table>
<tr><th rowspan="2">管道结构宽</th><th rowspan="2">混凝土管道基础 90°</th><th rowspan="2">混凝土管道基础 >90°</th><th rowspan="2">金属管道</th><th colspan="2">构筑物</th></tr>
<tr><th>无防潮层</th><th>有防潮层</th></tr>
<tr><td>500 以内</td><td>400</td><td>400</td><td>300</td><td rowspan="4">400</td><td rowspan="4">500</td></tr>
<tr><td>1000 以内</td><td>500</td><td>500</td><td>400</td></tr>
<tr><td>2500 以内</td><td>600</td><td>500</td><td>400</td></tr>
<tr><td>2500 以上</td><td>700</td><td>600</td><td>500</td></tr>
</table>

注:1. 管道结构宽:有管座按规定基础外缘,无管座按规定外径计算,构筑物按基础外缘计算。
2. 本表摘自《市政工程工程量计算规范》GB 50857-2013 表 A.1-3。

室外管道土方工程量计算见图 4.1-1。在计算管道土方工程量时,要根据设计开挖深度和土壤类别,确定管沟的断面形状,当沟深小于表 4.1-9 所给的直槽最大深度时,管沟可为矩形,否则应设梯形断面。梯形断面要计算放坡的土方量,放坡系数参见表 4.1-9。当使用挡土板时,不应按放坡计算。

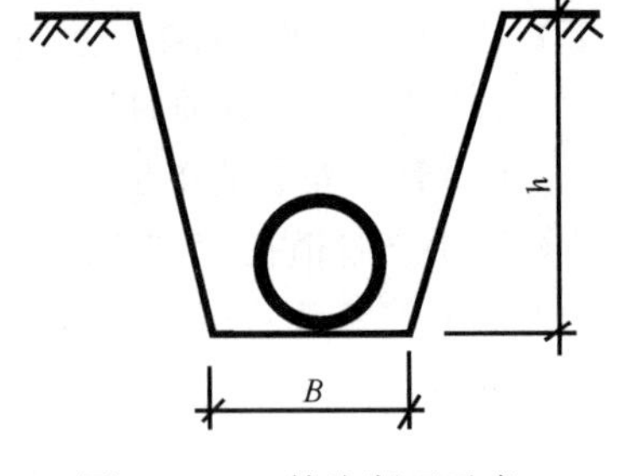

图 4.1-1　管沟断面示意

梯形断面管道沟挖方量可按式(4.1-3)计算

$$V = h(B + kh)L \qquad (4.1-3)$$

式中　h——管沟深度(m);

B——管沟底宽(m);

k——边坡系数,参考表 4.1-9;

L——管沟长度(m);

V——管沟土方量(m^3)。

管道沟回填土工程量以挖方体积减去管道及基础所占体积计算。

管沟宽度根据管径和工作面宽度确定,如设计无规定时,可按表 4.1-10 计算。

(3) 管道除锈、刷油工程量计算

金属管道通常进行防腐,防腐前要除锈。管道除锈、刷油工程量可以按管道的长度计算,以"m"计量;也可以按管道展开外表面积计算,以"m^2"计量。管道按式(4.1-4)计算外表面积

$$F = \pi DL \qquad (4.1-4)$$

式中　F——管道的外表面积,m^2;

D——管外径,m;

L——管道长度,m。

计算管道表面积时已包括各种管件、阀门、人口、管口凹凸部分,不再另外计算。油漆种类和刷油遍数按设计要求,如设计无要求时,通常明装管道刷防锈底漆 1 遍,面漆 2 遍,埋地或暗装部分管道刷沥青漆 2 遍。管道进场时已有防腐层的,则不应再计算防腐工程量。

(4)室内管道工程量计算顺序,按水流的方向,给水管从引入管算起,先主管,再干管和立管,后支管,然后计算设备、附件;排水管由器具排水管算起,计算顺序为:器具排水管→排

水横支管→立管→排除管。

(5)工程量的计算要领,根据特征不同时应单独设置清单项目的原则,管道安装清单工程量按不同的系统、管材、连接形式、敷设方式和规格分别计算。例如对于具有相同管材、连接方式和规格,应注意管道井内与一般场合敷设的,或沿墙暗敷设与沿地暗敷设的管道应分别设置清单项目。对于设置于管道间和管廊内的管道、阀门、法兰、支架等,由于作业条件不同,将会影响报价基础,故也应考虑单独设置清单项目。

室内管道计算工程量时以管道系统为单元计算,先将各小系统分别计算,然后再将各小系统分别汇总相加成为全系统的工程量。水平管道长度用管道平面图的建筑物轴线尺寸和设备位置尺寸为参考计算,也可按图示比例用尺量计算。垂直管道的长度以管道系统图所示的标高计算。若在图上用尺量法计算管道长度,应注意在计算单上所列的尺量数据与计算后的数据要加以区别,以免混淆发生错误。在计算工程量时,应随时在图上注明计算过的管道和设备,与未计算的部分有明显的区别,注意管道的变径通常是在支管的连接处。

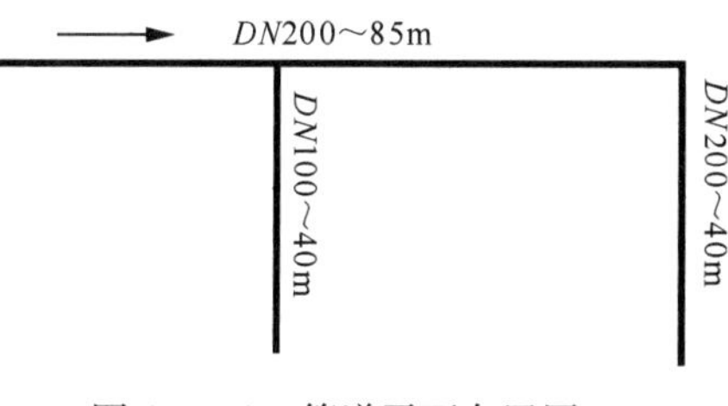

图4.1-2　管道平面布置图

4.1.1.4　给排水管道清单编制示例

【例4.1-1】某室外给水管道,设计采用球墨铸铁管 *DN*200,管道埋深1.0m,见图4.1-2。土质为三类土,地下水位埋深2m,管沟采用原土回填。根据现场周边的实际情况,多余的土可在距管道铺设地点15km处丢弃。试编制工程量清单。

【解】编制步骤

第1步,开列清单项目,本工程的清单项目有承插铸铁管和管沟土石方,选套项目编码并补足至12位。

第2步,计算工程量,*DN*200铸铁管的工程量为125m,*DN*100铸铁管的工程量为40m。

第3步,计算土方的工程量:

查规范《市政工程工程量计算规范》GB 50857—2013土壤分类表A.1-1,该地土质属于三类土;查表4.1-9,管沟断面取矩形;查表4.1-10,沟底宽度分别为0.8m和0.7m,则土方工程量

挖沟槽土方体积:　　$0.8\times1\times125+0.7\times1\times40=128\text{m}^3$

管道体积:　　$3.14/4(0.1^2\times40+0.2^2\times125)=4.24\text{m}^3$

回填土体积:　　$128-4.24=123.7\text{m}^3$

第4步,填写分部分项工程量清单,按照《工程量计算规范》中的项目特征内容和顺序(表4.1-1)进行项目特征描述。

管道项目特征的确定:管道的材质应确定球墨铸铁管的级别,球墨铸铁管供货时内外防腐均以完成,故现场不做防腐。

本项目编制的分部分项工程量清单见表4.1-11。

分部分项工程量清单与计价表 **表4.1－11**

工程名称： 标段： 第 页 共 页

序号	项目编码	项目名称	项目特征描述	计量单位	工程量	金额(元)		
						综合单价	合价	其中：暂估价
1	031001005001	铸铁管	室外给水球墨铸铁管K9级，*DN*200；承插式橡胶圈连接	m	125			
2	031001005002	铸铁管	室外给水球墨铸铁管K9级，*DN*100；承插式橡胶圈连接	m	40			
3	040101002001	挖沟槽土方	三类土，挖土深度1m	m^3	128			
4	040103001001	回填方	1. 原土回填 2. 密实度95%	m^3	123.76			
5	040103002001	余方弃置	1. 废弃料品种：三类土 2. 运距：15km	m^3	4.24			

【例4.1－2】某9层建筑物内镀锌钢塑复合管道（不保温），丝接、明装，建筑内共有4根立管，建筑层高3.0m，管道种类有*DN*80、*DN*50、*DN*40，经计算长度分别为88m（其中立管为4层，共计44.8m）、350m（其中立管为5层，共计56m）、133m，立管穿楼板设钢制翼环防水套管。管道刷银粉漆一遍，管道支架刷防锈漆一遍，银粉漆二遍。试编制分部分项工程量清单。

【解】由于管道的规格不同，三种管道应当分别开列清单项目。根据规范（表4.1－1），钢塑管套用的清单项目为“复合管”。尽管设计图中没有标出支架及形式，但清单编制人应当注意不要遗漏。支架设置的一般原则是立管每层设一个支架，其余管道支架数量统一按支架的最大间距控制，如果另加附件、转弯等处增加的数量、计算比较烦琐。根据附录A，膨胀螺栓固定支架形式的单管不保温托架，三种管道支架单重分别为1.04kg、0.81kg、0.78kg，当采用经验公式估算时，由式(4.1－1)可得管道支架的重量分别为：

*DN*80管道支架重量 $0.36 \times 88 \times 1.04 = 32.95$kg

*DN*50管道支架重量 $0.36 \times 350 \times 0.81 = 102.06$kg

*DN*40管道支架重量 $0.36 \times 133 \times 0.78 = 37.34$kg

管道支架重量合计： $32.95 + 102.06 + 37.34 = 172.35$kg

清单项目设置的方法和步骤同例4.1－1，分部分项工程量清单见表4.1－12。

分部分项工程量清单与计价表 表4.1-12

工程名称： 标段： 第 页 共 页

序号	项目编码	项目名称	项目特征描述	计量单位	工程量	金额(元)		
						综合单价	合价	其中：暂估价
1	031001007001	复合管	室内给水钢塑复合管，DN80；螺纹连接	m	88			
2	031001007002	复合管	室内给水钢塑复合管，DN50；螺纹连接	m	350			
3	031001007003	复合管	室内给水钢塑复合管，DN40；螺纹连接	m	133			
4	031002001001	管道支架	钢制托架	kg	172.35			
5	031002003001	套管	带翼环钢套管DN80	个	20			
6	031002003002	套管	带翼环钢套管DN100	个	16			
7	031201001001	管道刷油	刷银粉漆二遍	m	571			
8	031201002001	金属结构刷油	托架，刷防锈漆一遍漆膜厚度，刷银粉漆两遍	kg	172.35			
本页小计								
合计								

4.1.2 管道附件工程量清单编制

管道附件是管网系统中具有启闭和调节功能的装置总称，可分为配水附件和控制、计量附件。配水附件主要是各式配水龙头，其功能是调节和分配水流；控制附件用于调节流量、压力、关断通道，主要是各种类型的阀门。根据《工程量计算规范》，管道附件为附录K.3，管道附件工程量清单编制的特点是工程量计算简单，项目的型号和类型确定困难。

4.1.2.1 管道附件清单项目

《工程量计算规范》中管道附件清单项目如表4.1-13所示。

管道附件(编码:031003) 表4.1-13

项目编码	项目名称	项目特征	计量单位	工程量计算规则	工作内容
031003001	螺纹阀门	1.类型 2.材质 3.规格、压力等级 4.连接形式 5.焊接方法	个	按设计图示数量计算	1.安装 2.电气接线 3.调试
031003002	螺纹法兰阀门	1.类型 2.材质 3.规格、压力等级 4.连接形式 5.焊接方法	个	按设计图示数量计算	1.安装 2.电气接线 3.调试

续表

项目编码	项目名称	项目特征	计量单位	工程量计算规则	工作内容
031003003	焊接法兰阀门	1. 类型 2. 材质 3. 规格、压力等级 4. 连接形式 5. 焊接方法	个	按设计图示数量计算	1. 安装 2. 电气接线 3. 调试
031003004	带短管甲乙的阀门	1. 材质 2. 规格、压力等级 3. 连接形式 4. 接口方式及材质			
031003005	塑料阀门	1. 规格 2. 连接形式			1. 安装 2. 调试
031003006	减压器	1. 材质 2. 规格、压力等级 3. 连接形式 4. 附件配置	组		组装
031003007	疏水器				
031003008	除污器（过滤器）	1. 材质 2. 规格、压力等级 3. 连接形式			安装
031003009	补偿器	1. 类型 2. 材质 3. 规格、压力等级 4. 连接形式	个		
031003010	软接头（软管）	1. 材质 2. 规格 3. 连接形式	个（组）		
031003011	法兰	1. 材质 2. 规格、压力等级 3. 连接形式	副（片）		
031003012	倒流防止器	1. 材质 2. 型号:规格 3. 连接形式	套		
031003013	水表	1. 安装部位（室内外） 2. 型号、规格 3. 连接形式 4. 附件设置	组（个）		组装
031003014	热量表	1. 类型 2. 型号、规格 3. 连接形式	块		安装
031003015	塑料排水管消声器	1. 规格 2. 连接形式	个		
031003016	浮标液面计		组		
031003017	浮漂水位标尺	1. 用途 2. 规格	套		

4.1.2.2　管道附件清单项目特征

管道附件清单项目的设置，关键是类型和型号的特征描述。管道附件的特征描述应注意以下几点：

（1）阀门。阀门用来改变管道断面和介质流动的方向，控制输送介质流动的一种设备。根据使用功能的不同，阀门的种类和材质繁多，常用的阀门类型有闸阀、截止阀、止回阀、球阀、蝶阀、安全阀、减压阀、柱塞阀等。

（2）减压器。减压阀组称减压器。减压阀是一种直接作用式压力调节器。减压阀按结构形式可分成薄膜式、弹簧薄膜式、活塞式、波纹管式和杠杆式、比例式等，最常见的是弹簧薄膜式和活塞式。减压器的安装以“组”计量，整个阀组由减压阀、前后控制阀、压力表、安全阀、冲洗管、旁通管、旁通阀、及管件组成，减压器的直径较小（*DN*25 ~ 40）时一般用螺纹连接，用于蒸汽系统的减压器多为焊接连接。

（3）疏水器。又称为阻汽排水阀，其作用为可以排出冷凝水并阻止蒸汽逸出，属于自动阀类。疏水器按作用原理可分成浮筒式、吊桶式、热动力式、脉冲式、温调式等。疏水器的安装以“组”计量，由疏水器、冲洗管、过滤器、检查管等组成。连接方式有螺纹连接和法兰连接。

（4）水表的类型。水表计数器的结构各具特色，同时由于水表的应用环境和使用要求不同，故水表的品种很多，其分类方法也很多。一般给水管网上广泛使用流速式水表，流速式水表按翼轮构造不同分为旋翼式、螺翼式和复式水表，旋翼式多为小口径水表，螺翼式则多为大口径水表，复式水表在流量变化很大时才采用。流速式水表按其计数机件所处状态分为干式和湿式两种。水表按最小流量和分界流量分为 A、B、C、D 四个计量等级，其中 A 级精度最低。连接方式有螺纹连接和法兰连接。

（5）法兰的类型。法兰按材质分为碳钢法兰和铸铁法兰，按压力分为高压法兰、中压法兰和低压法兰，按连接形式分为螺纹法兰（螺纹法兰、高压螺纹法兰）、焊接法兰（板式平焊法兰、对焊法兰）、松套法兰（平焊环松套板式法兰、对焊环松套板式法兰、板式翻边松套法兰），给水管道一般用低压平焊法兰，在工业管道中应对法兰的要求予以特别注意。

（6）燃气表的类型。燃气计量表有皮膜式、罗茨式、涡轮式和旋叶式，有代表性的是皮膜式燃气计量表。连接方式有螺纹连接和法兰连接。

（7）浮标液面计。是指利用浮标位置的变化来记录液体液面高度的仪器。常用的是 FQ—Ⅱ浮标液面计。

（8）浮漂水位标尺。用来观察水位变化而设置的水位标尺。工作原理是由液面的升降带动水位标尺移动，从而记录液位变化量。

（9）抽水缸。为排除燃气管道中的冷凝水或轻质油，管道敷设时应有一定的坡度，并在低处设抽水缸，将汇集的水或油排除。抽水缸按材质分为铸铁抽水缸和碳钢抽水缸，按压力分为高压、中压和低压抽水缸。

（10）燃气管道调长器。调长器通常是指在燃气设备检修、维修和更换时，对管道系统设备位置起调节作用，不考虑因温度变化对管线起补偿作用，主要用于轴向位移而不能承受压力和推力的波纹管。调长器所配拉杆、螺母为产品的永久附件，且都是受力件，不得随意拆除和放松，其耳板常与两边法兰连体铸造。补偿器则主要针对因温度变化对管线所起的补偿作用，波形补偿器可由单波或多波组成，燃气管道上用的一般为二波。

（11）调长器与阀门连接。是指调长器与阀门预先组对好，然后采用法兰连接的方式安装在管道上。在此，调长器与阀门的型号、规格均应明确。

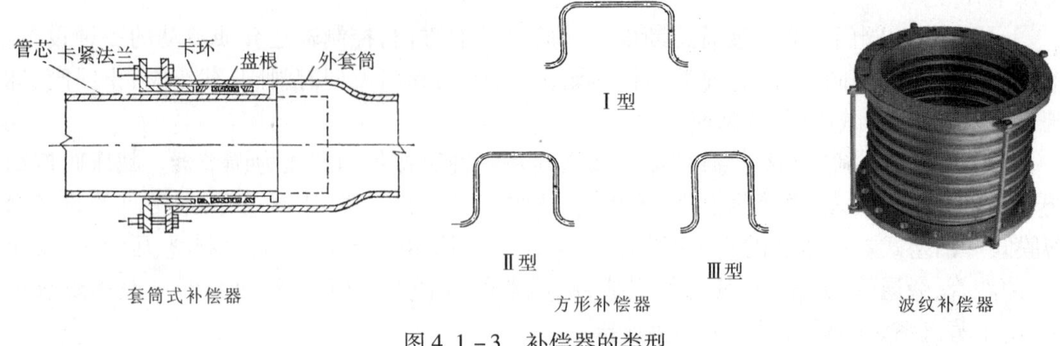

图 4.1－3　补偿器的类型

4.1.2.3　管道附件工程量计算

(1)管道附件清单工程量均按设计图示数量计算,工程量的特点是以自然计量单位计算。

(2)阀门清单工程量计算时,包括浮球阀、手动排气阀、液压式水位控制阀、不锈钢阀门、煤气减压阀、液相自动转换阀、过滤阀等。

(3)伸缩器工程量计算时,方形伸缩器的两臂,按臂长的两倍合并在管道安装长度内计算。

4.1.2.4　管道附件工程量清单编制示例

【例 4.1－3】某 18 层综合楼建筑给水系统,根据设计需设置 *DN*65 的闸阀 8 个,其中 4 个在管道井内;*DN*125 的闸阀 2 个。试编制阀门的分部分项工程量清单。

【解】该阀门的数量已经确定,设计中没有明示阀门的连接方式和型号,故需进一步明确阀门的连接方式和型号。根据阀门的安装工艺特点,*DN*65 阀门为螺纹连接,*DN*125 的阀门为法兰连接;为了方便投标人报价,可以将法兰阀门两侧相配的法兰包括在阀门内(由招标人自行确定)。查相关的技术手册确定阀门的型号后,根据《工程量计算规范》(表 4.1－13),阀门清单项目特征的内容有类型、材质、型号、规格,编制的分部分项工程量清单见表 4.1－14。

分部分项工程量清单与计价表　　**表 4.1－14**

工程名称:　　标段:　　第　页　共　页

序号	项目编码	项目名称	项目特征描述	计量单位	工程量	金额(元)		
						综合单价	合价	其中:暂估价
1	031003001001	螺纹阀门	1. 类型 :闸阀 2. 材质 :黄铜 3. 规格、压力等级:Z15W－16T 暗杠楔形单闸板螺纹阀,*DN*65	个	4			
2	031003001002	螺纹阀门	1. 类型 :闸阀 2. 材质 :黄铜 3. 规格、压力等级:Z15W－16T 暗杠楔形单闸板螺纹阀,*DN*65 4. 安装部位:管井内安装	个	4			

续表

序号	项目编码	项目名称	项目特征描述	计量单位	工程量	金额(元)		
						综合单价	合价	其中:暂估价
3	031003003001	焊接法兰阀门	1. 类型 :闸阀 2. 材质 :球铁 3. 规格、压力等级:Z45T－1.0Q *DN*125 球铁法兰闸阀	个	2			
本页小计								
合计								

4.1.3 卫生器具工程量清单编制

卫生器具除了接纳收集各种污水的使用功能以外,还具有装饰的作用。卫生器具的这种装饰性,决定了为满足人们感观需求所具有的种类繁多、造型各异、豪华程度差别悬殊的特点。因此在工程量清单编制时设备的形式和产品档次以及质量等级在某种程度上处于更重要的位置。

4.1.3.1 卫生器具清单项目

《工程量计算规范》中卫生器具清单项目设置见表 4.1－15。由于卫生器具的清单按“组”或“套”编制,故对于水龙头、角阀和排水栓等的材质要求必要时也应明确。

卫生器具制作安装清单项目设置(编码:031004) **表 4.1－15**

项目编码	项目名称	项目特征	计量单位	工程量计算规则	工作内容
031004001	浴缸	1. 材质 2. 规格、类型 3. 组装形式 4. 附件名称、数量	组	按设计图示数量计算	1. 器具安装 2. 附件安装
031004002	净身盆				
031004003	洗脸盆				
031004004	洗涤盆				
031004005	化验盆	1. 材质 2. 规格、类型 3. 组装形式 4. 附件名称、数量	组		1. 器具安装 2. 附件安装
031004006	大便器				
031004007	小便器				
031004008	其他成品卫生器具				
031004009	烘手器	1. 材质 2. 型号、规格	个		安装
031004010	淋浴器	1. 材质、规格 2. 组装形式 3. 附件名称、数量	套		1. 器具安装 2. 附件安装
031004011	淋浴间				
031004012	桑拿浴房				
031004013	大、小便槽自动冲洗水箱	1. 材质 、类型 2. 规格 3. 水箱配件 4. 支架形式及做法 5. 器具及支架除锈、刷油设计要求			1. 制作 2. 安装 3. 支架制作、除锈、安装 4. 除锈、刷油
031004014	给、排水附(配)件	1. 材质 2. 型号、规格 3. 安装方式	个(组)		安装

续表

<table>
<tr><th>项目编码</th><th>项目名称</th><th>项目特征</th><th>计量单位</th><th>工程量计算规则</th><th>工作内容</th></tr>
<tr><td>031004015</td><td>小便槽
冲洗管</td><td>1. 材质
2. 规格</td><td>m</td><td>按设计图示长度计算</td><td rowspan="4">1. 制作
2. 安装</td></tr>
<tr><td>031004016</td><td>蒸汽一水
加热器</td><td rowspan="3">1. 材质
2. 型号、规格
3. 安装方式</td><td rowspan="4">套</td><td rowspan="4">按设计图示数量计算</td></tr>
<tr><td>031004017</td><td>冷热水
混合器</td></tr>
<tr><td>031004018</td><td>饮水器</td></tr>
<tr><td>031004019</td><td>隔油器</td><td>1. 材质
2. 型号、规格
3. 安装部位</td><td>安装</td></tr>
</table>

4.1.3.2 卫生器具清单项目特征

卫生器具清单项目的特点是按“组”或“套”设置，其中有多个组合件，对每个组合件又往往掺杂着用者的某种偏好，故对组合件的特征描述应当予以注意。

（1）浴盆。按浴洗方式分，有坐浴、躺浴、带盥洗底盘的坐浴。按功能分有泡澡浴缸和按摩浴缸。接材质分有压克力浴缸、铸铁搪瓷、钢板搪瓷、人造大理石等，规格有大、中、小之分；平面形状以长方形为主，也有方形、斜边形；按使用情况可分为不带淋浴器、带固定或活动淋浴器等；浴盆的组装形式指普通浴盆还是裙边浴盆以及淋浴龙头是否为入墙式安装，开关是指单柄龙头还是双柄龙头。

（2）净身盆。是专门为女性而设计的洁具产品，材质主要是陶瓷，开关有混合龙头、单柄单孔龙头、双柄单孔龙头等。

（3）洗脸盆。种类包括洗脸盆、洗发盆、洗手盆。形式有方形、柱式、碗盆、台上盆、台下盆等，组装形式有墙架、立柱、台式（台上、台下），开关形式指冷水、冷热水双龙头式、带混合器的单龙头式、肘式开关、脚踏开关、红外线自动水龙头，对附件（如角阀、连接软管、存水弯）的材质特征也应明确。

（4）洗涤盆。用于厨房内洗菜和餐具，形状多为矩形，成品洗涤盆的材质有陶瓷、不锈钢，洗涤盆按龙头（开关）形式有单嘴、双嘴、肘式开关、脚踏开关、回转龙头及回转混合龙头等多种。

（5）化验盆。用于化验实验室洗涤试验器皿，形式主要根据龙头区分，有鹅颈水嘴、单水嘴、双水嘴，清单编制时应注意支（托）架的特征描述。

（6）大便器。种类有蹲式、坐式。蹲式大便器按材质分为陶瓷、搪瓷和不锈钢，按排水方式分为前部排水和后部排水，按冲洗方式分为高水箱、低水箱、普通冲洗阀、手押阀、脚踏阀、自闭阀等，按安装方式分为两步台阶式、一步台阶式、无台阶式；坐式大便器的材质主要是陶瓷制品，按水箱的方式分为低水箱、分体水箱、连体水箱和自闭阀式，按冲洗方式分为冲洗式和虹吸式，按安装方式分为斜排出管式、直排出管式。

（7）小便器。材质为陶瓷，组装方式有壁挂式和落地式，冲洗阀的形式有自闭式冲洗阀和感应式冲洗阀。

(8)烘手器。一般设在写字楼、酒店等场所的洗手间内,用于洗手后烘干水分。设备由微电路(CPU)控制,红外线感应,产品的种类和性能因厂家不同而异。

(9)淋浴器。组装方式有单把成品、移动式、双管组装型、脚踏开关型等,可单独安装,也可多个排列安装。开关形式有冷热水手调式、单把开关调温式、恒温脚踏式、光电式以及医院水疗式(有多种喷头)。

(10)淋浴间。由门板和底盆组成。门板按材料分有 PS 板、FRP 板和钢化玻璃三种。淋浴间底盘的造型、围栏玻璃的厚度及是否安有横梁,玻璃门的形式(推拉式、对开式)和淋浴间的颜色等都对价格有一定的影响,淋浴龙头有单柄龙头和双柄龙头形式。

(11)桑拿浴房。常规桑拿房的功能主要有电子排气、手动针刺按摩浴、花洒淋浴、接听电话、增氧、杀菌、脚底按摩等。而多功能电脑桑拿房除了以上的功能外,还可以在蒸桑拿的同时收听电台广播或者欣赏 CD,而且不但可以接听电话,还可以往外打电话,这主要根据不同的产品档次而定。

(12)水箱。根据水箱的用途不同,有高位水箱、减压水箱、冲洗水箱、断流水箱等多种类别,形状通常为圆形或矩形。材质有钢板、搪瓷、镀锌、复合材料不锈钢、钢筋混凝土、塑料和玻璃钢等。水箱一般应有浮球阀、信号管等附件,在清单中应明确是否带有附件及其相应的特征要求。

(13)给排水附(配)件是指独立安装的水嘴、地漏、地面扫除口、排水栓等,地漏的材质有铸铁、塑料和钢制地漏,按使用功能分为带水封地漏、无水封地漏。

(14)小便槽冲洗管制作安装。小便槽冲洗管材质有镀锌钢管和塑料管,规格一般为 *DN*15,管道上需钻孔以便均匀喷洒出冲洗水。

(15)工作内容中的附件安装,给水附件包括水嘴、阀门、喷头等,排水配件包括存水弯、排水栓、下水口以及配备的连接口。

4.1.3.3 卫生器具清单工程量计算

卫生器具清单工程量计算比较简单,只需根据设计统计数量即可。卫生器具与管道的分界点是应当注意的问题。当前,大部分与卫生器具相连的给水管是暗装,给水管道与卫生器具之间装设一个角阀,这个角阀可以认为是分界点,卫生器具与排水管道的分界点是器具排水管的最高点,即给水从角阀(包含角阀)开始至器具排水管的最高点处为止属于卫生器具的范畴。

【例 4.1-4】某宾馆卫生间内设坐式大便器 68 套,洗脸盆 68 套。试编制分部分项工程量清单。

【解】根据该宾馆的标准和甲方的要求,大便器和洗脸盆都采用中高档产品,颜色为骨色。洗脸盆为台下盆,坐便器为联体水箱,所用的配件均为高档产品。由于在开工前还未能确定产品的类别和型号,故在清单编制时均应对这些特征予以描述,在材料暂估价中列出暂定单价(洗脸盆 1900 元/套,大便器 2500 元/套,均含配件)。查表 4.1-15,分部分项工程量清单编制见表 4.1-16。

分部分项工程量清单与计价表　　表 4.1－16

工程名称：　　标段：　　第　页　共　页

序号	项目编码	项目名称	项目特征描述	计量单位	工程量	金额(元)		
						综合单价	合价	其中：暂估价
1	031004003001	洗脸盆	1. 材质：陶瓷 2. 组装形式：台下盆					
2	031004006001	大便器	1. 材质：陶瓷 2. 组装形式：联体水箱坐式大便器					
本页小计								
合计								

4.1.4　采暖、给排水设备工程量清单编制

4.1.4.1　清单项目设置

《工程量计算规范》中的部分给排水设备清单项目设置见表 4.1－17。

采暖、给排水设备(编码:031006)　　表 4.1－17

项目编码	项目名称	项目特征	计量单位	工程量计算规则	工作内容
031006001	变频给水设备	1. 设备名称 2. 型号、规格 3. 水泵主要技术参数 4. 附件名称、规格、数量 5. 减振装置形式	套	按设计图示数量计算	1. 设备安装 2. 附件安装 3. 调试 4. 减振装置制作、安装
031006002	稳压给水设备				
031006003	无负压给水设备				
031006004	气压罐	1. 型号、规格 2. 安装方式	台		1. 安装 2. 调试
031006005	太阳能集热装置	1. 型号、规格 2. 安装方式 3. 附件名称、规格、数量	套		1. 安装 2. 附件安装
031006006	地源(水源、气源)热泵机组	1. 型号、规格 2. 安装方式 3. 减振装置形式	组		1. 安装 2. 减振装置制作、安装

稳压给水设备，用于多层和高层建筑中有增压设施要求的消火栓给水系统及湿式自动喷水灭火系统。系统由水泵、阀门、止回阀、安全阀、泄水阀、橡胶软接头、远传压力表、底座等组成，一般为整体组装式。

单纯的变频恒压供水设备需要有大型水池蓄水再增压，根据用水量的变化利用变频控制器调节水泵转速达到恒压供水、节能的目的。无负压叠压变频供水设备没有外在形式的水池，系统本身自带了一个密封的不锈钢稳流罐，设备直接与市政管网相连，将市政管网压力和提升水泵的压力进行叠加，可以很好的利用自来水管网压力，比一般所说的变频恒压供水设备更节能、更卫生。设备由变频控制柜、无负压装置，自动化控制系统及远程监控系统、水泵机组、稳压补偿器、负压消除器、压力传感器、阀门、仪表和管路系统等组成。设备的结构形式分为整体式和分体式，机组的减振主要有橡胶隔振垫、低频橡胶隔振器、可曲挠橡胶

接头、阻尼弹簧减振器,橡胶金属阻尼减振垫等形式。

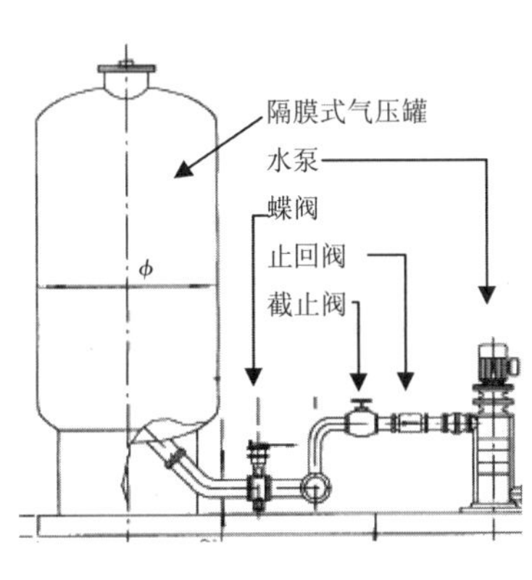

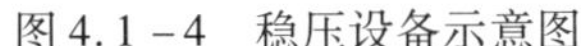

图 4.1-4　稳压设备示意图

图 4.1-5　叠压供水设备实物图

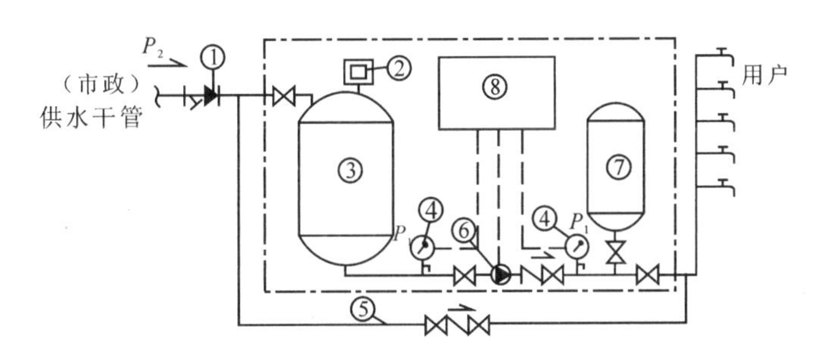

图 4.1-6　管网叠压供水设备示意图

1-防回流污染装置(可选);2-防负(降)压装置;3-稳流罐(可选);4-压力传感装置;
5-旁通管;6-水泵机组;7-隔模式气压水罐(可选);8-自动控制柜(箱)

太阳能集热器是吸收太阳辐射并将产生的热能传递到传热工质的装置。太阳能集热器的常见分类一般可分为平板集热器、真空管集热器、聚光集热器和平面反射镜等几种类型。由集热器、储水箱、连接管道、支架及控制部件配件等部分组成。安装方式分为屋面安装、墙面安装、女儿墙安装、阳台安装、披檐式安装等形式。

热泵(Heat Pump)是一种将低位热源的热能转移到高位热源的装置,也是全世界倍受关注的新能源技术。热泵通常是先从自然界的空气、水或土壤中获取低品位热能,经过电力做功,然后再向人们提供可被利用的高品位热能。空气(或水源、地源)分别作为冬季热泵供暖的热源和夏季空调的冷源,即在夏季将建筑物中的热量"取"出来,释放到空气(或水体、土壤)中去,由于空气(或水体、土壤)温度低,所以可以高效地带走热量,以达到夏季给建筑物室内制冷的目的;而冬季,则是通过空气(或水源、地源)热泵机组,从空气(或水源、地源)中"提取"热能,送到建筑物中采暖。

4.1.4.2　有关说明

(1)压力容器包括气压罐、稳压罐、无负压罐;

(2)水泵包括主泵及备用泵,应注明数量;

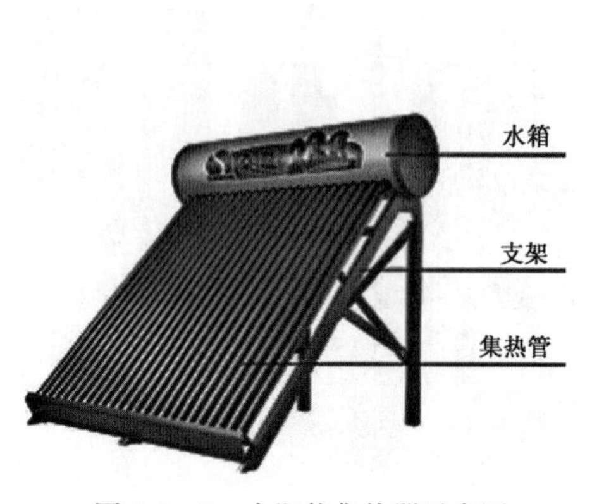

图4.1-7　太阳能集热器示意图

图4.1-8　分体式空气热泵机组

（3）附件包括给水装置中配备的阀门、仪表、软接头、应注明数量，含设备、附件之间管路连接；

（4）泵组底座安装，不包括基础砌（浇）筑，应按现行国家标准《房屋建筑与装饰工程工程量计算规范》GB 50854 相关项目编码列项；

（5）控制柜安装及气电接线、调试应按《工程量计算规范》附录 D 电气设备安装工程相关项目编码列项。

（6）地源热泵机组，接管以及接管上的阀门、软接头、减振装置和基础另行计算，应按相关项目编码列项。

4.1.5　燃气器具工程量清单编制

燃气器具工程量清单项目设置及工程量计算规则，应按表4.1-18的规定执行。

燃气器具及其他（编码:031007）　　**表4.1-18**

<table>
<tr><th>项目编码</th><th>项目名称</th><th>项目特征</th><th>计量单位</th><th>工程量计算规则</th><th>工作内容</th></tr>
<tr><td>031007001</td><td>燃气开水炉</td><td rowspan="2">1. 型号、容量
2. 安装方式
3. 附件型号、规格</td><td rowspan="4">台</td><td rowspan="6">按设计图示数量计算</td><td rowspan="4">1. 安装
2. 附件安装</td></tr>
<tr><td>031007002</td><td>燃气采暖炉</td></tr>
<tr><td>031007003</td><td>燃气沸水器、消毒器</td><td rowspan="2">1. 类型
2. 型号、容量
3. 安装方式
4. 附件型号、规格</td></tr>
<tr><td>031007004</td><td>燃气热水器</td></tr>
<tr><td>031007005</td><td>燃气表</td><td>1. 类型
2. 型号、规格
3. 连接方式
4. 托架设计要求</td><td>块（台）</td><td>1. 安装
2. 托架制作、安装</td></tr>
<tr><td>031007006</td><td>燃气灶具</td><td>1. 用途
2. 类型
3. 型号、规格
4. 安装方式
5. 附件型号、规格</td><td>台</td><td>1. 安装
2. 附件安装</td></tr>
</table>

续表

项目编码	项目名称	项目特征	计量单位	工程量计算规则	工作内容
031007007	气嘴	1. 单嘴、双嘴 2. 材质 3. 型号、规格 4. 连接形式	个	按设计图示数量计算	安装
031007008	调压器	1. 类型 2. 型号、规格 3. 安装方式	台		
031007009	燃气抽水缸	1. 材质 2. 规格 3. 连接形式	个		
031007010	燃气管道调长器	1. 规格 2. 压力等级 3. 连接形式			
031007011	调压箱、调压装置	1. 类型 2. 型号、规格 3. 安装部位	台		
031007012	引入口砌筑	1. 砌筑形式、材质 2. 保温、保护材料设计要求	处		1. 保温(保护)台砌筑 2. 填充保温(保护)材料

(1)燃气开水炉。燃气开水炉的参数有额定热负荷或热水量、耗气量、适用气种、功率、外形尺寸等,参见图4.1-9。清单项目特征描述时,应明确是否包括底座的制作安装。

图4.1-9　燃气开水炉

(2)燃气采暖炉。采暖炉的主要参数有功率、水罐容积。

(3)燃气沸水器。沸水器可提供高于当地大气压下沸点的高温杀菌的开水,确保了饮水安全卫生。全自动沸水器将冷水、沸水、加热过程中的水分别盛于冷水箱、沸水箱、沸腾箱供不同的需求者使用。沸水器的型号标识如下:

沸水器代号	燃气种类代号	结构形式	沸水器容积或每小时供应的沸水量	—	改型序号

1)沸水器代号用汉语拼音字母FQ表示。

2)燃气种类代号用汉语拼音字母表示。R:容积式;L:连续式。

3）沸水器产品改型序号用汉语拼音字母表示。A：第一次改型；B：第二次改型，以此类推。

4）型号编制举例

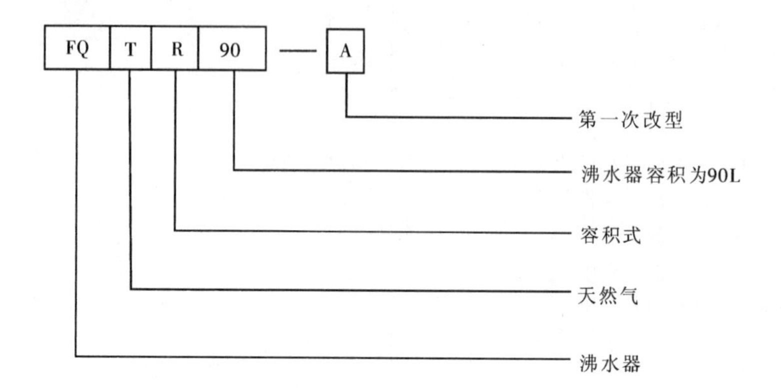

FQTR90－**A**：表示沸水器使用的燃气是天然气、容积式、容积为90L、第一次改型的常压沸水器。

（4）燃气气嘴。燃气气嘴安装在燃气管道的末端，燃气器具与燃气气嘴之间通常用一段软管连接，气嘴见图4.1－10。

图4.1－10　燃气气嘴

4.1.6　给排水工程工程量清单编制示例

【例4.1－5】某八层综合楼，框架结构，首层为架空层，各层层高为3.3m。图4.1－12为该建筑的局部平面图。由于该地区室外管网水压低，该建筑采用水泵供水方式，给水管材采用PVC－U管，立管在管道井内敷设，卫生间给水支管沿墙暗敷。排水系统采用污废水合流制，排水管材采用PVC－U管，排水立管在管道井内敷设，排水横管悬吊于楼板下，室内排水立管底部至室外第一个检查井距离为6m。2～8层卫生间大样见图4.1－13。根据《建筑给水排水及采暖工程施工质量验收规范》GB 50242—2002第5.2.9条，φ75、φ110的排水塑料横管道吊架的最大间距分别为0.75m、1.1m；排水管道吊架型式选附录B的Ⅰ型吊架，吊杆长度取0.6m，则吊架单重分别为1.7kg/个、1.8kg/个、1.9kg/个。给水系统见图4.1－14、排水系统见图4.1－15。试编制给水系统和排水系统的分部分项工程量清单。

序号	名　称	图例
1	普通挂式小便器	
2	普通蹲式大便器	
3	普通洗手盆	
4	普通水龙头	
5	地漏	
6	清扫口	
7	拖布池	
8	螺纹蝶阀	
9	螺纹截止阀	

图 4.1－11　图例

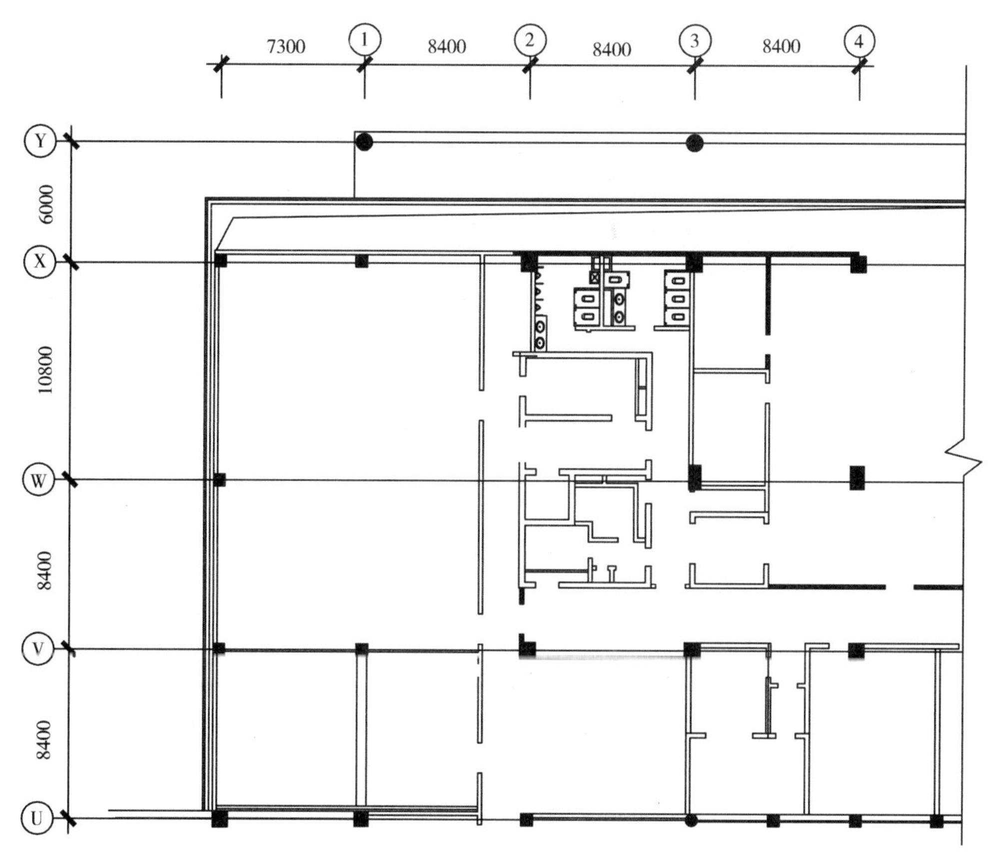

图 4.1－12　标准层平面布置图

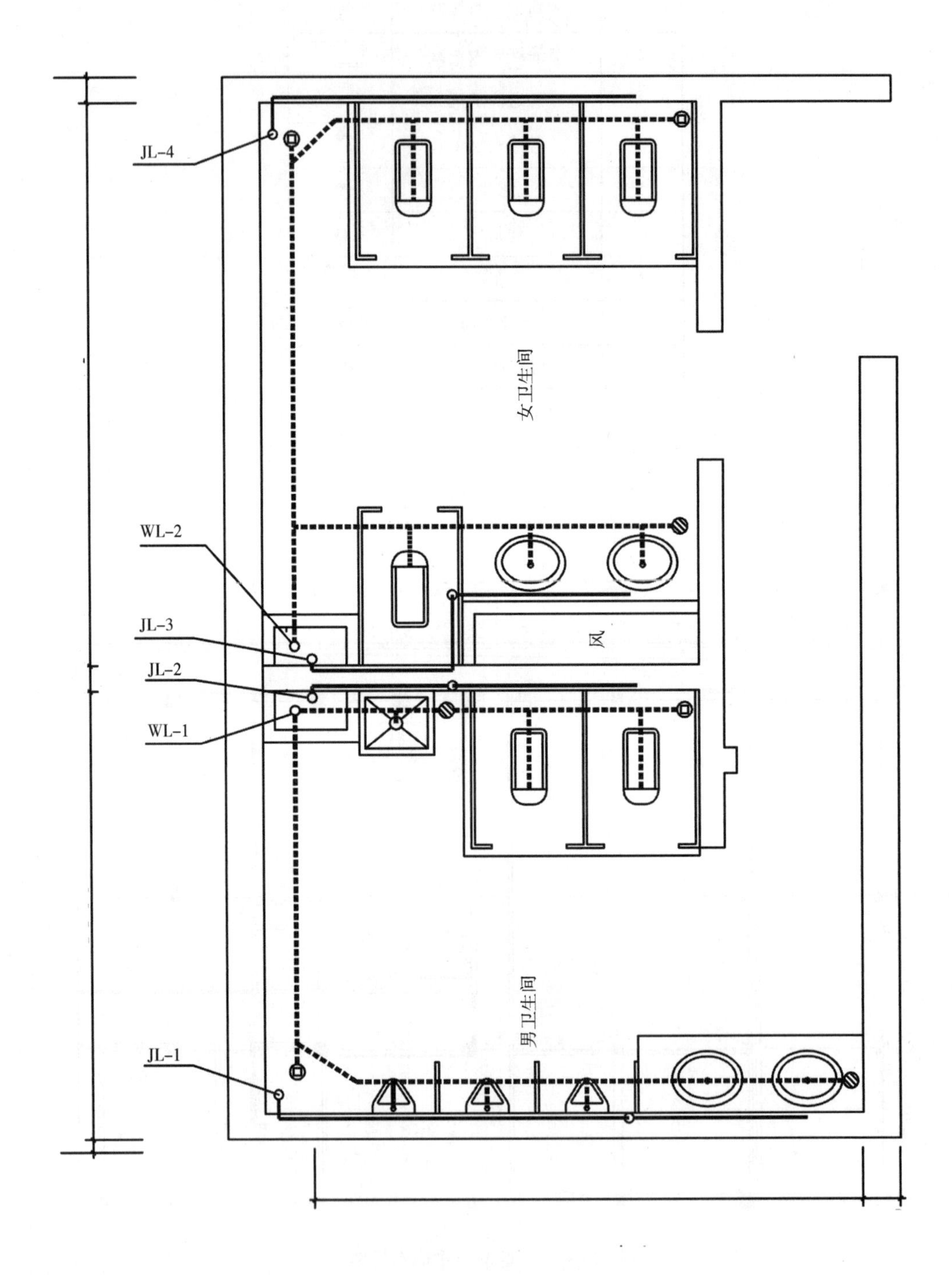

图 4.1－13　卫生间大样图(1∶50)

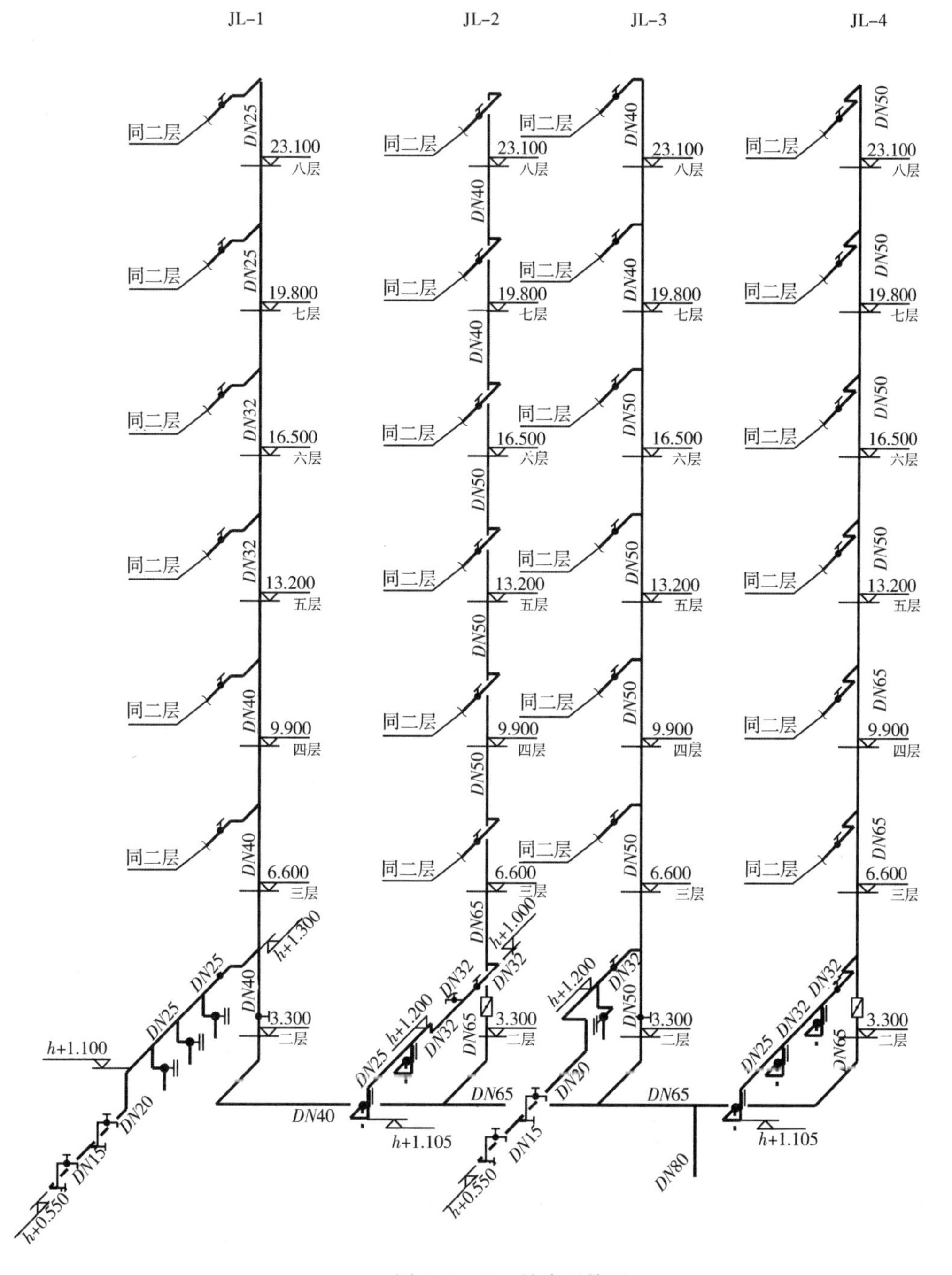
JL-1
JL-2
JL-3
JL-4
同二层
23.100
八层
19.800
七层
16.500
六层
13.200
五层
9.900
四层
6.600
三层
3.300
二层
DN25
DN32
DN40
DN50
DN65
DN80
DN20
DN15
h+1.100
h+1.300
h+1.000
h+1.200
h+1.105
h+0.550

图 4.1－14　给水系统图

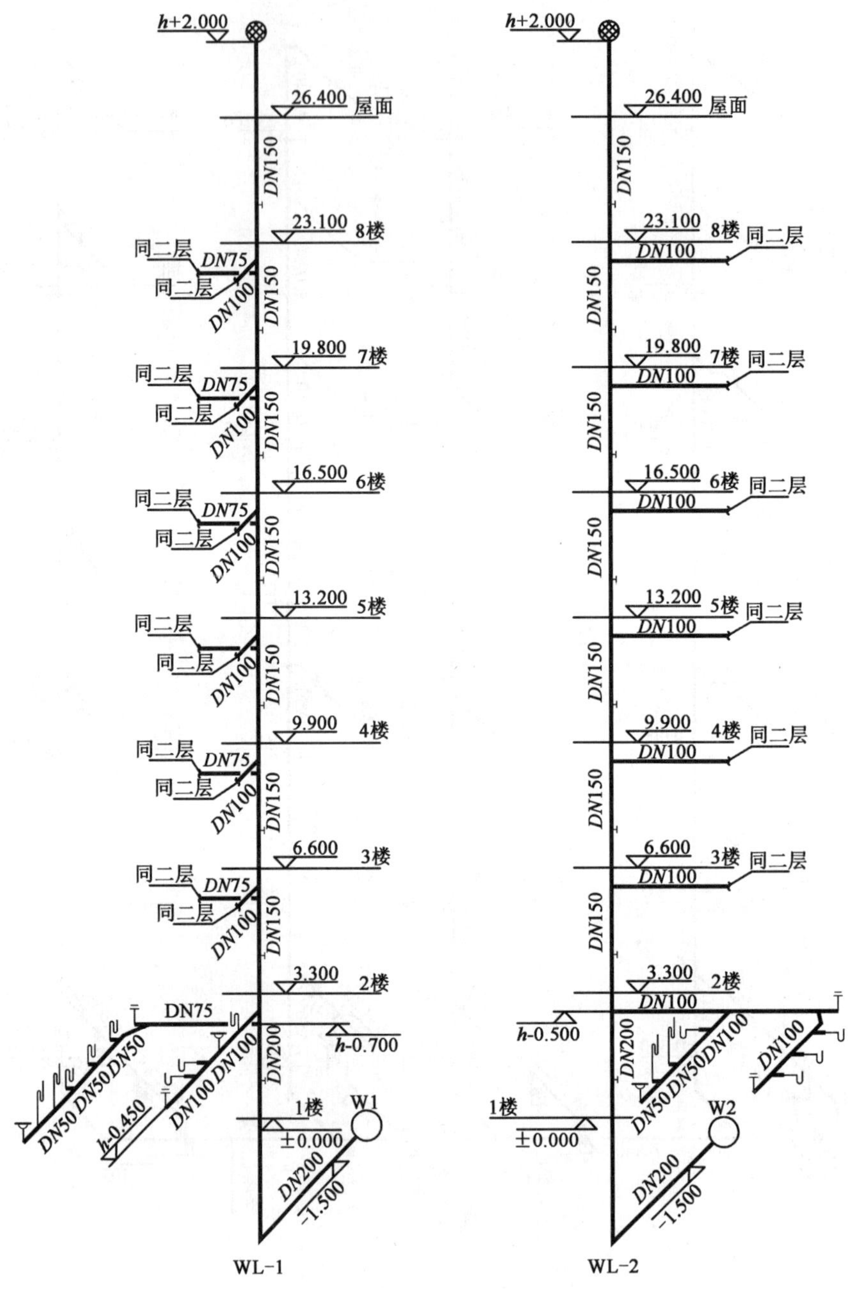
h+2.000
26.400 屋面
DN150
23.100 8楼
同二层
DN75
DN100
19.800 7楼
16.500 6楼
13.200 5楼
9.900 4楼
6.600 3楼
3.300 2楼
DN75
DN50 DN50 DN50
DN100 DN100
DN200
h-0.700
h-0.450
1楼
±0.000
W1
DN200
-1.500
WL-1
DN100
h-0.500
DN50 DN50 DN100
W2
WL-2

图 4.1－15　排水系统图

【解】(1)给水系统清单工程量计算见表4.1－19;根据通用安装工程工程量计算规范(表4.1－1、表4.1－2),排水系统工程量计算见表4.1－20,分部分项工程量清单与计价表。见表4.1－21。

工程数量计算表(清单量)　　　　**表4.1－19**

序号	工程名称	名称及规格	计算式及说明	单位	数量
1	JL－1	PVC－U管 *DN*15	水平管0.8＋(小便器处连接管)0.2×3,共7层	m	9.80
2		PVC－U管 *DN*20	水平管0.965＋竖管(1.3－0.55),共7层	m	12.01
3		PVC－U管 *DN*25	水平管0.8＋0.75＋1.08＝2.63,共7层	m	18.41
4		PVC－U管 立管 *DN*25	从标高17.800至标高24.400	m	6.60
5		PVC－U管 立管 *DN*32	从标高11.200至标高17.800	m	6.60
6		PVC－U管 立管 *DN*40	从标高3.300至标高11.200	m	7.90
7	JL－2	PVC－U管 *DN*25	水平管0.90＋大便器连接管(1.2－1.105)×2,共7层	m	7.63
8		PVC－U管 *DN*32	水平管1.74＋竖管(1.2－1.0)＋立管接出0.052,共7层	m	13.94
9		PVC－U管 立管 *DN*40	从标高17.500至标高24.100	m	6.60
10		PVC－U管 立管 *DN*50	从标高7.600至标高17.50	m	9.90
11		PVC－U管 立管 *DN*65	从标高3.3至标高7.60	m	4.30
12	JL－3	PVC－U管 *DN*15	水平管0.8,共7层	m	5.60
13		PVC－U管 *DN*20	水平管0.63＋0.335＋竖管(1.2－0.55)＋转折处横管0.59,共7层	m	15.44
14		PVC－U管 *DN*25	大便器连接管1.2－1.1,7层	m	0.70
15		PVC－U管 *DN*32	水平管0.79＋0.052,共7层	m	5.89
16		PVC－U管 立管 *DN*40	从标高17.700至标高24.300	m	6.60
17		PVC－U管 立管 *DN*50	从标高3.300至标高17.7	m	14.40
18	JL－4	PVC－U管 *DN*25	水平管0.9＋大便器连接管(1.2－1.105)×3,共7层	m	8.30
19		PVC－U管 *DN*32	水平管0.9＋1.13＋0.25,共7层	m	15.96
20		PVC－U管 立管 *DN*50	从标高11.1至标高24.3	m	13.20
21		PVC－U管 立管 *DN*65	从标高3.3至标高11.1	m	7.80
22	管道小计	PVC－U管 *DN*15	卫生间内9.8＋5.6＝15.4	m	15.40
23		PVC－U管 *DN*20	卫生间内12.01＋15.44＝27.45	m	27.45
24		PVC－U管 *DN*25	卫生间内18.41＋7.63＋0.70＋8.30＝35.04	m	35.04
25		PVC－U管 *DN*32	卫生间内13.94＋5.89＋15.96＝35.79	m	35.79
26		PVC－U管 立管 *DN*25	管道井内6.60	m	6.60
27		PVC－U管 立管 *DN*32	管道井内6.60	m	6.60
28		PVC－U管 立管 *DN*40	管道井内7.90＋6.60＋6.6＝21.10	m	21.10
29		PVC－U管 立管 *DN*50	管道井内9.90＋14.40＋13.20＝37.50	m	37.50
30		PVC－U管 立管 *DN*65	管道井内4.30＋7.80＝12.10	m	12.10
31	阀门管件	截止阀 *DN*25	JL－1,2－8层进水	个	7.00
32		截止阀 *DN*32	JL－2,JL－3,JL－4,2－8层	个	21.00
33		截止阀 *DN*40	JL－1	个	1.00
34		截住阀 *DN*50	JL－3	个	1.00
35		蝶阀 *DN*65	JL－2,JL－4	个	2.00

续表

序号	工程名称	名称及规格	计算程式及说明	单位	数量
36	管架	管道支架(型材结构)	(DN40)0.36×21.10×1.26+(DN50)0.36×37.50×1.29+(DN65)0.36×12.10×1.34	kg	32.83
37	套管	套管 DN40	JL-1	个	2.00
38		套管 DN50	JL-1	个	2.00
39		套管 DN65	JL-1,JL-2,JL-3	个	7.00
40		套管 DN80	JL-2,JL-3,JL-4	个	12.00
41		套管 DN100	JL-2,JL-4	个	5.00
42	其他项目	凿(压)槽 70mm×70mm	JL-1:9.8+12.01+18.41=40.22 JL-2:7.63+13.94=21.57 JL-3:5.60+15.44+0.70+5.89=27.63 JL-4:8.30+15.96=24.26	m	113.68

排水工程工程数量计算表 **表 4.1-20**

序号	工程名称	名称及规格	计算式及说明	单位	数量
1	WL-1	PVC-U 管 DN50	有洗手盆一侧 0.35+0.8+0.965+0.8+0.75+0.3+0.518=4.483,共7层	m	31.381
2		PVC-U 管 DN75	立管接出 2.704,共7层	m	18.928
3		PVC-U 管 DN100	无洗手盆一侧 0.35+0.9+0.66+0.4+0.562=2.87,共7层	m	20.090
4		PVC-U 管 立管 DN150	从标高 2.85 至 26.400+通气帽伸出屋顶 2m	m	25.55
5		PVC-U 管 立管 DN200	从标高-1.500 至 2.85+从立管底部至户外排水井 6m	m	10.35
6	WL-2	PVC-U 管 DN50	有洗手盆一侧 0.3+0.9+0.965=2.165,共7层	m	15.155
7		PVC-U 管 DN100	有洗手盆一侧 0.714 + 无洗手盆一侧 0.40+0.90+0.90+0.76+0.5 立管接出管 3.25=7.424,共7层	m	51.968
8		PVC-U 管 立管 DN150	从标高 2.800 至 26.400+通气帽伸出屋顶 2m	m	25.600
9		PVC-U 管 立管 DN200	从标高-1.500 至 2.400+从立管底部至户外排水井 6m	m	10.300
10	器具连接管	PVC-U 管 DN50	地漏 0.7+小便器 0.7×3+小便器连接管 0.2×3=3.4,共7层	m	23.80
11		PVC-U 管 DN75	清扫口 0.7,共7层	m	4.90
12		PVC-U 管 DN100	大便器 0.62×2 套+拖布池 0.1+清扫口 0.45+地漏 0.45=2.24,共7层	m	15.68
13		PVC-U 管 DN50	洗手盆 0.5×2 套+地漏 0.5=1.5,共7层	m	10.50
14		PVC-U 管 DN100	有洗手盆一侧大便器 0.31+大便器 0.63×3+0.44+清扫口 0.5×2 个=3.64,共7层	m	25.48
15	管道小计	PVC-U 管 DN50	卫生间内 31.381+15.155+23.80+10.50=80.836	m	80.836
16		PVC-U 管 DN75	卫生间内 18.928+4.90=23.828	m	23.828
17		PVC-U 管 DN100	卫生间内 20.090+51.968+15.68+25.48=113.218	m	113.218
18		PVC-U 管 立管 DN150	管道井内 25.55+25.600=51.15	m	51.15
19		PVC-U 管 立管 DN200	管道井内 10.35+10.300=20.65	m	20.65

续表

序号	工程名称	名称及规格	计算式及说明	单位	数量
20	器具管件	洗手盆(普通)	每层卫生间4,共7层	组	28.000
21		挂式小便器(普通)	每层男卫生间3,共7层	套	21.000
22		蹲式大便器(普通)	每层卫生间6,共7层	套	42.000
23		普通水龙头	拖布池处1个,共7层	个	7.000
24		地漏 *DN*100	男卫生间拖布池旁1个,共7层	个	7.000
25		地漏 *DN*50	WL-1和WL-2洗手盆处各1个,共7层	个	14.000
26		扫除口 *DN*75	WL-1小便器旁1个,共7层	个	7.000
27		扫除口 *DN*100	男卫生间1个,女卫生间2个,共7层	个	21.000
28		套管 *DN*250/150	WL-1,7个　WL-2,7个	个	14.000
29		套管 *DN*250/150	屋面WL-1,1个　WL-2,1个	个	2.000
30	吊架	*DN*50	80.84÷0.75×1.7	kg	183.24
31		*DN*75	23.83÷0.75×1.8	kg	57.19
32		*DN*100	113.22÷1.1×1.9	kg	195.56
33		合计		kg	436

分部分项工程量清单与计价表　　**表4.1-21**

工程名称:某综合楼给排水安装工程

序号	项目编码	项目名称	项目特征描述	计量单位	工程量	金额(元)		
						综合单价	合价	其中:暂估价
1	031001006001	塑料管	1.安装部位:管道井敷设 2.输水介质:给水 3.材质、规格:PVC-U、*DN*65 4.连接方式:粘接 5.水压试验、水冲洗	m	12.1			
2	031001006002	塑料管	1.安装部位:管道井敷设 2.输水介质:给水 3.材质:PVC-U、*DN*50 4.连接方式:粘接 5.水压试验、水冲洗	m	37.5			
3	031001006003	塑料管	1.安装部位:管道井敷设 2.输水介质:给水 3.材质:PVC-U、*DN*40 4.连接方式:粘接 5.水压试验、水冲洗	m	21.1			
4	031001006004	塑料管	1.安装部位:管道井敷设 2.输水介质:给水 3.材质:PVC-U、*DN*32 4.连接方式:粘接 5.水压试验、水冲洗	m	6.6			

续表

序号	项目编码	项目名称	项目特征描述	计量单位	工程量	金额（元）		
						综合单价	合价	其中：暂估价
5	031001006005	塑料管	1. 安装部位：管道井敷设 2. 输水介质：给水 3. 材质：PVC－U、.DN25 4. 连接方式：粘接 5. 水压试验、水冲洗	m	6.6			
6	031001006006	塑料管	1. 安装部位：室内沿墙暗敷 2. 输水介质：给水 3. 材质：PVC－U、DN32 4. 连接方式：胶粘连接 5. 水压试验、水冲洗	m	35.8			
7	031001006007	塑料管	1. 安装部位：室内沿墙暗敷 2. 输水介质：给水 3. 材质：PVC－U、DN25 4. 连接方式：胶粘连接 5. 水压试验、水冲洗	m	35.04			
8	031001006008	塑料管	1. 安装部位：室内沿墙暗敷 2. 输水介质：给水 3. 材质：PVC－U、DN20 4. 连接方式：胶粘连接 5. 水压试验、水冲洗	m	27.5			
9	031001006009	塑料管	1. 安装部位：室内沿墙暗敷 2. 输水介质：给水 3. 材质：PVC－U、DN15 4. 连接方式：胶粘连接 5. 水压试验、水冲洗	m	15.4			
10	031003001001	螺纹阀门	类型：截止阀 材质：铸铁 型号规格：J11T－1.0 DN25	个	7			
11	031003001002	螺纹阀门	类型：截止阀 材质：铸铁 型号规格：J11T－1.0 DN32	个	21			
12	031003001003	螺纹阀门	类型：截止阀 材质：铸铁 型号规格：J11T－1.0 DN40	个	1			
13	031003001004	螺纹阀门	类型：截止阀 材质：铸铁 型号规格：J11T－1.0 DN65	个	2			

续表

序号	项目编码	项目名称	项目特征描述	计量单位	工程量	金额（元）		
						综合单价	合价	其中：暂估价
14	031002001001	管道支架制作安装	1. 形式：托架、吊架 2. 材质：不锈钢	kg	468.83			
15	031001006010	塑料管 PVC－U	1. 安装部位：管道井敷设 2. 输水介质：排水 3. 材质：PVC－U 4. 型号：*DN*150 5. 连接方式：粘接	m	52.3			
16	031001006011	塑料管 PVC－U	1. 安装部位：管道井敷设 2. 输水介质：排水 3. 材质：PVC－U 4. 型号：*DN*200 5. 连接方式：粘接	m	20.65			
17	031001006012	塑料管 PVC－U	1. 安装部位：室内 2. 输水介质：排水 3. 材质：PVC－U 4. 型号：*DN*50 5. 连接方式：粘接	m	80.836			
18	031001006013	塑料管 PVC－U	1. 安装部位：室内 2. 输水介质：排水 3. 材质：PVC－U 4. 型号：*DN*75 5. 连接方式：粘接	m	23.828			
19	031001006014	塑料管 PVC－U	1. 安装部位：室内 2. 输水介质：排水 3. 材质：PVC－U 4. 型号：*DN*100 5. 连接方式：粘接	m	113.218			
20	031004014001	地漏	1. 材质：PVC－U 2. 型号规格：带水封 *DN*50	个	14			
21	031004014002	地漏	1. 材质：PVC－U 2. 型号规格：带水封 *DN*100	个	7			
22	031004014003	地面扫除口	1. 材质：PVC－U 2. 型号规格：带水封 *DN*75	个	7			
23	031004014004	地面扫除口	1. 材质：PVC－U 2. 型号规格：带水封 *DN*100	个	21			
24	031004014005	水龙头	1. 材质：不锈钢 2. 型号规格：*DN*100	个	7			
25	031004003001	洗手盆	1. 材质：陶瓷	组	28			
26	031004006001	大便器	1. 材质：陶瓷手压阀蹲式大便器 2. 组装形式：成套	套	42			

续表

序号	项目编码	项目名称	项目特征描述	计量单位	工程量	金 额（元）		
						综合单价	合价	其中：暂估价
27	031004007001	小便器	1. 材质：陶瓷挂式小便器 2. 组装形式：成套	套	21			
28	031201002001	金属结构刷油	托架，刷防锈漆两遍漆膜厚度1mm	kg	51.02			
29	031201002002	金属结构刷油	托架，刷银粉漆两遍漆膜厚度1mm	kg	51.02			
30	031002003001	套管	刚性防水套管 *DN*40	个	2.00			
31	031002003002	套管	刚性防水套管 *DN*50	个	2.00			
32	031002003003	套管	刚性防水套管 *DN*65	个	7.00			
33	031002003004	套管	刚性防水套管 *DN*80	个	12.00			
34	031002003005	套管	刚性防水套管 *DN*100	个	5.00			
35	031002003006	套管	刚性防水套管 *DN*250	个	14.00			
36	030413002001	凿（压）槽	70mm×70mm 砖结构	m	113.68			

4.2 给排水、采暖管道工程量清单计价

室内给排水管道是由管子和管道接头零件按设计有机组合而成，管道安装的工艺流程是：安装准备→预制加工→干管安装→支管安装→管道试压（排水管道做灌水试验）→管道防腐，生活饮用水管道在交付使用前必须进行消毒冲洗。室内采暖管道安装一般按总管及其入口装置→干管→立管→散热器支管的施工顺序进行。

4.2.1 给排水、采暖管道定额项目及适用范围

管道安装定额包括室内外生活用给水、排水、雨水、采暖热源管道[镀锌钢管、焊接钢管、钢管、钢塑给水管、塑料给水管、铝塑复合管、钢塑给水管、给水韧性铸铁管、民用铜管、铜管胀口焊接、不锈钢管、塑料排水管、承插铸铁排水管、柔性抗震铸铁排水管、承插铸铁雨水管、承插铸铁给水管、无缝黄铜、紫铜榄型垫圈（抓榄）管道安装]、管道支架、法兰、套管、伸缩器、阻火圈等的安装及凿槽、刨沟、凿孔洞、沟槽修补、堵洞眼等辅助工作内容，共460个子目。

4.2.2 定额应用及工程量计算

各种管道，均以施工图所示中心线长度，以“延长米”计算，不扣除阀门、管件（包括减压阀、疏水器、水表、伸缩器等组成安装）所占长度。方形伸缩器的两臂，按臂长的两倍合并在管道长度内计算。管道消毒、冲洗、压力试验，均按管道长度以“延长米”计算，不扣除阀门、管件所占的长度。

管道安装工程量按不同的管材、接口方式和规格分别计算。

4.2.2.1 管道界限划分

（1）给水管道

1)室内外界线以建筑物外墙皮1.5m为界，入口处设阀门者以阀门为界。

2)与市政管道界线以水表井为界，无水表井者，以与市政管道碰头点为界。

(2) 排水管道

1)室内外以出户第一个排水检查井为界。

2)室外管道与市政管道界线以与市政管道碰头井为界。

(3)采暖热源管道

1) 室内外以入口阀门或建筑物外墙皮1.5m为界。

2) 与工业管道界线以锅炉房或泵站外墙皮1.5m为界。

3) 工厂车间内采暖管道以采暖系统与工业管道碰头点为界。

4) 设在高层建筑内的加压泵间管道与本章界线，以水泵间外墙皮为界。

4.2.2.2　定额应用

(1)管道安装定额包括以下工作内容：

1)管道及接头零件安装、水压试验或灌水试验。

2)室内 *DN*32 以内钢管包括管卡及托钩制作安装。

3)钢管包括弯管制作与安装(伸缩器除外)，无论是现场煨制或成品弯管均不得换算。

4)室内铸铁排水管、雨水管和室内塑料排水管、雨水管均包括管卡、检查口、透气帽、雨水漏斗、伸缩节、H型管、消能装置、存水弯、止水环的安装，但透气帽、雨水漏斗、H型管、消能装置、存水弯、止水环的价格应另行计算。

(2) 管道安装定额不包括以下工作内容：

1)室内外管道沟土方、管道基础、管道固筑、井体砌筑工程执行《广东省市政工程综合定额》(2010)相应项目。

2)管道安装不包括法兰、阀门及伸缩器的制作安装，按相应项目另行计算，

3)室内外给水、雨水铸铁管包括接头零件所需的人工，但接头零件价格应另行计算。

4) 室内外塑料管道(粘接)安装定额是依据PVC－U管编制的，实际使用材质不同时，除管件价格可以按实换算外，其余不变。

5) 室内外塑料管道(热熔接)安装定额分别依据PPR管和PE管编制的，实际使用材质不同时，除管件价格可以按实换算外，其余不变。

(3)钢塑复合管道安装定额也适用于其他金属与塑料的复合管道安装(铝塑复合管道除外)，其管件价格可以按实换算，其余不变。

(4)其他专业册发生凿槽、刨沟、凿孔洞、沟槽修补、堵洞眼等内容时可执行本章辅助工程项目。

(5)穿楼板套管、穿梁套管、穿墙套管子目规格均为穿过套管的管子公称直径。

(6)穿过剪力墙、天面层及水池的套管执行第六册《工业管道工程》C.8章相应项目。

(7)根据技术规范，立管穿越楼板的套管应为防水套管。套管直径一般比主管(被套管)直径大1~2级。套管是按主管的管径套用定额，但未计价材料按套管本体的管径。例如，某穿过楼板的立管管径为 *DN*80，穿楼板处设置钢套管，套管的规格为 *DN*100，则套用 *DN*80 的穿楼板翼环钢套管的定额，未计价材料费(焊接钢管)按 *DN*100 计算。

4.2.2.3　定额工程量计算方法

(1)管道安装工程量计算

室外管道土方定额工程量，根据《广东省市政工程综合定额》，按照施工组织设计确定的管沟断面形状计算土方量。

(2)给水管道冲洗消毒工程量计算

生活饮用水管道要计算管道的冲洗消毒工程量。计算方法是以直径范围为档次，按管道长度以“m”计量。*DN*15、*DN*20、*DN*25、*DN*32、*DN*40、*DN*50 的管道套用 *DN*50 的定额子目(C8－1－411)，*DN*60、*DN*80、*DN*100 的管道套用 *DN*100 子目(C8－1－412)，依次类推。

(3) 注意事项

由于给水、雨水铸铁管定额包括接头零件的安装，未包括接头零件的价值，接头零件的价值应另行计算，故铸铁管的工程量计算还应统计接头零件的数量。

【例 4.2－1】某小区内安装室外给水铸铁管(*DN*200)150m，覆土厚度 0.7m。小区地势平坦，地下水位埋深 2m，土质为三类土。如果采用工程量清单计价法，试计算该管沟挖土方清单项目的综合单价。

【解】解题步骤：

(1)计算土方的清单工程量

管沟深度：0.7＋0.2＝0.9m

管沟底宽：查表 4.1－10，每侧工作面宽度为 0.3m

根据土质，查表 4.1－9 得知管沟不需放坡。

挖方量：$V_1=0.9\times(0.2+0.3\times2)\times150=108\text{m}^3$

(2)计算土方的施工工程量

根据施工组织设计，管沟为矩形断面，沟深 0.9m，底宽 0.8m，接头坑土方 10% 则：

挖方量：$0.9\times0.8\times150\times(1+10\%)=118.8\text{m}^3$

(3)根据企业相关资料，人工挖沟槽三类土深度 2m 内，人工费 1550 元/100m³，土方工程不发生材料费和机械费，管理费按人工费的 10% 计取，利润率按 18% 计算，该土方工程的清单项目综合单价计算如下：

人工费＝1.188×1550＝1841.4 元

管理费＝1841.4×10%＝184.14 元

利　润＝1841.4×18%＝331.45 元

合　计＝1841.4＋184.14＋331.45＝2356.99 元

综合单价＝2356.99÷108＝21.82 元/m³

【例 4.2－2】如果例题 4.2－1 中的管道埋深为 1.75m，其余条件不变，请计算土方工程的综合单价。

【解】(1)挖土方清单工程量：

管沟底宽 0.8m，查表 4.1－9 得知，土质为三类土时，沟深超过 1.5m 时管沟需要放坡，坡度为 1∶0.33，则：

挖方量：$1.75\times(0.8+0.33\times1.75)\times150=361.59\ \text{m}^3$

(2)挖土方施工工程量：

$361.59\times(1+10\%)=397.75$

(3)计算综合单价

人工费＝3.978×1550＝6165.9 元

管理费 = 6165.9 × 10% = 616.59 元

利　润 = 6165.9 × 18% = 1109.86 元

合　计 = 6165.9 + 616.59 + 1109.86 = 7892.35 元

综合单价 = 9892.35 ÷ 361.59 = 21.83 元/m^3

4.2.2.4　管道安装定额中未计价材料费的计算

管道安装综合定额中，管道本身为未计价材料，管材的价值按式(4.2-1)、式(4.2-2)计算：

管材价值 = 管道工程量 × 管材定额消耗量 × 相应的管材单价　　(4.2-1)

其他未计价材料 = 管道工程量 × 未计价材料定额消耗量 × 材料单价　　(4.2-2)

4.2.3　给排水、采暖管道工程清单项目综合单价分析计算

工程量清单综合单价分析计算步骤

(1)熟悉图纸。

(2)核算甲方提供的清单工程量，核实清单项目特征。

(3)根据分部分项工程量清单的特征描述和该清单项目的安装工艺或施工组织设计，对照"计价规范"附录中的"工作内容"所列项目，逐项分析其是否属于本清单项目的计价项目(或称组价项目，子项)，如属于计价项目，则根据定额工程量计算规则，计算该子项的计价工程量(又称定额工程量)。

(4)将所列出的计价项目和工程量逐项移至"综合单价计算表"中，选套定额，逐项计算每一清单项目中所包含的主项及各个子项工程的费用，如果采用综合定额进行单价分析，可参考《广东省通用安装工程工程量清单计价指引》选套定额。

(5)根据《工程量计算规范》(表4.1-1)，管道工程清单项目涉及的工作内容较多，主要有管道、管件及弯管的制作、安装，管件安装(指铜管管件、不锈钢管件)，给水管道消毒、冲洗，水压及泄漏试验。这些工作内容是根据大多数管道工程的情况列出的，实际组价时应根据管道工程的具体情况而定，有些内容是不需要的，例如排水管没有消毒、冲洗的内容等，这主要取决于工程技术要求。

【例4.2-3】根据例4.1-2的分部分项工程量清单，试计算清单项目的综合单价，管理费按一类地区。本例只计算塑料复合管 *DN*80，其余项目从略。

【解】综合单价的计算依据采用广东省安装工程综合定额，根据信息价和相关的造价资料，辅材价差系数为18.8%，利润率18%，结合清单项目特征和《工程量计算规范》中的工作内容，管道安装综合单价步骤如下：

(1)清单项目内的计价项目分析见表4.2-1。

031001007001 塑料复合管 *DN*80 的计价项目分析　　**表4.2-1**

序号	规范的清单项目所属的工作内容	本工程清单项目应计价的工作内容分析	定额套用	定额工程量
1	管道安装	√	管道安装	88m
2	管件安装	√	管道安装定额已含	
3	塑料卡固定	×		
4	水压试验	√	管道安装定额已含	
5	吹扫冲洗	√	给水管道消毒、冲洗	88m

（2）将计价项目（上述分析打√的项目）填入分部分项工程量清单综合单价计算表，参考工程量清单计价指引（表4.2－2）选套相应定额，计入主材价格，另外考虑当前的人、材、机价差调整后进行综合单价的计算，见表4.2－3。表中的材料费、机械费、管理费为原定额值，表4.2－3中的人工费为原定额人工费，应将人工费调整到98元/工日的水平，因此表中有人工费调整系数一项。在表4.2－4中，人工费不是原定额人工费，而是用定额人工消耗量乘以当前的人工日工资单价而得的数据，即将原定额的子目人工费换算为该子目当前的人工费，在本书中称为换算法调整人工费。

给排水、采暖、燃气管道计价指引 表4.2－2

项目编码	项目名称	项目特征	计量单位	工程量计算规则	工作内容	对应的定额子目
031001006	塑料管	1.安装部位 2.介质 3.材质、规格 4.连接形式 5.阻火圈设计要求 6.压力试验及吹、洗设计要求 7.警示带形式	m	按设计图示管道中心线以长度计算	1.管道安装	C8－1－65～C8－1－94，C8－1－149～C8－1－187
					2.管件安装	安装已含
					3.塑料卡固定	安装已含
					4.阻火圈安装	C8－1－406～C8－1－410
					5.压力试验	安装已含
					6.吹扫、冲洗	C8－1－411～C8－1－416
					7.警示带铺设	
031001007	复合管	1.安装部位 2.介质 3.材质、规格 4.连接形式 5.压力试验及吹、洗设计要求 6.警示带形式			1.管道安装	C8－1－55～C8－1－64，C8－1－188～C8－1－203
					2.管件安装	安装已含
					3.塑料卡固定	安装已含
					4.压力试验	安装已含
					5.吹扫、冲洗	C8－1－411～C8－1－416
					6.警示带铺设	安装已含

综合单价分析表 表4.2－3

工程名称：某宿舍楼给排水工程

项目编码		031001007001		项目名称		钢塑给水管安装 *DN*80			计量单位		m	清单工程量	88
清单综合单价组成明细													
定额编号	定额子目名称	定额单位	数量	单价（元）					合价（元）				
				人工费	材料费	机械费	管理费	利润	人工费	材料费	机械费	管理费	利润
C8－1－201	钢塑给水管安装 *DN*80	10m	8.8	96.44	256.04	0	26.73	17.36	1630.81	2676.74	0.00	235.22	293.55
C8－1－412	管道消毒、冲洗	100m	0.88	25.40	22.62	0	7.04	4.57	42.95	23.65	0.00	6.20	7.73
	人工费调整系数		1.9216										
	辅材价差调整系数		1.188						0.00	0.00	0.00	0.00	0.00
	利润率		0.18										
	合计								1673.76	2700.39	0.00	241.42	301.28

续表

人工单价	小计							19.02	30.69	0.00	2.74	3.42
98元/工日	未计价材料费							58.74				
清单项目综合单价								114.61				
材料费明细	主要材料名称、规格、型号			单位	数量			单价（元）	合价（元）		暂估单价（元）	暂估合价（元）
	钢塑给水管 DN80			m	89.76			57.59	5169.28			
	其他材料费							—				
	材料费小计							—	5169.28			

【例4.2－4】根据例题4.1－1，计算 *DN*200 球墨铸铁管的综合单价，一类地区。

【解】计价依据采用《综合定额》，当地政府部门发布的人工动态工资单价为98元/工日，查当地材料信息价，球墨铸铁管 *DN*200 的预算单价为242.5元/m，*DN*200 的橡胶圈单价为29元/个；由于给水铸铁管件是未计价材料，查得管件的单价为9800元/t，再查相关的管材技术手册，得到双插三通 *DN*200×100 的重量为36.5kg/个，90°承插弯头 *DN*200 的重量为20kg/个。综合单价计算见表4.2－4。

综合单价分析表 **表4.2－4**

工程名称：某室外给水管道工程

项目编码	031001005001	项目名称	室外球墨给水铸铁管安装 DN200					计量单位	m	清单工程量		125
清单综合单价组成明细												
定额编号	定额子目名称	单位	数量	单价（元）					合价（元）			
				人工费	材料费	机械费	管理费	利润	人工费	材料费	机械费	管理费	利润
C8－1－48	球墨给水铸铁管安装 DN200	10m	12.5	149.65	1.91	49.52	21.59	35.56	1870.63	23.88	619.00	269.88	336.17
C8－1－413	管道消毒冲洗 DN200	100m	1.25	60.96	62.19	0.00	8.79	10.97	76.2	77.74	0.00	10.99	13.72
	辅材价差调整系数		0						0.00	0.00	0.00	0.00	0.00
	利润率		0.18										
	合　计								1946.83	101.61	619.00	280.86	350.43
人工单价		小　计							15.57	0.81	4.95	2.25	2.80
98元/工日		未计价材料费							254.63				
清单项目综合单价									281.01				
材料费明细	主要材料名称、规格、型号				单位		数量		单价（元）	合价（元）		暂估单价（元）	暂估合价（元）
	球墨给水铸铁管K9级 DN200				m		125.00		242.50	30312.50			
	橡胶圈				个		33.00		29.00	957.00			
	双插铸铁三通 DN200×100				个		1.01		357.70	361.28			
	90°双插铸铁弯头 DN200				个		1.01		196	197.96			
	其他材料费								—				
	材料费小计								—	31828.74			

4.3　管道附件工程量清单计价

4.3.1　定额项目及适用范围

阀门、水位标尺安装定额包括各种阀门、可曲挠橡胶接头、Y 型过滤器安装以及浮标液面计、水塔及水池浮漂水位标尺制作安装等内容，共 106 个子目；低压器具、水表组成与安装定额包括各种减压器、疏水器、水表组成与安装以及水锤消除器安装等内容，共 71 个子目。

4.3.2　定额应用及工程量计算

定额项目应用注意事项

(1) 阀门、水位标尺安装定额应用注意事项

1) 螺纹阀门安装适用于各种内外螺纹连接的阀门安装，见图 4.3－1。

2) 法兰阀门安装适用于各种法兰阀门的安装，如仅为一侧法兰连接时，定额中的法兰、带帽螺栓及钢垫圈数量减半，其余不变，见图 4.3－2。

图 4.3－1　螺纹阀门安装图

图 4.3－2　法兰阀门安装图

3) 各种法兰连接用垫片均按石棉橡胶板计算。如用其他材料，不作调整。

4) 法兰阀(带短管甲乙)安装，如接口材料不同时，可作调整，见图 4.3－3。

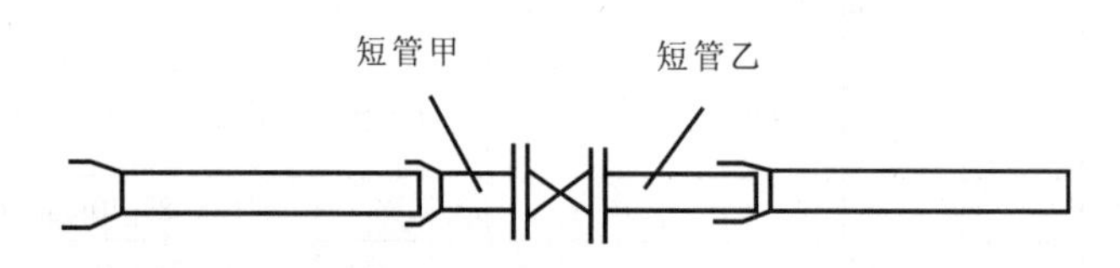

图 4.3－3　法兰阀门(带短管甲乙)

5) 自动排气阀安装已包括了支架制作安装，不得另行计算。

6) 浮球阀安装包括了连杆及浮球的安装，不得另行计算。

(2) 低压器具、水表组成与安装定额应用注意事项

1) 减压器、疏水器组成与安装是按《采暖通风国家标准图集》N108 编制的，如实际组成与此不同时，阀门和压力表数量可按实际调整，其余不变，见图 4.3－4。

2) 螺纹水表是按照图 4.3－5 编制的。法兰水表(带旁通管及止回阀)安装是按《全国通用给水排水标准图集》S145 编制的，定额内包括旁通管及止回阀，如实际安装形式与此不同时，阀门及止回阀可按实际调整，其余不变，见图 4.3－6；焊接法兰水表配承插盘短管是按照图 4.3－7 编制的。

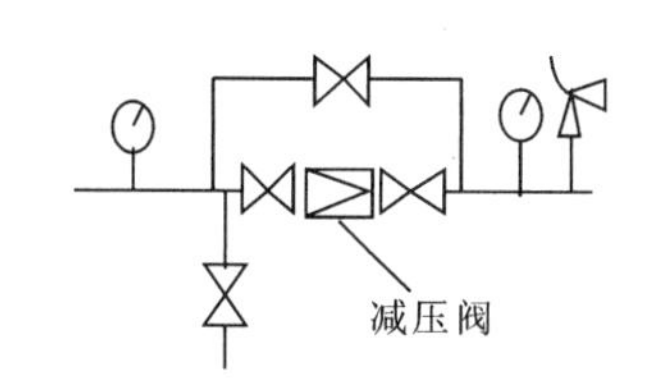

图4.3-4　减压器组成

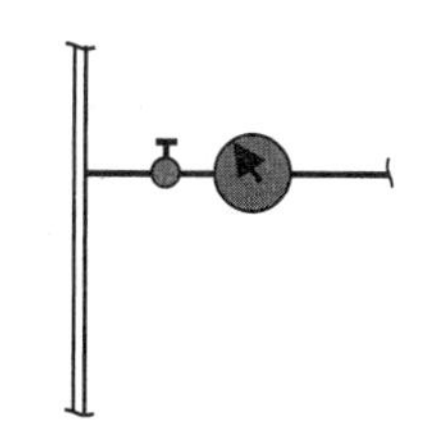

图4.3-5　螺纹水表安装图

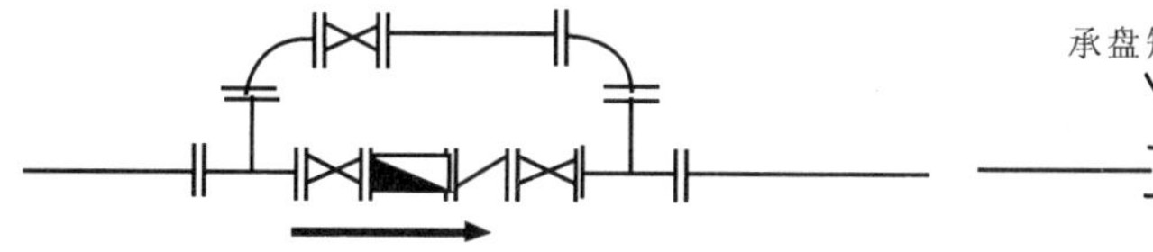

图4.3-6　法兰水表组成示意图

图4.3-7　法兰水表配短管组成示意图

3）减压器安装，按高压侧的管道直径计算。

4）减压器、疏水器单体的安装执行相应阀门安装项目。

4.3.3　清单项目综合单价分析计算

【例4.3】根据例题4.1-3，试计算在管井内安装清单项目的综合单价。

【解】查《综合定额》第八册，管井内安装增加费为人工费的25%，18层建筑的增加系数为6%，查当地政府部门发布的人工动态工资单价为98元/工日，辅材价差系数为18.8%，阀门的信息价为150元/个。综合单价计算见表4.3。

综合单价分析表　　**表4.3**

工程名称：某室外给水管理工程

项目编码		031003001002		项目名称		螺纹阀门安装 DN65			计量单位	个	清单工程量		4
清单综合单价组成明细													
定额编号	定额子目名称	定额单位	工程数量	单价（元）					合价（元）				
				人工费	材料费	机械费	管理费	利润	人工费	材料费	机械费	管理费	利润
C8-2-7	螺纹阀门安装 DN65	个	4	15.35	46.64	0.00	4.26	2.89	117.99	221.63	0.00	17.04	22.18
	管井内安装增加费		25%						29.50				5.55
	人工调整系数		1.9216										
	辅材价差调整系数		1.188										
	利润率		0.188										
	合　计								147.49	221.63	0.00	17.04	27.73
人工单价		小　计							36.87	55.41	0.00	4.26	6.93
98元/工日		未计价材料							151.50				
清单项目综合单价									254.97				

续表

材料费明细	主要材料名称、规格、型号	单位	数量	单价（元）	合价（元）	暂估单价（元）	暂估合价（元）
	螺纹阀门 Z15W－16T *DN*65	个	4.04	150	606.00		
	其他材料费			—			
	材料费小计			—	606.00		

4.4 卫生器具工程量清单计价

4.4.1 定额项目及适用范围

卫生器具制作安装定额项目有浴盆、净身盆、洗脸盆、洗手盆、洗涤盆、化验盆、大便器、小便器、大便槽自动冲洗水箱、小便槽自动冲洗水箱、水龙头、排水栓、地漏、地面扫除口、开水炉、电热水器、电热开水炉、容积式热交换器、蒸汽－水加热器、冷热水混合器、消毒器、消毒锅、饮水器、电子水处理器、感应式冲水器、整体淋浴室、按摩浴缸、公共直接饮用水设备、自动加压供水设备安装，淋浴器组成、安装，小便槽冲洗管制作、安装等内容共138个子目。

4.4.2 定额应用及工程量计算

4.4.2.1 卫生器具定额应用注意事项

(1) 浴盆安装定额包括龙头（和喷头）、排水配件和存水弯，适用于各种型号的浴盆；浴盆无角阀；浴盆支座和浴盆周边的砌砖、磁砖粘贴应另行计算。

(2)净身盆安装定额包括的范围参见图4.4－1，不包括角阀。

(3) 洗脸盆安装定额包括托架、下水口和存水弯，角阀和水龙头安装见表4.4－1、图4.4－2～图4.4－5。

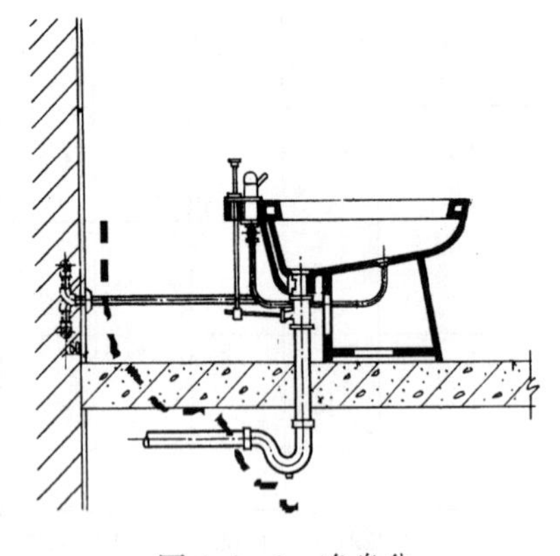

图4.4－1 净身盆

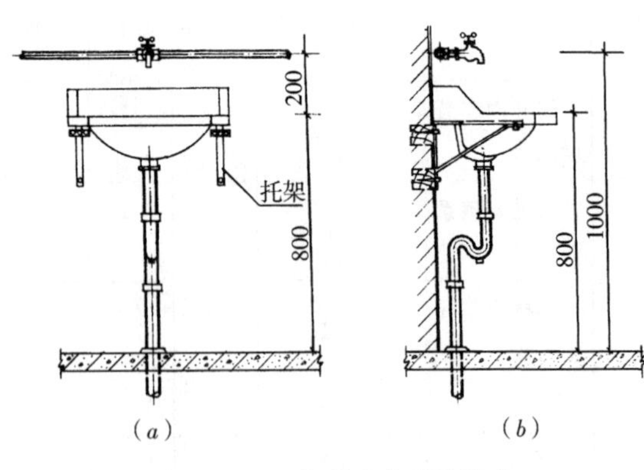

图4.4－2 普通冷水嘴洗脸盆

(*a*)立面图；(*b*)侧面图

洗脸盆安装定额包括内容 **表4.4-1**

洗脸盆类型	普通冷水嘴	冷水	钢管冷热水	铜管冷热水	立式冷热水	理发用冷热水	肘式开关	脚踏开关	洗手盆冷水
角阀	不包括	包括	包括	包括	包括	包括	包括肘式开关阀门	包括脚踏开关阀门	不包括
水龙头	包括	不包括	包括	包括	包括	包括			包括

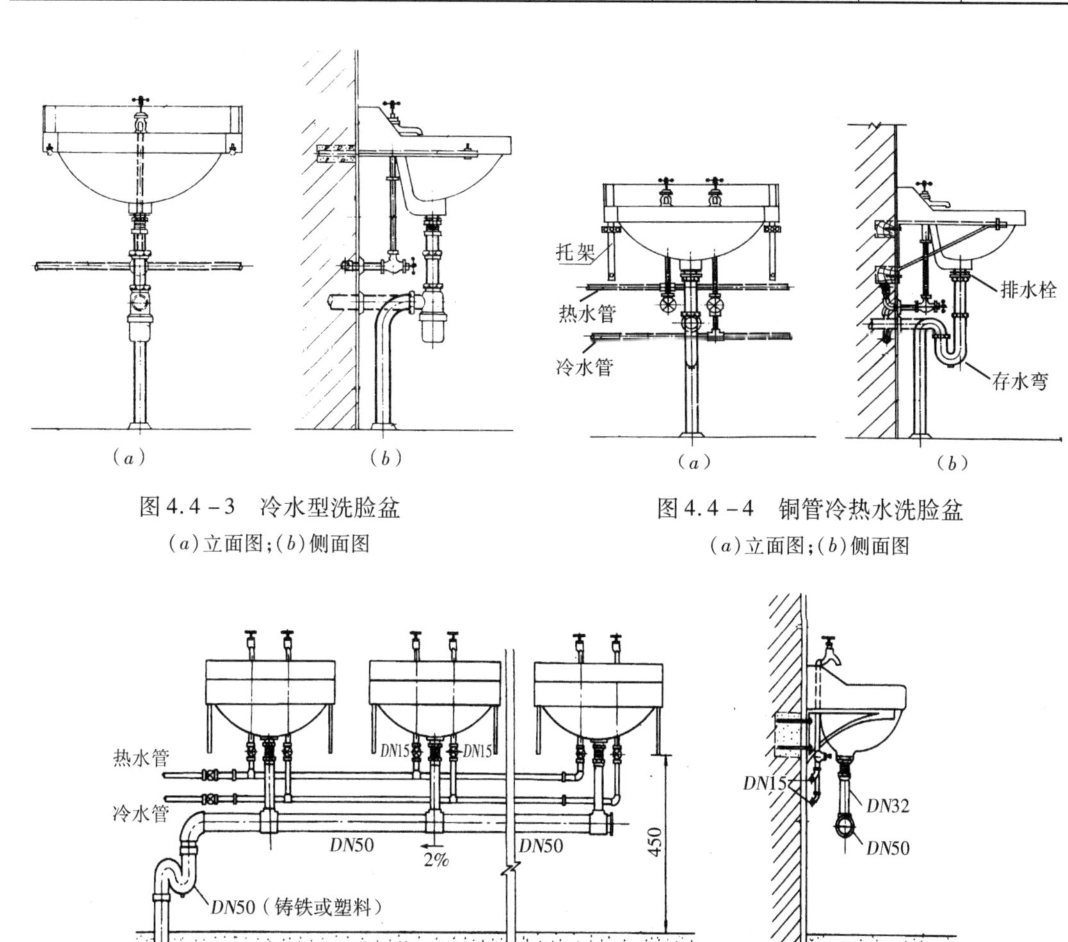

图4.4-3 冷水型洗脸盆
(a)立面图;(b)侧面图

图4.4-4 铜管冷热水洗脸盆
(a)立面图;(b)侧面图

图4.4-5 钢管组成冷热水洗脸盆
(a)立面图;(b)侧面图

(4) 洗脸盆肘式安装不分单双把均执行同一个项目,定额包括的范围参见图4.4-6;脚踏开关洗脸盆安装定额包括脚踏开关,定额的范围参见图4.4-7。

(5) 洗涤盆安装定额不含阀门,但是包括水龙头安装,定额包括的范围参见图4.4-8和图4.4-9。

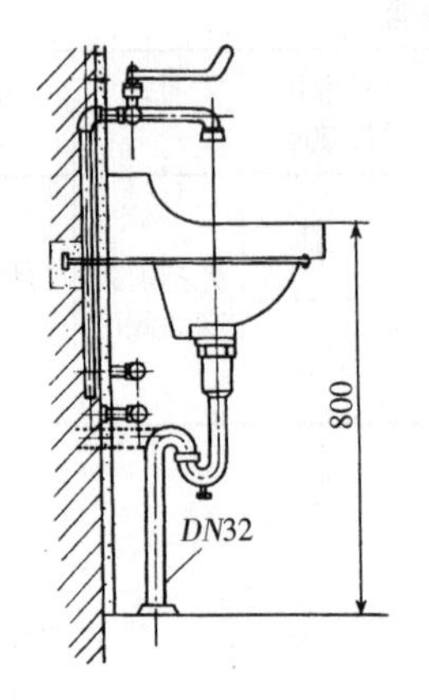

图 4.4－6　肘式开关洗脸盆

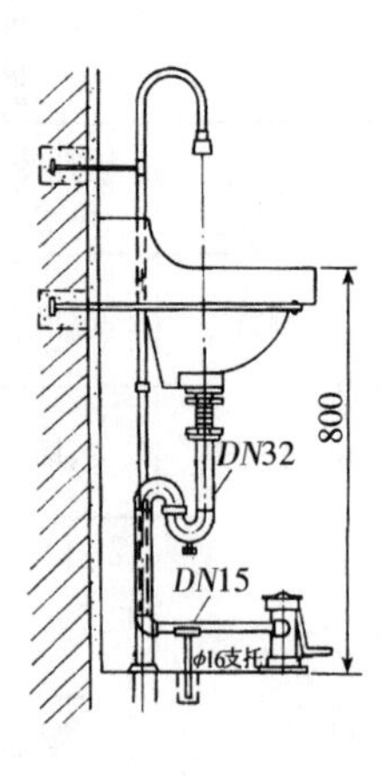

图 4.4－7　脚踏开关洗脸盆

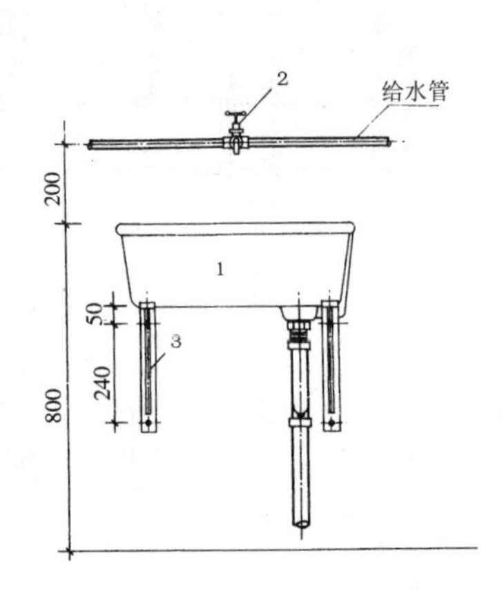

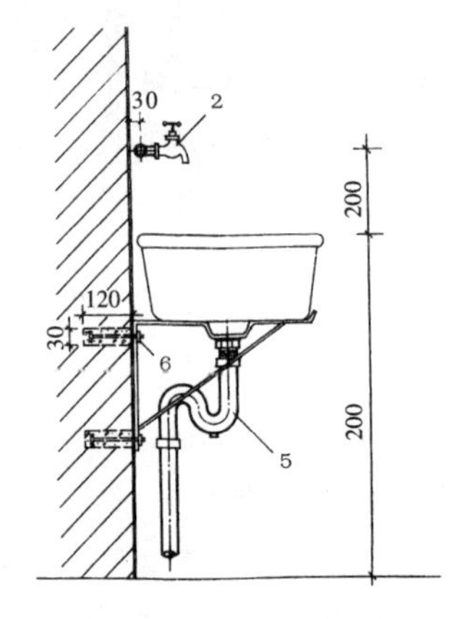

图 4.4－8　洗涤盆安装（单嘴）

1－洗涤盆；2－龙头；3－托架；4－排水栓；5－存水弯；6－螺栓

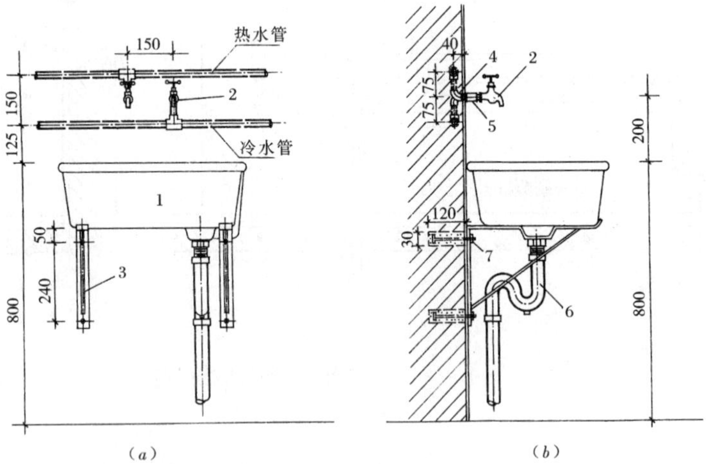

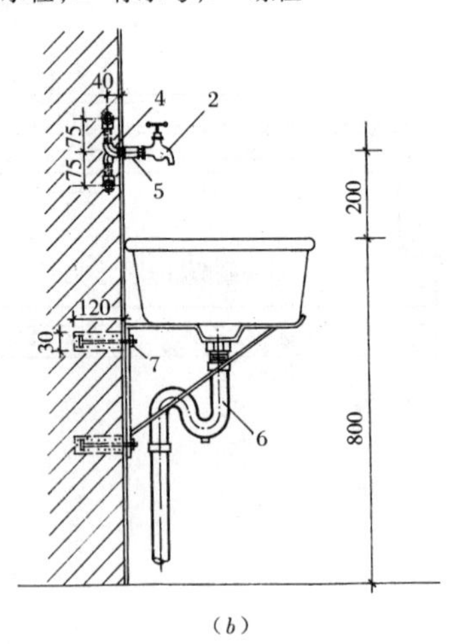

图 4.4－9　洗涤盆安装（双嘴）

(*a*)立面图；(*b*)侧面图

1－洗涤盆；2－龙头；3－托架；4－弯头；5－管接头；6－存水弯；7－螺栓

（6）化验盆安装中的鹅颈水嘴、化验单嘴、双嘴适用于成品件安装。

（7）淋浴器安装定额是按照公共浴室淋浴器编制的，包括截止阀安装，钢管组成淋浴器定额是现场组装式，冷水型定额包括的范围参见图4.4－10，冷热水型定额包括的范围参见图4.4－11。

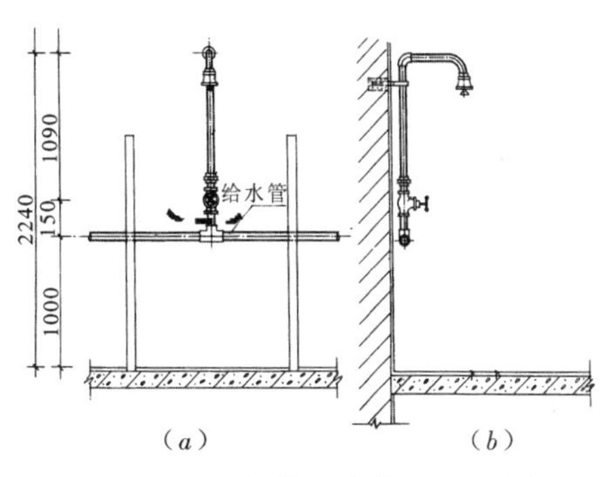

图4.4－10　钢管组成淋浴器（冷水）
（a）立面图；（b）侧面图

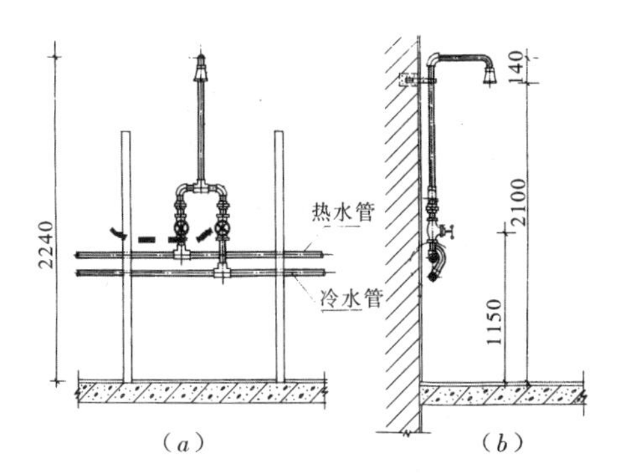

图4.4－11　钢管组成淋浴器（冷热水）
（a）立面图；（b）侧面图

（8）小便槽冲洗管制作安装定额中，不包括阀门安装，可按相应项目另行计算。

（9）小便槽水箱托架安装已按标准图集计算在定额内，不得另行计算。

（10）现在常用的大便器，都是用延时自闭式冲洗阀。延时自闭式大便器冲洗阀作为一种卫生美观、安全可靠、节能节水型的用水器具，已广泛应用于各类公建和住宅的大便器冲洗，手押阀的形式参见图4.4－12，延时自闭式冲洗阀参见图4.4－13。

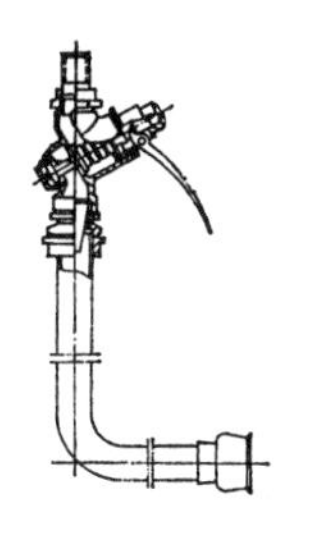

图4.4－12　手押阀

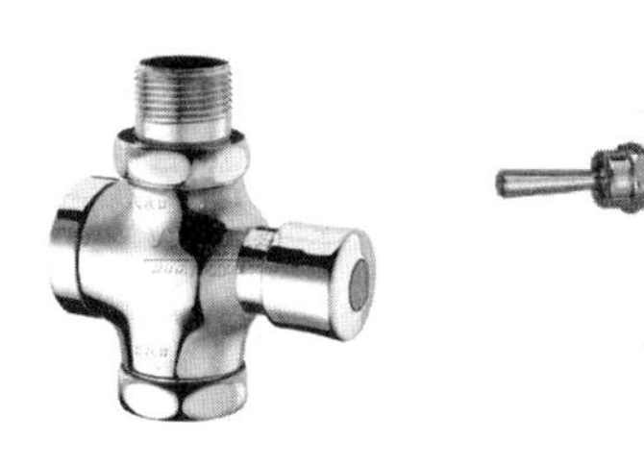

图4.4－13　自闭式冲洗阀

（11）高（无）水箱蹲式大便器，低水箱坐式大便器安装，适用于各种型号。蹲式大便器安装，已包括了固定大便器的垫砖，但不包括大便器蹲台砌筑。

（12）蹲式大便器安装定额包括冲洗阀和冲洗管及大便器瓷存水弯的安装，参见图4.4－14。单独安装蹲式大便器的脚踏阀、手押阀时，可套用阀门项目。

（13）坐式大便器安装定额包括角阀、水箱以及坐便器盖板的安装。低水箱坐式大便器参见图4.4－15，带水箱坐式大便器参见图4.4－16，联体水箱坐式大便器参见图4.4－17，自闭冲洗阀坐式大便器参见图4.4－18。

（14）小便器安装定额项目包括冲洗阀、冲洗管和存水弯的安装，挂式小便器安装定额包括的范围参见图4.4－19，立式小便器安装定额包括的范围参见图4.4－20。

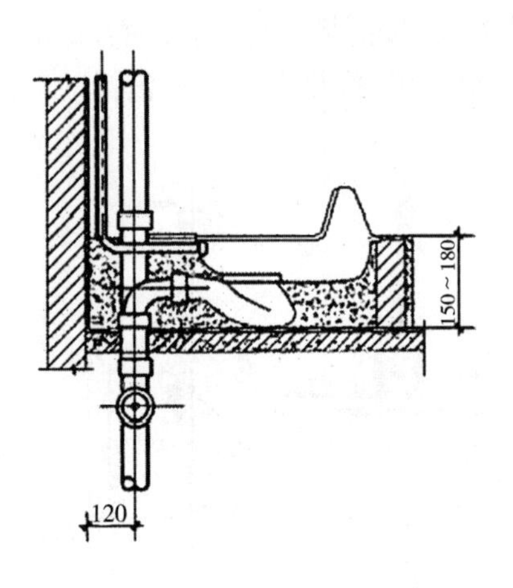

图 4.4－14　蹲式大便器安装

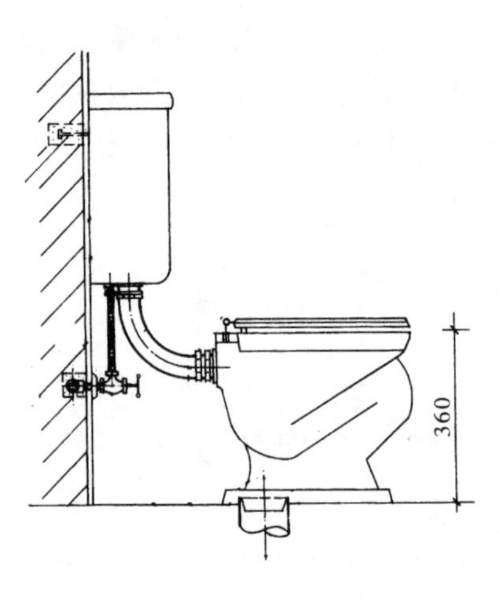

图 4.4－15　低水箱坐式大便器

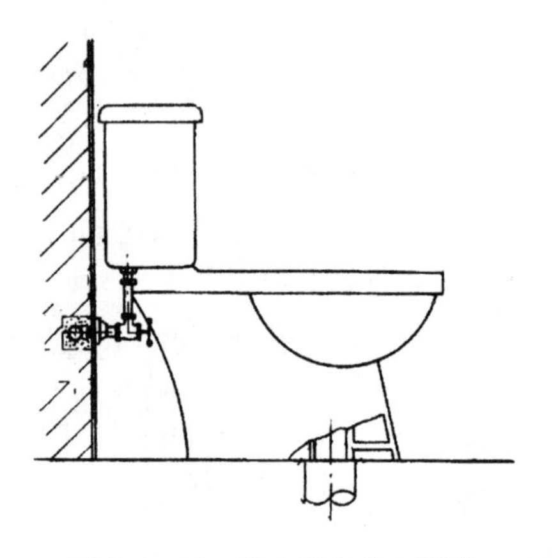

图 4.4－16　带水箱坐式大便器

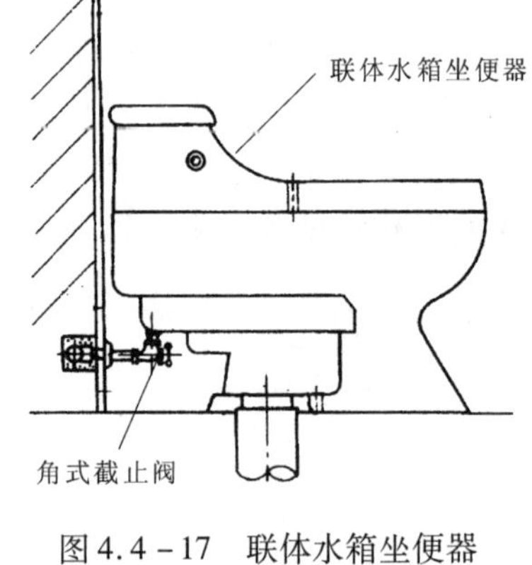

图 4.4－17　联体水箱坐便器

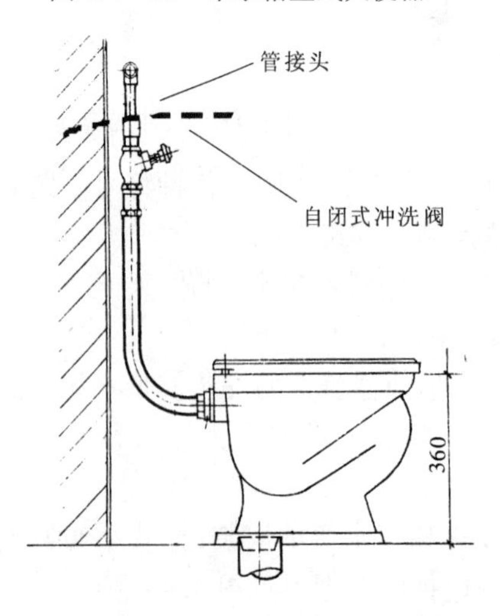

图 4.4－18　自闭冲洗阀坐便器

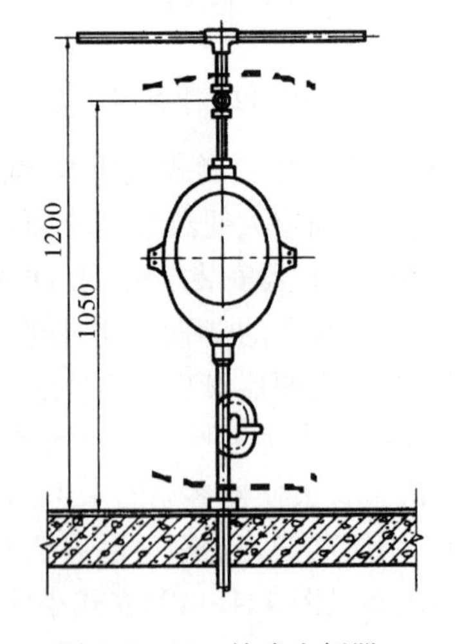

图 4.4－19　挂式小便器

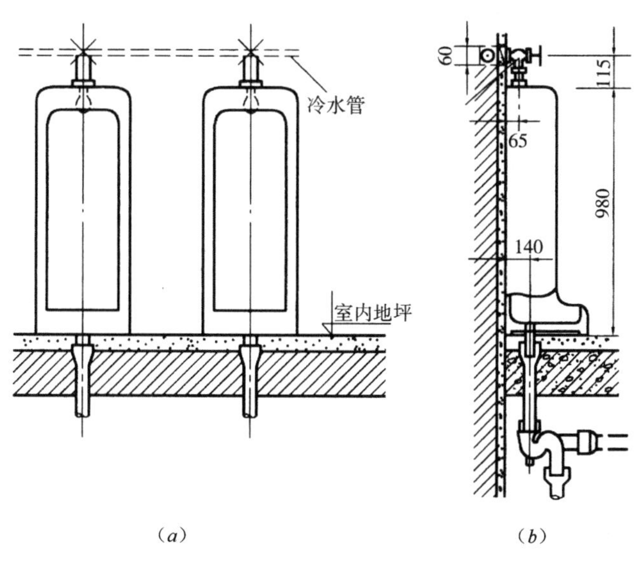

图 4.4－20　立式小便器

(a)立面;(b)侧面

4.4.2.2　卫生器具定额工程量计算

卫生器具工程量按自然计量单位计算,定额工程量计算简单。在计算工程量时应注意定额包括的内容。一般而言,绝大部分卫生器具定额包括了与卫生器具连带的可视部分安装,不另计算其工程量。例如,洗脸盆定额包括了角阀、连接软管、水龙头、存水弯的安装;坐式大便器包括了角阀、连接软管的安装;小便器和蹲式大便器均包括冲洗阀和冲洗管以及存水弯的安装;淋浴器安装包括了调节阀的安装。

4.4.3　清单项目综合单价分析计算

卫生器具安装的定额项目特点是卫生器具的未计价材料比较多,利用综合定额进行清单项目综合单价计算时,应根据清单项目对这些未计价材料的特征描述计价。

【例 4.4】根据例题 4.1－4,计算大便器的综合单价。

【解】由于清单中没有列出大便器的型号规格,且说明采用中高档产品,并规定了暂估价。因此,采用统一定额做单价分析时,直接套定额计算安装费,另将暂估价(2500 元/套,包括坐便器、盖板、进水阀配件、排水口配件)计入综合单价中即可,见表 4.4－2。将计算的综合单价填入分部分项工程量清单与计价表中,见表 4.4－3。

综合单价分析表　　　　**表 4.4－2**

工程名称:某宾馆给排水工程

项目编码		031004006001	项目名称		坐式大便器安装			计量单位	套	清单工程量		68
清单综合单价组成明细												
定额编号	定额子目名称	定额单位	数量	单价(元)					合价(元)			
				人工费	材料费	机械费	管理费	利润	人工费	材料费	机械费	管理费	利润
C8－4－45	联体水箱坐便器安装	10 组	6.8	304.73	56.28	0	84.47	54.85	3981.87	454.65	0.00	574.40	716.74

续表

定额编号	定额子目名称	定额单位	数量	单价(元)					合价(元)				
				人工费	材料费	机械费	管理费	利润	人工费	材料费	机械费	管理费	利润
	辅材价差调整系数		1.188						0.00	0.00	0.00	0.00	0.00
	人工调节系数		1.9216										
	利润率		0.18										
	合计								3981.87	454.65	0.00	574.40	716.74
人工单价		小计							58.56	6.69	0.00	8.44	10.54
98元/工日		未计价材料费							2525.00				
清单项目综合单价									2609.23				
材料费明细	主要材料名称、规格、型号					单位	数量		单价(元)	合价(元)		暂估单价(元)	暂估合价(元)
	联体水箱坐便器					套	68.68					2500	171700
	其他材料费								—				
	材料费小计								—				

分部分项工程量清单与计价表 表4.4-3

工程名称： 标段： 第 页 共 页

序号	项目编码	项目名称	项目特征描述	计量单位	工程量	金额(元)		
						综合单价	合价	其中：暂估价
1	031004003001	洗脸盆	1.材质：陶瓷 2.组装形式：台下盆	组	68			
2	031004006001	大便器	1.材质：陶瓷 2.组装方式：联体水箱坐式大便器	套	68	2609.23	177427.64	171700
本页小计								
合计								

4.5 燃气器具与庭园喷灌工程量清单计价

4.5.1 定额项目

小型容器制作安装定额项目有矩、圆形钢板水箱制作、安装，大小便槽冲洗水箱制作，水箱、水池消毒、冲洗等内容共31个子目；燃气管道、附件、器具安装定额项目有燃气工程的低压镀锌钢管、铸铁管、管道附件、器具、调压柜、调压器、燃气波形补偿器等安装以及气体置换、管道吹扫、管道气压总体试验等内容，共131个子目；庭园喷灌及喷泉水设备安装定额包括喷灌喷头、喷泉喷头及喷泉水设备安装等内容，共15个子目。

4.5.2　小型容器制作安装定额应用及工程量计算

4.5.2.1　小型容器制作安装定额应用

(1)各种水箱连接管,均未包括在定额内,可执行室内管道安装的相应项目。

(2)各类水箱均未包括支架制作安装,如为型钢支架,执行“一般管道支架”项目。

(3) 水箱制作包括水箱本身及人孔的重量。法兰、水位计及内外人梯均未包括在定额内,发生时,可另行计算,见图4.5－1。

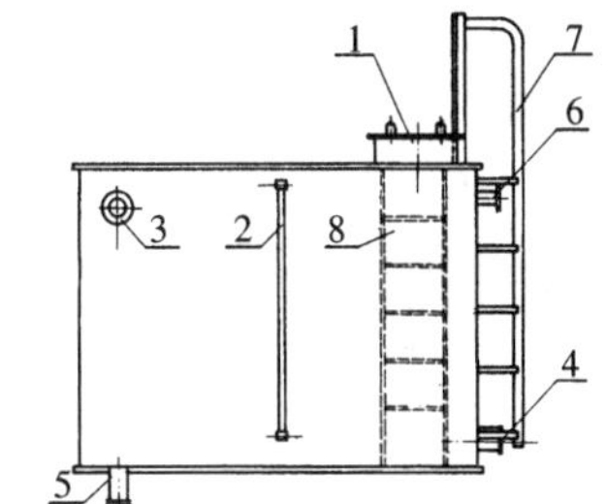

图4.5－1　钢板水箱示意图

1－人孔;2－玻璃管水位计;3－溢水管;4－出水管;5－排水管;6－进水管;7－外人梯;8－内人梯

4.5.2.2　小型容器制作安装定额工程量计算

(1) 钢板水箱制作按设计图示尺寸以“kg”计算,不扣除人孔、手孔重量。

(2)大、小便槽冲洗水箱制作按设计图示尺寸以“kg”计算。

(3)各种水箱安装按设计图示数量以个计算。

(4)水箱、水池消毒、冲洗按设计图示尺寸以“m^3”计算。

4.5.3　燃气管道、附件、器具安装定额应用及工程量计算

4.5.3.1　燃气管道、附件、器具安装定额应用

(1)室内外管道分界

1)地下引入室内的管道以室内第一个阀门为界。

2)地上引入室内的管道以墙外三通为界。

3)室外管道与市政管道以两者的碰头点为界。

(2)各种燃气管道安装定额包括下列工作内容:

1)场内搬运,检查清扫,分段试压。

2)管件制作(包括机械煨弯、三通)。

3)室内托钩角钢卡制作与安装。

4)钢管焊接安装项目适用于无缝钢管和焊接钢管。

5)钢管焊接挖眼接管工作,均在定额中综合取定,不得另行计算。

(3)下列项目定额未包括,应另行计算

1)埋地管道的土方工程及排水工程,执行《广东省市政工程综合定额》(2010)相应项目。

2)管道安装的打、堵洞眼。

3)室外管道所有带气碰头。

4)燃气计量表安装,不包括表托、支架、表底垫层基础。

5)燃气加热器具只包括器具与燃气管终端阀门连接,其他执行相应项目。

6)铸铁管安装,定额内未包括接头零件,可按设计数量另行计算,但人工、机械不变。

7)承插煤气铸铁管以N1和X型接口形式编制的。如果采用N型和SMJ型接口时,其人工乘系数1.05,当安装X型,ϕ400铸铁管接口时,每个口增加螺栓2.06套,人工乘系数1.08。承插煤气铸铁管安装未含接头零件价格,其数量按设计用量计算。

4.5.3.2　燃气管道、附件、器具安装定额工程量计算

燃气管道安装均按设计图示管道中心线长度以延长米计算，不扣除各种管件和阀门所占长度。

抽水缸安装、调长器安装及调长器与阀门连接、燃气表安装、开水炉、采暖炉、沸水器及快速热水器安装、灶具安装、气嘴安装、燃气波形补偿器安装、调压器安装、箱式调压器安装、调压柜安装的工程量均以自然计量单位，按设计图示数量以个、组或台计算。

气体置换、管道吹扫及管道气压总体试验，均按设计图示管道中心线长度以延长米计算，不扣除阀门、管件所占的长度。

4.5.4　庭园喷灌及喷泉水设备安装定额应用及工程量计算

埋藏式喷头属低压近射程喷头，主要用于水源为常规自来水系统的小块草坪和绿地。该系列喷头的升降高度分别为50、100、150、300mm。升降柱升起和下降时，均可对配合面自动清洗。

喷泉喷头用于广场喷泉、庭院喷泉、气湖面喷泉等，喷头种类繁多，有百米高喷、水幕喷头、百变喷头、万向喷头等。喷头安装以个计算。

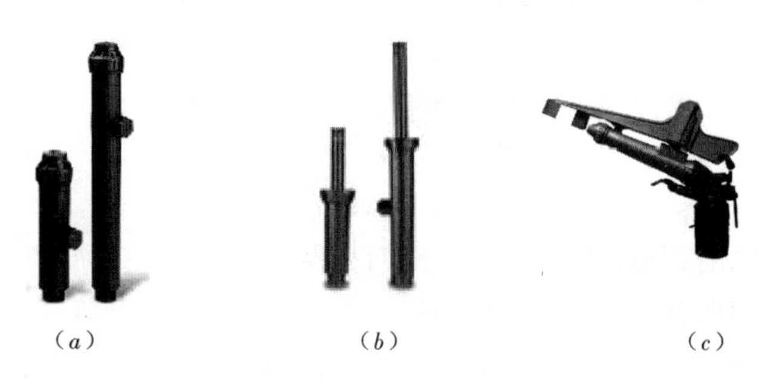

(*a*)　　(*b*)　　(*c*)

图4.5－2　喷灌喷头

(*a*)埋藏旋转喷头；(*b*)埋藏散射喷头；(*c*)摇臂式喷头

4.6　工程量清单计价的有关说明

4.6.1　定额应用注意事项

4.6.1.1　关于第八册定额有关项目

(1)水箱安装，其连接管安装、支架制作安装（包括混凝土或砖支架等）均未包括在定额内，可按相关定额另行计算。

(2)热水管道安装不属于采暖工程，不能计取采暖系统调整费。

(3)钢管（焊接）安装子目中*DN*32、*DN*40、*DN*50管道弯管，定额考虑使用煨制弯，制弯的工、料、机械已包括在定额内。

(4)碳钢法兰丝接安装，可以使用铸铁法兰丝接定额项目。

(5)波纹式补偿器安装，套用金属波纹管定额项目。

(6)管道安装应扣除暖气片所占长度。

(7)镀锌管、焊接管调直均包括在定额内。

(8)室内铸铁排水管、雨水管和室内塑料排水管、雨水管均包括管卡、检查口、透气帽、雨水漏斗、伸缩节、H 型管、消能装置、存水弯、止水环的安装,但透气帽、雨水漏斗、H 型管、消能装置、存水弯、止水环的价格应另行计算。

(9)脚踏大便器定额是按与设备配套组装的,如仅安装脚踏阀门可以使用阀门安装定额的相应项目。

(10)透气帽安装已包括在室内排水管道定额内,但透气帽是未计价材料。

4.6.1.2 相关定额册的应用说明

(1)软化水处理间管道可使用第六册《工业管道安装》相应定额。

(2)工业管道、生产生活共用的管道、锅炉房和泵房配管以及高层建筑物内加压泵间的管道应使用第六册《工业管道工程》相应项目。

(3)刷油、防腐蚀、绝热工程执行第十一册《刷油、防腐蚀、绝热工程》相应项目。

(4)集气罐,分气筒制作安装可使用第六册《工业管道工程》相应项目。

(5)有关泵类、风机等传动设备安装应用第一册(机械设备安装工程)相应项目。

(6)室内外管道沟土方、管道基础、管道固筑、井体砌筑工程,按《广东省市政工程综合定额》相应项目。

(7)给水阀门井、排水检查井执行《广东省市政工程综合定额》相应项目。

(8)埋地管道的土方工程及排水工程,执行《广东省市政工程综合定额》相应项目。

4.6.1.3 分部分项工程增加费和脚手架搭拆费的说明

(1)管道间,管廊间的管道、阀门、法兰、支架安装定额人工乘以系数 1.3,其相应的刷油、防腐、保温人工不乘系数。

(2)高层建筑增加费是指高度在 6 层以上的多层建筑(不含 6 层),单层建筑物自室外设计 ±0 至檐口高度在 20m 以上(不含 20m),不包括屋顶水箱间、电梯间、屋顶平台出入口等的建筑物。由于高层建筑增加系数是按全部建筑面积的工程量综合计算的,因此在计算工程量时,不扣除 6 层或 20m 以下的工程量。

(3)脚手架搭拆费按人工费的 5% 计算(单独承担埋地管道工程除外),脚手架搭拆费是综合考虑的费率,施工中是否搭设脚手架均应计取。

4.6.2 管道安装定额关于管件的处理

4.6.2.1 管道安装工作内容包括管件安装,未包括管件价值的项目:

(1)室内外铸铁给水管安装;

(2)室内铸铁雨水管安装;

(3)室内铸铁燃气管安装。

4.6.2.2 管道安装工作内容,包括管件制作和安装的项目为室内外钢管焊接安装。

4.6.2.3 管道安装工作内容,包括成品管件安装和管件数量的项目:

(1)室内外钢管安装(螺纹连接);

(2)室内排水铸铁管安装;

(3)室内排水塑料管安装;

(4)室内外 PVC - U 塑料给水管安装;

(5)室内外铝塑复合管安装。

4.6.3 管道安装工作内容已包括支架制作安装的项目

(1)公称直径32mm以内的室内螺纹连接给水钢管安装;

(2)室内镀锌燃气钢管螺纹连接安装;

(3)室内铸铁排水管、雨水管,室内塑料排水管、雨水管安装包括管卡,但未包括支吊架;

(4)给水管单独的减压阀安装,套用相应的阀门安装定额。

4.6.4 相关专业工程计量规范的应用界限划分

给排水、采暖、燃气工程与市政管网工程的界定:室外给排水、采暖、燃气管道以市政管道碰头井为界;厂区、住宅小区的庭院喷灌级喷泉水设备安装工程执行《工程量计量规范》相应项目,公共庭院喷灌及喷泉水设备安装执行《市政工程工程量计量规范》中的管网工程相应项目。

工业管道与市政管网工程的界定:给水管道以厂区入口水表井为界;排水管道以厂区围墙外第一个污水井为界;热力和燃气以厂区入口第一个计量表(阀门)为界。

通用安装工程中管沟、坑及井类的土方开挖、垫层、基础、砌筑、抹灰、地沟盖板预制安装、回填、运输、路面开挖及修复、管道支墩的项目,执行《房屋建筑与装饰工程工程量计量规范》GB 50854和《通用市政工程工程量计量规范》GB 50856相应项目。

4.7 工程量清单计价示例

【例4.7】试计算例题4.1-5分部分项工程量清单中,计算大便器、排水立管*DN*150、室内塑料给水管*DN*15清单项目的综合单价。

【解】根据工程量清单,本题依据《综合定额》作单价分析。人工日工资标准按98元/工日,利润率按人工费18%计取,根据当地有关文件,辅材价差系数为0.188,一类地区管理费。本工程为8层,故考虑高层建筑增加费,根据2013《工程量计算规范》,高层建筑增加费属于措施项目费;管井内安装的项目在综合单价中应另行计算"管井内施工增加费";根据《建筑排水塑料管道工程技术规程》CJJ/T 29—2010,管径≥110mm的横支管接入管道井、管窿内的立管时,在穿越管径、管窿壁处的外侧应设置阻火圈,外径大于等于110mm的明设塑料立管也应设置阻火圈;综合单价计算见表4.7-1~表4.7-3(本例中设置阻火圈的排水管道的综合单价计算由读者自行练习),将各清单项目的单价分析完成后,其结果填入分部分项工程量清单与计价表(已标价工程量清单),见表4.7-4(其他清单项目从略)。由安装工程综合定额,蹲式大便器的冲洗管已包括在定额中,不另行计价。表格中

人工费合价=数量×人工费单价×人工费调整系数

材料费合价=数量×材料费单价×辅材价差调整系数

综合单价分析表 **表4.7-1**

工程名称:某综合楼给排水工程

项目编码	031004006001		项目名称		坐式大便器安装			计量单位	个	清单工程量		42
清单综合单价组成明细												
定额编号	定额子目名称	定额单位	数量	单价(元)					合价(元)			
				人工费	材料费	机械费	管理费	利润	人工费	材料费	机械费	管理费	利润
C8-4-36	蹲式大便器安装	10组	4.2	245.92	548.97	0	68.17	44.27	1984.75	2739.14	0.00	286.32	357.26
	辅材价调整系数		1.188										

续表

定额编号	定额子目名称	定额单位	数量	单价(元)					合价(元)				
				人工费	材料费	机械费	管理费	利润	人工费	材料费	机械费	管理费	利润
	人工调整系数												
	利润率		0.18										
	合计								1984.75	2739.14	0.00	286.32	357.26
人工单价		小计							47.26	65.22	0.00	6.82	8.51
98元/工日		未计价材料费							83.66				
清单项目综合单价									211.47				

	主要材料名称、规格、型号	单位	数量	单价(元)	合价(元)	暂估单价(元)	暂估合价(元)
材料费明细	瓷蹲式大便器	个	42.42	42.80	1815.58		
	大便器存水弯 *DN*100 瓷	个	42.21	6.06	255.79		
	螺纹截止阀 J11T－16 *DN*25	个	42.42	34.00	1442.28		
	其他材料费			—			
	材料费小计			—	3513.65		

综合单价分析表 **表 4.7－2**

工程名称:某宾馆给排水工程

项目编码	031001006010	项目名称	排水管 *DN*150 安装	计量单位	m	清单工程量	52.3						
清单综合单价组成明细													
定额编号	定额子目名称	定额单位	数量	单价(元)					合价(元)				
				人工费	材料费	机械费	管理费	利润	人工费	材料费	机械费	管理费	利润
C8－1－176	室内PVC－U管安装	10m	5.23	113.12	294.88	0	31.36	20.36	1136.85	1832.16	0.00	164.01	204.63
	管井内施工增加费		0.25						284.21				51.16
	辅材价调整系数		1.188										
	人工调整系数		1.9216										
	利润率		0.18										
	合计								1421.06	1832.16	0.00	164.01	255.79
人工单价		小计							27.17	35.03	0.00	3.14	4.89
98元/工日		未计价材料费							49.63				
清单项目综合单价									119.86				

	主要材料名称、规格、型号	单位	数量	单价(元)	合价(元)	暂估单价(元)	暂估合价(元)
材料费明细	PVC－U 管 *DN*150	m	49.53	52.00	2575.56		
	透气冒 *DN*150	个	2.02	10	20.2		
	其他材料费			—			
	材料费小计			—	2595.76		

综合单价分析表 **表 4.7-3**

工程名称:某宾馆给排水工程

项目编码		031001006009		项目名称		PVC-U 管 *DN*15 安装			计量单位	m	清单工程量		15.4
清单综合单价组成明细													
定额编号	定额子目名称	定额单位	数量	单价(元)					合价(元)				
				人工费	材料费	机械费	管理费	利润	人工费	材料费	机械费	管理费	利润
C8-1-149	塑料给水管安装	10m	1.54	49.98	21.69	0	13.85	9.00	147.90	39.68	0.00	21.33	26.62
C8-1-411	管道消毒、冲洗	100m	0.154	20.60	14.14	0	5.71	3.71	6.10	2.59	0.00	0.88	1.10
	辅材价调整系数		1.188										
	人工调整系数		1.9216										
	利润率		0.18										
	合计								154.00	42.27	0.00	22.21	27.72
人工单价		小计							10.00	2.74	0.00	1.44	1.80
98 元/工日		未计价材料费							5.00				
清单项目综合单价									20.99				

材料费明细	主要材料名称、规格、型号	单位	数量	单价(元)	合价(元)	暂估单价(元)	暂估合价(元)
	PVC-U 管 *DN*15	m	15.71	4.90	76.98		
	其他材料费			—			
	材料费小计			—	76.98		

分部分项工程量清单与计价表 **表 4.7-4**

工程名称:某综合楼给水安装工程　　标段:　　第 页 共 页

序号	项目编码	项目名称	项目特征描述	计量单位	工程量	金额(元)		
						综合单价	合价	其中:暂估价
			……					
	031004006001	大便器	1. 材质:陶瓷 2. 组装形式:蹲式大便器	套	42	211.47	8881.74	
			……					

续表

序号	项目编码	项目名称	项目特征描述	计量单位	工程量	金额（元）		
						综合单价	合价	其中：暂估价
	031001006010	塑料管 PVC－U	1. 安装部位：管道井敷设 2. 输水介质：排水 3. 材质：PVC－U 4. 型号：*DN*150 5. 连接方式：粘接	m	52.3	119.86	6268.68	
			……					
	031001006009	塑料管	1. 安装部位：室内沿墙暗敷 2. 输水介质：给水 3. 材质：PVC－U、*DN*15 4. 连接方式：胶粘连接 5. 水压试验、水冲洗	m	15.4	20.99	323.25	
			……					
本页小计								
合计								

第5章　消防工程工程量清单编制与计价

消防工程由火灾自动报警系统、消火栓系统、自动喷水灭火系统、气体灭火系统、泡沫灭火系统、防排烟系统、防火卷帘门系统、消防事故广播及对讲系统组成。本章主要介绍消火栓系统、自动喷水灭火系统、火灾自动报警系统的工程量清单编制与计价。

5.1　消防工程工程量清单编制

5.1.1　水灭火系统清单编制

水灭火系统主要指消火栓系统、自动喷水灭火系统、水幕系统。

消火栓系统管道中充满有压力的水，当火灾时，首先打开消火栓箱，按要求接好接口、水带，将水枪对准火源，打开消火栓阀门，水枪立即有水喷出，按下消火栓按钮时，启动消防泵向管道中供水。

湿式自动喷水灭火系统，管道内充满压力水，当有发生火灾，火场温度达到闭式喷头的温度时，玻璃泡破碎，喷头出水，管道中的水由静态变为动态，水流指示器动作，信号传输到消防控制中心的消防控制柜上报警，当湿式报警装置报警，压力开关动作后，通过控制柜启动喷淋泵为管道供水，完成系统的灭火功能。

5.1.1.1　水灭火系统清单项目

《工程量计算规范》附录J.1中水灭火系统共有14个清单项目。各清单项目设置的具体内容见表5.1－1。

水灭火系统编码：(030901)　　　　**表5.1－1**

项目编码	项目名称	项 目 特 征	计量单位	工程量计算规则	工作内容
030901001	水喷淋钢管	1. 安装部位 2. 材质、规格 3. 连接形式 4. 钢管镀锌设计要求 5. 压力试验及冲洗设计要求 6. 管道标识设计要求	m	按设计图示管道中心线以长度计算	1. 管道及管件安装 2. 钢管镀锌 3. 压力试验 4. 冲洗 5. 管道标识
030901002	消火栓钢管				
030901003	水喷淋(雾)喷头	1. 安装部位 2. 材质、型号、规格 3. 连接形式 4. 装饰盘设计要求	个	按设计图示数量计算	1. 安装 2. 装饰盘安装 3. 严密性实验

续表

项目编码	项目名称	项目特征	计量单位	工程量计算规则	工作内容
030901004	报警装置	1. 名称 2. 型号、规格	组	按设计图示数量计算	1. 安装 2. 电气接线 3. 调试
030901005	温感式水幕装置	1. 型号、规格 2. 连接方式			1. 安装 2. 电气接线 3. 调试
030901006	水流指示器	1. 规格、型号 2. 连接形式	个		
030901007	减压孔板	1. 材质、规格 2. 连接形式			
030901008	末端试水装置	1. 规格 2. 组装形式	组		
030901009	集热板制作安装	1. 材质 2. 支架形式	个		1. 制作、安装 2. 支架制作、安装
030901010	室内消火栓	1. 安装方式 2. 型号、规格 3. 附件材质、规格	套		1. 箱体及消火栓安装 2. 配件安装
030901011	室外消火栓				1. 安装 2. 配件安装
030901012	消防水泵接合器	1. 安装部位 2. 型号、规格 3. 附件材质、规格	套		1. 安装 2. 附件安装
030901013	灭火器	1. 形式 2. 规格、型号	具(组)		设置
030901014	消防水炮	1. 水炮类型 2. 压力等级 3. 保护半径	台		1. 本体安装 2. 调试

5.1.1.2 水灭火系统清单项目特征

管道标识是对管道的识别色、介质名称和流向等主要参数在管道表面进行目视化标注，其方法是在管道上以色环标识，位置应该包括所有管道的起点、终点、交叉点、转弯处、阀门和穿墙孔两侧等的管道上，消防管道的基本标识颜色为红底白字。标识方法有包裹式、自粘式、铝制和不锈钢制色环以及喷漆式。

(1)水喷淋(雾)喷头：装于灭火系统管网末端，灭火剂最后通过它按设计要求喷射到被保护的空间，是系统中的主要部件，参见图5.1-1。它的工作直接影响到系统灭火的应用效果，应根据不同的系统合理、正确的选用和布置喷头。工程中常用的三种喷头为：

1)液流型：是一种由喷口直接形成射流的喷头。喷头结构一般有管嘴型和孔口型。液流型喷头的喷射击特点是：所产生射流中心部位为液柱流，围绕液柱的表面浮腾着厚厚的一层微小液珠，离喷口越远液珠层起厚，而中心液柱却逐渐消失。

2)雾化型：其喷射特点是射流呈微小液珠式汽雾，使灭火剂喷出后迅速气(雾)化。常采用离心或涡流结构型式实现喷射性能。雾化型喷头的雾化性能好，有利于加快灭火剂在保护空间分布浓度的均化速度。

3)开花型。其喷射性能介于液流型和雾化型之间,是一种复合式的喷射。灭火剂成射流喷出,但射流相互撞击形成液滴。

水喷头的项目特征描述可能参考以下内容:

安装部位:应区分为有吊顶、无吊顶。当设置场所不设吊顶,且配水管道沿梁下布置时,火灾热气流将在上升至顶板后水平蔓延。此时只有向上安装直立型喷头,才能使热气流尽早接触和加热喷头热敏元件。室内设有吊顶时,喷头将紧贴在吊顶下布置,或埋设在吊顶内,因此适合采用下垂型或吊顶型喷头,否则吊顶将阻挡洒水分布。

材质:有金属喷头,塑料喷头,陶瓷喷头,合金喷头等。

(2)报警装置:它是喷水灭火系统,尤其是雨淋、预作用、喷雾系统的重要组件,其作用在于控测火警,启动装置,发出声光等报警信号以及监测、监视喷水灭火系统的故障,减少系统失效率,增强系统的控火,灭火能力,参见图5.1-2。报警装置适用于湿式报警装置、干湿两用报警装置、电动雨淋报警装置、预作用报警装置等报警装置安装。

图5.1-1 水喷头

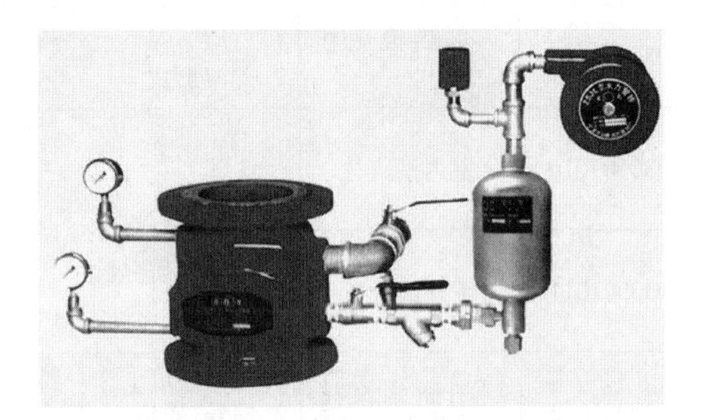

图5.1-2 湿式报警阀装置

(3)温感式水幕装置:水幕系统是一种净水喷洒成帘状的一种消防隔火系统。水幕系统只是在线上起到阻止火灾蔓延的作用或是对防火隔断物进行喷水降温,以增强防火隔断物的防火、耐火性能。水幕装置由雨淋阀、水幕喷头(包括窗口、檐口等各种类型)、供水设施、管网及控测系统和报警系统等组成。系统组成示意图与雨淋系统基本相同所不同的是水幕系统与雨淋系统基本相同,所不同的是雨淋喷水灭火系统是扑灭面上的火灾,而水幕系统只是在线上起到阻止火灾蔓延的作用或是对防火隔断物进行喷水降温,以增强防火隔断物的防火、耐火性能。

(4)水流指示器:是喷水灭火系统中十分重要的水流传感器。工程设计中,应根据产品结构性能和允许承受水力冲击的能力,选择合适的水流指示器。

规格、型号:水流指示器有ZSJZ带电延时装置,ZSJZ带机械延迟装置,JSJZ无延时装置。

(5)减压孔板:建筑物层数较多时,高低层消火栓所受水压不一样,实际出水量相差很大。当上部消火栓口水压满足消防灭火需要时,则下部消火栓的压力过大,为使消火栓的实际出水量接近设计出水量,应在低层部分消火栓口前装设减压节流孔板。

规格:在确定减压孔板的型号时没有必要每层选择的型号都不同。应以设置孔板后消火栓的动水压力不超过500kPa和不小于250kPa为限,确定必须减压的楼层和孔板型号,这样可以避免选用的孔板规格档次太多。

(6)末端试水装置:用于监测、控制系统工作情况,一般可通过检测系统的流量、压力等来实施。监测消防水箱、消防水池内的水位情况。

组装形式：一般由连接管、压力表、控制阀及排水管组成；有条件的也可采用远传压力、流量测试装置和电磁阀组成；目前有简易的产品，见图 5.1－3。

(7)集热板：当高架仓库分层板上有孔洞缝隙时，应在喷头上方设置集热板。

(8)消火栓：分室内消火栓和室外消火栓。室内消火栓是具有内扣式接头的角形截止阀，按其出口形式分为直角单出口式、45°单出口式和直角双出口式三种。室外消火栓是自来水管网向火场供水的主要设备，分为地上消火栓和地下消火栓。

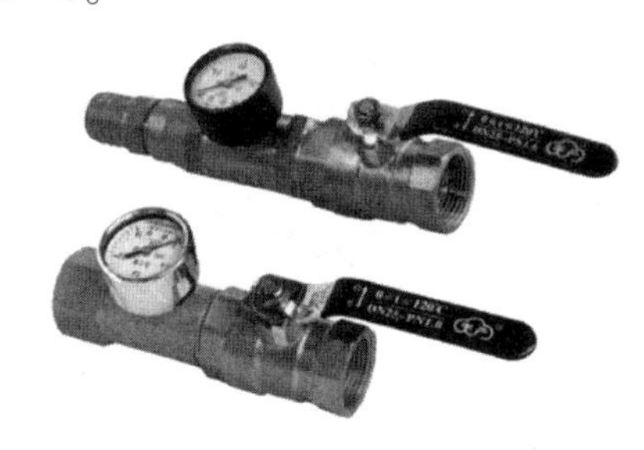

图 5.1－3　末端试水装置

单栓、双栓：消火栓单栓是一个箱内有一个栓头(接口)、双栓是一个箱内有两个栓头(接口)。单元式、塔式住宅的消火栓宜设置在楼梯间的首层和各层楼层休息平台上，当设 2 根消防竖管确有困难时，可设 1 根消防竖管，但必须采用双出口双阀型消火栓。

(9)消防水泵接合器：水泵接合器是根据“高层建筑防火规范”为高层建筑配套的消防设施。通常与建筑物内的自动喷水灭火系统或消火栓等消防设备的供水系统相连接。当发生火灾时，消防车的水泵可迅速方便地通过该接合器的接口与建筑物内的消防设备相连接，并送水加压，从而使室内的消防设备得到充足的压力水源，用以扑灭不同楼层的火灾，有效地解决了建筑物发生火灾后，消防车灭火困难或因室内的消防设备因得不到充足的压力水源无法灭火的情况。

型号、规格：类型有地上消防水泵结合器(SQ)、地下消防水泵结合器(SQX)、墙壁消防水泵结合器(SQB)。水泵接合器的接出口直径有 65mm 和 80mm。

(10)消防水炮：分普通手动水炮、智能控制水炮。

5.1.1.3　水灭火系统清单项目工程量计算

(1)水灭火管道按设计图示管道中心线以长度计算，不扣除阀门、管件及各种组件所占长度，水力警铃进水管并入消防管道工程量。

(2)报警装置安装包括装配管(除水力警铃进水管)的安装，其中：

1)湿式报警装置包括内容：湿式阀、蝶阀、装配管、供水压力表、装置压力表、试验阀、泄放试验阀、泄放试验管、试验管流量计、过滤器、延时器、水力警铃、报警截止阀、漏斗、压力开关等。

2)干湿两用报警装置包括内容：两用阀、蝶阀、装配管、加速器、加速器压力表、供水压力表、试验阀、泄放试验阀(湿式、干式)、挠性接头、泄放试验管、试验管流量计、排气阀、截止阀、漏斗、过滤器、延时器、水力警铃、压力开关等。

3)电动雨淋报警装置包括内容：雨淋阀、蝶阀、装配管、压力表、泄放试验阀、流量表、截止阀、注水阀、止回阀、电磁阀、排水阀、手动应急球阀、报警试验阀、漏斗、压力开关、过滤器、水力警铃等。

4)预作用报警装置包括内容：报警阀、控制蝶阀、压力表、流量表、截止阀、排放阀、注水阀、止回阀、泄放阀、报警试验阀、液压切断阀、装配管、供水检验管、气压开关、试压电磁阀、空压机、应急手动试压器、漏斗、过滤器、水力警铃等。

(3) 末端试水装置，包括压力表、控制阀等附件安装。末端试水装置安装中不含连接管及排水管安装，其工程量并入消防管道。

(4) 室内消火栓，包括消火栓箱、消火栓、水枪、水龙带、水龙带接扣、自救卷盘、挂架、消防按钮；落地消火栓箱包括箱内手提灭火器。

(5)室外消火栓，安装方式分地上式、地下式；地上式消火栓安装包括地上式消火栓、法兰接管、弯管底座；地下式消火栓安装包括地下式消火栓、法兰接管、弯管底座或消火栓三通。

(6)消防水泵接合器，包括法兰接管及弯头安装，接合器井内阀门、弯管底座、标牌等附件安装。

(7)减压孔板若在法兰盘内安装，其法兰计入组价中。

【例5.1-1】某一室内消火栓灭火系统，共设 *DN*65 单出口消火栓5套(800×760×284型铝合金单开门栓箱，麻质水带长20m)、*DN*65 的双出口消火栓2套(1200×750×280型铝合金单开门栓箱，麻质水带长20m)，带消防软管卷盘 *DN*65 单栓一套(1200×750×280型铝合金单开门栓箱、麻质水带长20m、卷盘胶管20m、喷嘴口径9mm)。编制分部分项工程量清单。

【解】根据《建设工程工程量清单计价规范》，编制分部分项工程量清单如表5.1-2。

分部分项工程量清单与计价表 **表5.1-2**

工程名称：

序号	项目编码	项目名称	项目特征描述	计量单位	工程量	金额(元)		
						综合单价	合价	其中：暂估价
1	030901010001	室内消火栓	1. 安装方式：暗装 2. 型号、规格：*DN*65 单出口消火栓、800×760×284型铝合金单开门栓箱 3. 附件材质、规格：麻质水带、长20m	套	5			
2	030901010002	室内消火栓	1. 安装方式：暗装 2. 型号、规格：*DN*65 双出口消火栓、1200×750×280型铝合金单开门栓箱 3. 附件材质、规格：麻质水带、长20m	套	2			
3	030901010003	室内消火栓	1. 安装方式：暗装 2. 型号、规格：带消防软管卷盘 *DN*65 单栓消火栓、1200×750×280型铝合金单开门栓箱 3. 附件材质、规格：麻质水带、长20m，卷盘胶管、20m，喷嘴口径、9mm	套	1			
本页小计								
合　计								

【例5.1-2】一湿式自动喷水灭火系统，安装有ZSS型 *DN*100 的湿式自动报警阀1组，*DN*100 水流指示器1个，法兰连接，下垂型喷头2个(无吊顶)，管路采用镀锌钢管螺纹连接，*DN*25 的管路长100m，普通穿墙套管5处(*DN*40；0.4m)，支吊架0.06t，支架手工除锈刷防锈漆两遍，管道刷红色调和漆二遍。安装完毕后进行水压试验、水冲洗。试编制工程量清单。

【解】当工程项目和数量确定之后，工程量清单编制的主要内容就是特征描述。根据清单项目设置表5.1－1，该工程的分部分项工程量清单见表5.1－3。

分部分项工程量清单与计价表 **表5.1－3**

工程名称：

序号	项目编码	项目名称	项目特征描述	计量单位	工程量	金额（元）		
						综合单价	合价	其中：暂估价
1	030901004001	报警装置	1. 名称：湿式自动报警阀； 2. 型号、规格：ZSS型、DN100	组	1			
2	030901006001	水流指示器	1. 规格、型号：DN10 0、ZSJ Z型 2. 连接形式：法兰连接	个	1			
3	030901003001	水喷淋（雾）喷头	1. 安装部位：无吊顶 2. 规格：DN15	个	2			
4	030901001001	水喷淋镀锌钢管	1. 安装部位：无吊顶 2. 材质、规格：镀锌钢管、DN25 3. 连接形式：螺纹连接	m	100			
5	031002001001	管道支架	1. 管架形式：吊架 2. 材质型钢	kg	60			
6	031201001001	管道刷油	1. 涂刷品种：红色调和漆； 2. 涂刷遍数：两遍	m	100			
本页小计								
合　计								

补充：管道清单里水压试验和水冲洗。

5.1.2 火灾自动报警系统工程量清单编制

消防系统按功能可分为火灾自动报警系统和联动系统。前者的功能是在发现火情后，发出声光报警信号并指示出发生火警的部位，便于扑灭；后者的功能是在火灾自动报警系统发现火情后，自动启动各种设备，避免火灾蔓延直至扑灭火灾。从二者的不同功能可看出它们是密不可分的。实际上有很多火灾自动报警系统同时具有自动联动系统的功能。

火灾自动报警系统一般由两大部分组成：火灾探测器和火灾报警器。火灾探测器安装在现场，监视现场有无火警发生；火灾报警器安装在消防控制中心，管理所有的火灾探测器。当发现有火警时，发出声光报警信号通知值班人员，有的火灾报警器还可启动联动设备灭火。有的火灾探测器具有声光报警装置，可以脱离火灾报警器使用，一般用于家庭。

火灾自动联动系统用于控制各种联动设备，有多线制联动控制系统和总线制联动控制系统。多线制联动控制系统中，从联动控制器到每一台联动设备都要连接2～4条线，一般适用于联动设备少的建筑。对于联动设备比较多的建筑，如果使用多线制联动控制系统，工程施工比较困难，最好使用总线制联动控制系统。在总线制联动控制系统中，火灾自动联动系统由联动制器和控制模块组成。在联动控制器和控制模块之间为二总线或四总线，每一组总线可以连接多个控制模块，在需要启动联动设备时，联动控制器发出启动命令，控制模块动作，控制模块再启动联动设备。一般一台联动设备为一个动作，但有的设备如卷帘门为两个动作。有的模块输出一个动作，有的输出多个动作。

5.1.2.1　火灾自动报警系统清单项目

《工程量计算规范》附录J.4中火灾自动报警系统共有17个清单项目，见表5.1-4。

火灾自动报警系统（编码：030905）　　　　**表5.1-4**

<table>
<tr><th>项目编码</th><th>项目名称</th><th>项目特征</th><th>计量单位</th><th>工程量计算规则</th><th>工作内容</th></tr>
<tr><td>030904001</td><td>点型探测器</td><td>1. 名称
2. 规格
3. 线制
4. 类型</td><td>个</td><td>按设计图示数量计算</td><td>1. 底座安装
2. 探头安装
3. 校接线
4. 编码
5. 探测器调试</td></tr>
<tr><td>030904002</td><td>线型探测器</td><td>1. 名称
2. 规格
3. 安装方式</td><td>m</td><td>按设计图示长度计算</td><td>1. 探测器安装
2. 借口模块安装
3. 报警终端安装
4. 校接线</td></tr>
<tr><td>030904003</td><td>按钮</td><td rowspan="3">1. 名称
2. 规格</td><td rowspan="3">个</td><td rowspan="15">按设计图示数量计算</td><td rowspan="6">1. 安装
2. 校接线
3. 编码
4. 调试</td></tr>
<tr><td>030904004</td><td>消防警铃</td></tr>
<tr><td>030904005</td><td>声光报警器</td></tr>
<tr><td>030904006</td><td>消防报警电话插孔（电话）</td><td>1. 名称
2. 规格
3. 安装方式</td><td>个
（部）</td></tr>
<tr><td>030904007</td><td>消防广播（扬声器）</td><td>1. 名称
2. 功率
3. 安装方式</td><td>个</td></tr>
<tr><td>030904008</td><td>模块（模块箱）</td><td>1. 名称
2. 规格
3. 类型
4. 输出形式</td><td>个
（台）</td></tr>
<tr><td>030904009</td><td>区域报警控制箱</td><td rowspan="2">1. 多线制
2. 总线制
3. 安装方式
4. 控制点数量
5. 显示器类型</td><td rowspan="7">台</td><td rowspan="3">1. 本体安装
2. 校接线、摇测绝缘电阻
3. 排线、绑扎、导线标识
4. 显示器安装
5. 调试</td></tr>
<tr><td>030904010</td><td>联动控制箱</td></tr>
<tr><td>030904011</td><td>远程控制箱</td><td>1. 规格
2. 控制回路</td></tr>
<tr><td>030904012</td><td>火灾报警系统控制主机</td><td rowspan="3">1. 规格、线制
2. 控制回路
3. 安装方式</td><td rowspan="3">1. 安装
2. 校接线
3. 调试</td></tr>
<tr><td>030904013</td><td>联动控制主机</td></tr>
<tr><td>030904014</td><td>消防广播及对讲电话主机（柜）</td></tr>
<tr><td>030904015</td><td>火灾报警控制微机（CRT）</td><td>1. 规格
2. 安装方式</td><td>1. 安装
2. 调试</td></tr>
<tr><td>030904016</td><td>备用电源及电池主机（柜）</td><td>1. 名称
2. 容量
3. 安装方式</td><td>套</td><td>1. 安装
2. 调试</td></tr>
<tr><td>030904017</td><td>报警联动一体机</td><td>1. 规格、线制
2. 控制回路
3. 安装方式</td><td>台</td><td>1. 安装
2. 校接线
3. 调试</td></tr>
</table>

5.1.2.2　火灾自动报警系统清单项目特征

火灾自动报警系统清单项目设置的主要问题说明如下：

(1)点型探测器：这是一种响应某一点周围的火灾参数的火灾探测器，民用建筑中几乎都是使用点型探测器。

多线制：系统间信号按各自回路进行传输的布线制式。

总线制：系统间信号采用四总线或二总线进行传输的布线制式。

类型：有感烟火灾探测器、感温火灾探测器、感光火灾探测器、可燃气体探测器、复合式火灾探测器等。

(2)线型探测器：是一种响应某一连续线路周围的火灾参数的火灾探测器。其连续线路可以是可见的，也可以是不可见的。如空气管线型差温火灾探测器，是由一条细小的铜管或不锈钢的可见的连续线路。又如红外光束线型感烟火灾探测器，是由发射器和接收器之间的红外光构成的不可见的连续线路。

安装方式：常用的缆式线型定温探测器，其安装方式主要有环绕式、正弦式、直线式。

(3)按钮：装置的控制开关，用手压使装置启动。手动报警钮的作用与火灾探测器类似，不过它是由人工方式将火灾信号传送到自动报警控制器。

规格：包括消火栓按钮、手动报警按钮、气体报警起停按钮，不同厂家生产的按钮型号各不相同，应根据设计图纸对不同的型号分别编制清单项目。例如 SHD－1 型手动报警按钮、Q－K/1644 地址编码手动报警开关等。

(4)模块(模块箱)：控制模块控制器集先进的微电子技术、微处理器技术于一体，使其硬件结构进一步简化，性能更趋完善，控制更趋方便、灵活。控制模块就是与电源等其他装置相连的接品。

名称：有输入模块、输出模块、输入输出模块、监视模块、信号模块、控制模块、信号接口、单控模块、双控模块等，不同厂家产品各异，名称也不同。

输出形式：指控制模块的单输出和多输出。

(5)区域报警控制箱：是在自动喷水灭火系统中起监测、控制、报警等作用，并能发出声、光、电等信号。

安装方式：指落地式和壁挂式安装。

控制点数量：多线制“点”是指报警控制器所带报警器件(探测器、报警按扭等)的数量，总线制“点”是指报警控制器所带的有地址编码的报警器件(探测器、报警按扭、模块等)的数量，如果一个模块带数个探测器，则只能计为一点。

(6)联动控制箱：它的功能是当火灾发生时，它能对室内消火栓系统，自动喷水灭火系统，防排烟系统，卤代烷灭火系统，以及防火卷帘门和警铃等联动控制。

安装方式：分为壁挂式和落地式。

控制点数量：多线制“点”是指联动控制器所带联动设备的状态控制和显示的数理。

总线制“点”是指联动控制所带有的控制模块(接口)数量。

(7)报警联动一体机：它是集报警和联动于一体，可实现手动或自动联动、跨区联动、设置防火区域，使火灾报警和联动控制达到最佳的配合，符合最新火灾报警和联动控制国家消防标准。

安装方式：分为壁挂式和落地式。

控制点数量：多线制“点”是指报警联动一体机所带的报警器件与联动设备的状态控制和状态显示的数量，总线制“点”是指报警联动一体机所带的有地址编码的报警器件与控制模块(接口)的数量。

(8)远程控制箱(柜):当火灾发生时,对报警装置、减灾装置遥控开启的装置。可远距离进行自动控制火灾探测器和喷水灭火系统。一般按控制回路进行描述。

5.1.2.3 火灾自动报警系统清单项目工程量计算

(1)消防报警系统配管、配线、接线盒均应按电气设备安装工程相关项目编码列项。

(2)消防广播及对讲电话主机包括功放、录音机、分配器、控制柜等设备。

(3)点型探测器包括火焰、烟感、温感、红外光束、可燃气体探测器等。

(4)工程量计算方法:一套完整的火灾自动报警系统,通常由探测系统、联动控制系统、广播系统、电话系统、显示打印系统等组成。为准确计算工程量,应对图纸中内容进行分解,分系统、分区域、分楼层一部分一部分地进行计算。计算过的部分在图纸上作出标记,既避免重复计算和漏算,又便于核对工程量。最后将单位工程中型号相同、规格相同、敷设条件相同、安装方式相同的工程量合并汇总。

5.1.3 消防系统调试工程量清单编制

消防系统调试是指一个单位工程的消防全系统安装完毕且联通,为检验其达到验收规范标准所进行的全系统的检测、调整和试验。

5.1.3.1 消防系统调试工程量清单项目

《工程量计算规范》附录J.5中消防系统调试分部分项工程共有4个清单项目,清单项目设置的具体内容见表5.1-5。

消防系统调试(编码:030905) **表5.1-5**

项目编码	项目名称	项目特征	计量单位	工程量计算规则	工作内容
030905001	自动报警系统调试	1.点数 2.线制	系统	按系统计算	系统调试
030905002	水灭火控制装置调试	系统形式	点	按控制装置的点数计算	调试
030905003	防火控制装置调试	1.名称 2.类型	个 (部)	按设计图示数量计算	
030905004	气体灭火装置调试	1.试验容器规格 2.气体试喷	点	按调试、检验和验收所消耗的试验容器总数计算	1.模拟喷气试验 2.备用灭火器贮存容器切换操作试验 3.气体试喷

5.1.3.2 消防系统调试清单项目特征和工程量计算

(1)自动报警系统,包括各种探测器、报警器、报警按钮、报警控制器、消防广播、消防电话等组成的报警系统;按不同点数以系统计算。

(2)水灭火控制装置,自动喷洒系统按水流指示器数量以点(支路)计算:消火栓系统按消火栓启泵按钮数量以点计算;消防水炮系统按水炮数量以点计算。

(3)防火控制装置,包括电动防火门、防火卷帘门、正压送风阀、排烟阀、防火控制阀、消防电梯等防火控制装置;电动防火门、防火卷帘门、正压送风阀、排烟阀、防火控制阀等调试以个计算,消防电梯以部计算。

(4)气体灭火系统调试,是由七氟丙烷、IG541、二氧化碳等组成的灭火系统;按气体灭火系统装置的瓶头阀以点计算。

气体灭火系统装置调试如需采取安全措施时，应按施工组织设计规定另行计算，列入措施费中。

【例5.1－3】某9层综合楼总线制火灾自动报警系统安装的装置有：类比感烟探测器90只，手动报警按钮12只，控制模块22只，隔离模块5只，扬声器16台，消防电话插孔16台。编制分部分项工程量清单。

【解】工程量清单编制时，对各种器材装置要根据项目特征的要求，查阅相关的技术手册或产品介绍编制。根据《建设工程工程量清单计价规范》，编制分部分项工程量清单见表5.1－6。

分部分项工程量清单与价表　　表5.1－6

工程名称：某建筑消防工程

序号	项目编码	项目名称	项目特征描述	计量单位	工程量	金额（元）		
						综合单价	合价	其中：暂估价
1	030904001001	点型探测器	1. 名称：类比感烟探测器 2. 线制：总线制	个	90			
2	030904003001	按钮	名称：手动报警按钮	个	12			
3	030904008001	模块	1. 名称：控制模块 2. 输出形式：单输出	个	22			
4	030904008002	模块	1. 名称：隔离模块 2. 输出形式：单输入、出	个	5			
5	030904007001	消防广播（扬声器）	1. 名称：吸顶式扬声器 2. 安装方式：吸顶安装	个	16			
6	030904006001	消防报警电话插孔	1. 名称：消防电话插孔 2. 安装方式：暗装	个	16			
7	030905001001	自动报警系统调试	1. 点数：256点以下 2. 线制：总线制	系统	1			
本页小计								
合　计								

5.1.4　消防工程工程量清单编制的有关说明

（1）管道界限的划分：

1）喷淋系统水灭火管道：室内外界限应以建筑物外墙皮1.5m为界，入口处设阀门者应以阀门为界；设在高层建筑物内的消防泵间管道应以泵间外墙皮为界。

2）消火栓管道：给水管道室内外界限划分应以外墙皮1.5m为界，入口处设阀门者应以阀门为界。

3）与市政给水管道的界限：以与市政给水管道碰头点（井）为界。

(2)消防管道如需进行探伤,应按工业管道工程相关项目编码列项。

(3)消防管道上的阀门、管道及设备支架、套管制作安装,应按给排水、采暖、燃气工程相关项目编码列项。

(4)本章管道及设备除锈、刷油、保温除注明者外,均应按刷油、防腐蚀、绝热工程相关项目编码列项。

(5)消防工程措施项目,应按措施项目相关项目编码列项。

5.1.5 水灭火系统工程量清单编制示例

【例5.1-4】某八层综合楼,框架结构。首层为架空层,各层层高为3.3m。2~8层为标准层。当地室外管网水压经常不能满足使用要求。建筑内设有消火栓及自动喷水灭火系统,消火栓系统和自动喷水灭火系统均采用不分区供水方式,在地下室设消防水池和消防水泵,以保证消防用水。消火栓系统和喷淋系统管道采用镀锌钢管,卡箍连接。立管设在管道井内,该建筑局部管道布置平面见图5.1-4、图5.1-5,对应的系统图见图5.1-6,2~8层均设有喷淋系统。

在本例的计算仅考虑消防立管(XHL-1及XHL-2)及喷淋立管(ZP1)的服务范围。其中首楼为架空层,故首层、屋顶的消火栓及喷淋系统管线本例不考虑。试编制消火栓及喷淋系统的工程量清单。

【解】消防及喷淋系统的清单工程量计算见表5.1-7,分部分项工程量清单见表5.1-8。

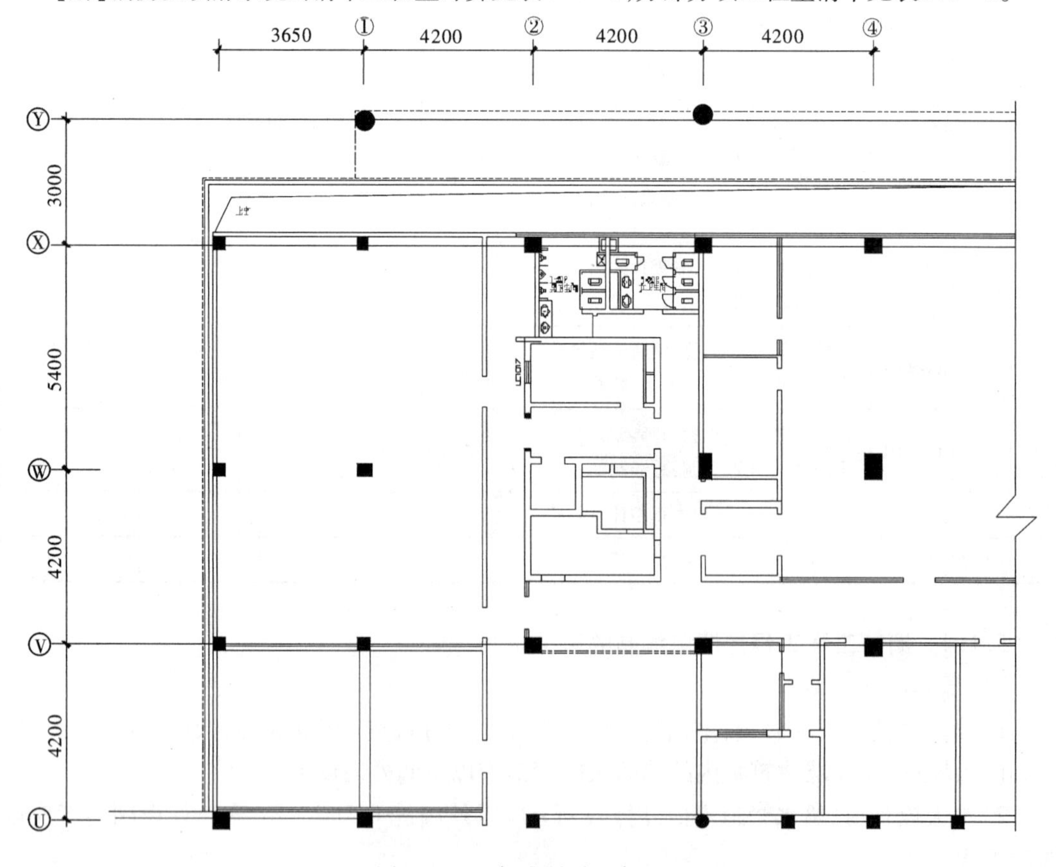

图5.1-4 标准层平面布置图

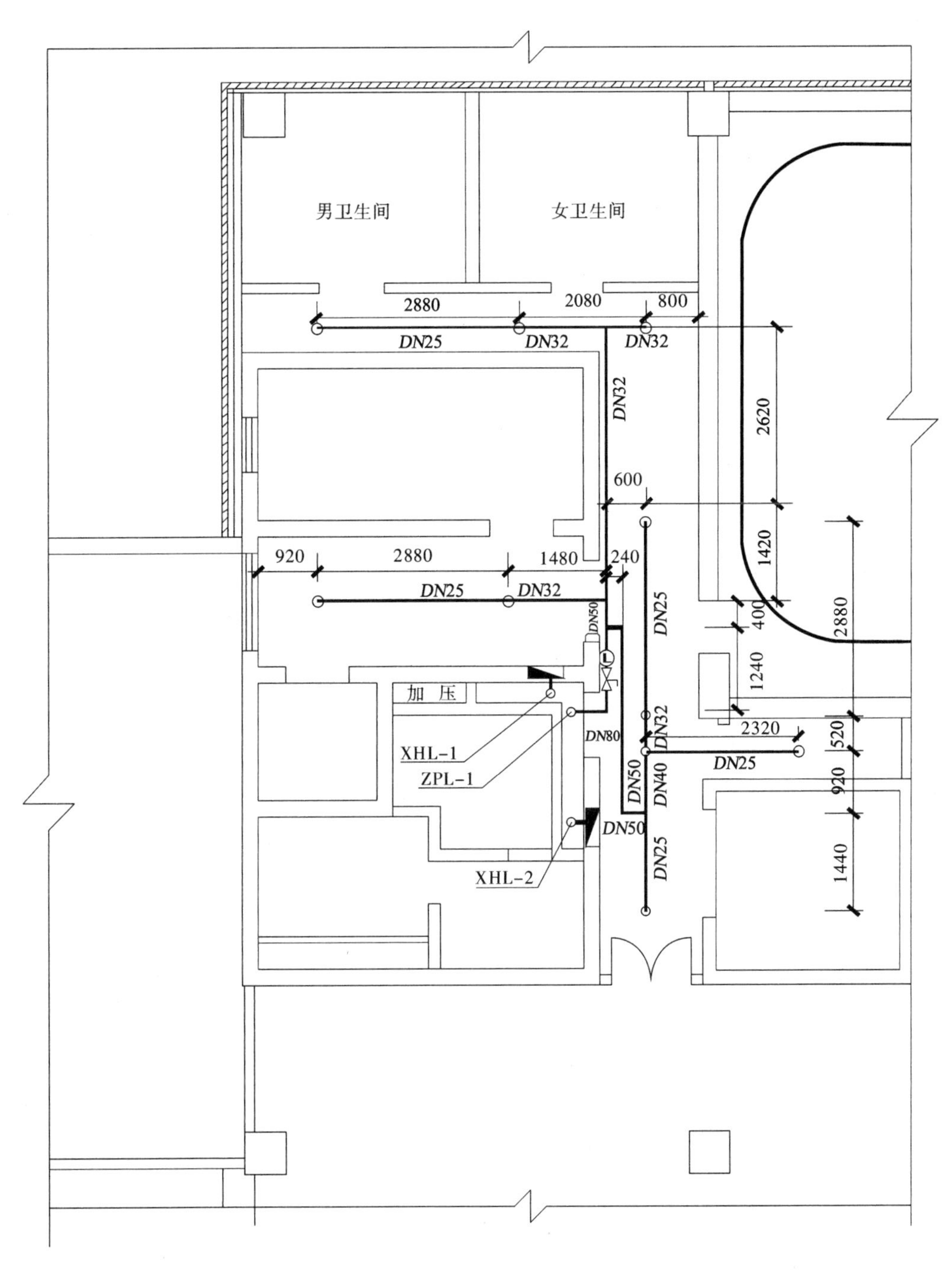

图 5.1－5　消火栓与喷淋平面布置图

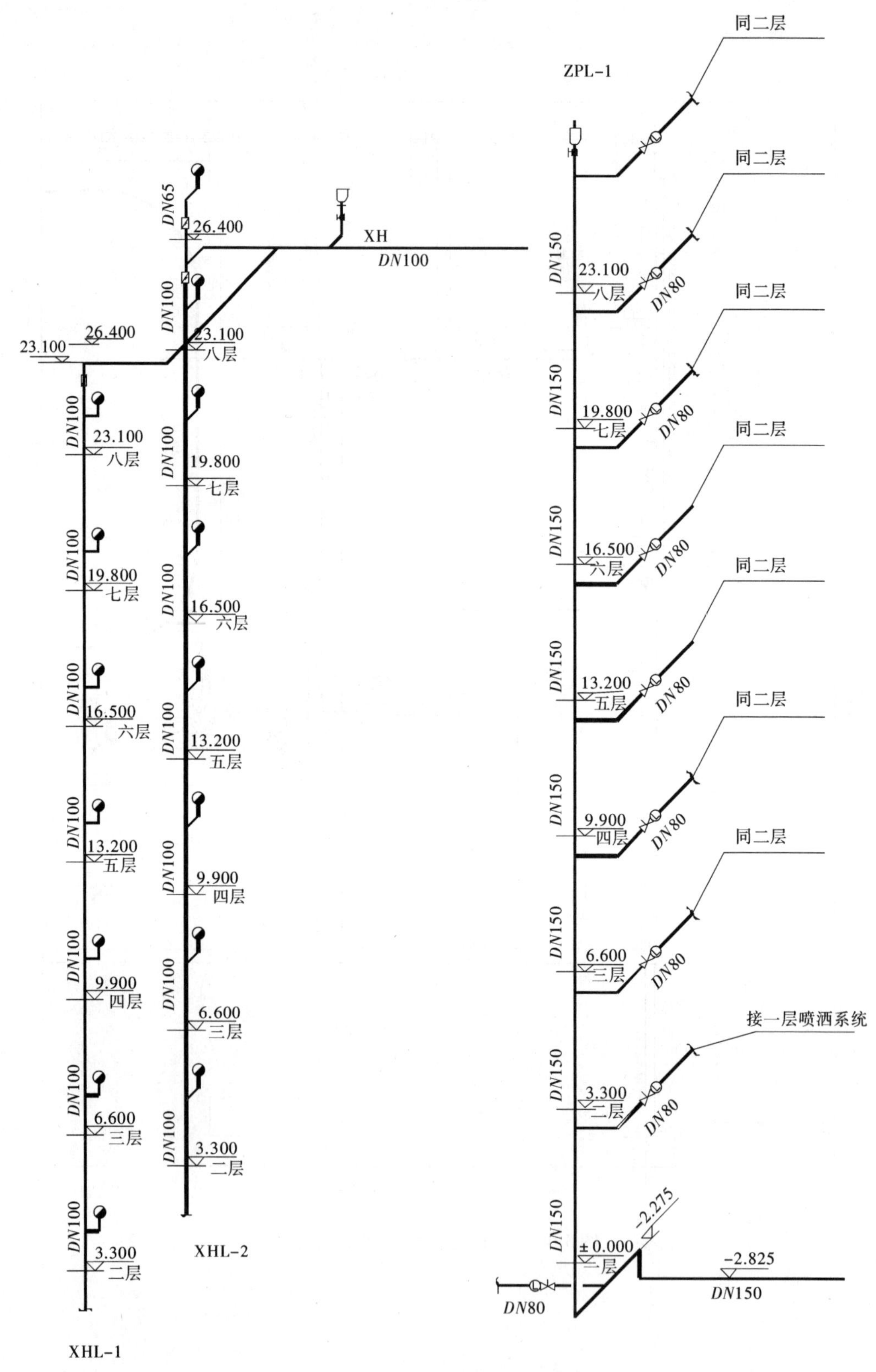

图 5.1－6　消火栓与喷淋系统图

消火栓及喷淋系统工程数量计算　　表 5.1－7

序号	工程名称	单位计算工名称及规格	计算程式及说明	单位	数量
1	XHL－1	消火栓镀锌钢管 *DN*100	立管接消火栓管 0.2，共 7 层	m	1.40
2		消火栓镀锌钢管 立管 *DN*100	立管从标高 3.300 至 25.000	m	21.70
3	XHL－2	消火栓镀锌钢管 *DN*100	接消火栓管 0.2，共 7 层	m	1.40
4		消火栓镀锌钢管 立管 *DN*100	立管从标高 3.300 至 26.400	m	23.10
5	ZPL－1	水喷淋镀锌钢管 *DN*80	从立管处循水流方向 0.46＋1.24，共 7 层	m	11.9
6		水喷淋镀锌钢管 *DN*50	从上到下，从左到右的顺序 0.4＋0.24＋2.76＋0.36，共 7 层	m	26.32
7		水喷淋镀锌钢管 *DN*40	0.92，共 7 层	m	6.44
8		水喷淋镀锌钢管 *DN*32	从上到下，从左到右的顺序 2.08＋2.62＋1.42＋1.48＋0.52，共 7 层	m	56.84
9		水喷淋镀锌钢管 *DN*25	从上到下，从左到右的顺序 2.88＋2.88＋2.88＋2.32＋1.44，共 7 层	m	86.80
10		水喷淋镀锌钢管 立管 *DN*150	从标高 3.300 至标高 26.400	m	23.10
11	管道小计	水喷淋镀锌钢管 *DN*150	如喷淋平面布置图所示	m	23.10
12		水喷淋镀锌钢管 *DN*80	如喷淋平面布置图所示	m	11.90
13		水喷淋镀锌钢管 *DN*50	如喷淋平面布置图所示	m	26.32
14		水喷淋镀锌钢管 *DN*40	如喷淋平面布置图所示	m	6.44
15		水喷淋镀锌钢管 *DN*32	如喷淋平面布置图所示	m	56.84
16		水喷淋镀锌钢管 *DN*25	如喷淋平面布置图所示	m	86.80
17		消火栓镀锌钢管 *DN*100	接消火栓的管道	m	2.8
18		消火栓镀锌钢管立管 *DN*100	立管	m	44.8
19	消火栓	XHL－1 及 XHL－2 所连接的消火栓	XHL－1 及 XHL－2 每层消防栓一个，共 7 层	套	15
20	水喷头	水喷头 *DN*25	每层 8 个，共 7 层	个	56.00
21	水流指示器	*DN*100	每层 1 个，共 7 层	个	7.00
22	法兰阀门	*DN*150	每层 1 个，共 7 层	个	7.00
23	管道支架	角钢	400 数量暂定，具体根据支架规格及长度按实计算	kg	400

2)消防及喷淋系统的工程量清单

分部分项工程量清单与计价表 **表5.1-8**

工程名称:某综合楼消火栓及喷淋系统安装工

序号	项目编码	项目名称	项目特征描述	计量单位	工程量	金额(元)		
						综合单价	合价	其中:暂估价
1	030901001001	水喷淋钢管	1.安装部位:管井内 2.材质、规格:镀锌钢管、DN150 3.连接方式:卡箍连接	m	23.10			
2	030901001002	水喷淋钢管	1.安装部位:室内 2.材质、规格:镀锌钢管、DN80 3.连接方式:卡箍连接	m	11.90			
3	030901001003	水喷淋钢管	1.安装部位:室内 2.材质、规格:镀锌钢管、DN50 3.连接方式:螺纹连接	m	26.32			
4	030901001004	水喷淋钢管	1.安装部位:室内 2.材质、规格:镀锌钢管、DN40 3.连接方式:螺纹连接	m	6.44			
5	030901001005	水喷淋钢管	1.安装部位:室内 2.材质、规格:镀锌钢管、DN32 3.连接方式:螺纹连接	m	56.84			
6	030901001006	水喷淋钢管	1.安装部位:室内 2.材质、规格:镀锌钢管、DN25 3.连接方式:螺纹连接	m	86.80			
7	030901002001	消火栓钢管	1.安装部位:室内 2.材质、规格:镀锌钢管、DN100 3.连接方式:卡箍连接	m	2.8			
8	030901002002	消火栓钢管	1.安装部位:管道井内(立管) 2.材质、规格:镀锌钢管、DN100 3.连接方式:卡箍连接	m	46.2			

续表

序号	项目编码	项目名称	项目特征描述	计量单位	工程量	金额(元)		
						综合单价	合价	其中：暂估价
9	030901010001	室内消火栓	1. 安装方式:安装 2. 型号、规格:*DN*65　衬胶水龙带 25m,组合箱 950×650×245 3. 单栓	套	14			
10	030901003001	水喷淋喷头	1. 安装部位:有吊顶 2. 材质、型号、规格:闭式玻璃喷头、*DN*25	个	56			
11	030901006001	水流指示器	1. 规格、型号:*DN*100、马鞍式水流指示器 2. 连接方式:法兰连接	个	7			
12	031002001001	管道支架	1. 材质:钢 2. 管架形式:沿墙安装单管	kg	400			
13	031201001001	管道刷油	1 涂刷品种:红色调和漆 2. 涂刷遍数:两遍	m^3	17156.12			
14	031202003001	一般钢结构防腐蚀	1. 除锈等级:中锈 2. 涂刷品种:防锈漆、银粉漆 3. 涂刷遍数:各两遍	kg	400			
本页小结								
合计								

5.2　水灭火系统工程量清单计价

5.2.1　定额项目

《综合定额》第七册中水灭火系统定额,适用于工业和民用建(构)筑物设置的自动喷水灭火系统的管道、组件、消火栓、气压水罐的安装及管道支吊架的制作、安装,共 81 个子目。

5.2.2　定额应用及工程量计算

5.2.2.1　界线划分

界线划分:以建筑物外墙皮 1.5m 为界,入口处设阀门者以阀门为界。

设在高层建筑内的消防泵间管道与水灭火系统的界线,以泵间外墙皮为界。

5.2.2.2　定额应用

(1)管道安装定额:

镀锌钢管法兰连接定额,管件是按成品、弯头两端是按接短管焊法兰考虑的,定额中包括了直管、管件、法兰等全部安装工序内容,但管件、法兰及螺栓的主材数量应按设计规定另行计算。管道安装定额包括一次性水压试验。

管道安装定额只适用于自动喷水灭火系统,管道连接方式为螺纹和法兰连接。若管道直径大于 100mm 采用焊接时,其管道和管件安装应执行第六册《工业管道安装》C.6.1 中相应子目；若管道采用卡箍连接时，其管道和管件安装应套用第八册《给排水、采暖、燃气工程》C.8.1 章中相应子目。管件含量见表 5.2－1。

镀锌钢管（螺纹连接）管件含量表（单位：10m） **表 5.2－1**

项目	名称	公称直径（mm 以内）						
		25	32	40	50	70	80	100
管件含量	四通	0.02	1.20	0.53	0.69	0.73	0.95	0.47
	三通	2.29	3.24	4.02	4.13	3.04	2.95	2.12
	弯头	4.92	0.98	1.69	1.78	1.87	1.47	1.16
	管箍		2.65	5.99	2.73	3.27	2.89	1.44
	小计	7.23	8.07	12.23	9.33	8.91	8.26	5.19

镀锌钢管安装定额也适用于镀锌无缝钢管安装，其管径对应关系见表 5.2－2。

镀锌钢管与镀锌无缝钢管的管径对应关系 **表 5.2－2**

镀锌钢管公称直称（mm）	15	20	25	32	40	50	70	80	100	150	200
无缝钢管外径（mm）	20	25	32	38	45	57	76	89	108	159	219

（2）喷头，报警装置及水流指示器安装定额均按管网系统试压、冲洗合格后安装考虑的，定额中已包括丝堵、临时短管的安装、拆除及其摊销。

（3）其他报警装置适用于雨淋、干湿两用及预作用报警装置。其安装执行湿式报警装置安装定额，其人工乘以系数 1.2，其余不变。

（4）温感式水幕装置安装定额中已包括给水三通至喷头、阀门间的管道、管件、阀门、喷头等全部安装内容。但管道的主材数量按设计管道中心长度另加损耗计算；喷头数量按设计数量另加损耗计算。

（5）集热板的安装位置：当高架仓库分层板上方有孔洞、缝隙时，应在喷头上方设置集热板。

（6）室内消火栓组合卷盘安装按室内消火栓安装定额乘以系数 1.2。单独安装的不带箱及配件的室内消火栓，套用第八册《给排水、采暖、燃气工程》阀门安装的相应子目。室内消火栓安装包括预留孔洞和箱体安装；室外地上式消火栓安装包括底座安装，但不包括卵石回填。室外消火栓安装见图 5.2－1。

（7）消防水泵接合器设计要求用短管时，其本身价值可另行计算，其余不变。

（8）隔膜式气压水罐安装定额中地脚螺栓是按带有设备考虑的，定额中包括指导二次灌浆用工，但二次灌浆费用另计。

（9）管道支吊架制作安装定额中包括支架、吊架及防晃支架，只适用于自动喷水灭火系统和气体灭火系统。

（10）管网冲洗定额是按水冲洗考虑的，若采用水压气动冲洗法时，可按施工方案另行计算。定额只适用于自动喷水灭火系统。

5.2.2.3 水灭火系统定额不包括的工作内容：

（1）阀门、法兰安装，各种套管的制作安装，泵房间管道安装及管道系统强度试验、严密性试验。

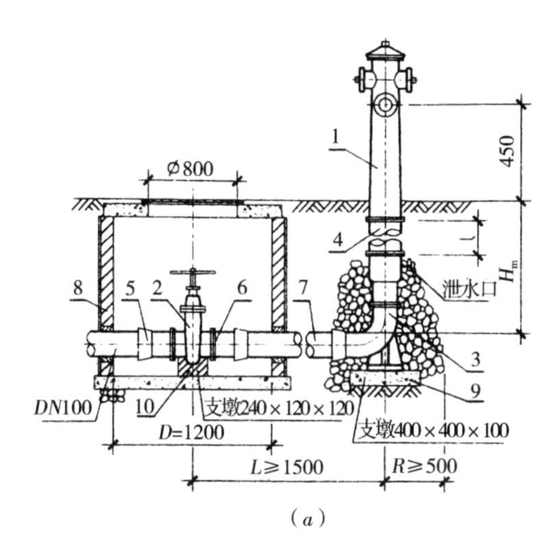

(a)

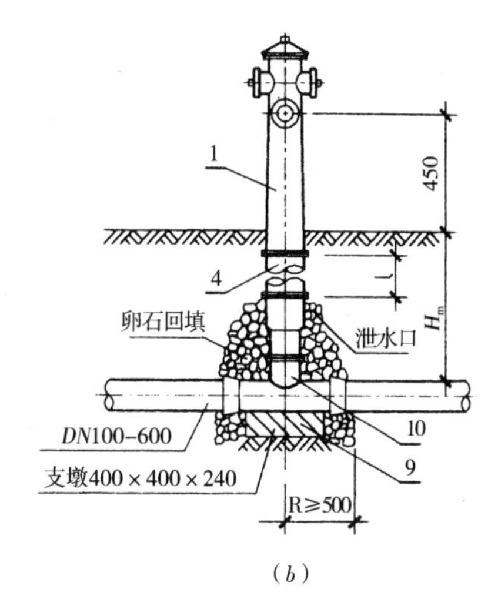

(b)

图5.2　地上式消火栓

(a)支管安装(深装);(b)干管安装(I型)

1－本体;2－闸阀;3－弯管底座;4－法兰接管;5,6－短管;7－铸铁管;8－阀井;9－支墩;10　三通

(2)消火栓管道、室外给水管道安装及水箱制作安装。

(3)各种消防泵、稳压泵安装及设备二次灌浆等。

(4)各种仪表的安装及带电讯号的阀门、水流指示器、压力开关的接线、校线。

(5)各种设备支架的制作安装。

(6)管道、设备、支架、法兰焊口除锈刷油。

(7)系统调试。

5.2.2.4　定额工程量计算规则和计算方法

(1)管道安装按设计图示管道中心线长度,以延长米计算,不扣除阀门、管件及各种组件所占长度。

(2) 喷头安装按有吊顶、无吊顶分别按设计图示数量以个计算。

(3)报警装置安装按设计图示成套产品数量以组计算。产品包括内容见表5.2－3。

(4)温感式水幕装置、水流指示器、减压孔板、末端试水装置、集热板制作安装按设计图示数量以个或组计算。

(5)室内消火栓安装,区分单栓和双栓按设计图示数量以套计算,所带消防按钮的安装另行计算。产品包括内容见表5.2－3。

(6)室外消火栓安装,区分不同规格、工作压力和覆土深度按设计图示数量以套计算。

(7)消防水泵接合器安装,区分不同安装方式和规格按设计图示数量以套计算。产品包括内容见表5.2－3。

(8)隔膜式气压水罐安装,区分不同规格按设计图示数量以台计算。出入口法兰和螺栓按设计规定另行计算。

(9)管道支吊架已综合支架、吊架及防晃支架的制作安装,均按设计图示尺寸以kg计算。

消防产品包括的内容 **表 5.2-3**

序号	项目名称	型号	包括内容
1	湿式报警装置	ZSS	湿式阀、蝶阀、装配管、供水压力表、装置压力表、试验阀、泄放试验管、试验管流量计、过滤器、延时器、水力警铃、报警截止阀、漏斗、压力开关等
2	干湿两用报警装置	ZSL	两用阀、蝶阀、装配管、加速管、加速器压力表、供水压力表、试验阀、泄放试验阀(湿式)、泄放试验阀(干式)、挠性接头、泄放试验管、试验管流量计、排气阀、截止阀、漏斗、过滤器、延时器、水力警铃、压力开关等
3	电动雨淋报警装置	ZSY1	雨淋阀、蝶阀(2个)、装配管、压力用不着、泄放试验阀、流量表、截止阀、注水阀、止回阀、电磁阀、排水阀、手动应急球阀、报警试验阀、漏斗、压力开关、过滤器、水力警铃等
4	预作用报警装置	ZSU	干式报警阀、控制蝶阀(2个)、压力表(2个)、流量表、排放阀、截止阀、注水阀、止回阀、泄放阀、报警试验阀、液压切断阀、装配管、供水检验管、气压开关(2个)、试压电磁阀、应急手动试压器、漏斗、过滤器、水力警铃等
5	室内消火栓	SN	消火栓箱、消火栓、水枪、水龙带、水龙带接扣、挂架、消防按钮
6	室外消火栓	地上式 SS 地下式 SX	地上式消火栓、法兰接管、变管底座; 地下式消火栓、法兰接管、弯管底座或消火栓三通
7	消防水泵结合器	地上式 SQ 地下式 SQX 墙壁式 SQB	消防接口本体、止回阀、安全阀、闸阀、弯管底座、放水阀; 消防接口本体、止回阀、安全阀、闸阀、弯管底座、放水阀; 消防接口本体、止回阀、安全阀、闸阀、弯管底座、放水阀、标牌
8	室内消火栓组合卷盘	SN	消火栓箱、消火栓、水枪、水龙带、水龙带接扣、挂架、消防按钮、消防软管卷盘

(10)自动喷水灭火系统管网水冲洗,区分不同规格按设计图示尺寸以 m 计算。

(11)大空间智能型主动喷水灭火装置,区分不同规格按设计图示数量以套计算。

5.2.3 清单项目综合单价分析计算

5.2.3.1 例题

【例 5.2】试计算例题 5.1-2 中第 4 条和第 6 条清单项目(水喷淋钢管和管道防腐蚀)综合单价。

【解】1. 水喷淋钢管采用综合定额进行单价分析。自喷系统镀锌钢管螺纹连接定额的管件是未计价材料,查表 5.2-1 得 *DN*25 的管道每 10m 平均管件数为 7.23 个,所以管件总数 =7.23×10=72.30 个。管道安装完毕后应进行水压试验和水冲洗。综合单价的分析计算见表 5.2-4,管理费按一类计算。

综合单价分析表 **表 5.2-4**

工程名称:

项目编码	030901001001		项目名称		水喷淋钢管		计量单位		m	清单工程量			100
清单综合单价分析													
定额编号	子母名称	定额单位	数量	单价(元)					合价(元)				
				人工费	材料费	机械费	管理费	利润	人工费	材料费	机械费	管理费	利润
C7-2-1	镀锌钢管(螺纹连接)*DN* 25	10m	10.00	76.86	4.73	3.45	21.31	13.83	1476.94	47.30	34.50	213.10	265.85

续表

定额编号	子母名称	定额单位	数量	单价(元)					合价(元)				
				人工费	材料费	机械费	管理费	利润	人工费	材料费	机械费	管理费	利润
C7-2-76	管网水冲洗	100m	1.00	30.65	68.68	10.69	8.50	5.52	58.897	68.68	10.69	8.50	10.60
	利润率		0.18										
	人工费调整系数		1.9216										
	合　计								1535.84	115.98	45.19	161.17	276.45
人工单价		小　计							15.36	1.16	0.45	1.61	2.76
98元/工日		未计价材料							27.94				
清单项目综合单价									49.29				

材料费明细	主要材料名称、规格、型号	单位	数量	单价(元)	合价(元)	暂估单价(元)	暂估合价(元)
	镀锌钢管	m	102.00	16.67	1700.34		
	镀锌钢管管件	个	72.30	15.13	1093.899		
	其他材料费			—			
	材料费小计			—	2794.239		

2. 管道防腐蚀采用综合定额进行单价分析，综合定额刷漆按管道表面积进行计算。查附录C.3，得*DN*25管道外径为33.7mm，则外表面积为$3.14 \times 0.0337 \times 100 = 10.58m^2$。综合单价的分析计算见表5.2-5，管理费按一类计算。

综合单价分析表　　　　**表5.2-5**

工程名称：

项目编码	031202002001		项目名称	管道防腐蚀			计量单位		m	清单工程量			100
清单综合单价分析													
定额编号	子母名称	定额单位	数量	单价(元)					合价(元)				
				人工费	材料费	机械费	管理费	利润	人工费	材料费	机械费	管理费	利润
C11-2-10	管道刷红色调和漆一遍	$10m^2$	1.06	10.61	2.33	0.00	2.10	1.91	21.61	2.47	0.00	2.23	3.89
C11-2-11	管道刷红色调和漆二遍	$10m^2$	1.06	10.20	2.08	0.00	2.10	1.84	20.78	2.20	0.00	2.23	3.74
	利润率		0.18										
	人工费调整系数		1.9216										
	合　计								42.39	4.67	0.00	4.45	7.63
人工单价		小　计							0.42	0.05	0.00	0.04	0.08
98元/工日		未计价材料							0.51				
清单项目综合单价									1.11				

续表

材料费明细	主要材料名称、规格、型号	单位	数量	单价（元）	合价（元）	暂估单价（元）	暂估合价（元）
	酚醛调和漆	kg	5.15	9.98	51.41		
	其他材料费			—			
	材料费小计			—	51.41		

5.3 火灾自动报警系统清单计价

5.3.1 定额项目

《综合定额》第七册消防工程中火灾自动报警系统定额包括探测器、按钮、模块（接口）、扩容回路卡、报警控制器、联动控制器、报警联动一体机、重复显示器、警报装置、远程控制器、火灾事故广播、消防通信、报警备用电源安装，共67个子目。

5.3.2 定额应用及工程量计算

5.3.2.1 定额应用

（1）点型探测器安装包括探头和底座的安装及本体调试。

（2）红外线探浊器定额中包括探头支架安装和探测器的调试、对中。

（3）线形探测器定额中未包括探测器连接的一只模块和终端，其工程量另行计算。

（4）按钮安装按照在轻质墙体和硬质墙体上安装两种方式综合考虑，执行时不得因安装方式不同而调整。

（5）定额中均包括了校线、接线和本体调试。

（6）定额中箱、机是以成套装置编制的；柜式及琴台式安装均执行落地式安装相应项目。

5.3.2.2 第七册消防安装工程中火灾自动报警系统定额不包括以下内容：

（1）设备支架、底座、基础的制作与安装。

（2）构件加工、制作。

（3）电机检查、接线及调试。

（4）事故照明及疏散指示控制装置安装。

（5）CRT彩色显示装置安装。

（6）安装在有吊顶处的探测器，从楼板引至吊顶的引下线及软管不包括在探测器安装项目内。

5.3.2.3 定额工程量计算方法

定额工程量计算方法如下：

（1）点型探测器、火焰探测器、可燃气体探测器区分线制的不同分为多线制与总线制，不分规格、型号、安装方式与位置，按设计图示数量以个计算。

（2）红外线探测器按设计图示数量以对计算。

（3）线形探测器、控制模块（接口）、报警模块（接口）、不分安装方式、线制及保护形式，按设计图示数量以m计算。

（4）按钮包括消火栓按钮、手动报警按钮、气体灭火起/停按钮，按设计图示数量以个计算。

(5)报警控制器区分不同线制、联动控制器、报警联动一体、重复显示器(楼层显示器)机、消防广播控制柜、火灾事故广播中的扬声器、广播分配器、报警备用电源按设计图示数量以台计算。

(6)警报装置分为声光报警和警铃报警两种形式,均按设计图示数量以个计算。

(7)远程控制器根据其控制回路数按设计图示数量以台计算。

(8)火灾事故广播中的功放机、录音机的安装按柜内及台上两种方式综合考虑,分别按设计图示数量以台计算。

(9)消防通信系统中的电话交换机区分不同门数按设计图示数量以台计算;通信分机、插孔是指消防专用电话分机与电话插孔,不分安装方式,分别按设计图示数量以部、个计算。

5.3.3 清单项目综合单价分析计算

【例5.3】计算例题5.1-3分部分项工程量清单中点型探测器项目的综合单价。

【解】依据《综合定额》相关定额计价。利润率按18%,管理费按一类地区,当地人工动态工资单价为98元/工日。工程量清单综合单价计算表见表5.3。

综合单价分析表 **表5.3**

工程名称:

项目编码	030904001001			项目名称		点型探测器			计量单位		只	清单工程量	90
综合单价分析													
定额编号	子目名称	定额单位	工程数量	单价(元)					合价(元)				
				人工费	材料费	机械费	管理费	利润	人工费	材料费	机械费	管理费	利润
C7-1-6	点型感烟探测器安装	只	90	11.93	5.39	0.90	3.31	2.15	2063.22	485.10	81.00	297.90	371.38
	利润率		0.18										
	人工费调整系统		1.9216										
	合计								2063.22	485.1	81.0	297.9	371.38
人工单价		小计							22.91	5.39	0.90	3.31	4.12
98元/工日		未计价材料							180.00				
清单项目综合单价									216.65				
材料费明细	主要材料名称、规格、型号					单位	数量		单价(元)	合价(元)		暂估单价(元)	暂估合价(元)
	感烟探测器					只	90.00		180.00	16200.00			
	其他材料费								—				
	材料费小计								—	16200.00			

5.4 消防系统调试工程量清单计价

消防系统调试定额是按火灾自动报警装置调试和灭火系统控制装置调试两大部分编制的。这主要是由于一个单位工程的消防要求不同,其配制的消防系统也不同,系统调试的内容也就有所不同。例如:仅设火灾自动报警系统时,其系统调试只计算自动报警装置调试。若既有火灾自动报警系统,又有自动喷水灭火系统时,其系统调试应同时计算两个系统(即自动报警装置调试和水灭火系统控制装置调试)的调试。

5.4.1 消防系统调试定额项目及适用范围

《综合定额》第七册中消防系统调试工程量定额项目包括自动报警系统装置调试,水灭火系统控制装置调试,火灾事故广播、消防通信、消防电梯系统装置调试,电动防火门、防火卷帘门、正压送风阀、排烟阀、防火阀控制系统装置调试,气体灭火系统装置调试等内容,共19个子目。

5.4.2 消防系统调试定额应用及工程量计算

系统调试是指消防报警和灭火系统安装完毕且连通,并达到国家有关消防施工验收规范、标准所进行的全系统的检测、调整和试验。

消防系统调试定额是按火灾自动报警装置调试和灭火系统控制装置调试两大部分编制的。这主要是由于一个单位工程的消防要求不同,其配制的消防系统也不同,系统调试的内容也就有所不同。例如:仅设火灾自动报警系统时,其系统调试只计算自动报警装置调试。若既有火灾自动报警系统,又有自动喷水灭火系统时,其系统调试应同时计算两个系统(即自动报警装置调试和水灭火系统控制装置调试)的调试。

5.4.2.1 定额应用

《综合定额》第七册中消防系统调试工程量定额定额包括自动报警系统装置调试,水灭火系统控制装置调试,火灾事故广播、消防通信、消防电梯系统装置调试,电动防火门、防火卷帘门、正压送风阀、排烟阀、防火阀控制系统装置调试,气体灭火系统装置调试等内容。

试验容器的数量包括系统调试、检测和验收所消耗的试验容器的总数,试验介质不同时可以换算。

自动报警系统装置包括各种控测器、手动报警按钮和报警控制器,灭火系统控制装置包括消火栓、自动喷水卤代烷、二氧化碳等固定灭火系统的控制装置。

气体灭火系统调试试验时采取的安全措施,应按施工组织设计另行计算。

5.4.2.2 定额工程量计算

(1)消防系统的调试次数取定:

1)消防系统调试定额是按施工单位、建设单位或监理单位、检测单位与消防局各占相同比例综合编制的(即为4次)。若调试只进行2次,定额乘以系数0.5。若调试只进行3次,则定额乘以系数0.75。但消防检测部门的检测费由建设单位负担。

2)施工单位火灾报警仪表安装后,调试工作由具有资质的单位来完成,可按相应定额计算(定额中已包括施工单位的配合用工)。

3)如两栋相连的建筑由一套火灾自动报警装置控制,调试只计算一套自动报警装置调试。

4)气体灭火系统调试如需采取安全措施时,应按施工组织设计规定另行计算。

5）泡沫灭火系统的系统调试：按批准的施工方案计算。

（2）消防系统调试工程量计算：

1）自动报警系统：系统包括各种探测器、报警按钮、报警控制器组成的报警系统。分别按不同点数以“系统”为计量单位。其点数按多线制或总线制报警控制器的点数计算。

2）水灭火系统控制装置：按不同点数以“系统”为计量单位。其点数按多线制或总线制联动控制器的点数计算。

3）火灾事故广播、消防通信系统中的消防广播喇叭、音箱和消防通信的电话分机、电话插孔，按设计图示数量以只计算。

4）消防用电梯与控制中心间的控制调试按设计图示数量以部计算。

5）电动防火门、防火卷帘门指可由消防控制中心显示与控制的电动防火门、防火卷帘门，按设计图示数量以处计算，每樘为一处。

6）正压送风阀、排烟阀、防火阀按设计图示数量以处计算，一个阀为一处。

7）气体灭火系统控制装置：包括模拟喷气试验、备用灭火器贮存容器切换操作试验，按试验容器的规格（L），分别以“个”为计量单位。

5.5 消防工程工程量清单计价示例

【例5.5】根据例5.1－4所给的工程量清单，试对其中的第9条消火栓安装和第10条水喷头安装两个清单项目计算综合单价。

【解】据《综合定额》相关定额计价。利润率按18%，管理费按一类地区，当地人工动态工资单价为98元/工日，辅材价差系数为11%。工程量清单综合单价计算表见表5.5－1、表5.5－2。

综合单价分析表 **表5.5－1**

工程名称：

项目编码	030901010001		项目名称		室内消火栓		计量单位			套	清单工程量		1
综合单价分析													
定额编号	了目名称	定额单位	工程数量	单价（元）					合价（元）				
				人工费	材料费	机械费	管理费	利润	人工费	材料费	机械费	管理费	利润
C7－2－48	室内消火栓安装	套	1.00	37.64	7.68	0.55	10.52	6.83	72.33	8.52	0.55	10.52	13.01
	利润率		0.18										
	人工费调整系数		1.9216										
	辅材价差调整系数		1.11										
	合计								72.33	8.52	0.6	10.5	13.01
人工单价		小计							72.33	8.52	0.55	10.52	13.01

续表

98元/工日	未计价材料				940.00		
清单项目综合单价					1044.94		
材料费明细	主要材料名称、规格、型号	单位	数量	单价（元）	合价（元）	暂估单价（元）	暂估合价（元）
	室内消火栓（含消火栓箱、单栓、水龙带25m、喷枪）	只	1.00	940.00	940.00		
	其他材料费			—		—	
	材料费小计			—	940.00	—	

综合单价分析表 **表5.5-2**

工程名称：

项目编码	030901003001	项目名称	水喷淋(雾)喷头	计量单位	套	清单工程量	56					
综合单价分析												
定额编号	子目名称	定额单位	工程数量	单价（元）					合价（元）			
				人工费	材料费	机械费	管理费	利润	人工费	材料费	机械费	管理费	利润
C7-2-12	水喷头安装	10个	5.60	74.21	36.20	4.58	20.58	13.36	798.57	225.02	25.65	115.25	143.74
	利润率		0.18										
	人工费调整系数		1.9216										
	辅材费调整系数		1.11										
	合计								798.57	225.02	25.65	115.25	143.74
人工单价		小计							14.26	4.02	0.46	2.06	2.57
98元/工日		未计价材料							18.18				
清单项目综合单价									41.54				

材料费明细	主要材料名称、规格、型号	单位	数量	单价（元）	合价（元）	暂估单价（元）	暂估合价（元）
	喷头 *DN*25	套	56.56	18.00	1018.08		
	其他材料费			—		—	
	材料费小计			—	1018.08	—	

5.6 综合定额有关事项的说明

广东省安装工程综合定额各册之间的界线划分见表5.6。

消防工程安装工程综合定额各册之间的界线划分 **表5.6**

工程名称	工作内容	执行的定额
火灾自动报警系列	1. 探测器、按钮、模块(接口)、报警控制器、联动控制器、报警联动一体机、重复显示器、警报装置、远程控制器、火灾事故广播、消防通信、报警备用电源安装	第七册
	2. CRT彩色显示装置安装	第十三册
	3. 系统调试	第七册
	4. 电缆敷设、桥架安装、配管配线、接线盒、动力、应急照明控制设备、应急照明器具、电动机检查接线、防雷接地装置安装等	第二册
安全防范系统	1. 入侵探测设备、出入口控制设备、安全检查设备、电视监控设备、终端显示设备安装及安全防范系统调试	第十三册
	2. 电缆敷设、桥架安装、配管配线、接线盒、动力、应急照明控制设备、应急照明器具、电动机检查接线、防雷接地装置按装等	第二册
	3. 计算机系统的安装等	第十册
消火栓系统	1. 消火栓及消防水泵接合器的安装	第七册
	2. 管道和阀门安装、套管及支架的制作安装、水箱制安等	第八册
	3. 消火栓泵房间管道	第六册
	4. 防腐、刷油等	第十一册
	5. 消火栓系统调试(高层建筑)	第七册
	6. 机、泵等通用设备安装等	第一册
	7. 室内消火栓中的消防按钮安装	第七册
自动喷水、火火系统	1. 镀锌钢管丝接、法兰连接、各种组件及气压水罐安装,管道支吊架制安,管网水冲洗等	第七册
	2. 阀门、法兰安装,套管制安,*DN*100mm以上镀锌钢管及管件的焊接,管道强度试验、严密性试验等,消防泵房间的管道安装	第六册
	3. 室外管道、水箱制安	第八册
	4. 各种仪表等安装及带电讯号的阀门、水流指示器、压力开关的接线、校线等	第十册
	5. 机、泵等通用设备安装及二次灌浆等	第一册
	6. 系统调试	第七册
	7. 设备支架制安等	第五册
	8. 防腐、刷油等	第十一册
	9. 水喷雾系统的管道、管件、阀门安装及强度试验等	第六册(系统组件的安装可执行第七册相应项目

续表

工程名称	工作内容	执行的定额
气体灭火系统	1. 无缝钢管、钢制管件及系统组件的安装，系统组件试验、二氧化碳称重检漏装置安装	第七册
	2. 管道支吊架制作安装	第七册
	3. 不锈钢管、铜管及管件的焊接或法兰连接，管道系统强度试验、气压严密性试验、吹扫，套管制作安装；低压二氧化碳系统的管道安装	第六册
	4. 系统调试	第七册
	5. 电磁驱动器及泄漏报警开关的电气接线管	第十册
	6. 防腐、刷油	第十一册
泡沫灭火系统	1. 泡沫发生器及泡沫比例混合器安装	第七册
	2. 消防泵等机械设备安装及二次灌浆	第一册
	3. 管道、管件、阀门、法兰、管道支架等安装，管道系统水冲洗、强度试验、严密性试验等	第六册
	4. 泡沫液贮罐、设备支架制作安装、油罐上安装的泡沫发生器及化学泡沫室等	第五册
	5. 防腐、刷油、保温等	第十一册
	6. 泡沫喷淋系统的管道、组件、气压水罐、管道支吊架等	第七册
	7. 系统调试	按批准的施工方案计算

第6章　工业管道工程量清单编制与计价

工业建设项目中的生产用管道均属工业管道。工业管道又可细分为工艺管道和动力管道两种。工艺管道一般是指直接为产品生产输送主要物料(介质)的管道,又称为物料管道;动力管道是指为生产设备输送动力媒介质的管道。如蒸汽管道、空压气管道、氮气管道、环戊烷管道、氧气管道等等也就是没有这些管道,设备或者机器就没有了动力源,生产就无法正常运转。

6.1　工业管道工程工程量清单编制

6.1.1　管道工程量清单编制

工业管道安装部分工程量清单项目见表6.1－1。

部分工业管道安装工程量清单项目设置　　**表6.1－1**

<table>
<tr><th>项目编码</th><th>项目名称</th><th>项 目 特 征</th><th>计量单位</th><th>工程量计算规则</th><th>工作内容</th></tr>
<tr><td>030801001</td><td>低压碳钢管</td><td rowspan="4">1. 材质
2. 规格
3. 连接形式、焊接方法
4. 压力试验、吹扫与清洗设计要求
5. 脱脂设计要求</td><td rowspan="9">m</td><td rowspan="9">按设计图示管道中心线以长度计算</td><td rowspan="4">1. 安装
2. 压力试验
3. 吹扫、清洗
4. 脱脂</td></tr>
<tr><td>030801005</td><td>低压碳钢板卷管</td></tr>
<tr><td>030802001</td><td>中压碳钢管</td></tr>
<tr><td>030802002</td><td>中压螺旋卷管</td></tr>
<tr><td>030802003</td><td>中压不锈钢管</td><td rowspan="5">1. 材质
2. 规格
3. 焊接方法
4. 充氩保护方式
5. 压力试验、吹扫与清洗设计要求
6. 脱脂设计要求</td><td rowspan="5">1. 安装
2. 管口焊接管内、外充氩保护
3. 压力试验
4. 吹扫、清洗
5. 脱脂</td></tr>
<tr><td>030802004</td><td>中压合金钢管</td></tr>
<tr><td>030803001</td><td>高压碳钢管</td></tr>
<tr><td>030803002</td><td>高压合金钢管</td></tr>
<tr><td>030803003</td><td>高压不锈钢管</td></tr>
</table>

注:管道工程量计算不扣除阀门、管件所占长度;室外埋设管道不扣除附属构筑物所占长度;方形补偿器以其所占长度列入管道安装工程量。

管道工程量清单项目设置时,对于碳钢管、不锈钢管、合金钢管及有色金属管、非金属管、生产用铸铁管的安装工程,应根据设计要求明确描述以下内容:

1)管道的材质、规格。如低压碳钢管 D219×8;对材质应明确描述材质的种类和型号,如焊接钢管是一般管还是加厚管,无缝钢管应描述冷拔或热轧,合金钢管应描述16Mn、Cr5Mo等。

2)连接形式。应明确指出管道安装时的连接形式,如螺纹连接、手工电弧焊、氩弧焊等。

3)压力试验按设计要求描述试验方法,如水压试验、气压试验、泄漏性试验、真空试验等。

4）吹扫与清洗按设计要求描述吹扫与清洗方法和介质，如水冲洗、空气吹扫、蒸汽吹扫、化学清洗、油清洗等。

5）脱脂按设计要求描述脱脂介质种类，如二氯乙烷、三氯乙烯、四氯化碳、动力苯、丙酮或酒精等。

6）衬里钢管预制安装包括直管、管件及法兰的预安装及拆除。

低压管道、中压管道、高压管道清单项目工程的内容不尽相同。中压管道同低压管道相比，增加了焊口预热及后热方式、焊口热处理、焊口硬度测定三个项目；高压管道同中压管道相比，增加了管材表面无损探伤项目，在确定清单项目工作内容时应予以注意。另外，不同的管材其工作内容也不尽相同。

6.1.2　管件工程量清单编制

管件安装部分工程量清单项目见表6.1－2。

部分管件工程量清单项目设置表　　**表6.1－2**

<table>
<tr><th>项目编码</th><th>项目名称</th><th>项 目 特 征</th><th>计量单位</th><th>工程量计算规则</th><th>工作内容</th></tr>
<tr><td>030804001</td><td>低压碳钢管件</td><td rowspan="2">1.材质
2.规格
3.连接方式
4.补强圈材质、规格</td><td rowspan="11">个</td><td rowspan="11">按设计图示数量计算</td><td rowspan="2">1.安装
2.三通补强圈制作、安装</td></tr>
<tr><td>030804002</td><td>低压碳钢板卷管件</td></tr>
<tr><td>030804003</td><td>低压不锈钢管件</td><td rowspan="3">1.材质
2.规格
3.焊接方法
4.补强圈材质、规格
5.充氩保护方式</td><td rowspan="3">1.安装
2.管口焊接管内、外充氩保护
3.三通补强圈制作、安装</td></tr>
<tr><td>030804004</td><td>低压不锈钢板卷管件</td></tr>
<tr><td>030804005</td><td>低压合金钢管</td></tr>
<tr><td>030805001</td><td>中压碳钢管件</td><td rowspan="2">1.材质
2.规格
3.焊接方法
4.补强圈材质、规格</td><td rowspan="2">1.安装
2.三通补强圈制作、安装</td></tr>
<tr><td>030805002</td><td>中压螺旋卷管件</td></tr>
<tr><td>030805003</td><td>中压不锈钢管件</td><td rowspan="4">1.材质
2.规格
3.焊接方法
4.充氩保护方式</td><td rowspan="4">1.安装
2.管口焊接管内、外充氩保护</td></tr>
<tr><td>030806001</td><td>高压碳钢管件</td></tr>
<tr><td>030806002</td><td>高压不锈钢管件</td></tr>
<tr><td>030806003</td><td>高压合金钢管件</td></tr>
</table>

管件安装工程量清单编制的注意事项：

（1）管件包括弯头、三通、四通、异径管、管接头、管帽、方形补偿器弯头、管道上仪表一次部件、仪表温度计扩大管制作安装等。

（2）管件压力试验、吹扫、清洗、脱脂均包括在管道安装中。

（3）在主管上挖眼接管的三通和摔制异径管，均以主管径按管件安装工程量计算，不另计制作费和主材费；挖眼接管的三通支线管径小于主管径1/2时，不计算管件安装工程量；在主管上挖眼接管的焊接接头、凸台等配件，按配件管径计算管件工程量。

（4）三通、四通、异径管均按大管径计算。

(5)管件用法兰连接时执行法兰安装项目,管件本身不再计算安装。

(6)半加热外套管摔口后焊接在内套管上,每处焊口按一个管件计算;外套碳钢管如焊接不锈钢内套管上时,焊口间需加不锈钢短管衬垫,每处焊口按两个管件计算。

6.1.3 阀门工程量清单编制

部分阀门安装工程量清单项目见表6.1-3。清单编制时,应依据设计明确描述以下特征:

(1)阀门连接形式,如螺纹连接、法兰连接等。

(2)型号,如Z15T—10、J41T—16C等。

部分阀门安装工程量清单项目设置表 **表6.1-3**

<table>
<tr><th>项目编码</th><th>项目名称</th><th>项目特征</th><th>计量单位</th><th>工程量计算规则</th><th>工作内容</th></tr>
<tr><td>030807001</td><td>低压螺纹阀门</td><td rowspan="8">1. 名称
2. 材质
3. 型号、规格
4. 连接形式
5. 焊接方法</td><td rowspan="12">个</td><td rowspan="12">按设计图示数量计算</td><td rowspan="7">1. 安装
2. 操纵装置安装
3. 壳体压力试验、解体检查及研磨
4. 调试</td></tr>
<tr><td>030807002</td><td>低压焊接阀门</td></tr>
<tr><td>030807003</td><td>低压法兰阀门</td></tr>
<tr><td>030807004</td><td>低压齿轮、液压传动、电动阀</td></tr>
<tr><td>030808001</td><td>中压螺纹阀门</td></tr>
<tr><td>030808002</td><td>中压焊接阀门</td></tr>
<tr><td>030808003</td><td>中压法兰阀门</td></tr>
<tr><td>030808005</td><td>中压调节阀门</td><td>1. 安装
2. 临时短管装拆
3. 壳体压力试验、解体检查及研磨
4. 调试</td></tr>
<tr><td>030809001</td><td>高压螺纹阀门</td><td rowspan="2">1. 名称
2. 材质
3. 型号、规格
4. 连接形式
5. 法兰垫片材质</td><td rowspan="2">1. 安装
2. 压力试验、解体检查及研磨</td></tr>
<tr><td>030809002</td><td>高压法兰阀门</td></tr>
<tr><td>030809003</td><td>高压焊接阀门</td><td>1. 名称
2. 材质
3. 型号、规格
4. 焊接方法
5. 充氩保护方式、部位</td><td>1. 安装
2. 焊口充氩保护
4. 壳体压力试验、解体检查及研磨</td></tr>
</table>

阀门安装工程量清单编制注意事项:

(1)减压阀直径按高压侧计算。

(2)电动阀门包括电动机安装。

(3)操纵装置安装按规范或设计技术要求计算。

6.1.4 法兰工程量清单编制

法兰安装部分工程量清单项目见表6.1-4。

部分法兰安装工程量清单项目设置 **表 6.1-4**

项目编码	项目名称	项目特征	计量单位	工程量计算规则	工作内容
030810001	低压碳钢螺纹法兰	1. 材质 2. 结构形式 3. 型号、规格	副(片)	按设计图示数量计算	1. 安装 2. 翻边活动法兰短管制作
030810002	低压碳钢焊接法兰	1. 材质 2. 结构形式 3. 型号、规格 4. 连接形式 5. 焊接方法			
030810003	低压铜及铜合金法兰				
030811002	中压碳钢焊接法兰				
030811003	中压铜及铜合金法兰				
030811004	中压不锈钢法兰	1. 材质 2. 结构形式 3. 型号、规格 4. 连接形式 5. 焊接方法 6. 充氩保护方式、部位			1. 安装 2. 管口焊接管内、外充氩保护 3. 翻边活动法兰短管制作
030811005	中压合金钢法兰				
030811006	中压钛及钛合金法兰				
030811007	中压锆及锆合金法兰				
030812002	高压碳钢焊接法兰	1. 材质 2. 结构形式 3. 型号、规格 4. 焊接方法 5. 充氩保护方式 6. 法兰垫片材质			1. 安装 2. 管口焊接管内、外充氩保护
030812003	高压不锈钢焊接法兰				
030812004	高压合金钢焊接法兰				

法兰工程量清单编制注意事项：

(1)法兰按结构形式分，有整体法兰、活套法兰和螺纹法兰，常见的整体法兰有平焊法兰及对焊法兰；平焊法兰的刚性较差，适用于压力 $P \leqslant 4\text{MPa}$ 的场合；对焊法兰又称高颈法兰，有带颈平焊与带颈对焊之分。法兰按与管子的连接方式可分为五种基本类型：平焊法兰、对焊法兰、螺纹法兰、承插焊法兰、松套法兰。

(2)配法兰的盲板不计安装工程量。

(3)焊接盲板(封头)按管件连接计算工程量。

【例题 6.1】某工业管道工程

1. 图 6.1-1、图 6.1-2 所示为某工厂生产装置的部分工艺管道系统，该管道系统工作压力为 2.0MPa。图中标注尺寸标高以 m 计，其他均以 mm 计。

2. 管道均采用 20 号碳钢无缝钢管，弯头采用成品压制弯头，三通为现场挖眼连接。管道系统的焊接均为氩电联焊。

3. 所有法兰为碳钢对焊法兰，阀门型号：止回阀为 H41H-25，截止阀为 J41H-25，采用对焊法兰连接。

4. 管道安装完毕后，均进行水压试验和空气吹扫。

任务：完成该工程的工程量计算，并编制分部分项工程量清单。

【解】1. 工程量计算见表 6.1-5

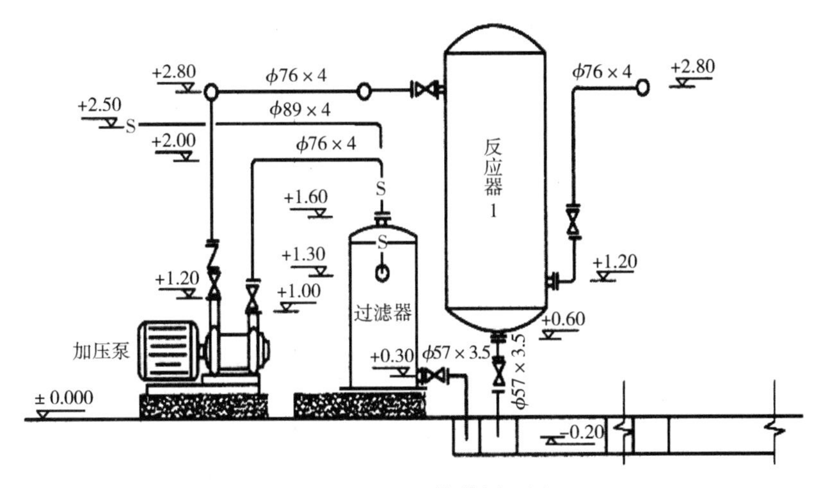

图6.1－1　工业管道剖面图

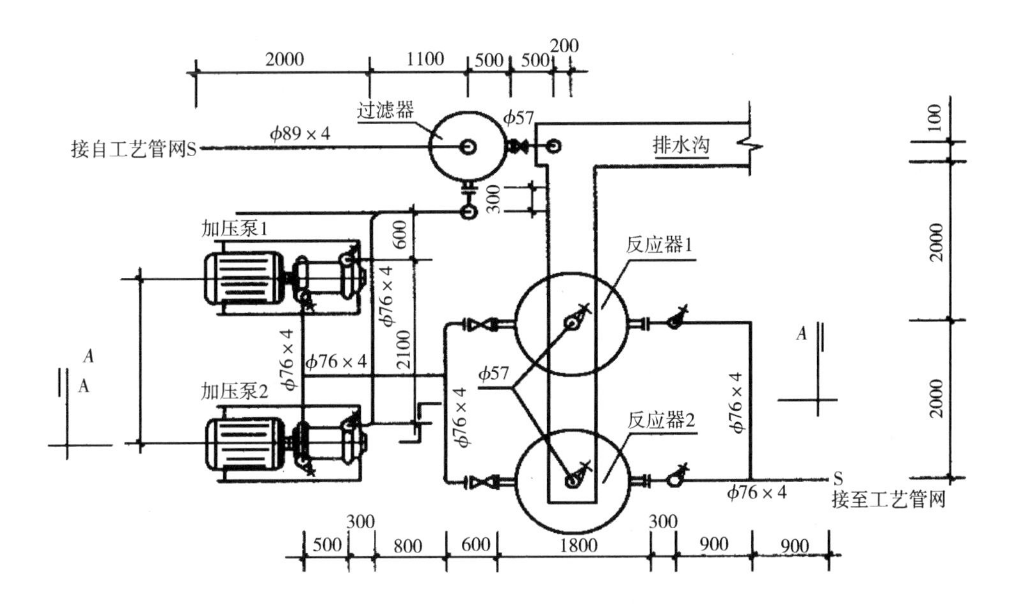

图6.1－2　工业管道俯视图

工程量计算表　　**表6.1－5**

工程名称：某机械制造厂管道安装工程

序号	工程名称	单位	数量	计　算　式
1	中压碳钢管道20号无缝钢管 φ89×4	m	4	2＋1.1＋(2.5－1.6)＝4(m)
2	中压碳钢管道20号无缝钢管，φ76×4	m	26	加压泵到过滤器： ＝(0.3＋2－1)×2＋2.1＋0.6＋1.1＋(2－1.3)＋0.3＝7.4 加压泵到反应器： ＝2.1＋(2.8－1.2)×2＋0.5＋0.3＋0.8＋2＋(0.6×2)＝10.1 反应器后部分：＝(0.3＋0.9＋2.8－1.2)×2＋2＋0.9＝8.5

续表

序号	工程名称	单位	数量	计算式
3	中压碳钢管道20号无缝钢管 $\phi57\times3.5$	m	2.6	(0.3+0.2+0.5)+(0.6+0.2)×2=1+1.6=2.6(m)
4	中压碳钢管件 *DN*80 氩电联焊	个	1	
5	中压碳钢管件 *DN*65 氩电联焊	个	19	15个弯头4个三通
6	中压碳钢管件 *DN*50 冲压弯头	个	1	
7	中压碳钢对焊法兰	副	0.5	
8	中压碳钢对焊法兰	副	6.5	
9	中压碳钢对焊法兰	副	3.5	
10	管架制作安装	kg	40	42.2÷1.06=40(kg)
11	中压法兰阀门 *DN*65	个	2	止回阀为 H41H—25
12	中压法兰阀门 *DN*65	个	8	截止阀为 J41H－25
13	中压法兰阀门 *DN*50	个	3	截止阀为 J41H－25

2. 分部分项工程量清单见表6.1－6

分部分项工程量清单与计价表 **表6.1－6**

工程名称： 标段： 第 页 共 页

序号	项目编码	项目名称	项目特征描述	计量单位	工程量	金额（元）		
						综合单价	合价	其中：暂估价
1	030802001001	中压碳钢管道	20号无缝钢管 $\phi89\times4$ 氩电联焊 水压试验、空气吹扫	m	4			
2	030802001002	中压碳钢管道	20号无缝钢管，$\phi76\times4$ 氩电联焊水压试验、空气吹扫	m	26			
3	030802001003	中压碳钢管道	20号无缝钢管 $\phi57\times3.5$ 氩电联焊水压试验、空气吹扫	m	2.6			
4	030805001001	中压碳钢管件	*DN*80 氩电联焊 碳钢冲压弯头	个	1			
5	030805001002	中压碳钢管件	*DN*65 氩电联焊 碳钢冲压弯头	个	15			
6	030805001003	中压碳钢管件	*DN*65 氩电联焊 碳钢挖眼三通	个	4			
7	030805001004	中压碳钢管件	*DN*50 氩电联焊 碳钢冲压弯头	个	1			
8	030811002001	中压碳钢法兰	碳钢焊法兰 *DN*80 氩电联焊	副	0.5			
9	030811002002	中压碳钢法兰	碳钢焊法兰 *DN*65 氩电联焊	副	6.5			
10	030811002003	中压碳钢法兰	碳钢焊法兰 *DN*50 氩电联焊	副	3.5			
11	030808003001	中压法兰阀门	止回阀 碳钢阀门 H41H—25，*DN*65 法兰连接	个	2			
12	030808003002	中压法兰阀门	截止阀 碳钢阀门 J41H—25，*DN*65 法兰连接	个	8			
13	030808003003	中压法兰阀门	截止阀 碳钢阀门 J41H－25，*DN*50 法兰连接	个	3			

6.2 管道工程量清单计价

6.2.1 管道工程工程量计算

管道安装按压力等级、材质、焊接形式分别列项，各种管道工程量，均按设计管道中心长度，以“延长米”计算，不扣除阀门及各种管件所占长度。加热套管安装，按内外管分别计算工程量。

工程量计算总的顺序，按流体的方向，先主管，再干管和立管，后支管。在计算工程量前，先将管道系统编号，若系统较大，对同一系统可分解为几部分，每部分分别编号，先计算各部分，再将各部分计算结果分别汇总，即得整个系统的工程量。当在图纸上采用尺量按图示比例计算管道长度时，应注意在工程量计算表上的尺量数据与计算后的管道实际长度数据加以区别，以免混淆发生错误。计算管道长度时，还应检查无立面图示尺寸的立管有否漏计，若需计算时可按平面图示管道标高尺寸之差进行统计。在计算工程量时，应随时在图上注明已统计过的管道和设备，以便区分未计算和已计算的部分。

工业管道系统有很多设备，设备与设备之间有连接管道，这些管道在施工图上经常表示不清，计算工程量时容易算错和漏项。另外设备本身的引出管道，如引出车间之外的上部管道有排气管、安全阀的连接管，设备下部的排污管、放空管等常引入排水沟，这些管道应注意不要漏项。

6.2.2 工业管道安装工程量计算注意事项

(1)管道按设计图示中心线长度以延长米计算，不扣除阀门、管件所占长度；外埋设管道不扣除附属构筑物所占长度。方形补偿器以其所占长度按管道安装工程量计算。

(2)管道在计算压力试验、吹扫、清洗、脱脂、防腐蚀、绝热、保护层等工程量时，应将管件所占长度的工程量一并计入管道长度中去。

(3)管道安装在计算焊缝无损探伤时，应将管道焊口、管件焊口、焊接的阀门、对焊法兰、平焊法兰、翻边法兰短管等焊口一并计入管道焊缝无损探伤工程量内。管件、阀门、法兰不再列焊缝无损探伤项目。

(4)法兰连接的管道(管材本身带有法兰的除外，如法兰铸铁管)与法兰分别列项。

(5)套管的形式为一般钢套管、刚件防水套管、柔性防水套管。

(6)管件安装需要做的压力试验、吹扫、清洗、脱脂、防锈、防腐蚀、绝热、保护层等工作内容已包括在管道安装中，管件安装清单项目不再考虑。

(7)管道压力试验、吹扫与清洗工程量按不同的压力、规格，不分材质以“100m”计算。定额项目中包括了管道试压、吹扫与清洗所用的摊销材料，不包括管道之间的串通临时管以及管道排放口至排放点的临时管。管道液压试验是按普通水考虑的，如试压介质有特殊要求，介质可按实调整。液压试验和气压试验已包括强度试验和严密性试验工作内容。

(8)泄漏性试验适用于剧毒、有毒及可燃介质的管道，按压力、规格，不分材质以“100m”计算。

6.2.3　定额应用

工业管道安装按压力等级（低压、中压、高压）、材质（碳钢、不锈钢、铜、合金钢、铝塑料、铸铁管、水泥制品管等）、焊接形式（氧乙炔焊、电弧焊、氩弧焊、氩电联焊等）、工艺特性（主管、伴热管）、连接形式（焊接、法兰、螺纹、承插）和不同规格分别计算工程量，分别套用定额。

6.2.4　工业管道安装定额应用计算注意事项

（1）管道安装，不分车间（室）内外，均执行一个定额子目。管道安装工作内容只包括直管安装、直管焊口焊接、管切口、管坡口、管调直、清扫检查、垂直及水平运输。其他与工业管道配套的管件安装、阀门安装、法兰安装、管架制作安装和安装工艺必须的管道压力试验、吹扫与清洗、管材及焊口的无损探伤、焊口预热、管口焊接、管内外充氩保护等，应根据设计图纸、技术规范的要求按相应定额的规定分别计算工程量。

（2）用法兰连接的管道，管道与法兰分别计算工程量。

（3）管壁厚度是综合考虑了压力等级所涉及到的壁厚范围综合取定的，套用定额时不得调整。

（4）有缝钢管螺纹连接项目已包括封头、补芯安装内容，不得另行计算。

（5）伴热管项目已包括摵弯工序内容，不得另行计算。

（6）超低碳不锈钢管执行不锈钢管项目，其人工和机械乘以系数 1.15，焊条单价按定额消耗量换算。

（7）高合金钢管按合金钢管项目，其人工和机械乘以系数 1.15，焊条单价按定额消耗量换算。

（8）衬里钢管包括直管、管件、法兰含量的安装及拆除全部工作内容，以“10m”为计量单位套用定额。

（9）加热套管分为全加热套管和半加热套管两种。加热套管的安装按内外管分别计算工程量。

（10）管道工程套用定额时，应注意管径的换算。定额中管径多数是用公称直径表示的，如公称直径为 50、100、350mm 等。但实际工程的管径可能是用外径 × 壁厚表示，这时应将管径对应换算。例如管径为 D630 ×9 的钢管，应套用公称直径为 600mm 的定额子目，D377 ×6 的钢管，套用公称直径为 350mm 的定额子目。

【例 6.2】对分析例题 6.1 中分部分项工程量清单与计价表中的第 1 条清单“中压碳钢管道 ϕ89 ×4”项目的综合单价。

解：（1）分部分项工程量清单综合单价计算见表 6.2。

（2）本工程清单项目综合单价采用综合定额进行单价分析，根据某投标企业的实际情况，人工费按 51 元/工日，机械费、辅材费调价为零、利润按人工费的 18% 计取。由于各分部分项工程量清单综合单价计算表的形式基本相同，在此仅列出中压碳钢无缝钢管 ϕ89 ×4 安装的综合单价计算表，中压碳钢管道 ϕ89 ×4 单价按 80 元/m 计取，其余计算表从略。

综合单价分析表 **表 6.2**

工程名称:某机械制造厂管道安装工程　　　　第　页　共　页

项目编码		030802001001		项目名称		中压碳钢管道 φ89 ×4			计量单位		m	清单工程量	4
清单综合单价分析组成明细													
定额编号	定额名称	定额单位	数量	单　价(元)					合　价(元)				
				人工费	材料费	机械费	管理费	利润	人工费	材料费	机械费	管理费	利润
C6-1-407	中压碳钢管道 φ89 ×4	10m	0.4	60.64	12.32	14.42	17.8	10.92	24.26	4.93	5.77	7.12	4.37
C6-6-1	水压试验 *DN*80	100m	0.04	195.53	44.66	14.21	57.39	35.20	7.82	1.79	0.57	2.30	1.41
C6-6-55	空气吹扫 *DN*80	100m	0.04	72.62	57.47	28.01	21.31	13.07	2.90	2.30	1.12	0.85	0.52
人工单价		小计							8.75	2.25	1.86	2.57	1.57
51 元/工日		未计价材料费							76.60				
清单项目综合单价									93.60				

材料费明细	主要材料名称、规格、型号	单位	数量	单价(元)	合价(元)	暂估单价(元)	暂估合价(元)
	中压碳钢管道 φ89 ×4	m	3.83	80	306.40		
	其他材料费			—			
	材料费小计				76.60		

6.3　管件工程量清单计价

管件安装工程量计算方法和注意事项

(1)管件包括弯头、三通、四通、异径管、管接头、管上焊接管接头、管帽、方形补偿器弯头、管道上仪表一次部件、仪表温度计扩大管制作安装等。管件安装应按不同材质、压力、规格,以相应定额分别计算。管件连接不分管件种类(三通、弯罗径管等)均以"个"为单位。

(2) 管件为法兰连接时,按法兰安装列项,管件安装不再列项。套用法兰安装相应项目,管件只计算本身材料费(包括连接螺栓),不再计算安装费。

(3)各种成品管件,均按设计的不同压力、材质、规格、种类以及连接形式,分别计算工程量。

(4)三通、四通、异径管均按大管径计算。

(5)在主管上挖眼接管的三通和摔制异径管,均以主管径按管件安装工程量计算;挖眼接管的三通支线管径小于主管径 1/2 时,不计算管件安装工程量;在主管上挖眼接管的焊接接头、凸台等配件,按配件管径计算管件工程量。

(6)现场加工的各种管道,在主管上挖眼接管三通、摔制异径管,均应按不同压力、材质、规格,以主管径套用管件连接相应定额,不得再套用管件制作定额,不另计制作费和主材费。

(7)全加热套管的外套管件安装，定额按两半管件考虑的，包括两道纵缝和两道环缝。算量就计两个两半管件；半加热外套管摔口后焊在内套管上，每个焊口按一个管件计算，也计两个管件。

(8)半加热外套管摔口后焊在内套管上，每个焊口按一个管件计算。如内管为不锈钢管材，外管为碳钢管时，焊口间应加不锈钢短管衬垫，每处焊口按两个管件计算，衬垫短管安装按设计长度计算，如设计无规定时，可按50mm长度计算。

(9)在管道上安装的仪表一次部件，套用管件连接相应定额项目乘以系数0.7。

(10)管件压力试验、吹扫、清洗、脱脂均包括在管道安装中。

【例6.3】分析例题6.1中压碳钢管件*DN*80氩电联焊清单项目的综合单价

解：(1)分部分项工程量清单综合单价计算见表6.3。

(2)本工程清单项目综合单价采用综合定额进行单价分析，根据某投标企业的实际情况，人工费按51元/工日，机械费、辅材费调价为零、利润按人工费的18%计取。由于各分部分项工程量清单综合单价计算表的形式基本相同，在此仅列出中压碳钢管件*DN*80冲压弯头安装的综合单价计算表，其余计算表从略。

综合单价分析表 **表6.3**

工程名称：某机械制造厂管道安装工程 第 页 共 页

项目编码	030805001001		项目名称		中压碳钢管件*DN*80 氩电联焊 冲压弯头			计量单位		个	清单工程量		1
清单综合单价组成明细													
定额编号	定额名称	定额单位	数量	单价(元)					合价(元)				
				人工费	材料费	机械费	管理费	利润	人工费	材料费	机械费	管理费	利润
C6-2-408	碳钢管件*DN*80	10个	0.1	201.3	109.57	161.46	59.08	36.23	20.13	10.96	16.15	5.91	3.62
人工单价		小计							20.13	10.96	16.15	5.91	3.62
51元/工日		未计价材料费							50				
清单项目综合单价									106.77				
材料费明细	主要材料名称、规格、型号				单位		数量		单价(元)	合价(元)		暂估单价(元)	暂估合价(元)
	*DN*80 冲压弯头				个		1		50	50			
	其他材料费								—				
	材料费小计									50			

6.4 阀门、法兰工程量清单计价

6.4.1 阀门和法兰清单项目工程量计算

阀门和法兰按设计图示数量计算，分别以“个”和“副”为计量单位。在工程量计算时要注意以下几点：

(1)各种形式补偿器(除方形补偿器外)、仪表流量计均按阀门安装工程量计算。

(2)减压阀直径按高压侧计算。

(3)电动阀门包括电动机安装。

(4)单片法兰、焊接盲板和封头按法兰安装计算，但法兰盲板不计安装工程量。

(5)不锈钢、有色金属材质的焊环活动法兰按翻边活动法兰安装计算。

6.4.2 阀门安装工程量计算方法和注意事项

(1)各种法兰阀门(非金属法兰阀门除外)安装与配套法兰的安装，应分别计算其工程量。

(2)阀门安装项目综合考虑了壳体压力试验、解体研磨工作内容。

(3)高压对焊阀门是按碳钢焊接考虑的，如设计要求其他材质，其焊条价格可换算，其他不变。不包括壳体压力试验、解体研磨工序，施工技术规范有要求时另行计算。

(4)调节阀门安装定额仅包括阀体安装工序内容，配合安装的其他工作内容由仪表专业考虑。

(5)安全阀门包括壳体压力试验及一次调试内容。

(6)电动阀门安装包括电动机的安装。

(7)各种法兰阀门安装，不包括法兰安装，法兰安装执行相应的定额子目。

(8)透镜垫和螺栓本身价格另计，其中螺栓按实际用量加损耗量计算。

(9)定额内垫片材质与实际不符时，可按实调整。

(10)阀门安装不包括阀体磁粉探伤、密封作气密性试验、阀杆密封填料的更换等特殊要求的工作内容。

(11)阀门壳体压力试验介质是按水考虑的，如设计要求其他介质，可按实计算。

(12)仪表的流量计安装，套用阀门安装相应定额乘以系数0.70。

(13)中压螺纹阀门安装，执行低压相应定额，人工乘以系数1.20。

(14)减压阀直径按高压侧计算。

6.4.3 法兰安装工程量计算方法和注意事项

(1)法兰安装定额适用于低、中、高压管道、管件、法兰阀门上的各种法兰安装，以“副”为计量单位。

(2)不锈钢、有色金属的焊环活动法兰，套用翻边活动法兰安装相应定额。

(3)透镜垫、螺栓本身的价格另行计算，其中螺栓按实际用量加损耗计算。

(4)中低压法兰安装的垫片是按石棉橡胶板考虑的，如设计有特殊要求时可作调整，定额内垫片材质与实际不符时，可按实调整。

(5)全加热套管法兰安装，按内套管法兰直径套用相应定额乘以系数2.0。

(6)法兰安装以“个”为计算单位时，套用法兰安装定额乘以系数0.61，螺栓数量不变。

(7)法兰安装不包括安装后系统调试运转中的冷、热态紧固内容,发生时可另行计算。

(8)中压平焊法兰,套用低压相应定额乘以系数1.2。

(9)节流装置套用法兰安装相应定额乘以系数0.8。

(10)高压碳钢螺纹法兰安装,包括了螺栓涂二硫化钼工作内容。

(11)高压对焊法兰包括了密封面涂机油工作内容,不包括螺栓涂二硫化钼、石墨机油或石墨粉。硬度检查按设计要求另行计算。

(12)各种法兰安装,定额只包括一个垫片和一副法兰用的螺栓。

(13)配法兰的盲板只计算主材费,安装费已包括在单片法兰安装中。

【例6.4】分析例题6.1中中压法兰阀门(止回阀为H41H-25 *DN*70)的综合单价

解:(1)分部分项工程量清单综合单价计算见表6.4-1。

(2)采用综合定额进行单价分析,根据企业的实际情况,人工费按51元/工日,机械费、辅材费调价为零、利润按人工费的18%计取。

综合单价分析表 **表6.4-1**

工程名称:某机械制造厂管道安装工程　　　　第　页　共　页

<table>
<tr><td>项目编码</td><td colspan="2">030802001001</td><td>项目名称</td><td colspan="5">中压法兰阀门止回阀为 H41H-25 DN65</td><td>计量单位</td><td>个</td><td>清单工程量</td><td>2</td></tr>
<tr><td colspan="13">清单综合单价组成明细</td></tr>
<tr><td rowspan="2">定额编号</td><td rowspan="2">子目名称</td><td rowspan="2">定额单位</td><td rowspan="2">数量</td><td colspan="5">单　价(元)</td><td colspan="4">合　价(元)</td></tr>
<tr><td>人工费</td><td>材料费</td><td>机械费</td><td>管理费</td><td>利润</td><td>人工费</td><td>材料费</td><td>机械费</td><td>管理费</td><td>利润</td></tr>
<tr><td>C6-4-134</td><td>中压法兰阀门 DN65</td><td>个</td><td>2</td><td>26.16</td><td>4.65</td><td>5.03</td><td>7.68</td><td>4.71</td><td>52.32</td><td>9.3</td><td>10.06</td><td>15.36</td><td>9.42</td></tr>
<tr><td></td><td></td><td></td><td></td><td></td><td></td><td></td><td></td><td></td><td></td><td></td><td></td><td></td><td></td></tr>
<tr><td colspan="3">人工单价</td><td colspan="6">小计</td><td>26.16</td><td>4.65</td><td>5.03</td><td>7.68</td><td>4.71</td></tr>
<tr><td colspan="3">51元/工日</td><td colspan="6">未计价材料费</td><td colspan="5">598</td></tr>
<tr><td colspan="9">综合单价</td><td colspan="5">646.23</td></tr>
<tr><td rowspan="5">材料费明细</td><td colspan="4">主要材料名称、规格、型号</td><td>单位</td><td colspan="2">数量</td><td>单价(元)</td><td colspan="2">合价(元)</td><td>暂估单价(元)</td><td>暂估合价(元)</td></tr>
<tr><td colspan="4">中压法兰阀门止回阀为 H41H-25 DN75</td><td>个</td><td colspan="2">2</td><td>598</td><td colspan="2">1196</td><td></td><td></td></tr>
<tr><td colspan="4"></td><td></td><td colspan="2"></td><td></td><td colspan="2"></td><td></td><td></td></tr>
<tr><td colspan="7">其他材料费</td><td></td><td colspan="2">—</td><td></td><td></td></tr>
<tr><td colspan="7">材料费小计</td><td></td><td colspan="2">598.00</td><td></td><td></td></tr>
</table>

【例6.4】分析例题6.1中的中压碳钢对焊法兰 *DN*80 氩电联焊项目的综合单价

【解】解:(1)分部分项工程量清单综合单价计算见表6.4-2。

(2)本工程清单项目综合单价采用综合定额进行单价分析,根据某投标企业的实际情况,人工费按51元/工日,机械费、辅材费调价为零、利润按人工费的18%计取。由于各分部分项工程量清单综合单价计算表的形式基本相同,在此仅列出中压碳钢对焊法兰 *DN*80 氩电联焊安装的综合单价计算表,其余计算表从略。

综合单价分析表 表 6.4-2

工程名称:某机械制造厂管道安装工程 第 页 共 页

项目编码	030811002001	项目名称	中压碳对焊法兰 *DN*80 氩电联焊					计量单位		副	清单工程量		0.5
清单综合单价组成明细													
定额编号	定额名称	定额单位	数量	单价(元)					合价(元)				
				人工费	材料费	机械费	管理费	利润	人工费	材料费	机械费	管理费	利润
C6-4-247	碳钢对焊法兰 *DN*80	副	0.5	26.98	13.46	16.17	7.92	4.86	13.49	6.73	8.09	3.96	2.43
人工单价		小计							26.98	13.46	16.17	7.92	4.86
51 元/工日		未计价材料费							100				
清单项目综合单价									169.39				
材料费明细	主要材料名称、规格、型号						单位	数量	单价(元)	合价(元)		暂估单价(元)	暂估合价(元)
	*DN*80 对焊法兰						片	1	100	100			
	其他材料费												
	材料费小计									100			

6.5 工程量清单计价的有关说明

6.5.1 工程量清单编制与计价的有关说明

(1) 关于工作内容

管道安装、阀门安装、管件安装、法兰安装、板卷管制作与管件制作等清单项目,除了要安装本体项目外,还要完成附属于主体项目外的其他项目,即组合项目。这些组合项目对管道安装主项而言,不是每个主项都要完成工程量清单计价规范中所列的全部工作内容(组合项目),这些组合项目是否需要,取决于管道性质、设计、规范和招标文件的规定。例如,不锈钢管、有色金属管在一般的情况下不要求脱脂。“管材表面无损探伤”主要是对高压碳钢管在安装前对管材进行检查应用,一般的管道安装工程不会发生这项工作,在清单项目设置时应予以注意。

(2)关于清单项目的特征描述

在编制管道安装工程量清单时,对于管道及管件安装清单项目,一定要描述是什么材质、连接方式、除锈等级、试压、吹扫方式等。

(3) 关于不确定的工作内容

在编制清单项目时对于还不能确定的工作内容,这些工作内容要在设备到货或在施工过程中才能确定(如管道除锈的等级),投标人确定综合单价时一律以招标人提供的清单项目描述为准,而对于招标人来说这些内容可列入也可不列入,但招标人应对此问题在招标文件中写明结算时的处理办法。

(4)关于套管

管道安装工程量清单项目,套管制作安装是一项组合的工作内容。在工业管道中的套管有三种,一般穿墙套管、刚性防水套管、柔性防水套管,其中一般穿墙套管结构简单,就是一节钢管(长约300mm)。在工程中具体应用哪一种套管,应按设计要求确定。

(5)关于计量单位

清单工程量计算时采用的是基本单位,但在进行综合单价分析时,应注意与定额单位相一致。例如管道安装工程,当采用综合定额做单价分析时,应换算成以"10m"为单位套用定额。

(6)关于分部分项工程增加费

下列各项费用应根据工程实际情况有选择的计价,并入综合单价。特殊条件下的施工增加费(安装与生产同时进行、有害身体健康环境中施工、封闭式地沟施工、厂区范围以外施工时增加的运输费)、特殊材质施工增加费(超低碳不锈钢材、高合金钢材)等。管道系统单体和局部试运转所需的水电、蒸汽、燃气、气体、油及油脂等材料费等,为定额不包括内容,如特殊条件下需要由施工单位提供时,按专项在其他项目费中列计。

6.5.2 综合定额应用的有关问题

(1)定额的适用范围

综合定额第六册《工业管道工程》适用于新建、扩建项目中厂区范围内的车间、装置、站、罐区及其相互之间各种生产用介质输送管道,厂区第一个连接点以内的生产用(包括生产与生活共用)给水、排水、蒸汽、燃气输送管道工程。其界线划分为:

1)给水管道:以入口水表井为界(图6.5-1)。

2)排水管道:以厂区围墙外第一个污水井为界(图6.5-2)。

3)蒸汽和煤气管道:以入口第一个计量表(阀门)为界(图6.5.3)。

4)水泵房管道:以墙外皮分界。

5)锅炉房管道:锅炉房内的管道(指锅炉给水、排污、输气、泵与泵间管道、泵与锅炉间管道、软化水输送)应为工业管道,分界线以锅炉房墙外皮为分界。

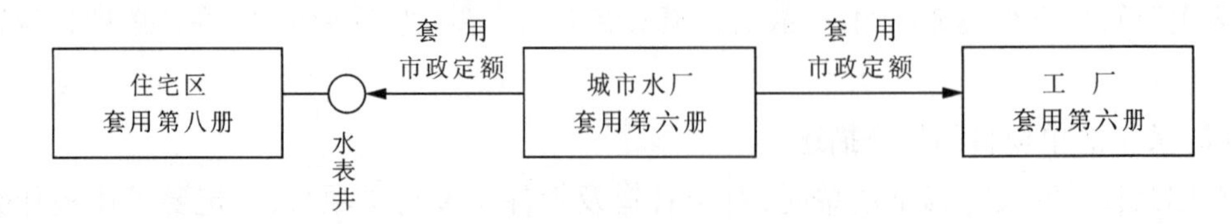

图6.5-1 给水管道使用定额界限划分

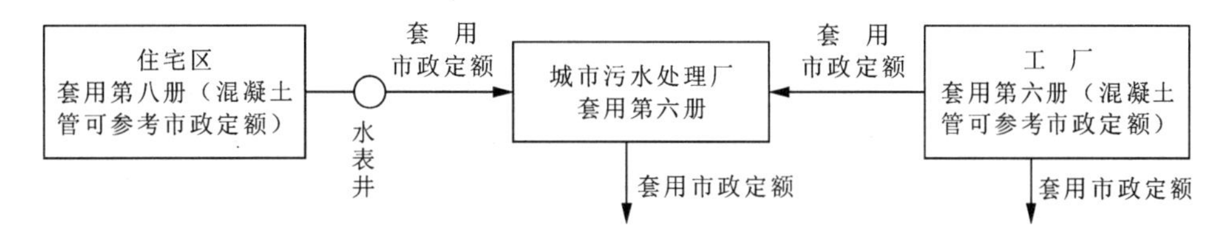

图 6.5－2 排水管道使用定额界限划分

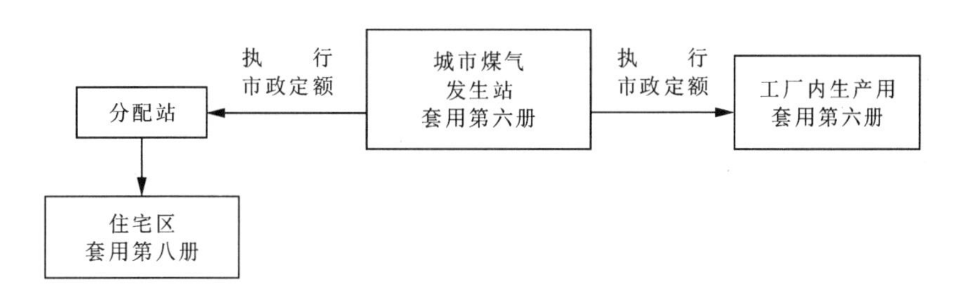

图 6.5－3 煤气管道使用定额界限划分

(2)下列内容套用其他册相应定额

1)单件重 100kg 以上的管道支架、预制钢平台的摊销套用第五册《静置设备与工艺金属结构制作与安装工程》。

2)管道和安装支架的喷砂除锈、刷油、绝热套用第十一册《刷油、防腐蚀、绝热工程》。

3)地沟和埋地管道的土石方及砌筑工程套用《广东省建筑工程综合定额》。

4)设备本体管道、随设备带来的、并已预制成型，其安装套用第一册《机械设备安装》。

(3)综合定额第六册中各类管道适用管材范围

1)碳钢管适用于焊接钢管、无缝钢管、16Mn 钢管。

2)不锈钢管除超低碳不锈钢管按章说明外，适用于各种不锈钢材质的钢管。

3)碳钢板卷管安装适用于低压螺旋缝钢管、16Mn 钢板卷管。

4)铜管适用于紫铜、黄铜、青铜管。

5)合金钢管除高合金钢管按章说明计算外，适用于各种合金钢材质的管材。

6)第六册定额管道压力等级的划分：

低压：$0 < PN \leqslant 1.6$MPa，中压：$1.6\text{MPa} < PN \leqslant 10$MPa，高压：$10\text{MPa} < PN \leqslant 42$MPa，蒸汽管道 $PN \geqslant 9$MPa，工作温度≥500°C 时为高压。

(4)工程量计算和套用综合定额时应注意的问题

定额内的管道规格，多数以公称直径表示，设计中的管道常常是以外径 × 壁厚表示，应注意他们的对应关系。例如外径为 325mm 的管道，其对应的公称直径为 300mm，决不能理解为 325mm 的管径大于公称直径 300mm，就套用公称直径 350mm 的定额，要避免发生这类错误。管道外径与公称直径对应的关系见表 6.5。

直缝卷制电焊钢管常用规格 表6.5

公称通径 DN	外径(mm)	壁厚(mm)	每米重量(kg)	公称通径 DN	外径(mm)	壁厚(mm)	每米重量(kg)
150	159	4.5	17.15	500	530	6	77.30
		6	22.64			9	115.60
200	219	6	31.51	600	630	9	137.80
225	245	7	41.00			10	152.90
250	273	6	39.5	700	720	9	157.80
		8	52.3			10	175.09
300	325	6	47.2	800	820	9	180.00
		8	62.6			10	199.76
350	377	6	64.9	900	920	10	202.20
		9	81.6			12	224.41
400	426	6	62.1	1000	1020	9	224.40
		9	92.6			10	249.07
450	480	6	70.14	1200	1220	10	98.89
		9	104.5			12	357.47

6.5.3 管道检验和试验

6.5.3.1 管道焊缝的无损检验

(1)磁粉探伤检查

磁粉探伤是通过对被检工件施加磁场使其磁化(整体磁化或局部磁化),在工件的表面和近表面缺陷处将有磁力线逸出工件表面而形成漏磁场,有磁极的存在就能吸附施加在工件表面上的磁粉形成聚集磁痕,从而显示出缺陷的存在。

磁粉探伤方法主要用以探测磁性材料表面或近表面的缺陷,具有检测成本低,操作便利,反应快速等特点。其局限性在于仅能应用于磁性材料,且无法探知缺陷深度,工件本身的形状和尺寸也会不同程度地影响到检测结果。探测更深一层内表面的缺陷,则需应用射线检测或超声波检测。

(2)渗透探伤检验

微小孔隙和裂纹对液体有毛细作用。渗透探伤检验即是利用这一原理使渗透液渗入的检验方法。渗透探伤不受工件形状、尺寸、材料化学成分和组织的限制,适合于各种材料表面裂纹、折叠、孔穴、分层及类似缺陷的检查。

渗透探伤设备简单,便于操作。他的主要的局限性在于只能发现表面开口缺陷。

(3)超声波探伤检验

超声波束通过材料时有能量损失(衰减),当遇到不同物质的分界面时会发生反射,通过探测分析反射的波速及衰减状况,即可确定分界面的存在及其位置。超声波探伤检验即是利用进入被检材料的高频超声波束探测材料中的缺陷。缺陷与母材、焊缝间必然存在分界面,肯定会使探伤超声波发生部分反射或散射。在焊缝检验中,超声波探伤主要用于检测焊缝内部缺陷及焊缝不可及表面缺陷。

(4)射线照相探伤检验

射线照相检验可用于所有的材料,是否能采用射线照相检验取决于焊接接头位置、接头结构和接头材料厚度因素。被检接头处应能放置射线源和暗盒。

射线照相使用χ或γ射线，使其穿透工件在底片上产生影像。当工件材料中存在孔穴、夹杂、裂纹和未焊透等缺陷时，由于缺陷部位的密度与工件明显不同，对穿透工件材料的射线所造成的衰减量不同，因此在底片上的曝光量也产生了差异，使材料中密度变化的影像反映在底片上。

6.5.3.2　管道压力试验

管道安装完毕、热处理和无损检验合格后，应对管道系统进行压力试验。按试验目的，可分为压力试验和泄漏性试验。按试验时使用的介质，可分为用水作介质的水压试验和用气作介质的气压试验。

压力试验是在管内充满试验介质并加压至规定值，用以检验管路的机械强度和安装的严密性。压力试验应以液体为试验介质。当管道的设计压力小于或等于0.6MPa时，也可采用气体为试验介质，但应采取有效的安全措置。脆性材料严禁使用气体进行压力试验。当现场条件不允许使用液体或气体进行压力试验时，经建设单位同意，可同时采用下列方法代替：所有焊缝（包括附着件上的焊缝）用液体渗透法或磁粉法进行检验；对接焊缝用100%射线照射进行检验。

一般热力管道和压缩空气管道用清洁水作介质进行压力试验；煤气管道和天然气管道用气体进行压力试验；各种化工工艺管道的试验介质，应按设计的具体规定；当对奥氏体不锈钢管道或对连有奥氏体不锈钢管道或设备的管道进行试验时，水中氯离子含量不得超过25×10^{-6}mg/l（25ppm）；当采用可燃液体介质进行试验时，其闪点不得低于50℃。

（1）水压试验

承受内压的地上钢管道及有色金属管道试验压力应为设计压力的1.5倍，埋地钢管道的试验压力应为设计压力的1.5倍，且不得低于0.4MPa。当管道与设备作为一个系统进行试验，管道的试验压力等于或小于设备的试验压力时，应按管道的试验压力进行试验；当管道的试验压力大于设备的试验压力，且设备的试验压力不低于管道设计压力的1.15倍时，经建设单位同意，可按设备的试验压力进行试验。承受内压的埋地铸铁管道的试验压力，当设计压力小于或等于0.5MPa时，应为设计压力的2倍；当设计压力大于0.5MPa时，应为设计压力加0.5MPa。

管道试压前，试验范围内的管道不得涂漆、绝热，焊缝和其他待检部位尚未涂漆和绝热，待试管道与无关系统已用盲板或其他措施隔开；管道上的膨胀节已设置了临时约束装置。试验结束后，应及时拆除盲板、膨胀节限位设施，排尽积液。

水压试验应缓慢升压，待达到试验压力后，稳压10min，再将试验压力降至设计压力，停压30min，以压力不降、无渗漏为合格。

（2）气压试验

承受内压钢管及有色金属管的试验压力应为设计压力的1.15倍，真空管道试验压力应为0.2MPa。当管道的设计压力大于0.5MPa时，必须有设计文件规定或经建设单位同意，方可用气体进行压力试验。

试验前，必须用空气进行预试验，试验压力宜为0.2MPa。试验时，应逐步缓慢增加压力，当压力升至试验压力的50%时，如未发现异状或泄漏，继续按试验压力的10%逐级升压，每级稳压3min，直至试验压力。稳压10min，再将压力降至设计压力，停压时间应根据查漏工作需要而定，以发泡剂检验不泄漏为合格。

（3）泄漏性试验

输送剧毒流体、有毒流体、可燃流体的管道必须进行泄漏性试验。泄漏性试验应在压力试验合格后进行，试验介质应采用空气，试验压力应为设计压力，试验可结合试车工作一并进行。

泄漏性试验应重点检验阀门填料函、法兰或螺纹连接处、放空阀、排气阀、排水阀等。试验结果以发泡剂检验不泄漏为合格。当设计文件规定以卤素、氦气、氨气或其他方法进行泄漏性试验时，应按相应的技术规定进行。

真空系统在压力试验合格后，还应按设计文件规定进行24h的真空度试验，增压率不应大于5%。

6.5.3.3　管道的吹扫与清洗

各种管道在投入使用前，必须进行吹扫或清洗，以清除管道内的焊渣和杂物。

吹洗方法应根据对管道的使用要求、工作介质及管道内表面的脏污程度决定。公称直径大于或等于600mm的液体或气体管道，宜采用人工清理；公称直径小于600mm的液体管道宜采用水冲洗；公称直径小于600mm的气体管道宜采用空气吹扫；蒸汽管道应以蒸汽吹扫；非热力管道不得用蒸汽吹扫。

管道吹洗前，不应安装孔板、法兰连接的调节阀、重要阀门、节流阀、安全阀、仪表等，对于焊接的上述阀门和仪表，应采取流经旁路或卸掉阀头及阀座加保护套等保护措施。

（1）水冲洗

冲洗管道应使用洁净水，冲洗奥氏体不锈钢管道时，水中氯离子含量不得超过25×10^{-6} mg/l(25ppm)。冲洗时，采用最大流量，流速不得低于1.5m/s。排放水应引入可靠的排水井或沟中，排放管的截面积不得小于被冲洗管截面积的60%，管道的排水支管应全部冲洗。水冲洗应连续进行，以排出口的水色和透明度与入口水目测一致为合格。

（2）空气吹扫

压缩空气管道、氧气管道、乙炔管道、煤气和天然气管道用压缩空气进行吹扫。空气吹扫利用生产装置的大型压缩机，也可利用装置中的大型容器蓄气，进行间断性的吹扫。吹扫压力不得超过容器和管道的设计压力，流速不宜小于20m/s。当吹扫氧气管道和其他忌油管道时，应当用不带油的压缩空气进行吹扫。空气吹扫过程中，当目测排气无烟尘时，应在排气口设置贴白布或涂白漆的木制靶板检验，5min内靶板上无铁锈、尘土、水分及其他杂物，应为合格。

（3）蒸汽吹扫

蒸汽管道一般用蒸汽吹扫。蒸汽管道以大流量蒸汽进行吹扫，流速不应低于30m/s。吹扫时，先向管内送入少量蒸汽，对管道进行加热（俗称暖管），当吹扫末端与管端的温度接近相等时，再逐渐增大蒸汽流量进行吹扫。蒸汽吹扫应分段进行，一般每次吹扫一根，轮流吹扫。吹扫时，排汽口附近的管道应进行加固，排汽管应接至室外安全的地方。经蒸汽吹扫后的管道应设检验靶片检验。

（4）脱脂

氧气管道接触到少量的油脂会立刻剧烈燃烧而引起爆炸，有些管道因输送介质的需要，要求管内不允许有任何的油迹。因此，这类管道所用的管子、阀门、管件、垫料及所有与氧气接触的材料都必须在安装时进行严格的脱脂。管子脱脂的方法是将脱脂溶剂灌入管内,或将管子放在盛有脱脂剂的槽内,浸泡和刷洗脱脂。脱脂后,应进行自然干燥或用不含油的压缩空气或氧气吹干,用塑料薄膜将管口封严以防管子再被油脂污染。常用的脱脂剂有四氯化碳、工业用二氯乙烷、丙酮和工业酒精等。

第7章　建筑电气工程量清单编制与计价

电气设备品种繁多、型号复杂，安装技术含量高，熟练掌握各种用电设备的安装工艺、准确表述其项目特征，是编好电气设备安装工程工程量清单和计价的基础。

本章主要阐述10kV以下常用的变配电装置、控制设备、低压电器、电缆及配管、配线、照明器具、防雷及接地装置、架空线路等安装工程工程量清单编制与计价的基本原理和方法。

7.1　电气设备安装工程工程量清单编制

在变配电工程中，10kV以下电气设备安装工程是指从区域变电所主变压器引出线起至用户用电设备或用电器具止的一系列变配电装置和配电线路的整个安装工作内容。根据国家《工程量计算规范》，电气设备安装工程分部分项工程量清单项目设置分为变压器、配电装置、母线、控制设备及低压电器、电机检查接线及调试、电缆、防雷及接地装置、10kV以下架空线路、配管、配线、照明器具等几部分。

7.1.1　变压器安装工程量清单编制

在变配电工程中，一般民用建筑工程项目需要的变压器数量不多，所以变压器的清单工程量计算很简单，而项目特征的准确表述相对较难，因此在编制变压器工程量清单时应对其铭牌标定的额定技术数据，如名称、型号、额定容量、额定电压等特征进行详细表述。必要时还应对额定电流、短路电压、空载电流、空载有功损耗、短路有功损耗、温升和接线组别等特征作进一步表述。

7.1.1.1　变压器安装工程量清单项目

《工程量计算规范》附录D.1中变压器安装分部分项工程共设有7个清单项目，各清单项目设置的具体内容见表7.1-1。

变压器安装工程量清单项目设置（编号：030401）　　**表7.1-1**

<table>
<tr><th>项目编码</th><th>项目名称</th><th>项目特征</th><th>计量单位</th><th>工程量计算规则</th><th>工作内容</th></tr>
<tr><td>030401001</td><td>油浸电力变压器</td><td rowspan="2">1. 名称
2. 型号
3. 容量（kV·A）
4. 电压（kV）
5. 油过滤要求
6. 干燥要求
7. 基础型钢形式、规格
8. 网门、保护门材质、规格
9. 温控箱型号、规格</td><td rowspan="2">台</td><td rowspan="2">按设计图示数量计算</td><td>1. 本体安装
2. 基础型钢制作、安装
3. 油过滤
4. 干燥
5. 接地
6. 网门、保护门制作、安装
7. 补刷（喷）油漆</td></tr>
<tr><td>030401002</td><td>干式变压器</td><td>1. 本体安装
2. 基础型钢制作、安装
3. 温控箱安装
4. 接地
5. 网门、保护门制作、安装
6. 补刷（喷）油漆</td></tr>
</table>

续表

<table>
<tr><th>项目编码</th><th>项目名称</th><th>项目特征</th><th>计量单位</th><th>工程量计算规则</th><th>工作内容</th></tr>
<tr><td>030401003</td><td>整流变压器</td><td rowspan="3">1. 名称
2. 型号
3. 容量(kV·A)
4. 电压(kV)
5. 油过滤要求
6. 干燥要求
7. 基础型钢形式、规格
8. 网门、保护门材质、规格</td><td rowspan="5">台</td><td rowspan="5">按设计图示数量计算</td><td rowspan="3">1. 本体安装
2. 基础型钢制作、安装
3. 油过滤
4. 干燥
5. 网门、保护门制作、安装
6. 补刷(喷)油漆</td></tr>
<tr><td>030401004</td><td>自耦变压器</td></tr>
<tr><td>030401005</td><td>带载调压变压器</td></tr>
<tr><td>030401006</td><td>电炉变压器</td><td>1. 名称
2. 型号
3. 容量(kV·A)
4. 电压(kV)
5. 基础型钢形式、规格
6. 网门、保护门材质、规格</td><td>1. 本体安装
2. 基础型钢制作、安装
3. 网门、保护门制作、安装
4. 补刷(喷)油漆</td></tr>
<tr><td>030401007</td><td>消弧线圈</td><td>1. 名称
2. 型号
3. 容量(kV·A)
4. 电压(kV)
5. 油过滤要求
6. 干燥要求
7. 基础型钢形式、规格</td><td>1. 本体安装
2. 基础型钢制作、安装
3. 油过滤
4. 干燥
5. 补刷(喷)油漆</td></tr>
</table>

7.1.1.2　变压器安装工程量清单项目特征

变压器安装清单项目特征应根据《工程量计算规范》附录 D 中表 D.1(表 7.1－1)列出的特征作为指引,并结合工程的具体情况进行表述,主要说明如下:

(1)名称,是指变压器的类别特征,即变压器完整的实体名称,并参照设计图的要求准确表述,实体名称不同,要分别设置清单项目。

1)油浸电力变压器。油浸电力变压器是以油(一种矿物油)作为变压器主要绝缘手段,依靠油作冷却介质。电力变压器一般均采用油浸式冷却,常用的冷却方式有油浸自冷、油浸风冷、强迫油循环风冷、强迫油循环水冷等。

2)干式变压器。干式变压器就是铁芯和绕组都不浸在任何绝缘液体中,而是采用空气对流直接冷却,有开启式、密闭式(也称充气式)、浇注式几种类型。

(2)型号和容量,各种变压器的型号都是用汉语拼音表示,是变压器实体名称的缩写,每个汉语拼音都有不同的含义,变压器型号标准见表 7.1－2,型号之后是变压器的额定容量(kV·A)和高压绕组额定电压等级(kV),变压器型号含义如图 7.1－1 所示。型号相同,额定容量不同或额定电压等级不同,也要分别设置清单项目,并在该清单项目中表述具体型号特征。

(3)油过滤要求和干燥要求,一般新购买的变压器不需要进行油过滤和干燥,但对于搁置已久的变压器，经测试不符合要求的，必须进行油过滤和干燥至合格止，其特征应予以表述。

(4)基础型钢形式、规格，变压器安装大多数都需要基础型钢，采用何种型钢和规格应表述清楚，但目前常用10号槽钢作为变压器安装的基础。

(5)网门、保护门、温控箱，是变压器安装的附属内容，如果实际发生时，也要对其相应的型号、规格和材质特征进行表述。

(6)变压器的实体名称、型号、容量、安装方式相同，工程数量相加后设置一个清单项目。

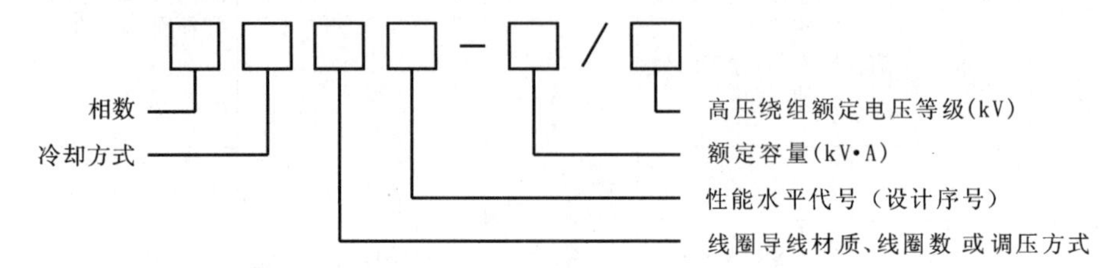

图7.1-1 电力变压器型号含义

变压器型号标准 **表7.1-2**

名 称	代号说明	型号	型号说明
单相电力变压器	D—单相	D	油浸自冷
		DF	F—油浸“风”冷
		DFS	FS—油浸“风”冷、“三”线圈
		DFP	FP—油浸“风”冷、强“迫”油循环
三相电力变压器	S—三相	S	油浸自冷铜线
		SZ	Z—有“载”调压
		SL	L—“铝”线
		SF	F—油浸“风”冷
		SC	C—“树”脂浇注干式
		SFZ	FZ—油浸“风”冷、有“载”调压
		SFS	FS—油浸“风”冷、“三”线圈
		SFSZ	FSZ—油浸“风”冷、“三”线圈、有“载”调压
		SFP	FP—油浸“风”冷、强“迫”油循环
		SFPS	FPS—油浸“风”冷、强“迫”油循环、“三”线圈
		SSP	SP—“水”冷、强“迫”油循环
		SFL	FL—油浸“风”冷、“铝”线圈

7.1.1.3 变压器安装项目清单工程量计算及注意事项

(1)清单工程量计算

1)变压器安装项目清单工程量按设计图示数量以“台”计算。

2)清单工程量的计算要领

在计算清单工程量时，首先要对设计图示变压器特征的表述查阅有关手册资料核实完善，然后根据系统图按变压器的不同种类、不同型号、不同容量和不同电压等级分别计算清单工程量和设置清单项目。项目特征完全相同但安装形式或安装条件不同，如落地安装或杆上安装、室内安装或室外安装，也应分别计算清单工程量和设置清单项目。若需对变压器作特殊处理，如变压器要干燥、油过滤等直接影响投标人计价的，应加以表述清楚并单独设置清单项目。

（2）注意事项

变压器油如需试验、化验、色谱分析应按《工程量计算规范》附录 N 措施项目相关项目编码列项。

7.1.1.4　变压器安装工程量清单编制示例

【例 7.1－1】某工厂变配电工程需安装 4 台专用变压器，设计图示 4 台专用变压器分别采用 10 号基础槽钢单独安装在变压器房内，其中：1 号变压器型号 S_{11}－1000/10；2 号变压器型号 S_{11}－1250/10，并需作干燥处理和绝缘油过滤；3 号、4 号变压器型号 SC_9－1250/10。试编制变压器安装工程量清单。

【解】编制步骤

第一步，查阅有关手册资料核实完善变压器的特征表述。现依据表 7.1－2 得知，1 号、2 号变压器为三相油浸自冷式电力变压器；3 号、4 号变压器为三相环氧树脂浇注干式变压器。

第二步，计算清单工程量。由于 2 号变压器项目特征直接影响实体项目的计价，需要作进一步细化表述，因此要单独计算清单工程量和设置清单项目。各清单工程量为：三相油浸自冷式变压器 S_{11}－1000/10，1 台；三相油浸自冷式变压器 S_{11}－1000/10，并需作干燥处理和绝缘油过滤，1 台；三相环氧树脂浇注干式变压器 SC_9－1250/10，2 台。

第三步，编制分部分项工程量清单。按照《工程量计算规范》附录 D 中表 D.1 的项目编码、项目名称、项目特征和计量单位（表 7.1－1）进行编制。分部分项工程量清单见表 7.1－3。

分部分项工程量清单与计价表　　**表 7.1－3**

工程名称：　　标段：　　第　页 共　页

序号	项目编码	项目名称	项目特征描述	计量单位	工程量	金额（元）		
						综合单价	合价	其中：暂估价
1	030401001001	油浸电力变压器	三相油浸自冷式电力变压器 S_{11}－1000/10 基础槽钢［10	台	1			
2	030401001002	油浸电力变压器	三相油浸自冷式电力变压器 S_{11}－1000/10 需作干燥处理和绝缘油过滤 基础槽钢［10	台	1			
3	030401002001	干式变压器	三相环氧树脂浇注干式变压器 SC_9－1250/10 基础槽钢［10	台	2			

7.1.2　配电装置安装工程量清单编制

用来接受和分配电能的电气设备称为配电装置，有高压配电装置和低压配电装置之分。高压配电装置包括开关设备、测量设备、保护设备、连接母线、控制设备及端子箱等；低压配电装置包括线路控制设备、测量仪器仪表、保护设备、母线及二次线、配电箱（盘）等。

7.1.2.1　配电装置安装工程量清单项目

《工程量计算规范》附录 D.2 中配电装置安装分部分项工程共设有 18 个清单项目，各清单项目设置的具体内容见表 7.1－4。

配电装置安装工程量清单项目设置（编号：030402） **表 7.1－4**

项目编码	项目名称	项目特征	计量单位	工程量计算规则	工作内容
030402001	油断路器	1. 名称 2. 型号 3. 容量（A） 4. 电压等级（kV） 5. 安装条件 6. 操作机构名称及型号 7. 基础型钢规格 8. 接线材质、规格 9. 安装部位 10. 油过滤要求	台	按设计图示数量计算	1. 本体安装、调试 2. 基础型钢制作、安装 3. 油过滤 4. 补刷（喷）油漆 5. 接地
030402002	真空断路器				1. 本体安装、调试 2. 基础型钢制作、安装 3. 补刷（喷）油漆 4. 接地
030402003	SF_6 断路器				
030402004	空气断路器	1. 名称 2. 型号 3. 容量（A） 4. 电压等级（kV） 5. 安装条件 6. 操作机构名称及型号 7. 接线材质、规格 8. 安装部位	台		1. 本体安装、调试 2. 基础型钢制作、安装 3. 补刷（喷）油漆 4. 接地
030402005	真空接触器		组		1. 本体安装、调试 2. 补刷（喷）油漆 3. 接地
030402006	隔离开关				
030402007	负荷开关				
030402008	互感器	1. 名称 2. 型号 3. 规格 4. 类型 5. 油过滤要求	台		1. 本体安装、调试 2. 干燥 3. 油过滤 4. 接地
030402009	高压熔断器	1. 名称 2. 型号 3. 规格 4. 安装部位	组		1. 本体安装、调试 2. 接地
030402010	避雷器	1. 名称 2. 型号 3. 规格 4. 电压等级 5. 安装部位			1. 本体安装 2. 接地
030402011	干式电抗器	1. 名称 2. 型号 3. 规格 4. 质量 5. 安装部位 6. 干燥要求			1. 本体安装 2. 干燥
030402012	油浸电抗器	1. 名称 2. 型号 3. 规格 4. 容量（kV·A） 5. 油过滤要求 6. 干燥要求	台		1. 本体安装 2. 油过滤 3. 干燥

续表

项目编码	项目名称	项目特征	计量单位	工程量计算规则	工作内容
030402013	移相及串联电容器	1. 名称 2. 型号 3. 规格 4. 质量 5. 安装部位	个	按设计图示数量计算	1. 本体安装 2. 干燥
030402014	集合式并联电容器				
030402015	并联补偿电容器组架	1. 名称 2. 型号 3. 规格 4. 结构形式	台		1. 本体安装 2. 接地
030402016	交流滤波装置组架	1. 名称 2. 型号 3. 规格			
030402017	高压成套配电柜	1. 名称 2. 型号 3. 规格 4. 母线设置方式 5. 种类 6. 基础型钢形式、规格			1. 本体安装 2. 基础型钢制作、安装 3. 补刷(喷)油漆 4. 接地
030402018	组合型成套箱式变电站	1. 名称 2. 型号 3. 容量(kV·A) 4. 电压(kV) 5. 组合形式 6. 基础规格、浇筑材质			1. 本体安装 2. 基础浇筑 3. 进箱母线安装 4. 补刷(喷)油漆 5. 接地

7.1.2.2　配电装置安装工程量清单项目特征

配电装置安装清单项目特征主要有名称、型号、规格、容量、质量等,其中项目特征“质量”是“重量”的规范用语,它不是指设备产品质量的优或劣,而是指设备本体的重量,在编制工程量清单时,应根据《工程量计算规范》附录D中表D.2(表7.1－4)列出的特征作为指引进行表述,若特征不完全相同,则必须分别设置清单项目。主要说明如下:

(1)断路器。断路器是高压开关设备中最主要、最复杂的一种器件,有户内式和户外式两种。在表述断路器项目特征时,如果按《工程量计算规范》附录表列特征指引也难以准确表述清楚而影响计价,则需对断路器的操动机构作进一步的表述。断路器项目特征中的容量是指断路器的额定电流。

(2)隔离开关。隔离开关主要用于隔离高压电源。隔离开关有多种形式,按绝缘柱的数目分为单柱式、两柱式及三柱式;按装置地点分为户内式和户外式;按极数分为单极式及三极式;按闸刀运行方式分为闸刀式、旋转式、摆动式、滚动式。

(3)负荷开关。高压负荷开关按安装地点不同可分为户内式及户外式两大类,户内式高压负荷开关有FN_1、FN_2、FN_3、FN_5、FN_7和FN_{12}等系列,其中FN_1为淘汰产品,户外式高压负荷开关有FW_1、FW_2、FW_3、FW_4和FW_5等系列;按灭弧介质不同可分为油浸式、压气式、磁吹式、产气式、真空式及六氟化硫(SF_6)等几类;按附加保护性能不同可分为普通型、带热脱扣器的过负荷保护型及带熔断器的短路保护型三大类。

(4)高压成套配电柜。高压成套配电柜也称高压开关柜,是针对各种用途的接线方案,将所需的一次、二次设备组合起来的一种高压成套配电装置。高压成套配电柜按主开关与柜体的配合方式可分为固定式、移开式(手车式);按开关柜隔室的构成形式可分为铠装型、间隔型和箱型;按主母线套数可分为单母线和双母线;按使用场所可分为户内和户外;按使用功能可分为进线柜、出线柜、保护柜、测量柜等。35kV 以下的配电装置,一般多采用单母线方式。

7.1.2.3 配电装置安装项目清单工程量计算及注意事项

(1)清单工程量计算

1)配电装置安装项目清单工程量按设计图示数量分别以台、组、个计算。

2)清单工程量的计算要领

在计算清单工程量时,应根据系统图对各配电装置不同参数要求按不同型号、不同规格、不同容量等分别计算清单工程量和设置清单项目。成套设备,如高压成套配电柜、成套箱式变电站、环网柜等,应按成套型计算工程量,不能把柜内开关等设备、元器件分拆计算。带有操动机构的开关设备,计算清单工程量时要加以说明。安装形式或安装条件不同,也应分别计算清单工程量和设置清单项目。

(2)注意事项

1)空气断路器的储气罐及储气罐至断路器的管路应按《工程量计算规范》附录 H 工业管道工程相关项目编码列项。

2)干式电抗器项目适用于混凝土电抗器、铁芯干式电抗器、空心干式电抗器等。

3)设备安装未包括地脚螺栓、浇注(二次灌浆、抹面),如需安装应按现行国家标准《房屋建筑与装饰工程工程量计量规范》GB 50854 相关项目编码列项。

7.1.2.4 配电装置安装工程量清单编制示例

【例 7.1-2】某工厂变配电工程,设计图示需采用 10 号基础槽钢安装高压进线柜 1 台,型号为 KYN28-12(Z)/T1250-31.5;高压出线柜 4 台,型号为 KYN28-12(Z)/T630-25;高压计量柜 1 台,型号为 KYN28-12,试编制高压开关柜安装工程量清单。

【解】编制步骤

第一步,根据设计图纸及相关资料核实完善高压开关柜的其他特征。高压开关柜名称:由厂家资料及相关手册中得知为户内铠装移开式交流金属封闭高压开关柜;规格(即外型尺寸,宽×深×高):800×1700×2300;母线设置方式:单母线。

第二步,计算清单工程量。虽然 6 台高压开关柜的名称都相同,但使用功能和型号不同,因此要分别计算清单工程量和设置清单项目。各清单工程量为:户内铠装移开式交流金属封闭高压进线柜 KYN28-12(Z)/T1250-31.5,1 台;户内铠装移开式交流金属封闭高压出线柜 KYN28-12(Z)/T630-25,4 台;户内铠装移开式交流金属封闭高压计量柜 KYN28-12,1 台。

第三步,编制分部分项工程量清单。按照《工程量计算规范》附录 D 中表 D.2 的项目编码、项目名称、项目特征和计量单位(表 7.1-4)进行编制。分部分项工程量清单见表 7.1-5。

分部分项工程量清单与计价表 表7.1-5

工程名称： 标段： 第 页 共 页

序号	项目编码	项目名称	项目特征描述	计量单位	工程量	金额（元）		
						综合单价	合价	其中：暂估价
1	030402017001	高压成套配电柜	户内铠装移开式交流金属封闭单母线高压进线柜 KYN28-12(Z)/T1250-31.5 800×1700×2300 基础槽钢[10	台	1			
2	030402017002	高压成套配电柜	户内铠装移开式交流金属封闭单母线单回路高压出线柜 KYN28-12(Z)/T630-25 800×1700×2300 基础槽钢[10	台	4			
3	030402017003	高压成套配电柜	户内铠装移开式交流金属封闭高压计量柜 KYN28-12 800×1700×2300 基础槽钢[10	台	1			

7.1.3 母线安装工程量清单编制

在变配电所中，进户线接线端与高压开关之间，高压开关与变压器之间，变压器与低压开关柜之间需要用一定截面积的导体将其连接，这种导体称为母线。

7.1.3.1 母线安装工程量清单项目

《工程量计算规范》附录D.3中母线安装分部分项工程共设有8个清单项目，各清单项目设置的具体内容见表7.1-6。

母线安装工程量清单项目设置（编号：030403） 表7.1-6

项目编码	项目名称	项目特征	计量单位	工程量计算规则	工作内容
030403001	软母线	1.名称 2.材质 3.型号 4.规格 5.绝缘子类型、规格	m	按设计图示尺寸以单相长度计算（含预留长度）	1.母线安装 2.绝缘子耐压试验 3.跳线安装 4.绝缘子安装
030403002	组合软母线				
030403003	带形母线	1.名称 2.型号 3.规格 4.材质 5.绝缘子类型、规格 6.穿墙套管材质、规格 7.穿通板材质、规格 8.母线桥材质、规格 9.引下线材质、规格 10.伸缩节、过渡板材质、规格 11.分相漆品种			1.母线安装 2.穿通板制作、安装 3.支持绝缘子、穿墙套管的耐压试验、安装 4.引下线安装 5.伸缩节安装 6.过渡板安装 7.刷分相漆

续表

项目编码	项目名称	项目特征	计量单位	工程量计算规则	工作内容
030403004	槽形母线	1. 名称 2. 型号 3. 规格 4. 材质 5. 连接设备名称、规格 6. 分相漆品种	m	按设计图示尺寸以中心线长度计算	1. 母线制作、安装 2. 与发电机、变压器连接 3. 与断路器、隔离开关连接 4. 刷分相漆
030403005	共箱母线	1. 名称 2. 型号 3. 规格 4. 材质			1. 母线安装 2. 补刷(喷)油漆
030403006	低压封闭式插接母线槽	1. 名称 2. 型号 3. 规格 4. 容量(A) 5. 线制 6. 安装部位			
030403007	始端箱、分线箱	1. 名称 2. 型号 3. 规格 4. 容量(A)	台	按设计图示数量计算	1. 本体安装 2. 补刷(喷)油漆
030403008	重型母线	1. 名称 2. 型号 3. 规格 4. 容量(A) 5. 材质 6. 绝缘子类型、规格 7. 伸缩器及导板规格	t	按设计图示尺寸以质量计算	1. 母线制作、安装 2. 伸缩器及导板制作、安装 3. 支承绝缘子安装 4. 补刷(喷)油漆

7.1.3.2　母线安装工程量清单项目特征

母线安装工程量清单项目应根据《工程量计算规范》附录 D 中表 D.3(表 7.1－6)列出的特征作为指引进行表述。主要说明如下：

(1)母线。在表述母线项目特征时,应按母线的不同分类来表述。母线有以下几种不同的分类方法:按母线刚度可分为硬母线和软母线,硬母线又称汇流排,包括带形、槽形和管形母线,软母线包括组合软母线;按母线材质可分为铜母线、铝母线和钢母线;按母线断面形状可分为带形母线、槽形母线、管形母线和组合软母线。

1)软母线:软母线截面是圆的,容易弯曲,常用的软母线有铝绞线(LJ)、铜绞线(TJ)和钢芯铝绞线(LGJ),属于裸导线类,在项目特征描述时,不仅要对其材质、型号、规格大小的特征进行表述,同时还要表述固定软母线所需绝缘子的特征。

2)带形母线:带形母线是硬母线中的一种,它是成带形实心的汇流排,有铜母线(TMY)和铝母线(LMY)之分,也称为铜排和铝排。带形母线安装有每相 1 片、2 片、3 片和 4 片等,通常用于高低压配电装置间电源连接用,在项目特征描述时,如果需要用到穿墙套管等,还需对穿墙套管及所配用的穿通板的材质、规格特征进行表述。

(2)低压封闭式插接母线槽。低压封闭式插接母线槽(简称低压母线槽)是把铜或铝母线用绝缘夹板夹在一起，用空气绝缘或缠包绝缘带绝缘置于优质钢板外壳内导体，分带插口和不带插口两种。低压母线槽适用于交流 50Hz，额定电压 380V 干燥和无腐蚀性气体的室内场所，不适用于潮湿和有腐蚀性气体的场所（专用型产品除外）。低压母线槽项目特征主要区别其制式和容量，制式有单相二线、单相三线、三相三线、三相四线和三相五线制式，“容量”是指母线槽的额定电流（A）。

7.1.3.3　母线安装项目清单工程量计算及注意事项

（1）清单工程量计算

1）软母线、组合母线、带形母线、槽形母线安装项目清单工程量均按设计图示尺寸以单相长度计算，含预留长度。

2）共箱母线、低压封闭式插接母线槽安装项目清单工程量均按设计图示尺寸以中心线长度计算，即指成品母线槽的轴线长度。在计算低压封闭式插接母线槽清单工程量时不扣除母线槽专用接头所占长度，同时要将安装在竖井内的低压母线槽分列清单工程量。

3）重型母线安装项目清单工程量按设计图示尺寸以质量计算，计量单位为“t”。

（2）注意事项

1）软母线安装预留长度应根据《工程量计算规范》表 D.15.7－1（表 7.1－7）计入清单工程量。

软母线安装预留长度　　**表 7.1－7**

项　目	耐　张	跳　线	引下线、设备连接线
预留长度（m/根）	2.5	0.8	0.6

2）硬母线配置安装预留长度应根据《工程量计算规范》表 D.15.7－2（表 7.1－8）计入清单工程量。

硬母线配置安装预留长度　　**表 7.1－8**

序号	项　　目	预留长度（m/根）	说　　明
1	带形、槽形母线终端	0.3	从最后一个支持点算起
2	带形、槽形母线与分支线连接	0.5	分支线预留
3	带形母线与设备连接	0.5	从设备端子接口算起
4	多片重型母线与设备连接	1.0	从设备端子接口算起
5	槽形母线与设备连接	0.5	从设备端子接口算起

7.1.3.4　母线安装工程量清单编制示例

【例 7.1－3】某综合楼电气安装工程，设计图示从首层低压配电房水平安装低压封闭式插接母线槽 CMC_3－2000/5A3000－1 至强电井口，共 25m，其中始端母线槽 1 个、L 形垂直接头 1 个、L 形水平接头 1 个；强电井内安装低压封闭式插接母线槽共 90m，其中 L 形垂直接头 1 个。试编制低压封闭式插接母线槽安装工程量清单。

【解】首先根据设计图纸并查阅相关资料核实低压母线槽 CMC_3－2000/5A3000－1 的具体产品名称为带 1 个插口的三相五线制插接式密集绝缘母线槽。清单工程量为一般场所安装 25m，竖井内安装 90m。然后按照《工程量计算规范》附录 D 中表 D.3 的项目编码、项目名称、项目特征和计量单位（表 7.1－6）编制分部分项工程量清单。分部分项工程量清单见表 7.1－9。

分部分项工程量清单与计价表 **表 7.1－9**

工程名称： 标段： 第 页 共 页

<table>
<tr><th rowspan="2">序号</th><th rowspan="2">项目编码</th><th rowspan="2">项目名称</th><th rowspan="2">项目特征描述</th><th rowspan="2">计量单位</th><th rowspan="2">工程量</th><th colspan="3">金 额 (元)</th></tr>
<tr><th>综合单价</th><th>合价</th><th>其中:暂估价</th></tr>
<tr><td>1</td><td>030403006001</td><td>低压封闭式插接母线槽</td><td>三相五线制插接式密集绝缘母线槽
CMC$_3$ －2000/5A3000－1
竖井内安装</td><td>m</td><td>90</td><td></td><td></td><td></td></tr>
<tr><td>2</td><td>030403006002</td><td>低压封闭式插接母线槽</td><td>三相五线制插接式密集绝缘母线槽
CMC$_3$ －2000/5A3000－1</td><td>m</td><td>25</td><td></td><td></td><td></td></tr>
</table>

7.1.4 控制设备及低压电器安装工程量清单编制

控制设备的种类繁多，结构各异，通常按其工作电压以 1kV 为界，划分为高压控制设备和低压控制设备两大类。

低压电器按其使用系统分类，可分为电力拖动自动控制系统用电器和电力系统用电器两类，前者主要用于电力拖动自动控制系统，后者主要用于低压供配电系统。在民用建筑工程中，一般低压电器设备是指 380/220V 电路中的设备。

7.1.4.1 控制设备及低压电器安装工程量清单项目

《工程量计算规范》附录 D.4 中控制设备及低压电器安装分部分项工程共设有 36 个清单项目，广东省建设工程造价管理总站补充 1 个清单项目，各清单项目设置的具体内容见表 7.1－10。

控制设备及低压电器安装工程量清单项目设置(编号:030404) **表 7.1－10**

<table>
<tr><th>项目编码</th><th>项目名称</th><th>项目特征</th><th>计量单位</th><th>工程量计算规则</th><th>工作内容</th></tr>
<tr><td>030204001</td><td>控制屏</td><td rowspan="4">1. 名称
2. 型号
3. 规格
4. 种类
5. 基础型钢形式、规格
6. 接线端子材质、规格
7. 端子板外部接线材质、规格
8. 小母线材质、规格
9. 屏边规格</td><td rowspan="4">台</td><td rowspan="4">按设计图示数量计算</td><td rowspan="3">1. 本体安装
2. 基础槽钢制作、安装
3. 端子板安装
4. 焊、压接线端子
5. 盘柜配线、端子接线
6. 小母线安装
7. 屏边安装
8. 补刷(喷)油漆
9. 接地</td></tr>
<tr><td>030204002</td><td>继电、信号屏</td></tr>
<tr><td>030204003</td><td>模拟屏</td></tr>
<tr><td>030404004</td><td>低压开关柜(屏)</td><td>1. 本体安装
2. 基础槽钢制作、安装
3. 端子板安装
4. 焊、压接线端子
5. 盘柜配线、端子接线
6. 屏边安装
7. 补刷(喷)油漆
8. 接地</td></tr>
</table>

续表

项目编码	项目名称	项目特征	计量单位	工程量计算规则	工作内容
030404005	弱电控制返回屏	1. 名称 2. 型号 3. 规格 4. 种类 5. 基础型钢形式、规格 6. 接线端子材质、规格 7. 端子板外部接线材质、规格 8. 小母线材质、规格 9. 屏边规格	台	按设计图示数量计算	1. 本体安装 2. 基础槽钢制作、安装 3. 端子板安装 4. 焊、压接线端子 5. 盘柜配线、端子接线 6. 小母线安装 7. 屏边安装 8. 补刷(喷)油漆 9. 接地
030404006	箱式配电室	1. 名称 2. 型号 3. 规格 4. 质量 5. 基础规格、浇筑材质 6. 基础型钢形式、规格	套		1. 本体安装 2. 基础槽钢制作、安装 3. 基础浇筑 4. 补刷(喷)油漆 5. 接地
030404007	硅整流柜	1. 名称 2. 型号 3. 规格 4. 容量(A) 5. 基础型钢形式、规格	台		1. 本体安装 2. 基础槽钢制作、安装 3. 补刷(喷)油漆 4. 接地
030404008	可控硅柜	1. 名称 2. 型号 3. 规格 4. 容量(kW) 5. 基础型钢形式、规格			
030404009	低压电容器柜	1. 名称 2. 型号 3. 规格 4. 基础型钢形式、规格 5. 接线端子材质、规格 6. 端子板外部接线材质、规格 7. 小母线材质、规格 8. 屏边规格			1. 本体安装 2. 基础槽钢制作、安装 3. 端子板安装 4. 焊、压接线端子 5. 盘柜配线、端子接线 6. 小母线安装 7. 屏边安装 8. 补刷(喷)油漆 9. 接地
030404010	自动调节励磁屏				
030404011	励磁灭磁屏				
030404012	蓄电池屏(柜)				
030404013	直流馈电屏				
030404014	事故照明切换屏				

续表

<table>
<tr><th>项目编码</th><th>项目名称</th><th>项目特征</th><th>计量单位</th><th>工程量计算规则</th><th>工作内容</th></tr>
<tr><td>030404015</td><td>控制台</td><td>1. 名称
2. 型号
3. 规格
4. 基础型钢形式、规格
5. 接线端子材质、规格
6. 端子板外部接线材质、规格
7. 小母线材质、规格</td><td rowspan="4">台</td><td rowspan="15">按设计图示数量计算</td><td>1. 本体安装
2. 基础槽钢制作、安装
3. 端子板安装
4. 焊、压接线端子
5. 盘柜配线、端子接线
6. 小母线安装
7. 补刷(喷)油漆
8. 接地</td></tr>
<tr><td>030404016</td><td>控制箱</td><td rowspan="2">1. 名称
2. 型号
3. 规格
4. 基础形式、规格
5. 接线端子材质、规格
6. 端子板外部接线材质、规格
7. 安装方式</td><td rowspan="2">1. 本体安装
2. 基础槽钢制作、安装
3. 焊、压接线端子
4. 补刷(喷)油漆
5. 接地</td></tr>
<tr><td>030404017</td><td>配电箱</td></tr>
<tr><td>030404018</td><td>插座箱</td><td>1. 名称
2. 型号
3. 规格
4. 安装方式</td><td>1. 本体安装
2. 接地</td></tr>
<tr><td>030404019</td><td>控制开关</td><td>1. 名称
2. 型号
3. 规格
4. 接线端子材质、规格
5. 额定电流(A)</td><td rowspan="3">个</td><td rowspan="11">1. 本体安装
2. 焊、压接线端子
3. 接地</td></tr>
<tr><td>030404020</td><td>低压熔断器</td><td rowspan="10">1. 名称
2. 型号
3. 规格
4. 接线端子材质、规格</td></tr>
<tr><td>030404021</td><td>限位开关</td></tr>
<tr><td>030404022</td><td>控制器</td><td rowspan="6">台</td></tr>
<tr><td>030404023</td><td>接触器</td></tr>
<tr><td>030404024</td><td>磁力启动器</td></tr>
<tr><td>030404025</td><td>Y－△自耦减压启动器</td></tr>
<tr><td>030404026</td><td>电磁铁(电磁制动器)</td></tr>
<tr><td>030404027</td><td>快速自动开关</td></tr>
<tr><td>030404028</td><td>电阻器</td><td>箱</td></tr>
<tr><td>030404029</td><td>油浸频敏变阻器</td><td>台</td></tr>
</table>

续表

项目编码	项目名称	项目特征	计量单位	工程量计算规则	工作内容
030404030	分流器	1. 名称 2. 型号 3. 规格 4. 容量(A) 5. 接线端子材质、规格	个	按设计图示数量计算	1. 本体安装 2. 焊、压接线端子 3. 接地
030404031	小电器	1. 名称 2. 型号 3. 规格 4. 接线端子材质、规格	个 (套、台)		
030404032	端子箱	1. 名称 2. 型号 3. 规格 4. 安装部位	台		1. 本体安装 2. 接线
030404033	风扇	1. 名称 2. 型号 3. 规格 4. 安装方式			1. 本体安装 2. 调速开关安装
030404034	照明开关	1. 名称 2. 材质 3. 规格 4. 安装方式	个		1. 本体安装 2. 接线
030404035	插座				
030404036	其他电器	1. 名称 2. 规格 3. 安装方式	个 (套、台)		1. 安装 2. 接线
粤 030404037	其他电器接线	1. 名称 2. 接线端子材质、规格	个 (台)		1. 焊、压接线端子 2. 接线

7.1.4.2 控制设备及低压电器安装工程量清单项目特征

控制设备及低压电器安装工程量清单项目应根据《工程量计算规范》附录 D 中表 D.4（表 7.1－10）列出的特征作为指引进行表述，其特征主要为名称、型号、规格、容量。除项目名称小电器外，特征中的名称基本是《工程量计算规范》中的项目名称，但要加以细化，要以实体的名称来表述。型号、规格和容量特征只需按产品铭牌或设计图纸的标示准确表述就能确定其具体的清单编码。因此清单项目特征的表述很直观、简单。主要说明如下：

（1）控制屏。控制屏是建筑电气设备安装工程中不可缺少的重要设备，其内装有控制设备、保护设备、测量仪表和漏电保护器等。

（2）低压配电柜（屏）。低压配电柜习惯上称为低压配电屏，适用于三相交流系统中，额定电压 500V 及以下，额定电流 1500A 及以下的低压配电室。低压配电柜装有刀开关、熔断器、自动开关、交流接触器、电流互感器、电压互感器等，可按需要组成各种系统。低压配电柜有固定式和抽屉式两种类型。按产品生产方式分类有定型产品、非定型产品和现场组装配电柜。

（3）控制台。控制台是安装各种控制电气的台面，主要由各种控制器组成。控制器是一种多位置的转换电器，有手动、脚踏传动或电动操作三种形式，常用来改变电机的绕组接法，或改变外加电阻使电机启动调速、正反转或停止。

(4)配电箱。配电箱是电气线路中的重要组成部分,是连接电源和用电设备(接受和分配电能)的电气装置。配电箱内装有总开关、分路开关、计量仪表、短路保护元件和漏电保护装置等。按用途可分为动力配电箱和照明配电箱两种;按控制的层次又可分为总配电箱、分配电箱和操作配电箱;按箱体材质也可分为金属箱体、木制箱体和塑料箱体配电箱三种。在项目特征表述时,如导线需采用接线端子与箱内开关连接的,则应对接线端子的特征进行表述。

(5)低压断路器。低压断路器过去称为自动开关,按灭弧介质分有油浸式、真空式和空气式,应用最多的是空气式,即自动空气开关。自动空气开关按极数分有单极、双极、三极和四极;按结构形式分类有塑料外壳式(原称装置式)和框架式(原称万能式)等两大类。低压断路器全型号的表示及含义如图7.1-2所示,脱扣器及辅助机构代号见表7.1-11。

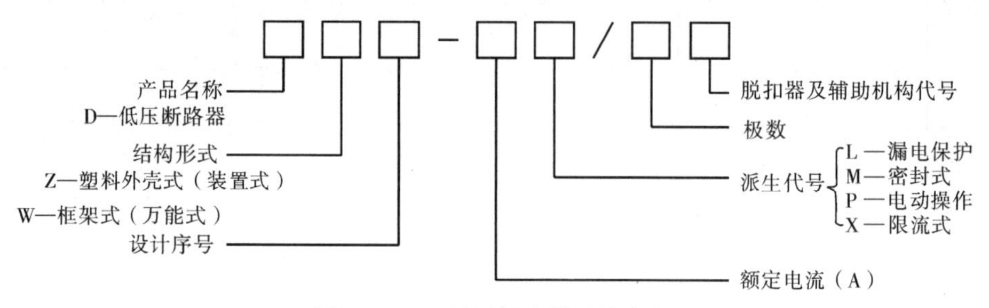

图7.1-2 低压断路器型号含义

脱扣器及辅助机构代号 **表7.1-11**

附件种类 / 代号 / 脱扣器类别	不带附件	分励	辅助触头	欠电压	分励辅助触头	分励欠电压	二组辅助触头	欠电压辅助触头
无脱扣器	00		02				06	
直脱扣器	10	11	12	13	14	15	16	17
电磁脱扣器	20	21	22	23	24	25	26	27
复式脱扣器	30	31	32	33	34	35	36	37

(6)刀开关。刀开关主要用于成套配电设备中隔离电源,还可作为不频繁地接通和分断电路用。刀开关按操作方式分有手柄操作式、杠杆机构操作式和电动机构操作式等;按极数分有单极、双极和三极;按灭弧结构分有不带灭弧罩和带灭弧罩两种。

(7)低压负荷开关。低压负荷开关是由带灭弧装置的刀开关与熔断器串联组合而成,外装封闭式铁壳或开启式胶壳的开关电器。具有带灭弧罩刀开关和熔断器的双重功能,既可带负荷操作,又能进行短路保护。可用作设备和线路的电源开关。

1)封闭式负荷开关:封闭式负荷开关又称铁壳开关,一般为三极,由铁壳、熔断器、闸刀、夹座和操作机构组成,装在铸铁或钢板拉伸制成的外壳内。主要用于多尘场所,适宜小功率电动机的起动和分断。

2)开启式负荷开关:开启式负荷开关又称胶盖刀瓷底闸开关,有二极和三极两种。由于这种开关触头容易被电弧烧坏而引起接触不良等故障,因此不宜开断有负载的电路,适用于接通或断开有电压而无负载电流的电路。

(8)低压熔断器。低压熔断器是构造最简单的短路保护设备,主要由熔体和绝缘体组成。常用的低压熔断器有瓷插式熔断器(RC)、螺旋式熔断器(RL)、无填料封闭管式熔断器(RM)和有填料封闭管式熔断器(RT)等。其型号含义如图7.1-3所示。

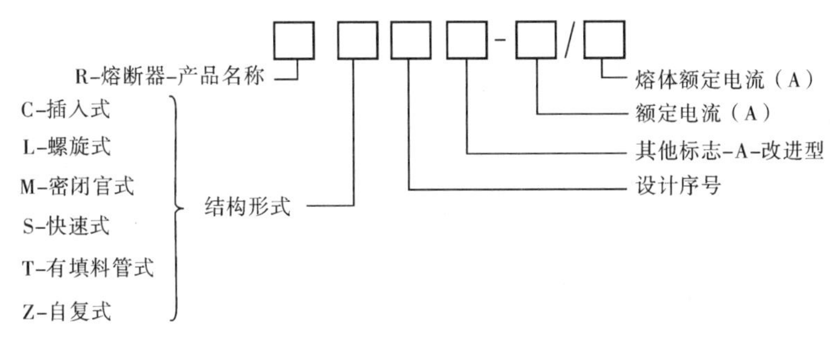

图7.1-3 低压熔断器型号含义

(9)按钮。按钮是一种结构简单应用非常广泛的手动控制电器。由按钮帽、复位弹簧、静触头、动触头、支持体和外壳等部分组成。在控制电路中,用来操作接触器、继电器或控制电器,实践远距离控制。

(10)电笛和电铃。电笛和电铃都是一种声信号装置,电笛的作用是在通电后发出声信号以起到提示或警告作用。电笛有普通型和防爆型之分,防爆型电笛主要用在有爆炸危险的场所。电铃的作用主要是起提示之用。

7.1.4.3 控制设备及低压电器安装项目清单工程量计算及注意事项

(1)清单工程量计算

1)本节的清单计量单位分别以台、套、箱、个计量,清单工程量均按设计图示数量计算。

2)控制设备及低压电器清单项目特征大部分都是以电流大小来表述的,因此要特别注意区分电流的不同分别计算清单工程量。

3)安装条件或安装方式不同,应分别计算清单工程量。

(2)注意事项

1)控制开关包括:自动空气开关、刀型开关、铁壳开关、胶盖刀闸开关、组合控制开关、万能转换开关、风机盘管三速开关、漏电保护开关等。

2)小电器包括:按钮、电笛、电铃、水位电气信号装置、测量表计、继电器、电磁锁、屏上辅助设备、辅助电压互感器、小型安全变压器等。

3)其他电器安装指:本节未列的电器项目。

4)其他电器必须根据电器实际名称确定项目名称,明确描述工作内容、项目特征、计量单位、计算规则。

5)箱、盘、柜的外部进出电线预留长度应根据《工程量计算规范》表D.15.7-3(表7.1-12)计入清单工程量。

盘、箱、柜的外部进出电线预留长度 **表 7.1－12**

序号	项　目	预留长度(m/根)	说　明
1	各种箱、柜、盘、板、盒	宽＋高	盘面尺寸
2	单独安装的铁壳开关、自动开关、刀开关、启动器、箱式电阻器、变阻器	0.5	从安装对象中心算起
3	继电器、控制开关、信号灯、按钮、熔断器等小电器	0.3	从安装对象中心算起
4	分支接头	0.2	分支线预留

7.1.4.4　控制设备及低压电器安装工程量清单编制示例

【例7.1－4】某9层住宅楼电气安装工程，每层4个单元，设计图示各单元分别暗装房间配电箱1台，规格为300×200×120铁箱体，箱内导线直接与空气开关连接；门铃按钮1个；百叶式排气扇1台；单控单联暗开关5套；单控三联暗开关3套；250V/10A单相三孔暗插座8套；250V/15A单相三极暗插座4套；250V/10A单相五极暗插座5套。试编制低压电器的工程量清单。

【解】依题示，设计图纸没有明确各低压电器的具体型号和规格，需征求招标人意见并查阅相关资料确定具体的特征后，根据《工程量计算规范》附录D中表D.4的项目编码、项目名称、项目特征和计量单位（表7.1－10）编制分部分项工程量清单见表7.1－13。

分部分项工程量清单与计价表 **表 7.1－13**

工程名称：　　　　标段：　　　　第　页　共　页

序号	项目编码	项目名称	项目特征描述	计量单位	工程量	金额（元）		
						综合单价	合价	其中：暂估价
1	030404017001	配电箱	房间铁配电箱 ZMX－1 300×200×120 暗装	台	36			
2	030404031001	小电器	门铃按钮 86型 C9H3 250V	个	36			
3	030404033001	风扇	风压式百叶窗排气扇 APB15A1 350×350	台	36			
4	030404034001	照明开关	单控单联大跷板暗开关 86型 C9C1/1 250V/16A	个	180			
5	030404034002	照明开关	单控三联大跷板暗开关 86型 C9C3/1 250V/16A	个	108			
6	030404035001	插座	单相三孔暗插座 86型 C9/10S 250V/10A	个	288			
7	030404035002	插座	单相三孔暗插座 86型 C9/16CS 250V/16A	个	144			
8	030404035003	插座	单相五孔暗插座 86型 C9/10US 250V/10A	个	180			

7.1.5 电机检查接线及调试工程量清单编制

电机检查接线及调试工程量清单项目包括交直流电动机、调相机和发电机的检查接线及调试。

7.1.5.1 电机检查接线及调试工程量清单项目

《工程量计算规范》附录D.6中电机检查接线及调试分部分项工程共设有12个清单项目，各清单项目设置的具体内容见表7.1－14。

电机检查接线及调试工程量清单项目设置(编号:030406)　　表7.1－14

项目编码	项目名称	项目特征	计量单位	工程量计算规则	工作内容
030406001	发电机	1. 名称 2. 型号 3. 容量(kW) 4. 接线端子材质、规格 5. 干燥要求	台	按设计图示数量计算	1. 检查接线 2. 接地 3. 干燥 4. 调试
030406002	调相机				
030406003	普通小型直流电动机				
030406004	可控硅调速直流电动机	1. 名称 2. 型号 3. 容量(kW) 4. 类型 5. 接线端子材质、规格 6. 干燥要求			
0302406005	普通交流同步电动机	1. 名称 2. 型号 3. 容量(kW) 4. 启动方式 5. 电压等级(kV) 6. 接线端子材质、规格 7. 干燥要求			
030406006	低压交流异步电动机	1. 名称 2. 型号 3. 容量(kW) 4. 控制保护方式 5. 接线端子材质、规格 6. 干燥要求			
030406007	高压交流异步电动机	1. 名称 2. 型号 3. 容量(kW) 4. 保护类别 5. 接线端子材质、规格 6. 干燥要求			
030406008	交流变频调速电动机	1. 名称 2. 型号 3. 容量(kW) 4. 类别 5. 接线端子材质、规格 6. 干燥要求			
030406009	微型电机、电加热器	1. 名称 2. 型号 3. 规格 4. 接线端子材质、规格 5. 干燥要求			

续表

<table>
<tr><th>项目编码</th><th>项目名称</th><th>项目特征</th><th>计量单位</th><th>工程量计算规则</th><th>工作内容</th></tr>
<tr><td>030406010</td><td>电动机组</td><td>1. 名称
2. 型号
3. 电动机台数
4. 联锁台数
5. 接线端子材质、规格
6. 干燥要求</td><td rowspan="2">组</td><td rowspan="3">按设计图示数量计算</td><td rowspan="2">1. 检查接线
2. 接地
3. 干燥
4. 调试</td></tr>
<tr><td>030406011</td><td>备用励磁机组</td><td>1. 名称
2. 型号
3. 接线端子材质、规格
4. 干燥要求</td></tr>
<tr><td>030406012</td><td>励磁电阻器</td><td>1. 名称
2. 型号
3. 规格
4. 接线端子材质、规格
5. 干燥要求</td><td>台</td><td>1. 本体安装
2. 检查接线
3. 干燥</td></tr>
</table>

7.1.5.2　电机检查接线及调试工程量清单项目特征

电机检查接线及调试工程量清单项日特征除表述其名称、型号、容量等基本共性特征外，还有表述其调试的特殊个性特征，如起动方式或保护方式特征，这些个性特征直接影响到接线调试费用，所以必须在项目特征中表述清楚，并应根据《工程量计算规范》附录 D 中表 D.6（表 7.1－14）列出的特征作为指引进行表述。主要说明如下：

（1）普通交流同步电动机的起动方式特征，要表述是直接起动还是降压起动。

（2）低压交流异步电动机的控制保护方式特征，要表述是刀开关控制还是电磁控制、非电量联锁过流保护、速断过流保护和时限过流保护等。

（3）电动机组的台数特征，要表述电动机组的电动机台数，如有联锁装置的也要表述联锁的电动机台数。

7.1.5.3　电机检查接线及调试项目清单工程量计算及注意事项

（1）清单工程量计算

在民用建筑工程中，用电动机拖动的设备安装数量不多，而且设计图纸标示的也比较清晰，所以电机检查接线及调试项目清单工程量计算不难，只需按设计图纸标注的型号、规格等分别计算即可。除电动机组和备用励磁机组清单项目以组为单位计量外，其他清单项目的计量单位均为台。

（2）注意事项

1）可控硅调速直流电动机类型指一般可控硅调速直流电动机、全数字式控制可控硅调速直流电动机。

2）交流变频调速电动机类型指交流同步变频电动机、交流异步变频电动机。

3）电动机按其质量划分为大、中、小型：3t 以下为小型，3～30t 为中型，30t 以上为大型。

7.1.5.4　电机检查接线及调试项目工程量清单编制示例

【例 7.1－5】某高层建筑，需安装发电机 1 台，机组型号为 YCG260，型号为 NT6135ZLDU2，容量为 260kW；消防用水泵 2 台，型号为 100DL72－20×3，电机功率 22kW；

生活用水泵2台，型号为80DL54－20×3，电机功率15kW。本体均已安装好。试编制电机检查接线及调试项目工程量清单。

【解】按照《工程量计算规范》附录D中表D.6的项目编码、项目名称、项目特征和计量单位（表7.1－14）为指引进行编制。分部分项工程量清单见表7.1－15。

分部分项工程量清单与计价表 **表7.1－15**

工程名称： 标段： 第 页 共 页

序号	项目编码	项目名称	项目特征描述	计量单位	工程量	金额（元）		
						综合单价	合价	其中：暂估价
1	030406001001	发电机	柴油发电机调试 YCG260，NT6135ZLDU2 260kW	台	1			
2	030406006001	低压交流异步电动机	立式多级离心泵调试 100DL72－20×3，22kW 电磁控制	台	2			
3	030406006002	低压交流异步电动机	立式多级离心泵调试 100DL72－20×3，15kW 电磁控制	台	2			

7.1.6 电缆安装工程量清单编制

电缆线路由电缆、电缆附件和线路构筑物三部分组成。电缆是电缆线路的主体。电缆附件是指电缆线路中除电缆本体以外的其他部件，如电缆终端头、中间头、连接盒等。线路构筑物是电缆线路中用来支撑电缆和安装电缆附件的部分，如电缆杆、引入管道和电缆井、沟、隧道等。在编制工程量清单时，不仅对电缆线路中的电缆、线路构筑物等设置清单项目，还应对电缆附件设置清单项目。

7.1.6.1 电缆安装工程量清单项目

《工程量计算规范》附录D.8中电缆安装分部分项工程共设有11个清单项目，各清单项目设置的具体内容见表7.1－16。

电缆安装工程量清单项目设置（编号：030408） **表7.1－16**

项目编码	项目名称	项目特征	计量单位	工程量计算规则	工作内容
030408001	电力电缆	1.名称 2.型号 3.规格 4.材质 5.敷设方式、部位 6.电压等级（kV） 7.地形	m	按设计图示尺寸以长度计算（含预留长度及附加长度）	1.电缆敷设 2.揭（盖）盖板
030408002	控制电缆				
030408003	电缆保护管	1.名称 2.材质 3.规格 4.敷设方式		按设计图示尺寸以长度计算	保护管敷设
030408004	电缆槽盒	1.名称 2.材质 3.规格 4.型号			槽盒敷设
030408005	铺砂、盖保护板（砖）	1.种类 2.规格			1.铺砂 2.揭板（砖）

续表

项目编码	项目名称	项目特征	计量单位	工程量计算规则	工作内容
030408006	电力电缆头	1. 名称 2. 型号 3. 规格 4. 材质、类型 5. 安装部位 6. 电压等级(kV)	个	按设计图示数量计算	1. 电力电缆头制作 2. 电力电缆头安装 3. 接地
030408007	控制电缆头	1. 名称 2. 型号 3. 规格 4. 材质、类型 5. 安装部位			
030408008	防火堵洞	1. 名称 2. 材质 3. 方式 4. 部位	处	按设计图示数量计算	安装
030408009	防火隔板		m^2	按设计图示尺寸以面积计算	
030408010	防火涂料		kg	按设计图示尺寸以质量计算	
030408011	电缆分支箱	1. 名称 2. 型号 3. 规格 4. 基础形式、材质、规格	台	按设计图示数量计算	1. 本体安装 2. 基础制作、安装

7.1.6.2　电缆安装工程量清单项目特征

本节清单项目特征首先要把实体名称表述准确，其他项目特征基本为型号、规格、材质，但其规格特征的表述各有不同含义。电力电缆、控制电缆、电力电缆头和控制电缆头的规格是指其截面；电缆保护管的规格是指管的内径；电缆分支箱的规格是指箱体的宽×高×厚等。电缆安装清单项目特征应根据《工程量计算规范》附录D中表D.8(表7.1-16)列出的特征作为指引进行表述，主要说明如下：

(1)电缆。电缆的种类很多，在电力系统中，最常用的电缆有电力电缆和控制电缆两大类。

1)电力电缆：电力电缆主要用来输送和分配电能，也可作为各种电气设备间的连接线。电力电缆的结构都是由导电线芯、绝缘层及保护层三个主要部分组成。电力电缆敷设方式有直接埋地敷设、电缆沟敷设、电缆管道内敷设、室内电缆支架和桥架上敷设等。电力电缆按电压等级分，有高压电缆和低压电缆；按导电线芯材料分，有铜芯和铝芯两种；按绝缘材料分，有油浸纸绝缘电缆、橡皮绝缘电缆、聚氯乙烯绝缘电缆、聚乙烯绝缘电缆和交联聚乙烯绝缘电缆；按导电线芯数量分，有单芯、双芯、三芯、四芯和五芯电缆。常用电缆型号及适用范围见表7.1-17。

电缆型号及适用范围 表 7.1－17

型号		名称	适用范围
铜芯	铝芯		
VV	VLV	聚氯乙烯绝缘、聚氯乙烯护套铜(铝)芯电力电缆	室内、隧道、管内,不承受机械力作用
YJV	YJLV	交联聚乙烯绝缘、聚氯乙烯护套铜(铝)芯电力电缆	
YJY	YJLY	交联聚乙烯绝缘、聚乙烯护套铜(铝)芯电力电缆	
VV_{22}	VLV_{22}	聚氯乙烯绝缘、聚氯乙烯护套,双钢带,聚氯乙烯外套铜(铝)芯铠装电力电缆	室内、隧道、管内,埋入土内,能承受机械力作用
YJV_{22}	$YJLV_{22}$	交联聚乙烯绝缘、聚氯乙烯护套,双钢带,聚氯乙烯外套铜(铝)芯铠装电力电缆	
VV_{33}	VLV_{33}	聚氯乙烯绝缘、聚氯乙烯护套,细圆钢丝,聚乙烯外套铜(铝)芯铠装电力电缆	竖井、水中、有落差的地方,能承受外力作用
YJV_{33}	$YJLV_{33}$	交联聚乙烯绝缘、聚氯乙烯护套,细圆钢丝,聚乙烯外套铜(铝)芯铠装电力电缆	

2)控制电缆:控制电缆是配电装置中传输操作电流,连接电气仪表、继电保护和自动控制等回路用的,属于低压电缆。运行电压一般在交流500V或直流1000V以下,电流不大,而且是间断性负荷,所以导电线芯截面较小,一般在1.5～10mm^2,均为多芯电缆,芯数从4芯到37芯。控制电缆的绝缘层材料及规格型号的表示方法与电力电缆基本相同。

(2)电缆保护管。目前使用的电缆保护管的种类有钢管、铸铁管、PVC塑料管、混凝土管等。电缆保护管常用规格有 *DN*100、*DN*150、*DN*200、*DN*250 等,其内径不得小于电缆外径的1.5倍。

7.1.6.3 电缆安装清单工程量计算及注意事项

(1)清单工程量计算

1)电力电缆、控制电缆清单工程量按设计图示尺寸以长度计算,不扣除电缆中间头所占长度。计算的起点和终点为电缆与配电设备(如配电箱、盘、柜等)交接处为界,其清单工程量总长度为水平长度加垂直长度及预留长度和附加长度。

2)电缆保护管清单工程量要区分不同材质、不同管径按设计图示尺寸以长度计算。

3)清单工程量计算要领

在计算清单工程量前,首先要看懂设计图纸,熟悉系统图和平面图的关系,然后在计算清单工程量时,把系统图和平面图对应来计算。电缆的供电方式多作为供电主干线,一般是一根电缆为一个供电回路,线路交叉不复杂,所以计算电缆水平长度不难,可用比例尺在图上逐个回路直接量度计算。但计算电缆竖向长度就显得有些难度,因为电缆水平走向时距离楼地面高度一般设计图纸都没有标示,这时应根据各楼层高度,结合建筑梁柱表进行扣减计算。最后将所算出来的水平和垂直量分别合并相加,汇总出清单工程量。值得注意的是在计算时不要漏算预留长度和附加长度。

(2)注意事项

1)电缆穿刺线夹按电缆头编码列项。

2)电缆井、电缆排管、顶管,应按现行国家标准《市政工程工程量计量规范》GB 50857 相关项目编码列项。

3)电缆敷设预留长度及附加长度应根据《工程量计算规范》表 D.15.7－5(表 7.1－18)计入清单工程量。

电缆敷设的附加长度 **表 7.1－18**

序号	项目	预留(附加)长度	说明
1	电缆敷设弛度、波形弯度、交叉	2.5%	按电缆全长计算
2	电缆进入建筑物	2.0m	规范规定最小值
3	电缆进入沟内或吊架时引上(下)预留	1.5m	规范规定最小值
4	变电所进线、出线	1.5m	规范规定最小值
5	电力电缆终端头	1.5m	检修余量最小值
6	电缆中间接头盒	两端各留 2.0m	检修余量最小值
7	电缆进控制、保护屏及模拟盘、配电箱等	宽＋高	按盘面尺寸
8	高压开关柜及低压配电盘、箱(柜)	2.0m	盘下进出线
9	电缆至电动机	0.5m	从电动机接线盒起算
10	厂用变压器	3.0m	从地坪起算
11	电缆绕过梁柱等增加长度	按实计算	按被绕物的断面情况计算增加长度
12	电梯电缆与电缆架固定点	每处 0.5m	规范规定最小值

7.1.6.4 电缆安装工程量清单编制示例

【例 7.1－6】如图 7.1－4 所示。某新建 A、B 两栋住宅楼工程电源分别由小区内已有土建变配电房低压配电柜 AA4 引出敷设至各自首层悬挂式总配电箱(ZMa、ZMb),配电箱规格为 600×800×180。墙体厚均为 370mm,电缆在低压配电房和配电间内采用无支架电缆沟敷设,电缆沟深 0.7m。室外采用直接埋地敷设方式敷设,电缆埋深 0.7m。垂直进入总配电箱的电缆采用镀锌钢管保护,镀锌钢管公称直径为 *DN*100,总配电箱离地面 1.6m 明装。电缆采用 ZR－YJV_{22}－3×95＋2×70mm^2电力电缆,并采用现场制作的电缆终端头与低压配电柜和总配电箱连接,不考虑电缆沟挖填土和铺砂、盖保护板的工作内容。试编制电缆敷设及与电缆敷设有关项目的工程量清单。

【解】查相关资料(表 7.1－17)得知,电缆 ZR－YJV_{22}－3×95＋2×70mm^2为阻燃交联聚乙烯绝缘、聚氯乙烯护套,双钢带,聚氯乙烯外套铜芯铠装电力电缆。电缆安装清单工程量计算见表 7.1－19。

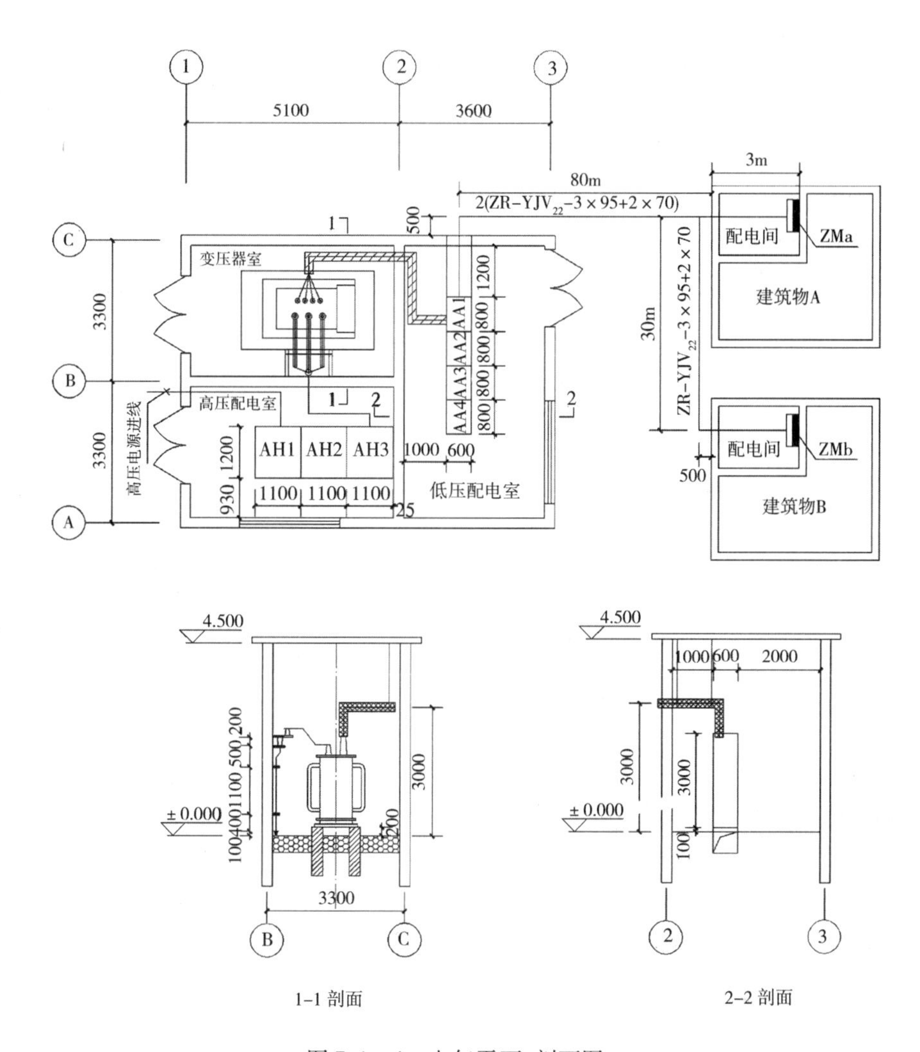

图 7.1－4　电气平面、剖面图

清单工程量计算表

7.1－19

工程名称：　　　　　　　　　　　　　　　标段：　　　　　　　　　　　　　　　第　页　共　页

序号	清单项目特征	清单工程量计算过程	单位	清单工程量
1	阻燃交联铜芯铠装电力电缆 ZR－YJV_{22}－1kV－$3\times95+2\times70mm^2$	[0.1(基础槽钢高)+0.7(电缆沟深)+0.8÷2(一半 AA4 柜宽)+0.8×3(AA1～AA3 柜宽)+1.2(柜边到内墙距离)+0.37(墙体厚)+0.5(低压配电房外墙皮距离)+(80－0.5)(室外水平段)]×2(电缆根数)+0.5(距离 A 栋外墙)+3(进入 A 栋水平段)+0.7(电缆沟深)+1.6(配电箱离地距离)+30(B 栋水平段)+0.5(距离 B 栋外墙)+3(进入 B 栋水平段)+0.7(电缆沟深)+1.6(配电箱离地距离)+[1.5(配电柜内电缆终端头预留长度)+2(配电柜内预留长度)+1.5(配电柜端电缆沟内预留长度)+1.5(配电箱端电缆沟内预留长度)+(0.6+0.8)(配电箱内预留长度)+1.5(配电箱内电缆终端头预留长度)]×2(电缆根数)+230.74×2.5%(电缆弛度附加长度)	m	236.51

续表

序号	清单项目特征	清单工程量计算过程	单位	清单工程量
2	镀锌钢管电缆保护管 *DN*100	1.6×2	m	3.2
3	铜芯电缆终端头 1kV $-3\times95+2\times70mm^2$	2+2	个	4

第三步，按照《工程量计算规范》附录 D 中表 D.8 的项目编码、项目名称、项目特征和计量单位（表 7.1-16）进行编制。分部分项工程量清单见表 7.1-20。

分部分项工程量清单与计价表 **表 7.1-20**

工程名称： 标段： 第 页 共 页

序号	项目编码	项目名称	项目特征描述	计量单位	工程量	金额（元）		
						综合单价	合价	其中：暂估价
1	030408001001	电力电缆	阻燃交联铜芯铠装电力电缆 ZR-YJV_{22} -1kV $-3\times95+2\times70mm^2$	m	236.51			
2	030408003001	电缆保护管	镀锌钢管 *DN*100 明敷	m	3.2			
3	030408006001	电力电缆头	铜芯电缆终端头 1kV $-3\times95+2\times70mm^2$	个	4			

7.1.7 防雷及接地装置工程量清单编制

接地装置包括生产、生活用的安全接地、防静电接地、保护接地等一切接地装置的安装，避雷装置包括建筑物、构筑物、金属塔器等防雷装置。对于同一座建筑物，接地装置和避雷装置可以是各自独立的系统，也可以是共用接地体的同一个系统，但常为共用系统。因此，在编制防雷及接地装置工程量清单时，要特别注意项目特征的表述。

7.1.7.1 防雷及接地装置工程量清单项目

《工程量计算规范》附录 D.9 中防雷及接地装置分部分项工程共设有 11 个清单项目，广东省建设工程造价管理总站补充 1 个清单项目，各清单项目设置的具体内容见表 7.1-21。

防雷及接地装置工程量清单项目设置（编号：030409） **表 7.1-21**

项目编码	项目名称	项目特征	计量单位	工程量计算规则	工作内容
030409001	接地极	1. 名称 2. 材质 3. 规格 4. 土质 5. 基础接地形式	根（块）	按设计图示数量计算	1. 接地极（板、桩）制作、安装 2. 基础接地网安装 3. 补刷（喷）油漆
030409002	接地母线	1. 名称 2. 材质 3. 规格 4. 安装部位 5. 安装形式	m	按设计图示尺寸以长度计算（含附加长度）	1. 接地母线制作、安装 2. 补刷（喷）油漆

续表

项目编码	项目名称	项目特征	计量单位	工程量计算规则	工作内容
030409003	避雷引下线	1. 名称 2. 材质 3. 规格 4. 安装部位 5. 安装形式 6. 断接卡子、箱材质、规格	m	按设计图示尺寸以长度计算（含附加长度）	1. 避雷引下线制作、安装 2. 断接卡子、箱制作、安装 3. 利用主钢筋焊接 4. 补刷（喷）油漆
030409004	均压环	1. 名称 2. 材质 3. 规格 4. 安装形式			1. 均压环敷设 2. 钢铝窗接地 3. 主钢筋与圈梁焊接 4. 利用圈梁钢筋焊接 5. 补刷（喷）油漆
030409005	避雷网	1. 名称 2. 材质 3. 规格 4. 安装形式 5. 混凝土块标号			1. 避雷网制作、安装 2. 跨接 3. 混凝土块制作 4. 补刷（喷）油漆
030409006	避雷针	1. 名称 2. 材质 3. 规格 4. 安装形式、高度	根	按设计图示数量计算	1. 避雷针制作、安装 2. 跨接 3. 补刷（喷）油漆
030409007	半导体少长针消雷装置	1. 型号 2. 高度	套		本体安装
030409008	等电位端子箱、测试板	1. 名称 2. 材质 3. 规格	台（块）		
030409009	绝缘垫		m^2	按设计图示尺寸以展开面积计算	1. 制作 2. 安装
030409010	浪涌保护器	1. 名称 2. 规格 3. 安装形式 4. 防雷等级	个	按设计图示数量计算	1. 本体安装 2. 制作 3. 安装
030409011	降阻剂	1. 名称 2. 类型	kg	按设计图示以质量计算	1. 挖土 2. 施放降阻剂 3. 回填土 4. 运输
粤 030409012	桩承台接地	1. 名称 2. 材质 3. 焊接桩根数 4. 每桩焊接根数 5. 桩承台钢筋焊接形式	基	按设计图示数量计算	1. 桩承台钢筋焊接 2. 补刷油漆

7.1.7.2　防雷及接地装置工程量清单项目特征

防雷及接地装置工程量清单项目特征主要表述的是实体名称、材质、规格、安装部位和安装形式。防雷及接地装置清单项目特征应根据《工程量计算规范》附录 D 中表 D.9（表 7.1－21）列出的特征作为指引，并结合工程的具体情况进行表述，主要说明如下：

(1)防雷。防雷就是通过一系列装置将雷电直接引入大地,保证建筑物、设备、人身安全所采取的措施。建筑物的防雷是根据其重要性、使用性质、发生雷电事故的可能性和后果,按防雷要求分为三级。一、二级防雷建筑物应有防直击雷、防雷电感应和防雷电波侵入的措施,三级防雷建筑物应有防直击雷和防雷电波侵入的措施。防直击雷的防雷装置由接闪器、引下线和接地装置三部分组成。本节仅介绍建筑物防直击雷的特征表述。

1)接闪器:接闪器即受雷体,包括避雷针、避雷带、避雷网,用以接受雷云放电的金属导体。

①避雷针:避雷针是将雷云的放电通路吸引到本体,由它及与它相连的引下线和接地体将雷电流安全导入大地中,从而保护了附近的建筑物和设备免受雷击。避雷针通常用镀锌圆钢、镀锌钢管、不锈钢管等加工而成,长度一般为1~2m,镀锌圆钢直径不小于20mm,镀锌钢管和不锈钢管直径不小于25mm,壁厚不小于3mm。安装形式特征是指装在烟囱上;装在平面屋顶上;装在墙上;装在金属容器顶上;装在金属容器壁上;装在构筑物上等。装在避雷网或女儿墙上的避雷针,称为避雷针小短针,常用直径不小于12mm的镀锌圆钢制作而成,长度一般为0.3~0.6m,其“高度”可不表述。

②避雷带和避雷网:避雷带就是利用镀锌圆钢或镀锌扁钢在建筑物沿屋角、屋脊、屋檐、女儿墙等易遭受雷击的部位装设的条形长带作为接闪器。避雷网则是利用镀锌圆钢或镀锌扁钢在整个屋面上按一定的长度连接成网格作为接闪器。一级防雷建筑物装设不大于10m×10m或12m×8m的网格,二级防雷建筑物装设不大于15m×15m的网格,三级防雷建筑物装设不大于20m×20m或24m×16m的网格。避雷带(网)通常选用镀锌圆钢或镀锌扁钢,常用的是镀锌圆钢。《工程量计算规范》中安装形式特征是指沿混凝土块敷设和沿折板支架敷设两种。

2)引下线:引下线是将接闪器接受的雷电流引到接地装置金属导体。防雷装置的引下线不应少于2根,并沿建筑物四周均匀或对称布置,其间距为:一级防雷建筑物不应大于18m,二级防雷建筑物不应大于20m,三级防雷建筑物不应大于25m。引下线有人工引下线和自然引下线两种安装形式。

①人工引下线:人工引下线一般采用镀锌圆钢或镀锌扁钢制作,最常用的是镀锌圆钢,有明敷和暗敷两种。

②自然引下线:自然引下线就是利用建筑物柱内钢筋焊接连通把雷电流引到接地装置的制作方式。通常利用柱内钢筋不小于2根焊接连通,钢筋直径不应小于$\phi12$。

3)接地装置:接地装置是接地体(又称接地极)和接地线的总称。埋入地中并直接与大地接触的金属导体,称为接地体。将电力设备中杆塔的接地螺栓与接地体或零线相连接用的,在正常情况下不载流的金属导体,称为接地线。接地装置(接地体、接地线)有人工接地装置和自然接地装置两种安装形式。

①人工接地体:人工接地体有人工垂直接地体和人工水平接地体之分。人工垂直接地体长度一般为2.5m,接地极的间距一般为5m。常用的有角钢接地极、钢管接地极和圆钢接地极。人工水平接地体常用镀锌扁钢、镀锌圆钢或铜硬母线(铜排)埋入地下水平安装。

②自然接地装置:自然接地装置是利用承台下的基础桩内不小于2根主钢筋焊接并与承台内不小于2根主钢筋焊接连通形成一个接地整体具有接地极功能的装置。

③接地母线:接地母线又称接地连接线,即从引下线断接卡子或换线处至接地体和连接

垂直接地体之间的连接线，有户内接地母线和户外接地母线之分。户内接地母线一般多为明敷设，但有时因设备的接地需要也可埋地敷设或埋设在混凝土层中。户外接地母线大部分采用埋地敷设。接地母线也有人工接地母线和自然接地母线两种安装形式。人工接地母线一般应使用镀锌扁钢。自然接地母线是利用基础梁内不小于2根主钢筋通长于承台钢筋焊接连通。

4）均压环：均压环主要是利用建筑物梁内主钢筋与柱内主钢筋引下线焊接连通，并将外墙上的栏杆、门窗等与之焊接连通，以防雷电侧击。一般高度超过10层或30m的防雷建筑物，应设置均压环。

（2）接地。所谓接地，简单说来是各种设备与大地的电气连接。接地系统包括接地极、户外接地母线、户内接地母线、接地跨接线、构架接地、防静电接地等。接地系统常用的材料有镀锌等边角钢、镀锌扁钢、镀锌圆钢、镀锌钢管、铜板、铜带、裸铜线等。

7.1.7.3　防雷及接地装置清单工程量计算及注意事项

（1）清单工程量计算

1）防雷及接地装置清单工程量分别按设计图示尺寸以长度、数量、根等计算。

2）利用柱（梁）内钢筋作引下线、均压环的，不管图纸要求焊接钢筋根数是2根或以上，均按图示柱（梁）长度计算清单工程量，但其特征应表述清楚焊接钢筋根数，以便计价。

3）清单工程量的计算要领

防雷及接地装置清单工程量计算关键是接地母线、避雷引下线、均压环、避雷线长度的计算，水平长度应根据设计图示尺寸计算或以比例尺量度计算，垂直长度则根据建筑物的不同标高计算，并计算附加长度。

（2）注意事项

1）执行国家计量规范的：

①利用桩基础作接地极，应描述桩台下桩的根数，每桩台下需焊接柱筋根数，其工程量按柱引下线计算；利用基础钢筋作接地极按均压环项目编码列项。

②利用柱筋作引下线的，需描述柱筋焊接根数。

③利用圈梁筋作均压环的，需描述圈梁筋焊接根数。

④使用电缆、电线作接地线，应按《工程量计算规范》附录D.8（表7.1－16）、D.11（表7.1－28）相关项目编码列项。

⑤接地母线、引下线、避雷网附加长度应根据《工程量计算规范》表D.15.7－6（表7.1－22）计入清单工程量。

接地母线、引下线、避雷网附加长度　　表7.1－22

项　目	附加长度	说　明
接地母线、引下线、避雷网附加长度	3.9%	按接地母线、引下线、避雷网全长计算

2）执行广东省实施意见的：

利用桩基础作接地极，应描述桩台下桩的根数，每桩台下需焊接柱筋根数，其工程量按基计算，按桩承台接地项目编码列项。

7.1.7.4　防雷及接地装置工程量清单编制示例

【例7.1－7】某16层100m×50m矩形住宅楼防雷接地工程，层高3m，女儿墙高1.2m。

天面防雷网采用镀锌圆钢 $\phi10$ 沿女儿墙顶 100mm 高处支架敷设，图示长度 300m；防雷网格采用镀锌圆钢 $\phi10$ 沿女儿墙内墙表面穿过隔热层距天面 50mm 高与防雷带焊接，图示长度 415m；焊接在防雷带上的 $L=250$、$\phi12$ 镀锌圆钢避雷小短针共 20 根。利用柱内 3 条主钢筋焊接连通作防雷引下线与基础承台焊接连通，并在 +0.40m 处焊接测试端子，基础承台标高 -1.70m，共 6 条柱，图示长度 306m。利用基础梁内 2 条主钢筋焊接连通作防雷接地母线，图示长度 700m。作接地极的承台共 8 基，其中四连桩承台 4 基，三连桩承台 2 基，二连桩承台 2 基。低压配电房设在首层左下角，为 5.2m × 3.3m，沿电房内四周墙脚 -0.10m 处敷设 -40 × 4 的镀锌扁钢作接地线与左下角柱内防雷引下线 +0.30m 处引出的接地端子焊接连通，接地线水平与 10 号基础槽钢（地上安装）距离 1.4m，并从电房左上角强电井内垂直明敷设一根 -40 × 4 的镀锌扁钢至顶层作接地干线。图示长度共 67m。试编制防雷及接地装置工程量清单。

【解】(1) 根据题示得知该住宅楼防雷系统和接地系统是相对独立的，其应计算附加长度的清单项目及相应的清单工程量如下：

1) 镀锌圆钢天面避雷网 $\phi10$ 支架敷设，300m × 1.039 = 311.7m；

2) 镀锌圆钢天面避雷网格 $\phi10$ 暗敷，415m × 1.039 = 431.185m ≈ 431.2m；

3) 镀锌扁钢接地母线 -40 × 4 户内敷设，67m × 1.039 = 69.613m ≈ 69.6m。

(2) 利用柱内 3 条主钢筋焊接连通作防雷引下线与基础承台焊接连通，并在 +0.40m 处焊接测试端子，基础承台标高 -1.70m，共 6 条柱，图示长度 306m。

(3) 按照《工程量计算规范》附录 D 中表 D.9 的项目编码、项目名称、项目特征和计量单位（表 7.1-21）编制的防雷及接地装置分部分项工程量清单见表 7.1-23。

分部分项工程量清单与计价表 **表 7.1-23**

工程名称： 标段： 第 页 共 页

序号	项目编码	项目名称	项目特征描述	计量单位	工程量	金额（元）		
						综合单价	合价	其中：暂估价
1	030409005001	避雷网	镀锌圆钢避雷网 $\phi10$ 明敷	m	311.7			
2	030409005002	避雷网	镀锌圆钢避雷网 $\phi10$ 暗敷	m	431.2			
3	030409006001	避雷针	镀锌圆钢避雷小短针 $L=250$ $\phi12$ 避雷网上焊接	根	20			
4	030409003001	避雷引下线	引下线（柱内 3 根钢筋焊接） 断接测试端子 镀锌扁钢 -40 × 4 接地端子 镀锌扁钢 -40 × 4	m	306			
5	030409004001	均压环	接地母线（梁内 2 根钢筋焊接）	m	700			
6	粤 030409012001	桩承台接地	桩承台接地（四连桩）	基	4			
7	粤 030409012002	桩承台接地	桩承台接地（二、三连桩）	基	4			
8	030409002001	接地母线	镀锌扁钢户内接地母线 -40 × 4	m	69.6			

7.1.8 10kV 以下架空配电线路工程量清单编制

10kV 及以下架空配电线路工程量清单项目包括电杆组立、导线架设两大部分项目。

7.1.8.1 10kV 以下架空配电线路工程量清单项目

《工程量计算规范》附录 D.10 中 10kV 以下架空配电线路分部分项工程共设有 4 个清单项目，各清单项目设置的具体内容见表 7.1－24。

10kV 以下架空配电线路工程量清单项目设置（编号:030410） **表 7.1－24**

项目编码	项目名称	项目特征	计量单位	工程量计算规则	工作内容
030410001	电杆组立	1. 名称 2. 材质 3. 规格 4. 类型 5. 地形 6. 土质 7. 底盘、拉盘、卡盘规格 8. 拉线材质、规格、类型 9. 现浇基础类型、钢筋类型、规格、基础垫层要求 10. 电杆防腐要求	根（基）	按设计图示数量计算	1. 施工定位 2. 电杆组立 3. 土（石）方挖填 4. 底盘、拉盘、卡盘安装 5. 电杆防腐 6. 拉线制作、安装 7. 现浇基础、基础垫层 8. 工地运输
030410002	横担组装	1. 名称 2. 材质 3. 规格 4. 类型 5. 电压等级（kV） 6. 瓷瓶型号、规格 7. 金具品种规格	组		1. 横担安装 2. 瓷瓶、金具组装
030410003	导线架设	1. 名称 2. 材质 3. 规格 4. 地形 5. 跨越类型	km	按设计图示尺寸以单线长度计算（含预留长度）	1. 导线架设 2. 导线跨越及进户线架设 3. 工地运输
030410004	杆上设备	1. 名称 2. 材质 3. 规格 4. 电压等级（kV） 5. 支撑架种类、规格 6. 接线端子材质、规格 7. 接地要求	台（组）	按设计图示数量计算	1. 支撑架安装 2. 本体安装 3. 焊压接线端子、接线 4. 补刷（喷）油漆 5. 接地
粤 030410005	铁塔组立	1. 名称 2. 材质 3. 质量 4. 地形条件 5. 土质 6. 基础类型	基		1. 铁塔组立 2. 工地运输 3. 施工定位 4. 土（石）方挖填 5. 基础安装 6. 基础防腐 7. 补刷（喷）油漆

7.1.8.2　10kV 以下架空配电线路工程量清单项目特征

10kV 以下架空配电线路的基本构成如图 7.1－5 所示。它主要由电杆、横担、绝缘子、导线、拉线及金具等部分组成。在表述项目特征时，要将实体名称表述清楚，地形条件不同，其发生的安装费用也就不同，地形条件特征有平地、丘陵、一般山地和泥沼地带，因此也必须表述清楚。10kV 以下架空配电线路清单项目特征应根据《工程量计算规范》附录 D 中表 D.10（表 7.1－24）列出的特征作为指引进行表述，主要说明如下：

（1）电杆。电杆是架空配电线路的重要组成部分，用来安装横担、绝缘子和架设导线。因此，电杆应具有足够的机械强度，同时也应具备造价低、寿命长的特点。电杆的类型有直线杆、耐张杆、转角杆、终端杆、分支杆、跨越杆等六种，除直线杆外，其他的杆型又称为承力杆；电杆的材质有木杆、钢筋混凝土杆和金属杆（铁杆、铁塔），目前应用最为广泛的是钢筋混凝土杆；电杆的规格是指杆的梢径（或直径）和杆长。

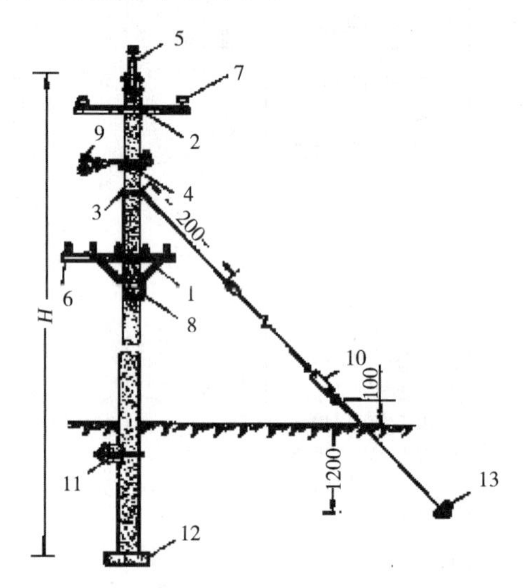

图 7.1－5　架空配电线路的基本构成

1－低压五线横担；2－高压二线横担；3－拉线抱箍；4－双横担；5－高压杆顶；
6－低压针式绝缘子；7－高压针式绝缘子；8－蝶式绝缘子；9－悬式绝缘子及高压蝶式绝缘子；
10－花篮螺栓；11－卡盘；12－底盘；13－拉线盘

（2）横担。横担是装在电杆上端，用来固定绝缘子架设导线，有时也用来固定开关设备或避雷器等。横担有木质、铁质和瓷质三种。高、低压线路宜采用镀锌角钢横担或瓷横担。

（3）绝缘子。绝缘子习惯上又称为瓷瓶，它的作用是用来固定和悬挂导线，使带电导线之间或导线与横担、杆塔之间保持绝缘，同时还能承受主要由导线传来的竖向荷重和水平拉力。常用的绝缘子有针式、蝶式、悬式绝缘子等数种。低压针式绝缘子的型号有 PD－1（或 2、3），数字表示绝缘子的代号，1 号相对最大。低压蝶式绝缘子型号为 ED，高压蝶式绝缘子型号为 E10，10 表示额定电压为 10kV。

（4）导线。导线的作用是传送电流。导线有绝缘导线和裸导线两类。按导线的结构可分为单股导线、多股绞线和复合材料多股绞线；按导线的导体材料可分为铜导线、铝导线、钢芯铝导线、铝合金导线和钢导线等。在项目特征中，型号表示了材质；规格是指导线的截面。

(5)拉线。拉线的作用是平衡电杆各个方向的拉力,防止电杆弯曲或倾斜,因此在承受不平衡拉力的电杆上均应装设拉线,以达到平衡的目的。拉线有普通拉线、两侧拉线、过街拉线、共同拉线、V 形拉线、弓形拉线等几种。拉线形式如图 7.1-6 所示。

(6)金具。在架空配电线路中,金具是用来固定横担、绝缘子、拉线及导线连接的各种金属附件,统称为线路金具。

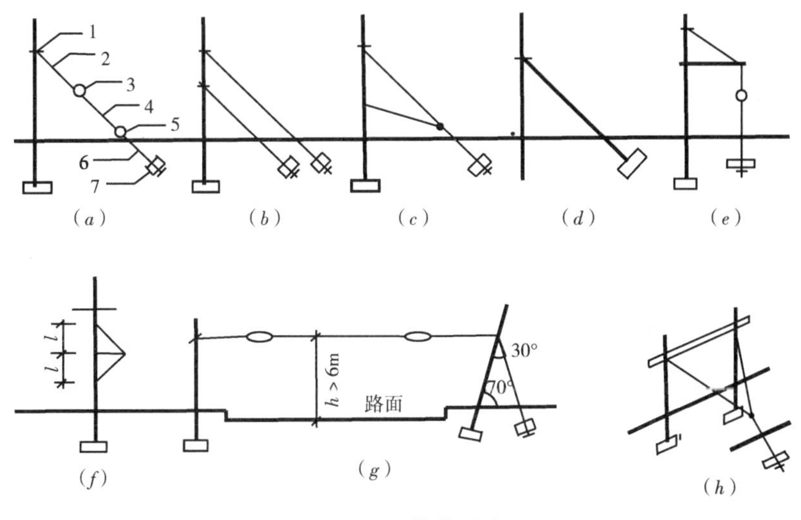

图 7.1-6　拉线形式

(a)普通拉线;(b)高低拉线;(c)立 Y 拉线;(d)撑杆(戗杆);(e)弓形拉线;

(f)自身弓形拉线;(g)高桩(高搬桩、水平)拉线;(h)平 Y 拉线(V 形拉线)

1-抱箍;2-上把;3-拉紧绝缘子;4-中把;5-花篮螺栓;6-底把;7-拉线盘

7.1.8.3　10kV 以下架空配电线路清单工程量计算及注意事项

(1)清单工程量计算

1)电杆组立项目清单工程量按设计图示数量以"根"计算。

2)导线架设项目清单工程量按设计图示尺寸以"单线长度"(含预留长度)计算,计量单位为"km"。

3)清单工程量的计算要领

10kV 以下架空配电线路的设计图纸一般不是很复杂,有的是在地形图上设计的,比较容易区分地形条件,识图难度不大,清单工程量计算也相对比较容易。首先在图纸上按不同的特征分别统计电杆的自然数量,计算是材质、规格、类型完全相同,安装的地形条件不同也必须分开计算清单工程量和编列清单项目。然后区别导线的不同特征,按设计图标示长度或用比例尺量度每段导线的长度,并加上预留长度后汇总。注意导线架设的计量单位是"km",而不是基本计量单位"m"。

(2)注意事项

1)杆上设备调试,应按《工程量计算规范》附录 D.14(表 7.1-38)相关项目编码列项。

2)架空导线预留长度应根据《工程量计算规范》表 D.15.7-7(表 7.1-25)计入清单工程量。

架空导线预留长度 **表 7.1-25**

项目		预留长度(m/根)
高压	转角	2.5
	分支、终端	2.0
低压	分支、终端	0.5
	交叉跳线转角	1.5
与设备连线		0.5
进户线		2.5

7.1.8.4 10kV 以下架空配电线路工程量清单编制示例

【例 7.1-8】现有一组三线制 10kV 高压架空线路,从变电站到用户高压开关房设计图示全长 3km,不考虑高压开关房、变电站的进、出线段和导线与设备连接的长度,导线型号为 LJ-70 多股铝绞线。线路经过丘陵地带 0.5km,一般山地 0.8km 并有 1 处转角,平地 1.7km 终端进入高压开关房。钢筋混凝土电杆梢径 190mm,长 13m,其中直线杆 29 根,终端杆 2 根;镀锌角铁横担规格为∟ 63×63×6,$L=1500$;高压蝶式绝缘子型号为 E10,共 93 个。试编制导线架设工程量清单。

【解】(1)导线架设、钢筋混凝土电杆区分直线杆和终端杆、镀锌角铁横担应单独编列清单项目,高压蝶式绝缘子属于横担安装的组价工作内容,不另列清单项目。

(2)依据题意,导线架设工程量清单编制步骤如下:

1)查阅相关资料得知,LJ-70 多股铝绞线截面是 70mm^2。

2)计算导线的清单工程量。

①丘陵地带:导线清单工程量为 0.5km×3 根=1.5km;

②一般山地:导线清单工程量为 0.8km×3 根+2.5m×3 根(转角预留)=2.4075km;

③平地:导线清单工程量为 1.7km×3 根+2m×3 根(终端预留)=5.106km。

3)按照《工程量计算规范》附录 D 中表 D.10 的项目编码、项目名称、项目特征和计量单位(表 7.1-24)进行编制。编制方法有两种,一种是按照不同的地形条件分列清单项目;另一种是可将不同的地形条件下导线长度在同一项目特征中表述清楚后编列清单项目。分部分项工程量清单见表 7.1-26、表 7.1-27。

分部分项工程量清单与计价表 **表 7.1-26**

工程名称: 标段: 第 页 共 页

序号	项目编码	项目名称	项目特征描述	计量单位	工程量	金额(元)		
						综合单价	合价	其中:暂估价
1	030410003001	导线架设	多股铝绞线 LJ-70 丘陵地带架设	km	1.5			
2	030410003002	导线架设	多股铝绞线 LJ-70 一般山地架设	km	2.4075			
3	030410003003	导线架设	多股铝绞线 LJ-70 平地架设	km	5.106			

分部分项工程量清单与计价表 **表 7.1－27**

工程名称： 标段： 第 页 共 页

序号	项目编码	项目名称	项目特征描述	计量单位	工程量	金额（元）		
						综合单价	合价	其中：暂估价
1	030410003001	导线架设	多股铝绞线 LJ－70 丘陵地带架设 0.5km 一般山地架设 0.8km 平地架设 1.7km	km	9.0135			

7.1.9 配管、配线工程量清单编制

配管、配线为电气线路工程，是构成建筑电气最基本的内容。配管就是把用以保护导线避免多尘环境影响、腐蚀性气体侵蚀和机械损伤、施工穿线和维修换线方便等的电线管按预先设计的路线敷设的一种施工方式；配线就是把传递电能的导线沿着管内、槽内或建筑物表面敷设的一种施工方式。

7.1.9.1 配管、配线工程量清单项目

《工程量计算规范》附录 D.11 中配管、配线分部分项工程共设有 6 个清单项目，各清单项目设置的具体内容见表 7.1－28。

配管、配线工程量清单项目设置（编号：030411） **表 7.1－28**

项目编码	项目名称	项目特征	计量单位	工程量计算规则	工作内容
030411001	配管	1. 名称 2. 材质 3. 规格 4. 配置形式 5. 接地要求 6. 钢索材质、规格	m	按设计图示尺寸以长度计算	1. 电线管路敷设 2. 钢索架设（拉紧装置安装） 3. 预留沟槽 4. 接地
030411002	线槽	1. 名称 2. 材质 3. 规格			1. 本体安装 2. 补刷（喷）油漆
030411003	桥架	1. 名称 2. 型号 3. 规格 4. 材质 5. 类型 6. 接地方式			1. 本体安装 2. 接地
030411004	配线	1. 名称 2. 配线形式 3. 型号 4. 规格 5. 材质 6. 配线部位 7. 配线线制 8. 钢索材质、规格		按设计图示尺寸以单线长度计算（含预留长度）	1. 配线 2. 钢索架设（拉紧装置安装） 3. 支持体（夹板、绝缘子、槽板等）安装

续表

项目编码	项目名称	项目特征	计量单位	工程量计算规则	工作内容
030411005	接线箱	1. 名称 2. 材质 3. 规格 4. 安装形式	个	按设计图示数量计算	本体安装
030411006	接线盒				

7.1.9.2　配管、配线工程量清单项目特征

在《工程量计算规范》中，配管、配线的项目名称是概括性的名称，因此，在项目特征表述时必须将具体的实体名称表述清楚，以免混淆。项目特征中的实体名称大都是已含材质的特征，名称和材质是一体的，如实体名称镀锌钢管，“钢管”既是名称，又是材质，“镀锌”也有代表材质的含义。配管的特征中，规格是指管的公称直径，并应把壁厚表述清楚；配置形式是指明配或暗配等。线槽的特征中，金属线槽规格是指其截面的宽 + 高尺寸，同时也必须表述其壁厚；塑料线槽规格是指其截面的周长。电缆桥架的规格是指桥架的宽 + 高尺寸，类型是指槽式、托盘式、梯级式、组合式等。配线的特征中，导线型号一般已包含其材质和规格。

配管、配线工程量清单项目特征应根据《工程量计算规范》附录 D 中表 D.11（表 7.1 – 28）列出的特征作为指引，并结合工程的具体情况进行表述，主要说明如下：

（1）配管。配管通常有明配管和暗配管两种。明配管就是把管子敷设于墙壁、桁架、柱子等建筑结构的表面。暗配管就是把管子敷设于墙壁、地坪、楼板等内部。常用的管材有金属管和塑料管。金属管有镀锌钢管、镀锌电线管和金属软管等。塑料管有钢性阻燃管、半硬质塑料管和难燃波纹管等。

1）镀锌钢管：镀锌钢管（又称厚壁镀锌钢管），常指水、煤气钢管，管壁较厚，壁厚约 3mm 左右，适用于潮湿场所的明配及埋地敷设。管径以内径计，用公称直径表示。

2）镀锌电线管：镀锌电线管（又称薄壁镀锌钢管），管壁较薄，常用壁厚有 1.0、1.2、1.5、1.8mm 等，适用于干燥场所明敷或暗敷，不宜用于埋地敷设。管径用外径表示。

3）金属软管：金属软管俗称金属蛇皮管。一般作电气设备、照明器具等接线段的保护用，不能作长距离线路明敷或暗敷用。管径用外径表示。

4）钢性阻燃管：钢性阻燃管即钢性 PVC 管（也称难燃线管），可取代部分钢管作导线保护管，并可作明配和暗配用。常用壁厚有 1.5 ~ 3.0mm 不等，不同厂家生产的管，其壁厚不尽相同。管径用外径表示。

5）半硬质塑料管和难燃波纹管：半硬质塑料管为阻燃聚乙烯软管，难燃波纹管即难燃聚氯乙烯波纹管。这两种管多用于一般居住和办公建筑等干燥场所的电气照明工程中作暗敷布线。

（2）线槽。线槽包括金属线槽和塑料线槽两种。金属线槽是用优质镀锌薄钢板制作而成，板厚一般为 1.5mm 及以下。塑料线槽即难燃线槽。常用规格有 25 × 15、40 × 18、60 × 22、100 × 27、100 × 40。

（3）电缆桥架。电缆桥架由工厂成批生产，用以支承电缆的具有连续的刚性结构系统的总称。电缆桥架按材料性质分有钢制电缆桥架、不锈钢电缆桥架、玻璃钢电缆桥架、铝合金电缆桥架和防火电缆桥架等，按结构类型分有槽式电缆桥架、托盘式电缆桥架、梯级式电缆桥架和组合式电缆桥架等。

(4)配线。电气配线包括管内穿线、绝缘子(鼓形绝缘子、针式绝缘子、蝶式绝缘子)配线、线槽配线、塑料护套线明敷设、绝缘导线明敷设(绝缘导线线码敷设、街码配线)。按绝缘材料分类有:橡皮绝缘导线和聚氯乙烯绝缘导线;按线芯材料分类有:铜芯导线和铝芯导线;按线芯性能分类有:硬导线和软导线。绝缘导线型号见表7.1-29。

绝缘导线型号 **表7.1-29**

型号	名称	型号	名称
BX(BLX)	铜(铝)芯橡皮绝缘导线	BV-105	铜芯耐热105℃聚氯乙烯绝缘导线
BXF(BLXF)	铜(铝)芯氯丁橡皮绝缘导线	RV	铜芯聚氯乙烯绝缘软导线
BXR	铜芯橡皮绝缘软导线	RVB	铜芯聚氯乙烯绝缘平型软导线
BV(BLV)	铜(铝)芯聚氯乙烯绝缘导线	RVS	铜芯聚氯乙烯绝缘绞型软导线
BVV(BLVV)	铜(铝)芯聚氯乙烯绝缘聚氯乙烯护套导线	RV-105	铜芯耐热105℃聚氯乙烯绝缘软导线
BVVB(BLVVB)	铜(铝)芯聚氯乙烯绝缘聚氯乙烯护套平型导线	RXS	铜芯橡皮绝缘棉纱编织绞型软导线
BVR	铜芯聚氯乙烯绝缘软导线	RX	铜芯橡皮绝缘棉纱编织圆形软导线

1)管内穿线:把绝缘导线穿入管内敷设,称为管内穿线,也称管子布线或线管配线,其电线管内导线的总截面(包括外护层)不应超过电线管内截面的40%。

2)绝缘子配线:绝缘子(瓷瓶)布线就是利用绝缘子支持导线的一种配线方法。绝缘子配线适用于用电量较大的干燥或潮湿的场所。

3)线槽配线:线槽配线主要有金属线槽配线和塑料线槽配线。线槽配线一般适用于正常环境的室内场所,但金属线槽配线不应在对其有严重腐蚀的场所使用;塑料线槽配线不宜在高温和易受机械损伤的场所使用。线槽内电线或电缆的总截面(包括外护层)不应超过线槽内截面的60%,载流导线不宜超过30根。

7.1.9.3 配管、配线清单工程量计算及注意事项

(1)清单工程量计算

1)配管、线槽清单工程量按设计图示尺寸以水平和垂直的长度计算,并考虑绕梁柱所需的长度。

2)电缆桥架清单工程量要区分不同材质、不同型号、规格、不同类型按设计图示尺寸以桥架的中心线长度计算,不扣除附件所占长度。

3)配线清单工程量按设计图示尺寸以"单线长度"计算。

4)清单工程量的计算要领

在民用建筑低压配电工程中,配管、配线的设计图纸是分支回路最多、管线型号规格最多也是最难识读的分部工程之一,因此清单工程量计算量大而烦琐。要算好配管、配线的清单工程量,就得先把图纸吃透看懂,了解清楚每层之间的供电关系,各配电箱之间的回路关系,管线敷设方式和施工要求等,然后开始计算,管线计算次序为"先支线,分路干线,后主干线"。计算时应把平面图和系统图对应来看,区分材质、规格、敷设方式等按回路编号"先管后线"依次进行,从房间用电设备最末端(导线根数最少)开始用比例尺量度支线,计算管长的同时应在平面图上标记每段距离的长度和导线根数,以便于简化导线工程量计算和校核。因平面图不能反映垂直管线的长度,所以要了解建筑的立面和剖面图,按标高关系推算垂直敷设长度,防止漏算。然后计算各房间配电箱至层间配电箱的分路干线。再计算各层间配电箱至低压配电房的主干线。在计算导线工程量过程中,要加上预留长度,最后把所计算的

工程量进行汇总。

(2)注意事项

1)配管、线槽安装不扣除管路中间的接线箱(盒)、灯头盒、开关盒所占长度。

2)配管名称指电线管、钢管、防爆管、塑料管、软管、波纹管等。

3)配管配置形式指明配、暗配、吊顶内、钢结构支架、钢索配管、埋地敷设、水下敷设、砌筑沟内敷设等。

4)配线名称指管内穿线、瓷夹板配线、塑料夹板配线、绝缘子配线、槽板配线、塑料护套配线、线槽配线、车间带形母线等。

5)配线形式指照明线路、动力线路、木结构、顶棚内、砖、混凝土结构、沿支架、钢索、屋架、梁、柱、墙、以及跨屋架、梁、柱。

6)在配管清单项目计量时,设计无要求时下述规定可以作为计量接线盒、拉线盒的依据。

A. 配线保护管遇到下列情况之一时,应增设管路接线盒和拉线盒:

①管长度每超过30m,无弯曲;

②管长度每超过20m,有1个弯曲;

③管长度每超过15m,有2个弯曲;

④管长度每超过8m,有3个弯曲。

B. 垂直敷设的电线保护管遇到下列情况之一时,应增设固定导线用的拉线盒:

①管内导线截面为50mm^{2}及以下,长度每超过30m;

②管内导线截面为70~95mm^2,长度每超过20m;

③管内导线截面为120~240mm^2,长度每超过18m。

7)配管安装中不包括凿槽、刨沟,应按《工程量计算规范》附录D.13(表7.1-35)相关项目编码列项。

8)配线进入箱、柜、板的预留长度应根据《工程量计算规范》表D.15.7-8(表7.1-30)计入清单工程量。

配线进入箱、柜、板的预留长度 **表7.1-30**

序号	项目	预留长度(m/根)	说明
1	各种开关箱、柜、板	宽+高	盘面尺寸
2	单独安装(无箱、盘)的铁壳开关、闸刀开关、启动器、线槽进出线盒等	0.3	从安装对象中心算起
3	由地面管子出口引至动力接线箱	1.0	从管口计算
4	电源与管内导线连接(管内穿线与软、硬母线接点)	1.5	从管口计算
5	出户线	1.5	从管口计算

7.1.9.4 配管、配线工程量清单编制示例

【例7.1-9】某学校教室用电如图7.1-7所示,层高为3m,配电箱底边离地面1.6m暗装,配电箱规格为300×200×120,开关离楼地面1.4m暗装,插座楼地面0.3m暗装。除插座配线采用镀锌电线管在同层楼板内50mm处暗敷设外,其余所有导线敷设均采用同一种规格的难燃线槽。导线在线槽内不允许有接头,也不允许用接线盒来接线过度。试编制配

管、配线和接线盒分部分项工程量清单。

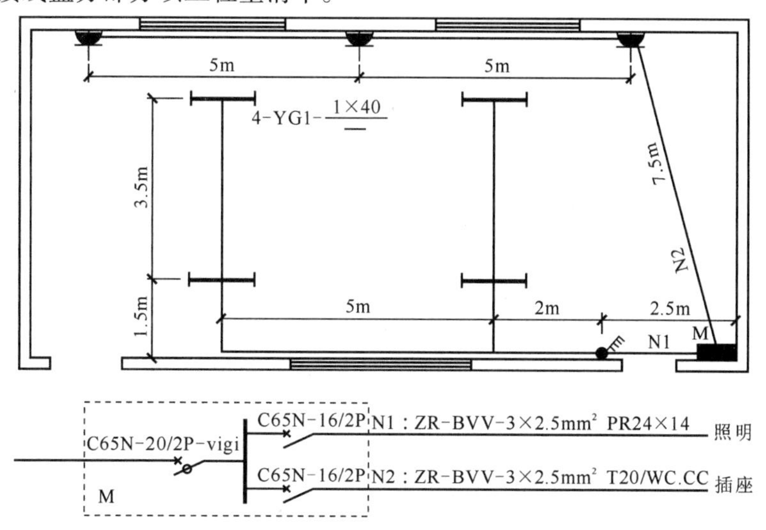

图例	名称	规格	图例	名称	规格
	单相单控四极暗开关	B54/1		暗装开关、插座盒	86型
	单相三极暗插座	B5/10S		日光管	40W
	照明配电箱	300×200×120		阻燃铜芯双塑线	ZR-BVV-2.5mm²
	光管支架	YG1-1×40W		难燃线槽	PR25×15

图 7.1－7　电气平面图

【解】第一步，计算配管、配线和接线盒清单工程量见表 7.1－31。

清单工程量计算表 **表 7.1－31**

工程名称：　　　　　　标段：　　　　　　第　页　共　页

序号	清单项目特征	清单工程量计算过程	单位	清单工程量
		N1 回路：		
1	难燃线槽 PR24×14	(3.5＋1.5)×2＋5＋2＋2.5＋(3－1.4)＋(3－1.6－0.2)	m	22.3
2	阻燃铜芯双塑线 ZR－BVV－2.5mm² 线槽配线	3.5×3＋1.5×4＋5×4＋1.5×6＋3.5×3＋2×6＋1.6×5＋2.5×3＋(3－1.6－0.2)×3＋(0.3＋0.2)×3	m	68.6
3	难燃开关盒 86 型 暗装	1	个	1
		N2 回路：		
4	镀锌电线管 T20 δ1.2 暗敷	0.35＋5＋0.35×2＋5＋0.35×2＋7.5＋1.65	m	20.9
5	阻燃铜芯双塑线 ZR－BVV－2.5mm² 管内穿线	(0.35＋5＋0.35×2＋5＋0.35×2＋7.5＋1.65)×3＋(0.3＋0.2)×3	m	64.2
6	镀锌插座盒 86 型 暗装	3	个	3

第二步，编制分部分项工程量清单。按照《工程量计算规范》附录 D 中表 D.11 的项目编码、项目名称、项目特征和计量单位(表 7.1－28)进行编制。分部分项工程量清单见表 7.1－32。

分部分项工程量清单与计价表　　表 7.1－32

工程名称：　　标段：　　第　页　共　页

序号	项目编码	项目名称	项目特征描述	计量单位	工程量	金额（元）		
						综合单价	合价	其中：暂估价
1	030411002001	线槽	难燃线槽 PR24×14	m	22.3			
2	030411001001	配管	镀锌电线管 T20 δ1.2 暗敷	m	20.9			
3	030411004001	配线	阻燃铜芯双塑线 ZR－BVV－2.5mm² 线槽配线	m	68.6			
4	030411004002	配线	阻燃铜芯双塑线 ZR－BVV－2.5mm² 管内穿线	m	64.2			
5	030411006001	接线盒	难燃开关盒 86 型 暗装	个	1			
6	030411006002	接线盒	镀锌插座盒 86 型 暗装	个	3			

7.1.10　照明器具安装工程量清单编制

照明器具安装工程量清单编制包括普通灯具、工厂灯具、装饰灯具、荧光灯具、医疗专用灯具、路灯灯具、桥栏杆灯具、地道涵洞灯具等的工程量清单编制。

7.1.10.1　照明器具安装工程量清单项目

《工程量计算规范》附录 D.12 中照明器具安装分部分项工程共设有 11 个清单项目，各清单项目设置的具体内容见表 7.1－33。

照明器具安装工程量清单项目设置（编号：030412）　　表 7.1－33

项目编码	项目名称	项目特征	计量单位	工程量计算规则	工作内容
030412001	普通灯具	1. 名称 2. 型号 3. 规格 4. 类型	套	按设计图示数量计算	本体安装
030412002	工厂灯	1. 名称 2. 型号 3. 规格 4. 安装形式			
030412003	高度标志（障碍）灯	1. 名称 2. 型号 3. 规格 4. 安装部位 5. 安装高度			
030412004	装饰灯	1. 名称 2. 型号 3. 规格 4. 安装形式			
030412005	荧光灯				

续表

项目编码	项目名称	项目特征	计量单位	工程量计算规则	工作内容
030412006	医疗专用灯	1. 名称 2. 型号 3. 规格	套	按设计图示数量计算	本体安装
030412007	一般路灯	1. 名称 2. 型号 3. 规格 4. 灯杆材质、规格 5. 灯架形式及臂长 6. 附件配置要求 7. 灯杆形式(单、双) 8. 基础形式、砂浆配合比 9. 杆座材质、规格 10. 接线端子材质、规格 11. 编号 12. 接地要求			1. 基础制作、安装 2. 立灯杆 3. 杆座安装 4. 灯架及灯具附件安装 5. 焊、压接线端子 6. 补刷(喷)刷油 7. 灯杆编号 8. 接地
030412008	中杆灯	1. 名称 2. 灯杆的材质及高度 3. 灯架的型号、规格 4. 附件配置 5. 光源数量 6. 基础形式、浇筑材质 7. 杆座材质、规格 8. 接线端子材质、规格 9. 铁构件规格 10. 编号 11. 灌浆配合比 12. 接地要求			1. 基础浇筑 2. 立灯杆 3. 杆座安装 4. 灯架及灯具附件安装 5. 焊、压接线端子 6. 铁构件安装 7. 补刷(喷)刷油 8. 灯杆编号 9. 接地
030412009	高杆灯	1. 名称 2. 灯杆高度 3. 灯架形式(成套或组装、固定或升降) 4. 附件配置 5. 光源数量 6. 基础形式、浇筑材质 7. 杆座材质、规格 8. 接线端子材质、规格 9. 铁构件规格 10. 编号 11. 灌浆配合比 12. 接地要求			1. 基础浇筑 2. 立灯杆 3. 杆座安装 4. 灯架及灯具附件安装 5. 焊、压接线端子 6. 铁构件安装 7. 补刷(喷)刷油 8. 灯杆编号 9. 升降机构接线调试 10. 接地
030412010	桥栏杆灯	1. 名称 2. 型号 3. 规格 4. 安装形式			1. 灯具安装 2. 补刷(喷)刷油
030412011	地道涵洞灯				

7.1.10.2 照明器具安装工程量清单项目特征

灯具的种类很多,分类方法也各有不同,有按国际照明学会(IEC)的配光分类法,安装方式分类法和应用环境分类法等。其中按结构特点分类,有开启式、闭合式、密封式、防爆式等;按安装方式分类,有悬吊式、壁装式、吸顶式、嵌入式、半嵌入式、落地式、台式等。悬吊式又可分为软线吊灯、链吊灯、管吊灯等。如图7.1-8所示。在照明器具项目特征中,关键是要表述清楚灯具的型号和规格特征。型号不同,灯具的类型也就不同。型号相同,其规格尺寸不同,虽灯具的类型一样,但因尺寸大小不同,其价格及安装费用也会有差异。因此,型号和规格的准确表述尤其重要。

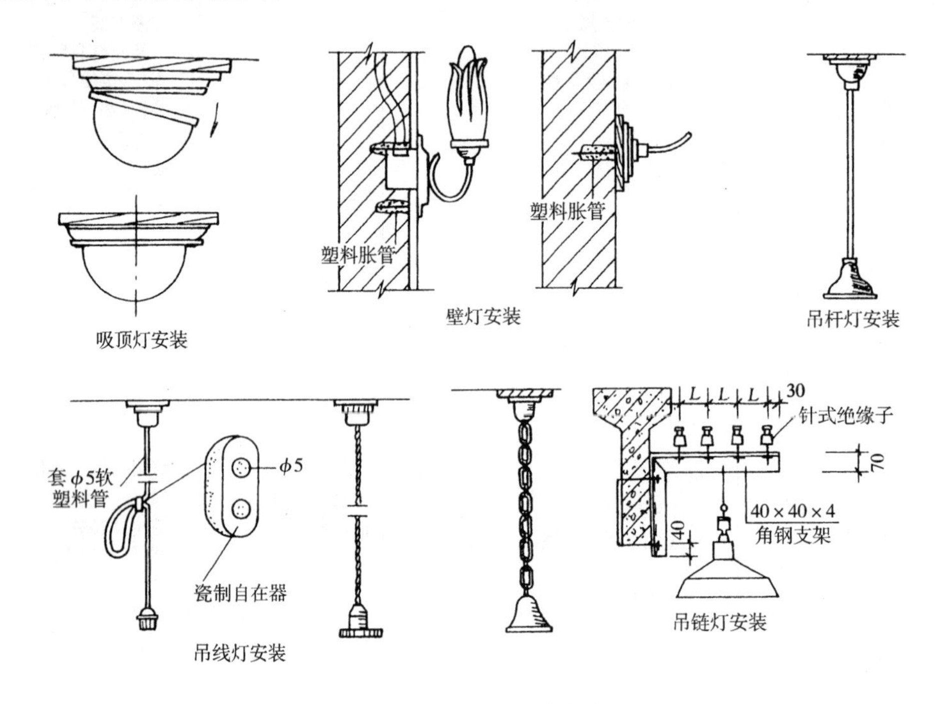

图7.1-8 灯具安装方式

照明器具安装清单项目特征应根据《工程量计算规范》附录D中表D.12(表7.1-33)列出的特征作为指引,并结合工程的具体情况进行表述,主要说明如下:

(1)荧光灯。荧光灯又叫日光灯,是一种气体放电灯具,有组装型和成套型两种。凡不是工厂统一定型生产的成套灯具,或由市场采购的不同类型散件组装起来的,甚至局部改装的灯具称为组装型荧光灯具。凡是由工厂统一定型生产成套供应的灯具,或因运输需要,散件出场现场装配的灯具称为成套型荧光灯具。目前常用成套型荧光灯具。荧光灯有带罩和不带罩之分,常用的有荧光灯支架和荧光灯盘。荧光灯有单管、双管、三管、四管等;容量有20W、30W、40W等。安装方式有吸顶式、链吊式、管吊式和嵌入式。

(2)吸顶灯。吸顶灯有圆球形吸顶灯、半圆球形吸顶灯和方形吸顶灯等。吸顶灯的安装方式主要是吸附在顶棚或顶板上。吸顶灯应用广泛,常用于卫生间、盥洗室、走廊等公共场所。配用适当的灯具,则可用于各种室内场合。

(3)壁灯。壁灯是指直接安装在墙体上或柱子上的灯具。有装饰用壁灯、镜前壁灯(即镜前灯)等。

1)装饰用壁灯:装饰用壁灯一般亮度不大,花式很多,外形美观,起到装饰作用。有扇形壁灯、蜡烛形壁灯、柱形壁灯等。灯头数有单头、双头、三头等。一般安装在家居、宾馆等场所。

2)镜前壁灯:镜前壁灯一般装在卫生间内镜子正上方墙壁上,用以梳妆、盥洗照明用,有白炽灯型和日光管型两类。

(4)白炽灯。白炽灯由灯座和灯泡组成,是使用最普遍的一种照明灯具。灯座是用来固定光源的,有插口和螺口两大类;按其安装方式可分为平灯座、悬吊灯座等;按其外壳材料又可分为胶木、瓷质及金属三种灯座。

(5)防水防尘灯。防水防尘灯有直杆式、弯杆式和吸顶式三种,是一种密闭型灯具,透明灯具固定处有严密封口,内外绝缘隔离可靠,具有很好的防水防尘性能。适用于有水蒸汽的车间、仓库和露天场所。

(6)投光灯。投光灯的主要特点是它发出的光聚集在一个有限的立体角内,因此主要根据其光束扩散角的大小来分类,有探照型、聚光型和泛光型三种。探照型投光灯也称探照灯、聚光型投光灯又称聚光灯、泛光型投光灯亦称泛光灯。

(7)立体广告灯箱。立体广告灯箱是将荧光灯管装于有广告画面的箱体内,以达到在夜间宣传广告产品的作用,其规格大小可根据实际需要而确定。立体广告灯箱一般装设在马路旁栅栏上或电杆上。

(8)草坪灯。草坪灯有立柱式草坪灯和墙壁式草坪灯等。立柱式草坪灯具有高度较低,灯光较柔和,一般为白色和黄色。立柱式草坪灯根据草坪形状的不同而采用不同的设置方式,如果为一规整草坪,则采用整齐的排列设置,如果草坪为随意的曲平线,则草坪灯就采取随意的布置方式。墙壁式草坪灯适用于草坪旁有墙的环境,草坪灯装在墙壁上。

(9)喷水池灯。喷水池灯是安装在喷水池中的装饰性灯具。喷水池灯有很好的防水防潮性能,一般多为彩色。有的采用声控技术,彩灯颜色、喷水形状和方向等随音乐的变化而变化。

7.1.10.3　照明器具安装项目清单工程量计算及注意事项

(1)清单工程量计算

1)照明器具安装项目清单工程量按设计图示数量以“套”计算。

2)清单工程量的计算要领

照明器具的安装方式图纸一般都会标注,所以清单工程量计算不难。但要注意要区分各型灯具的不同实体名称、型号、规格等分别计算。有的灯具完全一样,但安装方式不同,不要笼统地把工程量累加,要单独设置清单项目。

(2)注意事项

1)普通灯具包括圆球吸顶灯、半圆球吸顶灯、方形吸顶灯、软线吊灯、座头灯、吊链灯、防水吊灯、壁灯等。

2)工厂灯包括工厂罩灯、防水灯、防尘灯、碘钨灯、投光灯、泛光灯、混光灯、密闭灯等。

3)高度标志(障碍)灯包括烟囱标志灯、高塔标志灯、高层建筑屋顶障碍指示灯等。

4)装饰灯包括吊式艺术装饰灯、吸顶式艺术装饰灯、荧光艺术装饰灯、几何型组合艺术装饰灯、标志灯、诱导装饰灯、水下(上)艺术装饰灯、点光源艺术灯、歌舞厅灯具、草坪灯具等。

5)医疗专用灯包括病房指示灯、病房暗脚灯、紫外线杀菌灯、无影灯等。

6)中杆灯是指安装在高度小于或等于19m的灯杆上的照明器具。

7)高杆灯是指安装在高度大于19m的灯杆上的照明器具。

7.1.10.4 照明器具安装工程量清单编制示例

【例7.1－10】某办公楼照明工程，设计图纸标注吸顶安装荧光灯支架YG1－1×40W共25套，壁装荧光灯支架YG1－1×40W共5套，嵌入式安装格栅荧光灯盘XD512－Y20×3共320套，嵌入式安装带应急格栅荧光灯盘JXD513－Y20×3共32套，半圆球形吸顶灯XD27B－1×60W/ϕ305共18套。试编制灯具安装工程量清单。

【解】荧光灯支架吸顶安装和壁装两者的安装工艺相同，因此，清单工程数量可累加计算。按照《工程量计算规范》附录D中表D.12的项目编码、项目名称、项目特征和计量单位（表7.1－33）进行编制。分部分项工程量清单见表7.1－34。

分部分项工程量清单与计价表 **表7.1－34**

工程名称： 标段： 第 页 共 页

序号	项目编码	项目名称	项目特征描述	计量单位	工程量	金额（元）		
						综合单价	合价	其中：暂估价
1	030412005001	荧光灯	荧光灯支架YG1－1×40W吸顶安装（壁装）	套	30			
2	030412005002	荧光灯	格栅荧光灯盘XD512－Y20×3嵌入式安装	套	320			
3	030412005003	荧光灯	带应急格栅荧光灯盘JXD513－Y20×3嵌入式安装	套	32			
4	030412001001	普通灯具	半圆球形吸顶灯XD27B－1×60W/ϕ305	套	18			

7.1.11 附属工程工程量清单编制

附属工程工程量清单编制包括铁构件、凿（压）槽、打洞（孔）等的工程量清单编制。

7.1.11.1 附属工程工程量清单项目

《工程量计算规范》附录D.13中附属工程分部分项工程共设有6个清单项目，各清单项目设置的具体内容见表7.1－35。

附属工程工程工程量清单项目设置（编号：030413） **表7.1－35**

项目编码	项目名称	项目特征	计量单位	工程量计算规则	工作内容
030413001	铁构件	1.名称 2.材质 3.规格	kg	按设计图示尺寸以质量计算	1.制作 2.安装 3.补刷（喷）油漆
030413002	凿（压）槽	1.名称 2.规格 3.类型 4.填充（恢复）方式 5.混凝土标准	m	按设计图示尺寸以长度计算	1.开槽 2.恢复处理
030413003	打洞（孔）	1.名称 2.规格 3.类型 4.填充（恢复）方式 5.混凝土标准	个	按设计图示数量计算	1.开孔、洞 2.恢复处理

续表

项目编码	项目名称	项目特征	计量单位	工程量计算规则	工作内容
030413004	管道包封	1. 名称 2. 规格 3. 混凝土强度等级	m	按设计图示长度计算	1. 灌注 2. 养护
030413005	人(手)孔砌筑	1. 名称 2. 规格 3. 类型	个	按设计图示数量计算	砌筑
030413006	人(手)孔防水	1. 名称 2. 类型 3. 规格 4. 防水材质及做法	m^2	按设计图示防水面积计算	防水

7.1.11.2 附属工程工程量清单项目特征

附属工程工程量清单项目特征主要是名称、材质、规格、类型等,并应根据《工程量计算规范》附录 D 中表 D.13(表 7.1 -35)列出的特征作为指引,并结合工程的具体情况进行表述,主要说明如下:

(1)铁构件。铁构件常用的型钢有角钢、圆钢、扁钢等,多用于电气工程中作支、吊、托架用,有镀锌(也称白铁)和非镀锌(也称黑铁)之分,在电气安装工程中常用镀锌型钢。主要表述的特征是型钢的名称、材质和规格。

(2)凿(压)槽。用以配合电线管路敷设的沟槽,沟槽的规格视埋设电线管规格大小而定,以符合施工规范为原则。

1)凿槽:在施工中电线管无法配合土建预埋和非施工方原因造成的工程变更,或因二次装修工程需要等,沿墙面或混凝土面开凿的坑槽。

2)压槽:在施工中电线管无法配合土建预埋的前提下,为减少打凿对建筑物的影响,利用条形物(木方或金属方)在墙面或混凝土面压出便于电线管路敷设的凹槽。

7.1.11.3 附属工程项目清单工程量计算及注意事项

(1)清单工程量计算

1)铁构件项目清单工程量应区别铁构件所用的型钢不同分别计算工程量,不能合并计算。

2)凿(压)槽项目清单工程量应按凿槽和压槽分别计算工程量,不能合并计算。

3)清单工程量的计算要领

铁构件的清单工程量计算往往因实际施工的不同而差异较大,如电气支架的计算,一般图纸都没有标注支架的形式和安装的具体位置,加上施工现场的不同环境等因素影响,因此难以准确计算,在实际工作中可采用模拟估算法来计算。方法是:首先,确定支架形式,有一字形、角形、门形等形式;其次,根据施工规范计算所需支架的个数;第三,计算单个支架的长度;第四,计算支架的总长度;第五,依据所用型钢选择理论重量值计算支架的总重量。

(2)注意事项

铁构件适用于电气工程的各种支架、铁构件的制作安装。

7.1.11.4　附属工程工程量清单编制示例

【例 7.1－11】某电缆桥架敷设电缆工程，根据施工现场条件采用∟ 50×50×5 镀锌角钢门形支架吊装电缆桥架，单个支架用角钢长度 2.5m，共需 32 个支架；∟ 40×40×4 镀锌角钢角形支架，单个支架用角钢长度 1.5m，共需 20 个支架。试编制支架的工程量清单。

【解】先计算镀锌角钢的清单工程量，查相关手册得知，角钢∟ 50×50×5 的理论重量为 3.55kg/m，角钢∟ 40×40×4 的理论重量为 2.422kg/m，清单工程量计算见表 7.1－36。再按照《工程量计算规范》附录 D 中表 D.13 的项目编码、项目名称、项目特征和计量单位（表 7.1－35）进行编制。分部分项工程量清单见表 7.1－37。

清单工程量计算表　　　　**表 7.1－36**

工程名称：　　　　标段：　　　　第　页　共　页

序号	清单项目特征	清单工程量计算过程	单位	清单工程量
1	镀锌角钢支架 ∟ 50×50×5	2.5m/个×32 个×3.77kg/m×1.05	kg	316.68
2	镀锌角钢支架 ∟ 40×40×4	1.5m/个×20 个×2.422kg/m×1.05	kg	76.29

分部分项工程量清单与计价表　　　　**表 7.1－37**

工程名称：　　　　标段：　　　　第　页　共　页

序号	项目编码	项目名称	项目特征描述	计量单位	工程量	金额（元）		
						综合单价	合价	其中：暂估价
1	030413001001	铁构件	镀锌角钢支架 ∟ 50×50×5	kg	316.68			
2	030413001002	铁构件	镀锌角钢支架 ∟ 40×40×4	kg	76.29			

7.1.12　电气调整试验工程量清单编制

电气调整试验工程量清单编制包括电力变压器系统、送配电装置系统、特殊保护装置、自动投入装置、母线、避雷器、电容器、接地装置等。

7.1.12.1　电气调整试验工程量清单项目

《工程量计算规范》附录 D.14 中电气调整试验分部分项工程共设有 15 个清单项目，各清单项目设置的具体内容见表 7.1－38。

电气调整试验工程量清单项目设置（编号：030414）　　　　**表 7.1－38**

<table>
<tr><th>项目编码</th><th>项目名称</th><th>项目特征</th><th>计量单位</th><th>工程量计算规则</th><th>工作内容</th></tr>
<tr><td>030414001</td><td>电力变压器系统</td><td>1. 名称
2. 型号
3. 容量（kV·A）</td><td rowspan="2">系统</td><td rowspan="2">按设计图示系统计算</td><td rowspan="2">系统调试</td></tr>
<tr><td>030414002</td><td>送配电装置系统</td><td>1. 名称
2. 型号
3. 电压等级（kV）
4. 类型</td></tr>
</table>

续表

项目编码	项目名称	项目特征	计量单位	工程量计算规则	工作内容
030414003	特殊保护装置	1. 名称 2. 类型	台(套)	按设计图示数量计算	调试
030414004	自动投入装置		系统 (台、套)		
030414005	中央信号装置		系统 (台)		
030414006	事故照明切换装置		系统	按设计图示系统计算	
030414007	不间断电源	1. 名称 2. 类型 3. 容量			
030414008	母线	1. 名称 2. 电压等级(kV)	段	按设计图示数量计算	
030414009	避雷器		组		
030414010	电容器				
030414011	接地装置	1. 名称 2. 型别	1. 系统 2. 组	1. 以系统计量,按设计图示系统计算 2. 以组计量,按设计图示数量计算	接地电阻测试
030414012	电抗器、消弧线圈		台	按设计图示数量计算	调试
030414013	电除尘器	1. 名称 2. 型号 3. 规格	组		
030414014	硅整流设备、可控硅整流装置	1. 名称 2. 类别 3. 电压(V) 4. 电流(A)	系统	按设计图示系统计算	
030414015	电缆试验	1. 名称 2. 电压等级(kV)	次 (根、点)	按设计图示数量计算	试验

7.1.12.2　电气调整试验工程量清单项目特征

电气调整试验清单项目特征基本是以系统名称或保护装置及设备本体名称来表述。如变压器系统调试的特征表述就是变压器的名称、型号和容量。电气调整试验工程量清单项目特征应根据《工程量计算规范》附录 D 中表 D.14(表 7.1－38)列出的特征作为指引,并结合工程实际进行表述,主要说明如下:

(1)送配电装置系统调试。送配电装置系统调试主要的项目特征是电压等级,有 10kV 以下和 1kV 以下两级。1kV 以下和直流供电系统均以电压来设置,而 10kV 以下的交流供电系统则以供电用的负荷隔离开关、断路器和带电抗器分别设置。特征中的型号应是负荷隔离开关、断路器等的型号。

(2)接地装置试验。接地装置试验的类别特征是指人工接地装置或自然接地装置。

7.1.12.3　电气调整试验清单工程量计算及注意事项

(1)清单工程量计算

1)调整试验项目系指一个系统的调整试验,它是由多台设备、组件(配件)、网络连在一起,经过调整试验才能完成某一特定的生产过程,这个工作(调试)无法综合考虑在某一实体

(仪表、设备、组件、网络)上,因此不能用物理计量单位或一般的自然计量单位来计量,只能用“系统”为单位计量。

2)电气调整试验清单工程量按设计图示数量或系统分别以系统、套、段、组、台、次计算。

3)低压送配电装置系统调试可按低压配电柜出线数(即回路数)来计算工程量(包括一个照明回路)。如果低压配电柜的出线直接与电动机相连,则应计算电动机的调试,而不再计算送配电装置系统调试。

4)接地装置测试按每栋建筑物各自独立的接地网为一个系统计算。对于大型建筑群来说,也是各有自己的接地网,虽然在最后也将各接地网连在一起,但应按各自的接地网计算,不能作为一个网。

(2)注意事项

1)功率大于10kW电动机及发电机的启动调试用的蒸汽、电力和其他动力能源消耗及变压器空载试运转的电力消耗及设备需烘干处理应说明。

2)配合机械设备及其他工艺的单体试车,应按《工程量计算规范》附录N措施项目相关项目编码列项。

3)计算机系统调试应按《工程量计算规范》附录F自动化控制仪表安装工程相关项目编码列项。

7.1.12.4 电气调整试验工程量清单编制示例

【例7.1-12】某高层建筑,有三层裙楼、裙楼上有A、B两栋塔楼。从1号低压配电柜分别引出2根电缆至A、B两栋塔楼电梯控制柜;从2号低压配电柜分别引出3根电缆至裙楼及A、B两栋塔楼各总配电箱作照明用电;从3号低压配电柜分别引出2根电缆直接控制供水设备。试编制电气调整试验分部分项工程量清单。

【解】因为从3号低压配电柜分别引出2根电缆直接控制供水设备,即出线电缆直接与电动机相连,应计算电动机的调试。所以不能计算送配电装置系统调试。按照《工程量计算规范》附录D中表D.14的项目编码、项目名称、项目特征和计量单位(表7.1-38)进行编制。分部分项工程量清单见表7.1-39。

分部分项工程量清单与计价表 **表7.1-39**

工程名称: 标段: 第 页 共 页

序号	项目编码	项目名称	项目特征描述	计量单位	工程量	金额(元)		
						综合单价	合价	其中:暂估价
1	030414002001	送配电装置系统	低压送配电装置系统调试1kV以下	系统	5			

7.1.13 工程量清单编制的有关说明

(1)电气设备安装工程适用于10kV以下变配电设备及线路的安装工程、车间动力电气设备及电气照明、防雷及接地装置安装、配管配线、电气调试等。

(2)挖土、填土工程,应按现行国家标准《房屋建筑与装饰工程工程量计算规范》GB 50854相关项目编码列项。

(3)开挖路面,应按现行国家标准《市政工程工程量计算规范》GB 50857相关项目编码列项。

(4)过梁、墙、楼板的钢(塑料)套管,应按《工程量计算规范》附录K采暖、给排水、燃气工程相关项目编码列项。

(5)除锈、刷漆(补刷漆除外)、保护层安装,应按《工程量计算规范》附录 M 刷油、防腐蚀、绝热工程相关项目编码列项。

(6)由国家或地方检测验收部门进行的检测验收,应按《工程量计算规范》附录 N 措施项目编码列项。

(7)附录中有两个或两个以上计量单位的,应结合拟建工程项目的实际选择其中一个确定。

(8)清单项目描述时,对各种铁构件如需镀锌、镀锡、喷塑等,需予以描述。

(9)电机是否需要干燥应在项目特征中予以表述。

(10)在洞内、地下室内、库内或暗室内安装的项目及在管井内、竖井内和封闭天棚内安装的项目,应分列清单项目。

7.1.14 **工程量清单编制案例**

(1)工程情况及设计说明

1)本工程平面图、系统图见图 7.1-9 ~ 图 7.1-12。

2)本工程为广州市辖区内某六层高新建别墅式住宅楼照明安装工程,各层高均为 3.5m。

3)电源由室外低压电房采用四芯电缆(三相四线制)穿保护管埋地敷设引至首层铁电表箱(ZM);首层住户铁配电箱(ZM1)电源由首层铁电表箱(ZM)采用难燃铜芯单塑线穿镀锌电线管暗敷设在同层顶板内提供;二至六层住户铁配电箱(ZM2 ~ 6)电源由首层铁电表箱(ZM)采用难燃铜芯单塑线穿镀锌电线管垂直暗敷设在墙内提供。

4)楼梯照明由首层铁电表箱(ZM)预留,各住户插座由二次装修时再另行施工。

5)所有电气配管均需配合土建预埋。

6)铁电表箱(ZM)规格为(宽×高×厚)900×500×150,箱底离地面 1.7m 暗装;住户铁配电箱(ZM2 ~ 6)规格为(宽×高×厚)300×200×120,箱底离楼地面 1.7m 暗装;照明开关离楼地面 1.4m 暗装,所有灯具均为吸顶安装,其配管均暗敷设在同层顶板内。

7)工程完工后接地电阻值不得大于 4Ω。

8)导线穿管见表 7.1-40。

导线穿管表 **表 7.1-40**

导线截面	NR-BV-2.5mm^2			NR-BV-6mm^2		
导线根数	2 ~ 3	4 ~ 6	7 ~ 8	2 ~ 3	4 ~ 6	7 ~ 8
电线管直径(mm)	20	25	32	25	32	40

(2)清单工程量计算范围

从首层铁电表箱(ZM)出线(包括电表箱本体)开始计算至各用电负载止(包括用电器具)。不考虑凿槽刨沟、打孔工程量。除有尺寸标注外,水平管线长度以图示比例计算。(清单工程量计算过程保留小数后二位有效数字,第三位四舍五进,清单工程量汇总保留小数后一位有效数字,第二位四舍五进)

(3)招标人编制清单工程量依据

招标人依据《清单计价规范》、《工程量计算规范》、《广东省建设工程计价通则》进行工程量清单编制。

(4)暂不考虑送配电系统调试和接地装置调试。

(5)措施项目清单依据《工程量计算规范》附录 N.1 专业措施项目(表 2.4-3)、N.2 安全文明施工及其他措施项目(表 2.4-2)进行编制。

(6)工程量清单编制见表 7.1-41 ~ 表 7.1-53。

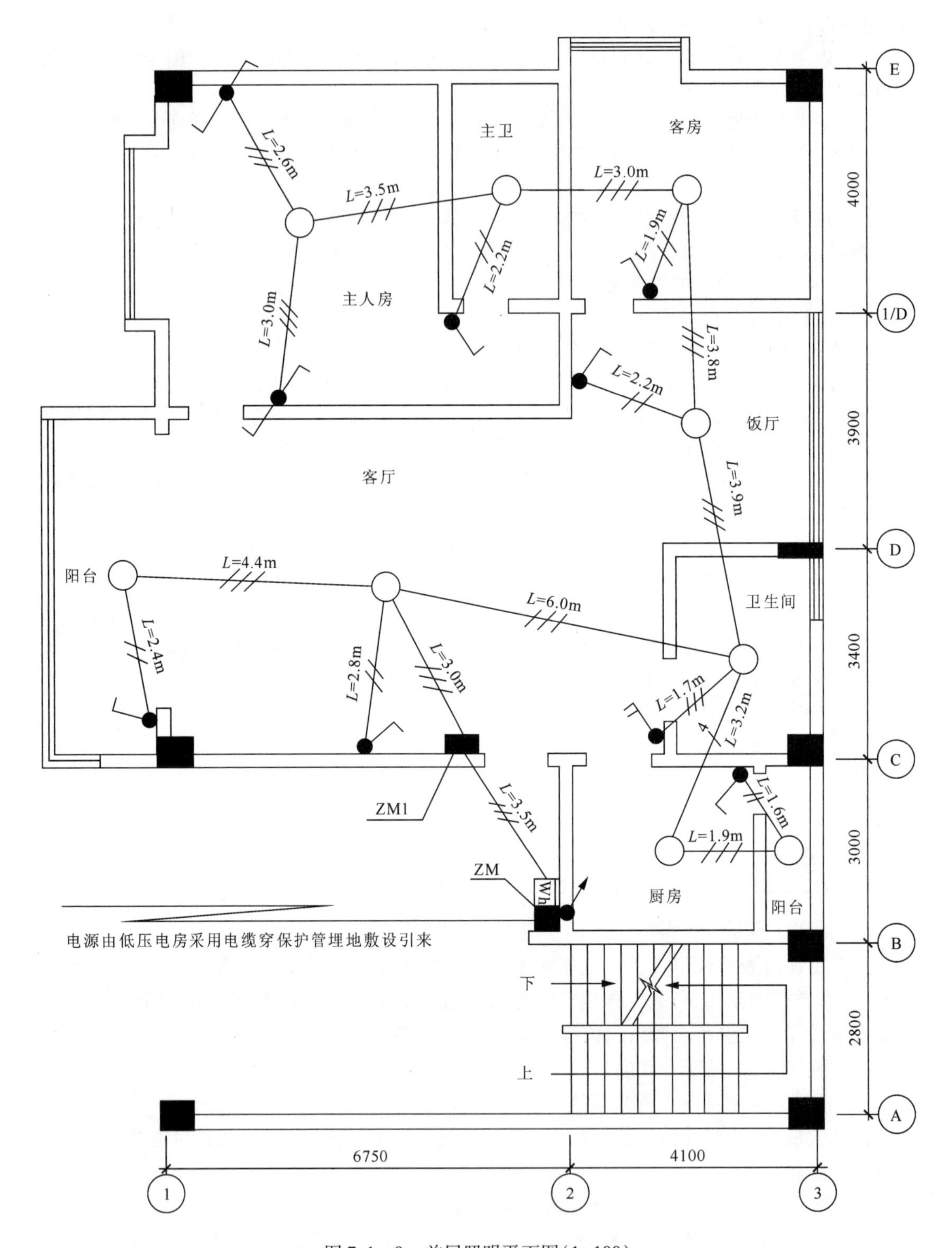

图 7.1－9　首层照明平面图(1: 100)

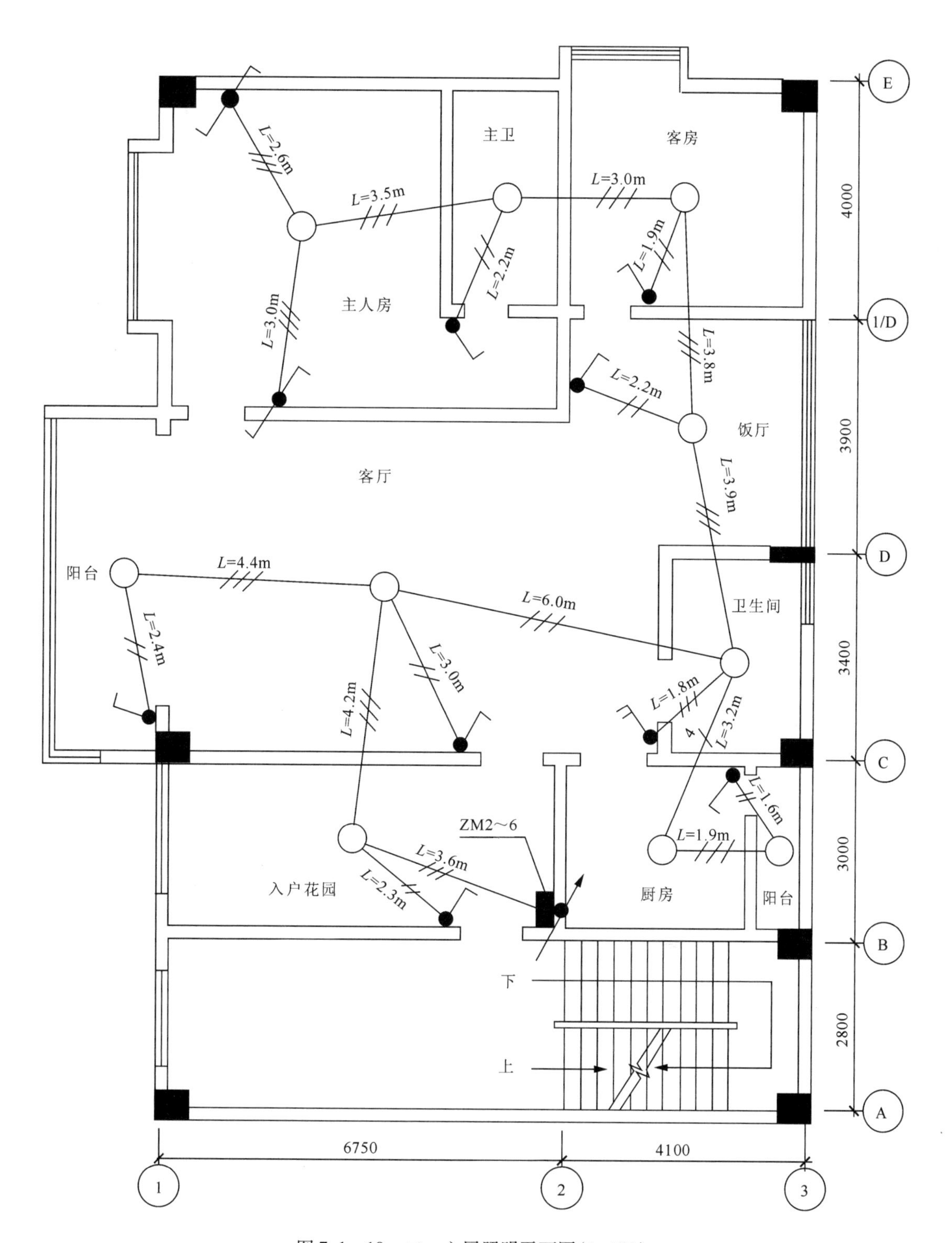

图 7.1－10　二～六层照明平面图(1∶100)

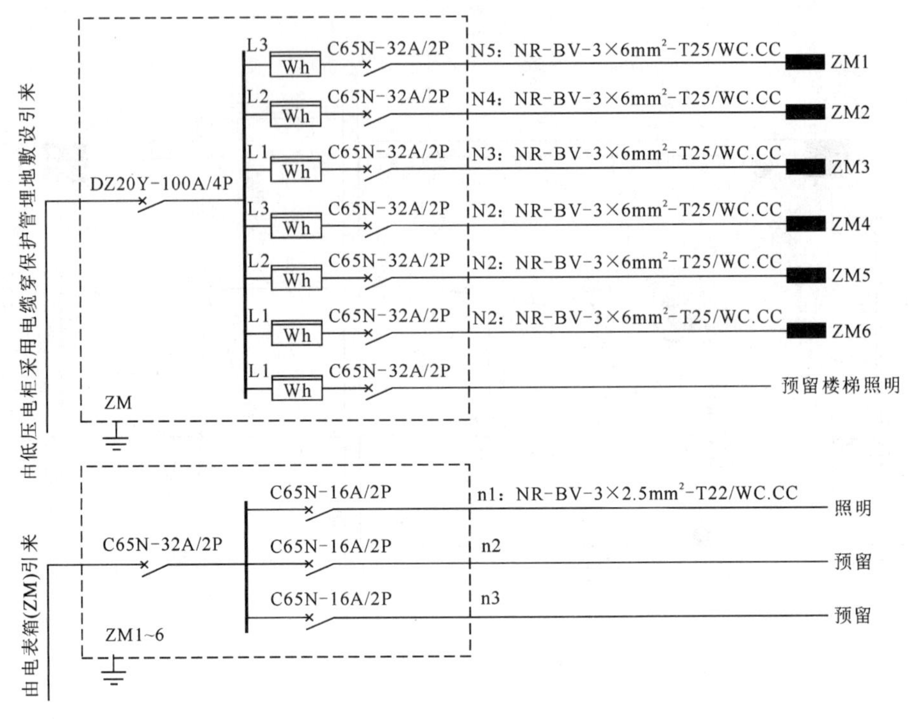

图 7.1－11　电气系统图

图例	名称	型号或规格	图例	名称	型号或规格
○	半圆球形吸顶灯	XD27A-1×60W ϕ250		单相单控单联暗开关	B51/1 16A250V
	铁配电箱	300×200×120		单相单控双联暗开关	B52/1 16A250V
Wh	铁电表箱	900×500×150		单相双控单联暗开关	B51/2 16A250V

图 7.1－12　图例

清单工程量计算表　　**表 7.1－41**

工程名称:广州市辖区内某六层高新建别墅式住宅楼照明安装工程

序号	清单项目特征	清单工程量计算过程	单位	清单工程量
		一、照明平面		
		ZM1～6 箱出线		
1	镀锌电线管 T20 暗敷	[(3.5－1.4)(开关垂直)＋2.6＋3＋(3.5－1.4)(开关垂直)＋3.5＋2.2＋(3.5－1.4)(开关垂直)＋3＋1.9＋(3.5－1.4)(开关垂直)＋3.8＋2.2＋(3.5－1.4)(开关垂直)＋3.9＋1.8＋(3.5－1.4)(开关垂直)＋1.9＋1.6＋(3.5－1.4)(开关垂直)＋6＋4.4＋2.4＋(3.5－1.4)(开关垂直)]×6(相同部分)＋[2.8＋(3.5－1.4)(开关垂直)＋3＋(3.5－1.7－0.2)(配电箱垂直)](ZM1 箱不同部分)＋[3＋(3.5－1.4)(开关垂直)＋4.2＋2.3＋(3.5－1.4)(开关垂直)＋3.6＋(3.5－1.7－0.2)(配电箱垂直)]×5(ZM2～6 箱不同部分)	m	470

续表

序号	清单项目特征	清单工程量计算过程	单位	清单工程量
2	镀锌电线管 T25 暗敷	[3.2 + (3.5 − 1.4)(开关垂直)] ×6	m	31.8
3	难燃铜芯单塑线 ZR − BV − 2.5mm^2 穿管	[(3.5 − 1.4) ×3(开关垂直) +2.6 ×3 +3 ×3 + (3.5 − 1.4) ×3(开关垂直) +3.5 ×3 +2.2 ×3 + (3.5 − 1.4) ×2(开关垂直) +3 ×3 +1.9 ×2 + (3.5 − 1.4) ×2(开关垂直) +3.8 ×3 +2.2 ×2 + (3.5 − 1.4) ×2(开关垂直) +3.9 ×3 +1.8 ×3 + (3.5 − 1.4) ×3(开关垂直) +3.2 ×4 + (3.5 − 1.4) ×4 +1.9 ×3 +1.6 ×2 + (3.5 − 1.4) ×2(开关垂直) +6 ×3 +4.4 ×3 +2.4 ×2 + (3.5 − 1.4) ×2(开关垂直)] ×6(相同部分) + [2.8 ×2 + (3.5 − 1.4) ×2(开关垂直) +3 ×3 + (3.5 −1.7 −0.2) ×3(配电箱垂直) + (0.3 +0.2) ×3(预留量)](ZM1 箱不同部分) + [3 ×2 + (3.5 − 1.4) ×2(开关垂直) +4.2 ×3 +2.3 ×2 + (3.5 − 1.4) ×2(开关垂直) +3.6 ×3 + (3.5 − 1.7 −0.2) ×3(配电箱垂直) + (0.3 +0.2) ×3(预留量)] ×5(ZM2 ~6 箱不同部分)	m	1369
4	半圆球吸顶灯 XD27A − 1 ×60 φ250	9(首层) +10 ×5(二~六层)	套	59
5	单相单控单联暗开关 B51/1	6(首层) +7 ×5(二~六层)	个	41
6	单相单控双联暗开关 B52/1	1(首层) +1 ×5(二~六层)	个	6
7	单相双控单联暗开关 B51/2	2(首层) +2 ×5(二~六层)	个	12
8	镀锌灯头盒 86 型 暗装	9(首层) +10 ×5(二~六层)	个	59
9	镀锌开关盒 86 型 暗装	9(首层) +10 ×5(二~六层)	个	59
		二、主干线		
		1. ZM 箱出线至 ZM1 箱进线		
10	镀锌电线管 T25 暗敷	(3.5 −1.7 −0.5) +3.5 + (3.5 −1.7 −0.2)	m	6.4
11	难燃铜芯单塑线 ZR − BV − 6mm^{2}穿管	[(3.5 −1.7 −0.5) +3.5 + (3.5 −1.7 −0.2)] ×3 + [(0.9 +0.5) ×3 + (0.3 +0.2) ×3](预留量)	m	24.9
		2. ZM 箱出线至 ZM2 ~6 箱进线		
12	镀锌电线管 T25 暗敷	(3.5 −1.7 −0.5 +1.7) + (7 −1.7 −0.5 +1.7) + (10.5 −1.7 −0.5 +1.7) + (14 −1.7 −0.5 +1.7) + (17.5 −1.7 −0.5 +1.7)	m	50
13	难燃铜芯单塑线 ZR − BV − 6mm^{2}穿管	[(3.5 −1.7 −0.5 +1.7) + (7 −1.7 −0.5 +1.7) + (10.5 −1.7 −0.5 +1.7) + (14 −1.7 −0.5 +1.7) + (17.5 −1.7 −0.5 +1.7)] ×3 + [(0.9 +0.5) ×3 ×5 + (0.3 +0.2) ×3 ×5](预留量)	m	178.5
		3. 配电箱本体		
14	铁电表箱(ZM)900 ×500 ×150 暗装	1	台	1
15	铁配电箱(ZM1 ~6)300 ×200 ×120 暗装	6	台	6

组价工程量计算表

表 7.1－42

工程名称:广州市辖区内某六层高新建别墅式住宅楼照明安装工程

序号	组价项目特征	组价工程量计算过程	单位	组价工程量
		照明平面		
1	螺口灯泡 60W	首层:9	个	9
2	螺口灯泡 60W	二～六层:10×5	个	50
3	铜压接线端子 50mm²(ZM 箱)	1	个	1

清单工程量汇总表

表 7.1－43

工程名称:广州市辖区内某六层高新建别墅式住宅楼照明安装工程

序号	清单项目特征	清单工程量计算过程	单位	清单工程量
1	镀锌电线管 T20 暗敷	470	m	470
2	镀锌电线管 T25 暗敷	31.8＋6.4＋50	m	88.2
3	难燃铜芯单塑线 ZR－BV－2.5mm² 穿管	1369	m	1369
4	难燃铜芯单塑线 ZR－BV－6mm² 穿管	24.9＋178.5	m	203.4
5	半圆球吸顶灯 XD27A－1×60 ϕ250	59	套	59
6	单相单控单联暗开关 B51/1	41	个	41
7	单相单控双联暗开关 B52/1	6	个	6
8	单相双控单联暗开关 B51/2	12	个	12
9	镀锌灯头盒 86 型 暗装	59	个	59
10	镀锌开关盒 86 型 暗装	59	个	59
11	铁电表箱(ZM)900×500×150 暗装	1	台	1
12	铁配电箱(ZM1～6)300×200×120 暗装	6	台	6

组价工程量汇总表

表 7.1－44

工程名称:广州市辖区内某六层高新建别墅式住宅楼照明安装工程

序号	组价项目特征	组价工程量计算过程	单位	组价工程量
		照明平面		
1	螺口灯泡 60W	9＋50	个	59
2	铜压接线端子 50mm²(ZM 箱)	1	个	1

广州市辖区内某六层高新建别墅式住宅楼照明安装 工程

招标工程量清单

招　标　人：（略）
（单位盖章）

造价咨询人：（略）
（单位资质专用章）

法定代表人
或其授权人：（略）
（签字或盖章）

法定代表人
或其授权人：（略）
（签字或盖章）

编　制　人：（略）
（造价人员签字盖专用章）

复　核　人：（略）
（造价工程师签字盖专用章）

编制时间：　年　月　日

复核时间：　年　月　日

总说明

表7.1-45

工程名称:广州市辖区内某六层高新建别墅式住宅楼照明安装工程

1. 工程概况:本工程为广州市辖区内某六层高新建别墅式住宅楼照明安装工程,各层高均为3.5m。总建筑面积约1200m^2。

2. 招标范围:施工图纸范围内的电气安装工程。

3. 工期:30个日历天。

4. 编制依据:本工程量清单以国家标准《建设工程工程量清单计价规范》GB 50500-2013、通用安装工程工程量计算规范》GB 50856-2013、《广东省建设工程计价通则》(2010)及××设计院设计的施工图纸为依据进行编制。

5. 发电机系统安装工程另行分包。

6. 工程质量:按国家质量标准验收。

分部分项工程量清单与计价表

表 7.1-46

工程名称:广州市辖区内某六层高新建别墅式住宅楼照明安装工程

序号	项目编码	项目名称	项目特征描述	计量单位	工程量	金额(元)	
						综合单价	合价
1	030411001001	配管	镀锌电线管 T20 暗敷	m	470		
2	030411001002	配管	镀锌电线管 T25 暗敷	m	88.2		
3	030411004001	配线	难燃铜芯单塑线 ZR-BV-2.5mm² 穿管	m	1369		
4	030411004002	配线	难燃铜芯单塑线 ZR-BV-6mm² 穿管	m	203.4		
5	030412001001	普通灯具	半圆球吸顶灯 XD27A-1×60 ϕ250	套	59		
6	030404034001	照明开关	单相单控单联暗开关 B51/1	个	41		
7	030404034002	照明开关	单相单控双联暗开关 B52/1	个	6		
8	030404034003	照明开关	单相双控单联暗开关 B51/2	个	12		
9	030411006001	接线盒	镀锌灯头盒 86 型 暗装	个	59		
10	030411006002	接线盒	镀锌开关盒 86 型 暗装	个	59		
11	030404018001	配电箱	铁电表箱(ZM)900×500×150 暗装 铜压接线端子 50mm²	台	1		
12	030404018002	配电箱	铁配电箱(ZM1~6)300×200×120 暗装	台	6		
本页小计							
合　计							
其中人工费							

总价措施项目清单与计价表

表 7.1-47

工程名称:广州市辖区内某六层高新建别墅式住宅楼照明安装工程

序号	项目编码	项目名称	计算基础	费率(%)	金额(元)	调整费率(%)	调整后金额(元)	备注
1	031302001001	安全文明施工	分部分项人工费	26.57				
2	031301017001	脚手架搭拆	分部分项人工费					
3	031302007001	高层建筑增加	分部分项人工费					
4	031302006001	已完工程及设备保护	分部分项工程费					
合　计								

其他项目清单与计价表　　表 7.1－48

工程名称:广州市辖区内某六层高新建别墅式住宅楼照明安装工程

序号	项目名称	单位	金额(元)	备注
1	暂列金额	项	3800.00	按实际发生计算
2	暂估价	项	132500.00	
2.1	材料(工程设备)暂估价/结算价	项	0.00	
2.2	专业工程暂估价/结算价	项	132500.00	按实际发生计算
3	计日工	项		按实际发生计算
4	总承包服务费	项		按实际发生计算
5	材料进场检验费	项		
合　计				—

暂列金额明细表　　表 7.1－49

工程名称:广州市辖区内某六层高新建别墅式住宅楼照明安装工程

序号	项目名称	计量单位	暂定金额(元)	备注
1	工程量清单中工程量偏差和设计变更	项	1800.00	
2	政策性调整和材料价格风险	项	1200.00	
3	设计变更新增加的材料、设备	项	500.00	
4	其他	项	300.00	
合　计			3800.00	

专业工程暂估价及结算表　　表 7.1－50

工程名称:广州市辖区内某六层高新建别墅式住宅楼照明安装工程

序号	工程名称	工作内容	暂估金额(元)	结算金额(元)	价差±(元)	备注
1	发电机系统安装工程	1. 发电机组安装、调试 2. 环保工程	132500.00			1. 有专业资质 2. 必须通过验收
合　计			132500.00			

计 日 工 表

表 7.1－51

工程名称:广州市辖区内某六层高新建别墅式住宅楼照明安装工程

编号	项目名称	单位	暂定数量	实际数量	综合单价(元)	合价(元)	
						暂定	实际
一	人　工						
1	油漆工	工日	10				
2	搬运工	工日	6				
人工小计							
二	材　料						
1	镀锌元铁 $\phi 8$	kg	30				
材料小计							
三	施工机械						
1	交流电焊机 21kVA	台班	2				
施工机械小计							
四、企业管理费和利润							
合　计							

总承包服务费计价表

表 7.1－52

工程名称:广州市辖区内某六层高新建别墅式住宅楼照明安装工程

序号	项目名称	项目价值(元)	服务内容	计算基础	费率(%)	金额(元)
1	发包人发包专业工程	132500.00	1. 提供施工工作面并对施工现场进行统一管理,竣工资料统一整理汇总。 2. 提供垂直运输机械。 3. 提供施工用水、用电接入点			
合　计						

规费、税金项目计价表

表 7.1－53

工程名称:广州市辖区内某六层高新建别墅式住宅楼照明安装工程

序号	项目名称	计算基础	费率(%)	金额(元)
1	规费			
1.1	危险作业意外伤害保险	工程量清单项目费＋措施项目费＋其他项目费	0.10	
2	税金(含防洪工程维护费)	工程量清单项目费＋措施项目费＋其他项目费＋规费	3.577	
合　计				

7.2　变配电设备安装工程量清单计价

变配电设备安装工程量清单计价中，需要组合工作内容计算的清单项目不多，而每个清单项目（主体项目）需要包含在组价中计算的工作内容也不多，绝大多数是一个清单项目名称对应一个实体名称的安装。清单项目需要组价计算的工作内容主要是基础槽钢制作安装、网门、保护门制作安装、绝缘子安装、穿墙套管安装、接线端子安装等子项。

7.2.1　变压器安装定额应用及工程量计算

变压器安装定额包括油浸电力变压器安装、干式变压器安装、消弧线圈安装、电力变压器干燥、变压器油过滤等内容。

7.2.1.1　变压器安装定额工程量计算规则

（1）变压器安装区别不同容量按设计图示数量以"台"计算。

（2）消弧线圈的安装区别不同容量按设计图示数量以"台"计算。

（3）变压器的干燥区别不同容量按设计图示数量以"台"计算。

（4）变压器油过滤不论过滤多少次，直到过滤合格为止，以"t"计算。其具体计算方法如下：

1）变压器安装定额未包括绝缘油的过滤，需要过滤时，可按制造厂提供的油量计算。

2）油断路器及其他充油设备的绝缘油过滤，可按制造厂规定的充油量计算。计算公式：

$$油过滤数量(t) = 设备油重(t) \times (1 + 损耗率) \qquad (7.2-1)$$

7.2.1.2　变压器安装定额应用

（1）变压器通过试验，判定绝缘受潮时才需进行干燥，所以只有需要干燥的变压器才能计取此项费用（编制施工图预算时可列此项，工程结算时根据实际情况再作处理）。

（2）油浸电力变压器安装定额同样适用于自耦式变压器、有载调压变压器的安装。电炉变压器按同容量电力变压器定额乘以系数2.00，整流变压器执行同容量电力变压器定额乘以系数1.60，干式变压器如果带有保护外罩时，定额人工和机械乘以系数1.20。

（3）变压器的器身检查：4000kV·A以下是按吊芯检查考虑，4000kV·A以上是按吊钟罩考虑，如果4000kV·A以上的变压器需吊芯检查时，定额机械台班乘以系数2.00。

（4）整流变压器、消弧线圈、并联电抗器的干燥，执行同容量变压器干燥定额，电炉变压器按同容量变压器干燥定额乘以系数2.00。

（5）变压器油是按设备带来考虑的，但施工中变压器油的过滤损耗及操作损耗已包括在有关定额中。变压器安装过程中放注油、油过滤所使用的油罐，已摊入油过滤定额中。

（6）变压器安装不包括下列工作内容：

1）变压器系统调试。

2）变压器干燥棚的搭拆工作，若发生时可按实计算。

3）变压器铁梯及母线铁构件的制作、安装，另执行铁构件制作、安装相应项目。

4）瓦斯继电器的检查及试验已列入变压器系统调整试验定额内。

5）端子箱、控制箱的制作、安装及二次喷漆。

7.2.1.3　变压器安装定额工程量计算方法

变压器安装定额工程量计算方法与7.1.1.3小节清单工程量计算方法相同。

7.2.1.4　变压器安装工程量清单综合单价分析计算

(1)计算步骤

1)根据施工图纸计算变压器安装的组价工程量。组价工程量(也称计价工程量或定额工程量)应遵循定额工程量计算规则计算。变压器安装一般需要基础槽钢,工程中很少用镀锌槽钢来施工,因此要计算基础槽钢制作安装的组价工程量,但新购买的变压器一般不需要油过滤和干燥,所以不需计算此项工程量。变压器有安装在室外的,也有安装在室内,看具体施工条件和设计图纸而定,如果设计图纸要求安装网门和保护门的,则应计算其组价工程量。

2)确定计价依据。依据《综合定额》进行计价。

3)确定未计价材料的材料单价。定额子目所对应的安装对象绝大部分都是未计价主材,还有很少一部分是未计价辅材。

4)确定人工单价、辅助材料(简称辅材)价差调整系数、机械台班单价、管理费和利润率。人工单价应为动态。编制招标控制价时,必须按《综合定额》规定执行,编制投标报价时,投标人可自主确定,但不得低于成本。

5)综合单价的组成计算。根据《13计价规范》规定,综合单价是完成一个清单项目所需的人工费、材料和工程设备费、施工机具使用费和企业管理费、利润以及一定范围内的风险费用(即除规费和税金以外的全部费用,并包括一定范围内的风险费用),其组成的表达式如下:

A. 人工费 = Σ(定额工程量 × 定额人工消耗量 × 动态工资)

B. 材料费 = Σ(定额工程量 × 定额材料费 × 辅材价差调整系数)

C. 机械费 = Σ(定额工程量 × 定额机械台班消耗量 × 动态机械台班单价)

D. 管理费 = Σ(定额工程量 × 定额管理费)

E. 利润 = Σ(人工费 × 利润率)

F. 未计价材料 = Σ[未计价材料工程量 × 未计价材料单价 × (1 + 材料损耗率)]

G. 综合单价 = Σ(人工费 + 材料费 + 机械费 + 管理费 + 利润 + 未计价材料) ÷ 清单工程量

(2)根据《工程量计算规范》附录D中表D.1(表7.1－1)列出的工作内容作为指引,计算各组价项目的安装费用合计,然后计算清单计量单位的价格。

【例7.2－1】在例题7.1－1中,图示变压器房内安装3号、4号干式变压器型号SC_9－1250/10需用10号槽钢5m,槽钢需人工除轻锈和刷油漆。假设工程所在地广州市,变压器255000.00元/台,槽钢35.00元/m,动态工资为120.00元/工日,辅材价差为15%,机械台班单价除交流电焊机为82.50元/台班外,其余机械台班单价按定额执行,利润按18%计算。试计算变压器安装工程量清单综合单价。

【解】(1)根据《工程量计算规范》规定,人工除轻锈和刷油漆应按附录M《刷油、防腐蚀、绝热工程》编列清单项目,不属于变压器安装的组价内容;

(2)变压器SC_9－1250/10清单工程量:2台;

(3)组价工程量有:变压器用10号槽钢5m,查相关资料得知,10号槽钢的理论重量为10kg/m,则槽钢总重量为50kg;

(4)广州市为一类管理费;

(5)查《综合定额》,干式变压器安装定额见表7.2－1,变压器安装工程量清单综合单价计算见表7.2－2。

干式变压器安装定额 **表 7.2－1**

工作内容： 计量单位：台

定额编号				C2－1－12	C2－1－13	C2－1－14
子目名称				干式变压器安装		
				容量(kV·A 以下)		
				1000	2000	2500
基价(元)		一类		1243.35	1448.41	1684.41
		二类		1221.42	1422.25	1653.01
		三类		1202.93	1400.18	1626.53
		四类		1186.79	1380.92	1603.42
其中	人工费(元)			590.94	705.23	846.19
	材料费(元)			130.77	139.67	142.62
	机械费(元)			351.80	400.83	452.40
	管理费(元)	一类		169.84	202.68	243.20
		二类		147.91	176.52	211.80
		三类		129.42	154.45	185.32
		四类		113.28	135.19	162.21
编码	名称	单位	单价(元)	消耗量		
00010001	综合工日	工日	51.00	11.587	13.828	16.592
0113061	镀锌扁钢(综合)	kg	5.62	4.500	4.500	4.500
……						
9907221	载货汽车 装载质量 8(t)	台班	442.85	0.220	0.250	0.300
9909261	汽车式起重机 提升质量 8(t)	台班	588.59	0.400	0.450	0.500
9925001	交流电焊机 容量 21(kV·A)	台班	63.12	0.300	0.400	0.400

综合单价分析表 **表 7.2－2**

工程名称： 标段： 第 页 共 页

项目编码	030401002001	项目名称	干式变压器					计量单位	台	清单工程量		2
清单综合单价组成明细												
定额编号	定额名称	定额单位	数量	单价(元)					合价(元)			
				人工费	材料费	机械费	管理费	利润	人工费	材料费	机械费	管理费	利润
C2－1－13	三相干式变压器 SC9－1250/10	台	2	1659.36	160.62	408.60	202.68	298.68	3318.72	321.24	817.21	405.36	597.37
C2－4－140	基础槽钢［10 制作	100kg	0.5	780.36	49.02	73.40	95.22	140.46	390.18	24.51	36.70	47.61	70.23
C2－4－138	基础槽钢［10 安装	10m	0.5	192.84	44.98	21.45	23.56	34.71	96.42	22.49	10.73	11.78	17.36
人工单价		小计							1902.66	184.12	432.31	232.38	342.48
70.00 元/工日		未计价材料费							255091.88				
清单项目综合单价									258185.82				

续表

材料费明细	主要材料名称、规格、型号	单位	数量	单价（元）	合价（元）	暂估单价（元）	暂估合价（元）
	三相干式变压器 SC9 - 1250/10	台	2	255000.00	510000.00		
	基础槽钢 [10	m	5.25	35.00	183.75		
	其他材料费			—		—	
	材料费小计			—	255091.99	—	

7.2.2 配电装置安装定额应用及工程量计算

配电装置安装定额包括油断路器安装、真空断路器、SF6 断路器安装、大型空气断路器、真空接触器安装、隔离开关、负荷开关安装、互感器安装、熔断器、避雷器安装、电抗器安装、电抗器干燥、电力电容器安装、并联补偿电容器组架及交流滤波装置安装、高压成套配电柜安装、组合型成套箱式变电站安装等内容。

7.2.2.1 配电装置安装定额工程量计算规则

(1)断路器、电流互感器、电压互感器、油浸电抗器、电力电容器及电容器柜的安装按设计图示数量以"台(个)"计算。

(2)隔离开关、负荷开关、熔断器、避雷器、干式电抗器的安装按每组三相以"组"计算。

(3)交流滤波装置的安装按设计图示数量以"台"计算。

(4)高压成套配电柜和箱式变电站的安装按设计图示数量以"台"计算。

7.2.2.2 配电装置安装定额应用

(1)设备安装所需的地脚螺栓按土建预埋考虑,不包括二次灌浆。设备本体所需的绝缘油、六氟化硫气体、液压油等均按设备带有考虑。

(2)二段式传动的隔离开关安装,除按额定电流套用相应定额外,还应再套"二段式传动另加"定额"C2 - 2 - 20"子目;带一接地开关时,还应再套"带一接地开关另加"定额"C2 - 2 - 21"子目。

(3)隔离开关、负荷开关、断路器的操作机构均已包括在开关安装定额内,不得另行计算。

(4)互感器安装定额是按单相考虑的,不包括抽芯及绝缘油过滤,特殊情况另作处理。

(5)阀式避雷器定额包括避雷器上部端子与相线连接的裸铜线材料,不另计算,但未包括下部端子引下接地线,应另套防雷及接地装置相应定额。

(6)电力电容器的安装,定额仅指本体安装,不包括与电容器本体连接的导线以及导线的安装,可按导线连接形式和材料规格、数量套用相应定额。

(7)高压成套配电柜安装定额是不分容量大小综合考虑的,但不包括绝缘台的安装、母线配制及设备干燥。

(8)高压成套配电柜和箱式变电站的安装均未包括基础(角)槽钢、母线及引下线的配置安装。

(9)配电设备安装的支架、抱箍及延长轴、轴套、间隔板等,按施工图设计的需要量计算,执行铁构件制作安装定额或成品价。

(10)配电装置安装定额不包括下列工作内容:

A. 端子箱安装。

B. 设备支架制作及安装。

C. 绝缘油过滤。

D. 基础槽(角)钢安装。

E. 配电设备的端子板外部接线。

7.2.2.3 配电装置安装定额工程量计算方法

配电装置安装定额工程量计算方法与7.1.2.3小节清单工程量计算方法相同。

7.2.2.4 配电装置安装工程量清单综合单价分析计算

(1)根据施工图纸计算配电装置安装的组价工程量。配电装置安装的组合工作内容主要是基础型钢制作安装、基础浇筑、进箱母线安装等,应按定额工程量计算规则予以计算。

(2)根据《工程量计算规范》附录D中表D.2(表7.1-4)列出的工作内容作为指引,计算各组价项目的安装费用合计,然后计算清单计量单位的价格。

7.2.3 母线安装定额应用及工程量计算

母线安装定额包括绝缘子安装、穿墙套管安装、软母线安装、软母线引下线、跳线及设备连线、组合软母线安装、带形母线安装、带形母线引下线安装、带形母线用伸缩节头及铜过渡板安装、槽型母线安装、槽型母线与设备连接、共箱母线安装、低压封闭式插接母线槽安装、重型母线安装、重型母线伸缩器及导板制作、安装、重型铝母线接触面加工等内容。

7.2.3.1 母线安装定额工程量计算规则

(1)悬垂绝缘子串安装,指垂直或V形安装的提挂导线、跳线、引下线、设备连接线或设备等所用的绝缘子串安装,按设计图示数量以“单串”计算。

(2)支持绝缘子安装分别按安装在户内、户外、单孔、双孔、四孔固定的形式,按设计图示数量以“个”计算。

(3)穿墙套管安装不分水平、垂直安装,均按设计图示数量以“个”计算。

(4)软母线安装,指直接由耐张绝缘子串悬挂部分,按软母线截面大小分别以“跨/三相”计算。设计跨距不同时,不得调整。软母线引下线,指由T形线夹或并沟线夹从软母线引向设备的连接线,按每三相为一组以“跨/三相”计算。两跨软母线间的跳引线安装,按每三相为一组以“跨/三相”计算。

(5)设备连接线安装,指两设备间的连接部分。不论引下线、跳线、设备连接线,均应分别按导线截面、三相为一组以“跨/三相”计算。

(6)组合软母线安装,按三相为一组计算。跨距(包括水平悬挂部分和两端引下部分之和)是以45m以内考虑,跨度的长与短不得调整。

(7)软母线安装预留长度按表7.1-7的规定计算。

(8)带型母线安装及带型母线引下线安装包括铜排、铝排,分别以不同截面和片数以“m/单相”计算。母线和固定母线的金具均按设计图示数量加损耗率计算。

(9)母线伸缩接头及铜过渡板安装均按设计图示数量以“个”计算。

(10)槽型母线安装按设计图示尺寸以“m/单相”计算。槽型母线与设备连接分别以连接不同的设备以台计算。槽型母线及固定槽型母线的金具按设计用量加损耗率计算。壳的大小尺寸以“m”计算,长度按设计共箱母线的轴线长度计算。

(11)低压(指 380V 以下)封闭式插接母线槽安装分别区别导体的额定电流大小和设计母线的轴线长度以 m 计算。分线箱、始端箱分别以电流大小按设计数量以“台”计算。

(12)重型母线安装包括铜母线、铝母线,区别截面大小按母线的成品重量以“t”计算。

(13)重型铝母线接触面加工指铸造件需加工接触面时,区别其接触面大小,分别以“片/单相”计算。

(14)硬母线配置安装预留长度按表 7.1－8 的规定计算。

7.2.3.2 母线安装定额应用

(1)软母线、带型母线、槽型母线的安装定额内不包括母线、金具、绝缘子等材料,具体可按设计数量加损耗量计算。

(2)组合软母线安装定额不包括两端铁构件制作、安装和支持瓷瓶、带型母线的安装,发生时应执行相应定额。其跨距是按标准跨距综合考虑的,如实际跨距与定额不符时不作换算。

(3)软母线安装定额是按单串绝缘子考虑的,如设计为双串绝缘子,其定额人工乘以系数 1.08。耐张绝缘子串的安装,已包括在软母线安装定额内。软母线的引下线、跳线、经终端耐张线夹引下(不经 T 形线夹或并沟线夹引下)与设备连接的部分均按导线截面分别执行定额。不区分引下线、跳线和设备连线。不论两端的耐张线夹是螺栓式或压接式,均执行软母线跳线定额,不得换算。

(4)带型钢母线安装执行铜母线安装定额。带型母线伸缩节头和铜过渡板均按成品考虑,定额只考虑安装。

(5)带型母线、槽型母线安装均不包括支持瓷瓶安装和钢构件配置安装,其工程量应分别按设计成品数量执行定额相应项目。

(6)高压共箱母线和低压封闭式插接母线槽均按制造厂供应的成品考虑,定额只包含现场安装。

(7)母线安装定额不包括支架、铁构件的制作、安装,发生时执行铁构件制作安装相应项目。

7.2.3.3 母线安装定额工程量计算方法

(1)母线安装定额工程量计算方法与 7.1.3.3 小节清单工程量计算方法相同。

(2)低压封闭式插接母线槽一般都由生产厂家按施工现场实际安装长度生产,为成品供应,成品安装。因此低压封闭式插接母线槽的定额工程量按设计图纸尺寸计算即可,不需要预留。

(3)穿墙套管,也叫穿墙瓷套管。适用于额定电压 35kV 及以上的电站和变电站配电装置,有户内、户外之分,其结构由瓷套、导体、法兰、端盖等金属附件组成。穿墙瓷套管及穿通板外型如图 7.2 所示。穿通板是为了安装和固定穿墙套管而设置的,材质有石棉水泥板、电木板或环氧树脂板、塑料板和钢板,定额按制作和安装综合考虑,工程量以“块”计算。

7.2.3.4 母线安装工程量清单综合单价分析计算

(1)根据施工图纸计算母线安装的子项工程量(即组价工程量)。软、硬母线安装的组合工作内容主要有绝缘子安装和耐压试验、穿通板制作安装、穿墙套管安装、引下线安装等。低压封闭式插接母线槽安装的清单项目仅为本体安装，没有组合工作内容，而所需的进、出分线箱、支架制作安装则另按相应的项目编码列项。低压封闭式插接母线槽安装定额已包括母线槽专用配件的安装，但没有包括其价格，应另计材价。但在计算母线槽主材价格时，母线槽的长度要扣除专用配件长度后计算。

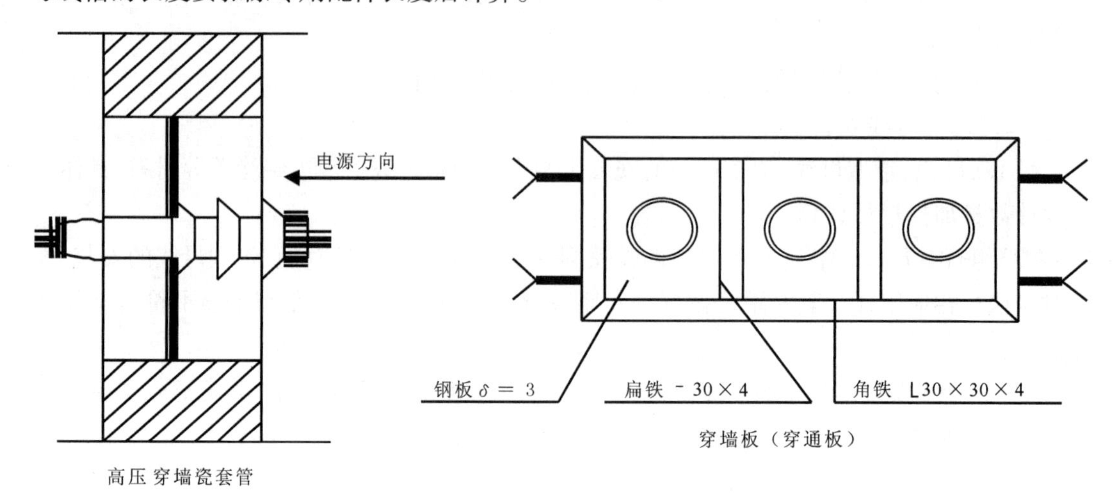

图 7.2　穿墙瓷套管及穿通板外型

（2）清单工程量、定额工程量和未计价材料工程量三者关系如下：

清单工程量 = 按设计图示计算的实物量 + 清单规定的预留量（与定额规定的预留量相同）

定额工程量 = 清单工程量

未计价材料工程量 = 定额工程量 + 定额规定的损耗量

（3）根据《工程量计算规范》附录 D 中表 D.3（表 7.1 - 6）列出的工作内容作为指引，计算各组价项目的安装费用合计，然后计算清单计量单位的价格。

【例 7.2 - 2】在例题 7.1 - 3 中，假设工程所在地珠海市，人工单价、辅材价差和机械台班单价均按《综合定额》执行，利润按 18% 计算。低压封闭式插接母线槽 CMC_3 - 2000/5A3000 - 1，3600.00 元/m，L 形垂直接头 4200.00 元/个，镀锌角铁支架∟ 50 × 50 × 5 共 90kg，5.10元/kg。试计算强电井内安装低压封闭式插接母线槽的综合单价。

【解】（1）根据《工程量计算规范》规定，镀锌角铁支架制作安装应按附录 D.13《附属工程》（表 7.1 - 35）相关项目编码列项；强电井内施工增加费应按附录 N《措施项目》相关项目编码列项。

（2）根据设计图纸并查阅相关资料核实低压母线槽 CMC_3 - 2000/5A3000 - 1 的具体产品名称为带 1 个插口的三相五线制插接式密集绝缘母线槽。

（3）强电井内安装低压封闭式插接母线槽清单工程量为 90m，其中 L 形垂直接头 1 个，查厂家资料得知，L 形垂直接头的长度为 1m/个，则母线槽直线段长度为 89m。

（4）组价工程量有：L 形垂直接头 1 个。

（5）珠海市为二类管理费。

(6)查《综合定额》，强电井内低压封闭式插接母线槽安装综合单价计算见表7.2－3。

综合单价分析表 **表7.2－3**

工程名称： 标段： 第 页 共 页

项目编码	030403006001	项目名称	低压封闭式插接母线槽						计量单位	m	清单工程量		90
清单综合单价组成明细													
定额编号	定额名称	定额单位	数量	单价（元）					合价（元）				
				人工费	材料费	机械费	管理费	利润	人工费	材料费	机械费	管理费	利润
C2－3－103	低压封闭式插接母线槽 CMC_3－2000/5A3000－1 电井内	10m	9	302.94	243.34	99.15	75.83	54.53	2726.46	2190.06	892.35	682.47	490.77
人工单价		小计							30.29	24.33	9.92	7.58	5.45
51.00元/工日		未计价材料费							3606.67				
清单项目综合单价									3684.24				
材料费明细	主要材料名称、规格、型号					单位	数量		单价（元）	合价（元）		暂估单价（元）	暂估合价（元）
	低压封闭式插接母线槽 CMC_3－2000/5A3000－1					m	89		3600.00	320400.00			
	L形垂直接头2000/5					个	1		4200.00	4200.00			
	其他材料费								—			—	
	材料费小计								—	3606.67		—	

7.2.4 控制设备及低压电器安装定额应用及工程量计算

控制设备及低压电器安装定额包括控制、继电、模拟及配电屏安装、硅整流柜安装、可控硅柜安装、直流屏及其他电气屏（柜）安装、控制台、控制箱安装、成套配电箱安装、低压封闭式插接母线槽进出分线箱和始端箱、控制开关安装、DZ自动空气断路器安装、熔断器、限位开关安装、控制器、接触器、起动器、电磁铁、快速自动开关安装、电阻器、变阻器安装、按钮、电笛安装、水位电气信号装置、仪表、电器、小母线安装、分流器安装、盘柜配线、端子箱、端子板安装及端子板外部接线、焊铜接线端子、压铜接线端子、压铝接线端子、穿通板制作、安装、基础槽钢、角钢安装、铁构件制作、安装及箱、盒制作、木配电箱制作、配电板制作、安装、流水开关接线、电磁开关接线、节能开关箱安装、自动冲洗感应器、风机盘管、风扇接线等内容。

7.2.4.1 控制设备及低压电器安装定额工程量计算规则

(1)控制设备及低压电器安装均按设计图示数量以“台”计算。

(2)控制开关、自动空气断路器、熔断器、限位开关、按钮、电笛、分流器安装均按设计图示数量以“个”计算。

(3)盘柜配线区别不同规格，按设计图示尺寸以“m”计算。

(4)基础槽钢、角钢安装按设计图示尺寸以“m”计算。

(5)铁构件制作安装按设计图示尺寸以“kg”计算。

(6)网门、保护网制作安装，按网门或保护网设计图示的框外围尺寸，以“m^2”计算。

(7)盘、箱、柜的外部进出线预留长度按表7.1－12的规定计算。

(8)配电板制作、安装及包铁皮,按配电板图示外形尺寸,以“m^2”计算。

(9)端子板外部接线按设备盘、箱、柜、台的外部接线图以“个”计算。

(10)自动冲洗感应器、风机盘管、风扇接线按设计图示数量以“台”计算。

7.2.4.2 控制设备及低压电器安装定额应用

(1)控制设备安装,除限位开关及水位电气信号装置外,其他均未包括支架制作安装。发生时可执行定额相应项目。

(2)屏上辅助设备安装,包括标签框、光字牌、信号灯、附加电阻、连接片等,但不包括屏上开孔工作。

(3)盘、柜配线定额只适用于盘、柜上小设备元件的少量现场配线,不适用于工厂的设备修、配、改工程。

(4)焊(压)接线端子定额只适用于导线,电缆终端头制作安装定额中已包括压接线端子,不得重复计算。

(5)各种铁构件制作,均不包括镀锌、镀锡、镀铬、喷塑等其他金属防护费用,发生时应另行计算。

(6)轻型铁构件是指主结构厚度在3mm以内的构件。主结构厚度在3mm以上的为一般铁构件。

(7)铁构件制作、安装定额适用于电气设备安装工程范围内的各种支架、构件的制作、安装。单件重量100kg以上铁构件安装套用《静置设备与工艺金属结构制作安装工程》相应项目。

(8)电磁开关接线定额也适用于电动阀门接线。

(9)非成套型配电箱箱体安装套用接线箱安装相应项目。

(10)控制设备安装未包括的工作内容:

1)二次喷漆及喷字。

2)电器及设备干燥。

3)焊(压)接线端子。

4)端子板外部(二次)接线。

5)基础槽钢、角钢的制作、安装。

7.2.4.3 控制设备及低压电器安装定额工程量计算方法

(1)控制设备及低压电器安装定额工程量计算方法与7.1.4.3小节清单工程量计算方法相同,两者均按自然计量单位计算。

(2)盘柜配线以“m”计算,按下式计算配线长度:

$$L = \text{盘柜半周长} \times \text{导线根数} \tag{7.2-2}$$

7.2.4.4 控制设备及低压电器安装工程量清单综合单价分析计算

(1)根据施工图纸计算控制设备及低压电器安装的组价工程量。其中低压开关柜(屏)、控制屏等安装的组价工作内容主要有基础槽钢制作安装、小母线安装、端子板安装、屏边安装等,如用导线进出柜,则其组价子项还有焊、压接线端子,如采用电缆进出线,所需的电缆头子项不在其组价计算内。配电箱、控制箱如果是落地安装,组价工作内容主要有基础槽钢制作安装和焊、压接线端子;如果是悬挂或嵌入式安装,组价工作内容只有焊、压接线端子。控制开关、照明开关、插座及小电器安装基本没有需要组价的子项。

(2)根据《工程量计算规范》附录D中表D.4(表7.1－10)列出的工作内容作为指引，计算各组价项目的安装费用合计，然后计算清单计量单位的价格。

【例7.2－3】在例题7.1－4中，设计图示房间配电箱电源进线为两根阻燃铜芯单塑线ZR－BV－10mm^2。假设工程所在地在中山市，人工单价、辅材价差和机械台班单价均按《综合定额》执行，利润按18%计算。试计算配电箱安装和单相五孔暗插座安装工程量清单综合单价。

【解】(1)经了解市场价格得知：300×200×120房间配电箱ZMX－1为250.00元/台，86型单相五孔暗插座C9/10US 250V/10A为18.50元/套。

(2)组价工程量有：配电箱内空气开关接线用10mm^{2}铜压接线端子2个。插座底盒属于配管工程量计算范围，故不应在插座安装清单中反映，插座清单的组价只有本体安装。

(3)中山市为二类管理费。

(4)定额中已包括铜压接线端子的价格，套用定额时不需要计算铜压接线端子的材价。

(5)依据《综合定额》，配电箱安装及插座安装工程量清单综合单价计算分别见表7.2－4、表7.2－5。

综合单价分析表 **表7.2－4**

工程名称： 标段： 第 页 共 页

项目编码	030404017001	项目名称	配电箱						计量单位		台	清单工程量	36
清单综合单价组成明细													
定额编号	定额名称	定额单位	数量	单价(元)					合价(元)				
				人工费	材料费	机械费	管理费	利润	人工费	材料费	机械费	管理费	利润
C2－4－28	铁配电箱ZMX－1 300×200×120暗装	台	36	60.59	26.91		15.17	10.91	2181.24	968.76		546.12	392.76
C2－4－118	铜压接线端子10mm^2	10个	0.2	17.75	36.30		4.44	3.20	3.55	7.26		0.89	0.64
人工单价		小计							60.69	27.11		15.20	10.93
51.00元/工日		未计价材料费							250.00				
清单项目综合单价									363.93				
材料费明细	主要材料名称、规格、型号					单位	数量		单价(元)	合价(元)		暂估单价(元)	暂估合价(元)
	铁配电箱ZMX－1 300×200×120					台	36		250.00	9000.00			
	其他材料费								—			—	
	材料费小计								—	250.00		—	

综合单价分析表 **表 7.2-5**

工程名称： 标段： 第 页 共 页

项目编码	030404035001	项目名称	插座					计量单位	个	清单工程量	180		
清单综合单价组成明细													
定额编号	定额名称	定额单位	数量	单价(元)					合价(元)				
				人工费	材料费	机械费	管理费	利润	人工费	材料费	机械费	管理费	利润
C2-12-397	单相五孔暗插座 86 型 C9/10US 250V/10A	10 套	18	49.57	7.62		12.41	8.92	892.26	137.16		223.38	160.56
人工单价		小 计							4.96	0.76		1.24	0.89
51.00 元/工日		未计价材料费							18.87				
清单项目综合单价									26.72				
材料费明细	主要材料名称、规格、型号					单位	数量		单价(元)	合价(元)		暂估单价(元)	暂估合价(元)
	单相五孔暗插座 86 型 C9/10US 250V/10A					套	183.6		18.50	3396.60			
	其他材料费								—			—	
	材料费小计								—	18.87		—	

7.3 电缆敷设工程量清单计价

电缆敷设定额包括电缆沟铺砂、盖砖及移动盖板、电缆保护管敷设、桥架安装、混凝土电缆槽安装、电缆防火涂料、堵洞、隔板及阻燃槽盒安装、电缆防腐、缠石棉绳、刷漆、剥皮、绝缘护套及电力设施编号牌安装、铝芯电力电缆敷设、铜芯电力电缆敷设、矿物绝缘电缆敷设、矿物绝缘电缆终端头、中间头安装、户内干包式电力电缆头制作、安装、户内浇注式电力电缆终端头制作、安装、户内热缩式电力电缆终端头制作、安装、户外电力电缆终端头制作、安装、浇注式电力电缆中间头制作、安装、热缩式电力电缆中间头制作、安装、成套型电缆头安装、控制电缆敷设、控制电缆头制作、安装、电缆鉴别等内容。

电缆敷设定额应用及工程量计算

(1)电缆敷设定额工程量计算规则

1)直埋电缆的挖、填土(石)方，除特殊要求外，可按表 7.3-1 的规定计算土方量。

直埋电缆的挖、填土(石)方量 **表 7.3-1**

项 目	电缆根数	
	1~2	每增一根
每米沟长挖方量(m^3)	0.45	0.153

注：1. 两根以内的电缆沟，按上口宽度 600mm、下口宽度 400mm、深 900mm 计算常规土方量(深度按规范的最低标准)；

2. 每增加一根电缆，其宽度增加 170mm；

3. 以上土方量埋深从自然地坪起算，如设计埋深超过 900mm 时，多挖的土方量应另行计算。

2）电缆沟盖板揭、盖工程量，按每揭或每盖一次以“延长米”计算，如又揭又盖，则按两次计算。

3）电缆保护管应区别不同敷设方式、敷设位置、管材材质、规格按设计图示尺寸以“延长米”计算。

4）电缆保护管长度，除按设计规定长度计算外，遇有下列情况，应按以下规定增加保护管长度：

①横穿道路，按路基宽度两端各增加2m。

②垂直敷设时，管口距地面增加2m。

③穿过建筑物外墙时，按基础外缘以外增加1m。

④穿过排水沟时，按沟壁外缘以外增加1m。

5）电缆保护管埋地敷设，其土方量凡有设计图注明的，按设计图计算；无设计图的，一般按沟深0.9m、沟宽按最外边的保护管两侧边缘外各增加0.3m工作面计算。

6）桥架安装，按设计图示尺寸以“m”计算。

7）电缆敷设按设计图示单根尺寸以“延长米”计算，一个沟内（或架上）敷设三根各长100m的电缆，应按300m计算，以此类推。

8）电缆敷设长度应根据敷设路径的水平和垂直敷设长度，按表7.1－18规定增加附加长度，计入电缆长度工程量之内。

9）电缆终端头及中间头均按设计图示数量以个计算。电力电缆和控制电缆均按一根电缆有两个终端头考虑。中间电缆头设计有图示的，按设计确定；设计没有规定的，按实际情况计算（或按平均250m一个中间头考虑）。

10）钢索的计算长度以两端固定点的距离为准，不扣除拉紧装置的长度。

（2）电缆敷设定额应用

1）电缆敷设定额适用于10kV以下的电力电缆和控制电缆敷设。定额是按平原地区和厂内电缆工程的施工条件编制的，未考虑在积水区、水底、井下等特殊条件下的电缆敷设，厂外电缆敷设工程按10kV以下架空配电线路有关定额执行，另计工地运输。

2）电缆在一般山地、丘陵地区敷设时，其定额人工乘以系数1.30。该地段所需的施工材料如固定桩、夹具等按实另计。

3）双屏蔽电缆头制作安装按人工乘以系数1.05。240mm^2以上的电缆头的接线端子为异型端子，需要单独加工，应按实际加工价计算（或调整定额价格）。

4）电力电缆敷设定额均按三芯（包括三芯连地）考虑的，五芯电力电缆敷设定额乘以系数1.30，六芯电力电缆乘以系数1.60，每增加一芯定额增加30%，以此类推。单芯电力电缆敷设按同截面电缆敷设定额乘以系数0.67。截面400mm^2以上至800mm^2的单芯电力电缆敷设按400mm^2电力电缆敷设定额执行。截面800～1000mm^2的单芯电力电缆敷设按400mm^2电力电缆敷设定额乘以系数1.25。

5）桥架支撑架定额适用于立柱、托臂及其他各种支撑架的安装。定额已综合考虑了采用螺栓、焊接和膨胀螺栓三种固定方式，实际施工中，不论采用何种固定方式，定额均不作调整。

6）玻璃钢梯式桥架和铝合金梯式桥架定额均按不带盖考虑，如这两种桥架带盖，则分别执行玻璃钢槽式桥架定额和铝合金槽式桥架定额。

7）钢制桥架主结构设计厚度大于3mm时，定额人工、机械乘以系数1.20。

8）不锈钢桥架按钢制桥架定额乘以系数1.10执行。

9）金属线槽、钢制桥架的主结构厚度1.5mm以下执行金属线槽安装相应项目，主结构厚度1.5mm以上执行钢制桥架安装相应项目。

10）电缆鉴别仅适用于将配网中已经运行的10kV以下电缆解口接入其他变配电设备和工程中修复故障电缆的计价。

11）公称直径100以下的电缆保护管敷设，执行配管配线定额相应项目。

12）电缆敷设定额未包括下列工作内容：

①电缆沟、电缆井的砌筑，发生时执行《广东省市政工程综合定额》（2010）第五册《排水工程》非定型井、渠、管道基础及砌筑相应项目。

②机械顶管，发生时执行《广东省市政工程综合定额》（2010）相应项目。

③隔热层、保护层的制作安装；

④电缆冬季施工的加温工作和在其他特殊施工条件下的施工措施费和施工降效增加费。

⑤吊电缆的钢索及拉紧装置，应按本册相应项目另行计算。

（3）电缆敷设定额工程量计算方法

1）电缆敷设定额未考虑因波形敷设、弛度、电缆绕梁（柱）所增加的长度以及电缆与设备连接、电缆接头等必要的预留长度，该增加长度和预留长度应计入工程量之内。因此，电缆敷设定额工程量计算方法与7.1.6.3小节清单工程量计算方法相同。

2）电缆直接埋地敷设：电缆直接埋地敷设如图7.3－1所示。电缆直埋敷设一般是在电缆根数较少，且敷设距离较长时采用。直埋敷设的电缆，宜采用有外护层的铠装电缆，电缆埋设深度不应小于0.7m，穿越农田时不应小于1m，并应在电缆上下各均匀铺设100mm厚的细砂或软土，然后覆盖混凝土保护板或类似的保护层，覆盖的保护层应超过电缆两侧各50mm。在寒冷地区，电缆应埋设于冻土层以下。

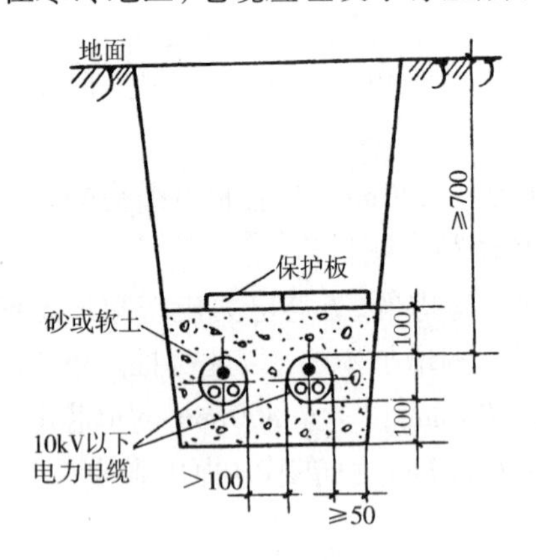

图7.3－1　电缆直埋示意图

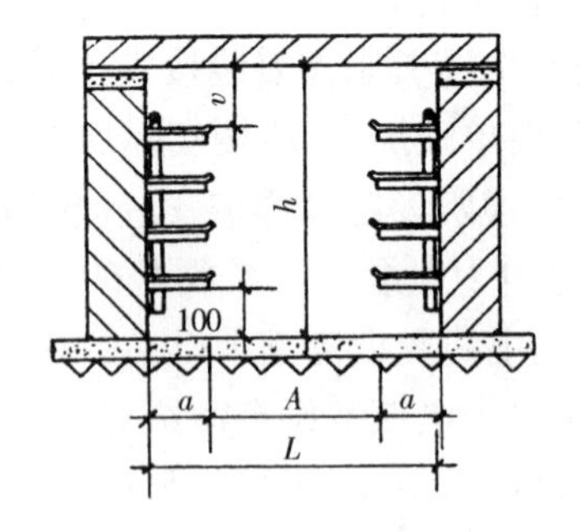

图7.3－2　电缆在电缆沟内敷设

挖填土（石）方时，如设计有要求时按图纸计算挖填土（石）方量；若设计无要求时，按定额规定计算其挖填土（石）方量。也可按下式计算：

$$V = S \times L \tag{7.3-1}$$

式中　V——挖填土体积；

S——电缆沟断面面积；

L——电缆沟长度。

挖填混凝土、柏油等路面的电缆沟时，按设计的电缆沟断面面积，可按下式计算：

$$V = H \times B \times L \quad (7.3-2)$$

式中　V——挖填土体积；

H——电缆沟深度；

B——电缆沟底宽；

L——电缆沟长度。

【例7.3－1】在例题7.1－6中，试计算电缆沟挖填土清单工程量和定额工程量。

【解】根据《工程量计算规范》规定，电缆沟挖填土方清单工程量计算应按现行国家标准《房屋建筑与装饰工程工程量计算规范》GB 50854相关项目及计算规则计算。项目名称为管沟土方，计量单位为m，计算规则为按设计图示以管道中心线长度计算。电缆沟挖填土方清单工程量计算如下：

清单工程量：$0.5+80+30+0.5=111\text{m}$

根据表7.3－1计算电缆沟挖填土方定额工程量如下：

定额工程量：$111\text{m}\times0.45\text{m}^3/\text{m}=49.95\text{m}^3$

3）电缆在电缆沟或隧道内敷设：电缆在电缆沟或隧道内敷设如图7.3－2所示。当电缆与地下管网交叉不多，地下水位较低，且无高温介质和熔化金属液体流入可能的地区，同一路径的电缆根数较多时，宜采用电缆沟或电缆隧道敷设。首先用砖或混凝土砌筑电缆沟，在沟壁上预埋电缆支架，再将电缆敷设在支架上，然后盖上钢筋混凝土盖板。

4）电缆穿保护管敷设：就是先将保护管敷设（明设或暗设）好，再将电缆穿入管内的敷设方式。管子内径应大于电缆外径的1.5倍。

电缆保护管挖填（不扣除保护管体积）土方量按下式计算：

$$V = (D + 2\times0.3)\times H\times L \quad (7.3-3)$$

式中　V——挖填土体积；

D——保护管外径；

H——沟深；

L——电缆沟长度；

0.3——工作面。

5）电缆沿支架敷设：它是先将支架螺栓预埋在墙上，并把在施工现场制作好的支架固定在预埋螺栓上，然后将电缆固定在电缆支架上。

6）电缆桥架敷设电缆：桥架敷设电缆，已被广泛采用，适用于电缆数量较多或较集中的场所。

（4）电缆敷设工程量清单综合单价分析计算

1）根据施工图纸计算电缆敷设的子项工程量。电缆敷设除电缆沟内敷设电缆有揭（盖）盖板的组价工作内容外，其他敷设方式都没有组价工作内容。电缆保护管敷设也不需组价计算。

2）电缆敷设所需的电缆沟铺砂、盖保护板、电缆头制作安装、防火堵洞等附属项目，应根据图纸要求计算各自的清单工程量并按相关项目编码列项后计算综合单价。

3)根据《工程量计算规范》附录D中表D.8(表7.1－16)列出的工作内容作为指引,计算各组价项目的安装费用合计,然后计算清单计量单位的价格。

【例7.3－2】在例题7.1－6中,假设工程所在地在惠州市,人工单价、辅材价差和机械台班单价均按《综合定额》执行,利润按18%计算。阻燃交联铜芯铠装电力电缆ZR－YJV_{22} $-3\times95+2\times70mm^2$为407.35元/m,电缆终端头为现场制作安装。试计算电缆敷设工程量清单综合单价。

【解】编制步骤如下:

(1)镀锌钢管保护管,电缆沟挖填土方、电缆终端头制作安装不属于电缆敷设组价内容。

(2)电缆敷设组价工程量有:电缆沟揭盖板,电缆沟盖盖板。

(3)计算电缆敷设的清单工程量见表7.1－19。

(4)计算电缆敷设组价工程量见表7.3－2。

(5)惠州市为三类管理费。

(6)依据《综合定额》,电缆敷设工程量清单综合单价计算见表7.3－3。

组价工程量计算表 **表7.3－2**

工程名称: 标段: 第 页 共 页

序号	组价项目特征	组价工程量计算过程	单位	组价工程量
1	电缆沟揭盖板 盖板规格800×400	1.2(电柜AA1边至墙内侧)	m	1.2
2	电缆沟盖盖板 盖板规格800×400	1.2(电柜AA1边至墙内侧)+(3－0.37)(A建筑物配电间)+(3－0.37)(B建筑物配电间)	m	6.46

综合单价分析表 **表7.3－3**

工程名称: 标段: 第 页 共 页

项目编码	030208001001	项目名称	电力电缆				计量单位	m	清单工程量	236.51			
清单综合单价组成明细													
定额编号	定额名称	定额单位	数量	单价(元)					合价(元)				
				人工费	材料费	机械费	管理费	利润	人工费	材料费	机械费	管理费	利润
C2－8－146	阻燃交联铜芯铠装电力电缆ZR－YJV_{22}－3×95＋2×$70mm^2$	100m	2.3651	692.84	244.32	72.27	116.72	124.71	1638.64	577.84	170.93	276.05	294.95
C2－8－6	电缆沟揭盖板板长800	100m	0.012	571.97			125.26	102.96	6.86			1.50	1.24
C2－8－6	电缆沟盖盖板板长800	100m	0.0646	571.97			125.26	102.96	36.95			8.09	6.65
人工单价		小计							7.11	2.44	0.72	1.21	1.28
51.00元/工日		未计价材料费							411.42				
清单项目综合单价									424.18				

续表

	主要材料名称、规格、型号	单位	数量	单价（元）	合价（元）	暂估单价（元）	暂估合价（元）
材料费明细	阻燃交联铜芯铠装电力电缆 ZR－YJV_{22}－3×95＋2×$70mm^2$	m	238.8751	407.35	97305.77		
	其他材料费			—		—	
	材料费小计			—	411.42	—	

7.4 防雷及接地装置工程量清单计价

防雷及接地装置定额包括接地极(板)制作、安装、接地母线敷设、接地跨接线安装、避雷针制作、安装、半导体少长针消雷装置安装、避雷引下线敷设、避雷网安装、桩承台接地线安装等内容。

防雷及接地装置定额应用及工程量计算

(1)防雷及接地装置定额工程量计算规则

1)接地极制作安装按设计图示数量以根计算。其长度按设计长度计算,设计无规定时,每根长度按2.5m计算。若设计有管帽时,管帽另按加工件计算。

2)接地母线敷设,按设计图示尺寸以"m"计算。接地母线、避雷线敷设,均按设计图示尺寸以延长米计算,其长度按设计图示水平和垂直规定长度另加3.9%的附加长度(包括转弯、上下波动、避绕障碍物、搭接头所占长度)计算。

3)接地跨接线按设计图示数量以"处"计算。按规程规定凡需作接地跨接线的工作内容,每跨接一次按一处计算,户外配电装置构架均需接地,每副构架按一处计算。

4)避雷针的加工制作、安装,按设计图示数量以"根"计算。独立避雷针安装按设计图示数量以"基"计算。长度、高度、数量均按设计规定。

5)半导体少长针消雷装置安装按设计图示数量以"套"计算。

6)避雷小短针安装按设计图示数量以"根"计算。

7)利用建筑物内主筋作接地引下线安装按设计图示尺寸以"m"计算。每一柱子内按焊接两根主筋考虑,如果焊接主筋数超过两根时,可按比例调整。

8)断接卡子制作安装按设计图示数量以"套"计算。按设计规定装设的断接卡子数量计算,接地检查井内的断接卡子安装按每井一套计算。

9)均压环敷设长度按设计需要作均压接地的梁的中心线长度,以"延长米"计算。每一梁内按焊接两根主筋考虑,如果焊接主筋数超过两根时,可按比例调整。

10)钢、铝窗接地,按设计要求接地的金属窗的接地数量以"处"计算。

11)桩承台接地线安装按设计图示数量以"基"计算。

(2)防雷及接地装置定额应用

1)户外接地母线敷设定额是按自然地坪和一般土质综合考虑的,包括地沟的挖填土和夯实工作，执行定额时不应再计算土方量。如遇有石方、矿渣、积水、障碍物等情况时可另行计算。

2）定额不适于采用爆破法施工敷设接地线、安装接地极，也不包括高土壤电阻率地区采用换土或化学处理的接地装置及接地电阻的测定工作。

3）避雷针安装、半导体少长针消雷装置安装定额均已考虑了高空作业因素。

4）独立避雷针的加工制作执行一般铁构件制作项目。

5）防雷均压环安装定额是按利用建筑物梁内主筋作为防雷接地连接线考虑的。如果采用单独扁钢或圆钢明敷作均压环时，可执行户内接地母线敷设项目。

6）利用铜绞线作接地引下线时，配管、穿铜绞线执行配管配线定额同规格的相应项目。

7）高层建筑物屋顶的防雷接地装置应执行避雷网安装定额，电缆支架的接地线安装应执行户内接地母线敷设项目。

8）利用基础梁内两根主筋焊接连通作接地母线，执行均压环敷设项目。

9）柱内主筋与桩承台、梁内主筋跨接已综合在相应项目中，不另行计算。

10）等电位接地端子箱安装，执行接线箱相应项目。等电位接地线安装，执行户内接地母线安装相应项目。

（3）防雷及接地装置定额工程量计算方法

1）防雷及接地装置定额工程量计算方法与7.1.7.3小节清单工程量计算方法相同。

①天面防雷带、网（区分明敷或暗敷）、人工接地母线（区分户内或户外）、人工引下线的定额工程量计算，按图示尺寸计算水平和垂直长度后，再增加3.9%附加长度（即清单工程量）。

②利用建筑物梁内钢筋、柱内钢筋作接地线、均压环、引下线的定额工程量计算，按图示梁、柱的尺寸计算长度（即清单工程量）。如果利用梁或柱内一条钢筋焊接连通，其工程量乘以系数0.5；如果是三条钢筋焊接连通，其工程量乘以系数1.5；四条钢筋焊接连通，其工程量乘以系数2，以此类推。

③接地极定额工程量计算应区分人工接地极和自然接地极分别计算，自然接地极即桩承台接地线，要区分三连桩以下、七连桩以下、十连桩以下承台计算。

④其他子项定额工程量计算，按自然量计算。

2）天面防雷带、网支架敷设（明敷），根据现行施工方法和现场的实际情况，支持支架多采用成品支架用膨胀螺栓固定，因此无需混凝土块制作。定额已包含支持支架的制作安装，不管实际使用何种形式的支持支架，都不作调整。

3）固定支持支架的混凝土块制作，如图纸有要求，并实际有发生，应按实际发生量计算。

4）防雷装置和接地装置的定额工程量要分开计算。

（4）防雷及接地装置工程量清单综合单价分析计算

1）接地极、接地母线、浪涌保护器、电位端子箱、测试板等一般没有组价项目，其综合单价分析计算为本体的制作安装费用。

2）避雷引下线的组价工作内容主要是断接卡子、箱的制作安装；均压环的组价工作内容主要是钢铝窗接地，柱主筋与圈梁焊接《综合定额》已综合考虑，不另计算；避雷带（网）的组价工作内容主要是混凝土块制作，其跨接《综合定额》已综合考虑，不另计算；避雷针的组价工作内容主要是跨接。

3)防雷及接地装置安装一般应采用镀锌型钢,所以不需要除锈和刷油漆,若发生除锈和刷油漆,应按附录 M《刷油、防腐蚀、绝热工程》项目编码列项。

4)根据《工程量计算规范》附录 D 中表 D.9(表 7.1 –21)列出的工作内容作为指引,计算各组价项目的安装费用合计,然后计算清单计量单位的价格。

【例 7.4】在例题 7.1 –7 中,假设工程所在地在韶关市,人工单价、辅材价差和机械台班单价均按《综合定额》执行,利润按 18% 计算。试计算明装避雷网和引下线工程量清单综合单价。

【解】(1)经了解市场价格得知:镀锌圆钢 ϕ10 为 2.80 元/m。

(2)镀锌圆钢明敷避雷网定额工程量为 311.7m。

(3)利用柱内钢筋作引下线,定额是按两条钢筋焊接连通考虑,现为三条钢筋焊接,计价时应按定额工程量计算规则规定按比例调整计价工程量,其引下线计价工程量为 459m。断接测试端子共 6 处、接地端子共 1 处,均在防雷引下线焊接引出,故属于引下线的组价工作内容。

(4)韶关市为四类管理费。

(5)依据《综合定额》,明装避雷网和引下线工程量清单综合单价计算分别见表 7.4 –1、表 7.4 –2。

综合单价分析表 **表 7.4 –1**

工程名称: 标段: 第 页 共 页

项目编码	030409005001		项目名称		避雷网				计量单位		m	清单工程量	311.7
清单综合单价组成明细													
定额编号	定额名称	定额单位	数量	单价(元)					合价(元)				
				人工费	材料费	机械费	管理费	利润	人工费	材料费	机械费	管理费	利润
C2 –9 –63	镀锌圆钢避雷网 ϕ10 明敷	10m	31.17	109.85	27.28	16.41	21.06	19.77	3424.15	850.32	511.50	656.44	616.23
人工单价		小计							10.98	2.73	1.64	2.11	1.98
51.00 元/工日		未计价材料费							2.94				
清单项目综合单价									22.38				
材料费明细	主要材料名称、规格、型号					单位	数量		单价(元)	合价(元)		暂估单价(元)	暂估合价(元)
	镀锌圆钢 ϕ10					m	327.285		2.80	916.40			
	其他材料费								—			—	
	材料费小计								—	2.94		—	

综合单价分析表　　　　**表 7.4－2**

工程名称：　　　　　　　　　　标段：　　　　　　　　　　第　页　共　页

项目编码	03040900300	项目名称	避雷引下线						计量单位	m	清单工程量	306	
清单综合单价组成明细													
定额编号	子目名称	定额单位	数量	单价(元)					合价(元)				
				人工费	材料费	机械费	管理费	利润	人工费	材料费	机械费	管理费	利润
C2－9－60	引下线(柱内3根钢筋焊接)	10m	45.9	33.30	9.07	39.77	6.38	5.99	1528.61	416.31	1825.44	292.84	275.15
C2－9－61	断接测试端子 镀锌扁钢－40×4	10套	0.6	145.40	38.06	0.15	27.87	26.17	87.24	22.84	0.09	16.72	15.70
C2－9－61	接地端子 镀锌扁钢－40×4	10套	0.1	145.40	38.06	0.15	27.87	26.17	14.54	3.81	0.02	2.79	2.62
人工单价		小计							5.33	1.45	5.97	1.02	0.96
51.00元/工日		未计价材料费							0.00				
清单项目综合单价									14.72				
材料费明细	主要材料名称、规格、型号					单位	数量		单价(元)	合价(元)		暂估单价(元)	暂估合价(元)
	其他材料费								—			—	
	材料费小计								—	0.00		—	

7.5　10kV 以下架空线路工程量清单计价

10kV 以下架空线路定额包括工地运输、施工定位、基础工程、电杆组立、横担安装、拉线制作、安装、导线架设、导线跨越及进户线架设、杆上变配电设备安装等内容。

10kV 以下架空线路定额应用及工程量计算

(1)10kV 以下架空线路定额工程量计算规则

1)工地运输，是指厂外电缆敷设和架空线路工程定额内未计价材料从集中材料堆放点或工地仓库运至杆位上的工地运输，分人力运输和汽车运输，以“t·km”计算。单位工程材料的汽车运输重量不足3t时按3t计算。运输量计算公式如下：

工程运输量＝施工图用量×(1＋损耗率)　　(7.5－1)

预算运输重量＝工程运输量＋包装物重量(不需要包装的可不计算包装物重量)　　(7.5－2)

主要材料运输重量的计算按表 7.5－1 执行：

主要材料运输重量表 表7.5－1

材料名称		单位	运输重量(kg)	备　注
混凝土制品	人工浇制	m^3	2600	包括钢筋
	离心浇制	m^3	2860	包括钢筋
线材	导线	kg	$W\times1.15$	有线盘
	避雷线、拉线	kg	$W\times1.07$	无线盘
木杆材料		m^3	500	包括木横担
金具、绝缘子		kg	$W\times1.07$	
螺栓、垫圈、脚钉		kg	$W\times1.01$	
土方		m^3	1500	实挖量
块石、碎石、卵石		m^3	1600	
黄砂(干中砂)		m^3	1550	自然砂1200kg/ m^3
水		kg	$W\times1.2$	

注:1. W为理论重量。

2. 未列入的其他材料,均按净重计算。

2)带卡盘的电杆坑,如原计算的尺寸不能满足卡盘安装时,因卡盘超长而增加的土(石)方量另计。

3)底盘、卡盘、拉线盘按设计图示数量以“块”计算。

4)杆塔组立,区别杆塔形式、高度或重量按设计图示数量以“根(基)”计算。

5)拉线制作安装分别不同形式按设计图示数量以“根”计算。

6)横担安装分不同形式和截面,按设计图示数量以“根”计算。拉线长度按设计全根长度计算,设计无规定时按表7.5－2计算。

拉线长度 表7.5－2

项　目		普通拉线(m/根)	V(Y)形拉线(m/根)	弓形拉线(m/根)
杆高(m)	8	11.47	22.94	9.33
	9	12.61	25.22	10.10
	10	13.74	27.48	10.92
	11	15.10	30.20	11.82
	12	16.14	32.28	12.62
	13	18.69	37.38	13.42
	14	19.68	39.36	15.12
水平拉线		26.47		

7)导线架设,分别导线类型和不同截面以km/单线计算。导线预留长度按表7.1－25的规定计算。导线长度按线路总长度和预留长度之和计算。计算主材费时应另增加规定的损耗率。

8)导线跨越架设,包括越线架的搭、拆和运输以及因跨越(障碍)施工难度增加而增加的工作量,以处计算。每个跨越间距按50m以内考虑,大于50m而小于100m时按2处计算，以此类推。在计算架线工程量时，不扣除跨越档的长度。

9）杆上变配电设备安装按设计图示数量以台或组计算。定额内包括杆上钢支架及设备的安装工作，但钢支架主材、连引线、线夹、金具等应按设计规定另行计算。

（2）10kV 以下架空线路定额应用

1）杆坑土质按一个坑的主要土质而定，如一个坑大部分为普通土，少量为坚土，则该坑应全部按普通土计算。

2）定额按平地施工条件考虑，如在丘陵地形地带施工时，人工和机械乘以地形系数1.20；在一般山地泥沼地带施工时，人工和机械乘以地形系数 1.60。

3）地形划分的特征：

①平地：地形比较平坦、地面比较干燥的地带。

②丘陵：地形有起伏的矮岗、土丘等地带。

③一般山地：指一般山岭或沟谷地带、高原台地等。

④泥沼地带：指经常积水的田地或泥水淤积的地带。

4）全线地形分几种类型时，可按各种类型长度所占百分比求出综合系数进行计算。

5）几种基础超灌量的规定。各类现浇基础的超灌量应按设计规定执行。若设计无规定时，其超灌量为：

①灌注桩基础：超灌量为设计计算量的 15%；

②掏挖式、钻孔爆扩基础：超灌量为设计计算量的 7%；

③岩石灌浆基础：超灌量为设计计算量的 8%。

6）线路一次施工工程量按 5 基以上电杆考虑，如 5 根以内者，按 10kV 以下架空线路定额发生项目的人工、机械乘以系数 1.30。

7）如果出现钢管杆的组立，按同高度混凝土杆组立的人工、机械乘以系数 1.40，材料不调整。

8）导线跨越架设：

①在同跨越档内，有多种（或多次）跨越物时，应根据跨越物种类分别执行定额。

②跨越定额仅考虑因跨越而多耗的人工、机械台班和材料，在计算架线工程量时，不扣除跨越档的长度。

9）杆上配电装置安装不包括变压器调试、抽芯、干燥工作，也不包括检修平台、防护栏杆及设备接地装置安装，配电箱未含焊（压）接线端子。

10）横担安装定额按单根拉线考虑，若安装 V 形、Y 形或双拼形拉线时，按两根计算。

11）架空配电线路敷设未包括土石方工程。

（3）10kV 以下架空线路定额工程量计算方法

1）10kV 以下架空线路定额工程量计算方法与 7.1.8.3 小节清单工程量方法相同。

①杆基定位（既施工定位）按线路施工图中电杆组立数量计算，一根电杆其施工定位为一基。

②杆坑土石方工程量按以下公式计算：

$$V=\frac{h}{6}\times[ab+(a+a_1)\times(b+b_1)+a_1\times b_1] \qquad (7.5-3)$$

式中　V——土（石）方体积（m^3）；

h ——坑深(m);

$a(b)$ ——坑底宽(m),$a(b)$ = 底拉盘底宽 + 2 × 每边操作裕度;

$a_1(b_1)$——坑口宽(m),$a_1(b_1)$ = $a(b)$ + 2 × h × 边坡系数。

坑深超过1.2m时,放坡系数计算见表7.5-3。

放坡系数表 **表7.5-3**

项目名称	普通土、水坑	坚土	松砂石	泥水、流砂、岩石
2.0m以内	1:0.17	1:0.10	1:0.22	不放边坡
3.0m以内	1:0.30	1:0.22	1:0.33	不放边坡
3.0m以上	1:0.45	1:0.30	1:0.60	不放边坡

③无底盘、卡盘的电杆坑,其挖方体积:

$$V=0.8\times0.8\times h \tag{7.5-4}$$

式中 h——坑深(m)。

④杆坑需增加挖电杆坑的马道土时,每个马道坑按0.2m^{3}计算,并计入该杆坑土石方量内。

⑤施工操作裕度按基础底宽(不包括垫层)每边增加量:

A.普通土、坚土坑、水坑、松砂石坑为0.20m。

B.泥水坑、流砂坑、干砂坑为0.30m。

C.岩石坑有模板为0.2m,岩石坑无模板为0.10m。

⑥杆坑回填土量,不扣除卡盘、底盘和电杆埋入坑内杆段的体积量。钢筋混凝土电杆规格和埋深见表7.5-4。

钢筋混凝土电杆规格和埋深 **表7.5-4**

杆长(m)	7	8		9		10		11	12	13	15
梢径(mm)	150	150	170	150	190	150	190	190	190	190	190
底径(mm)	240	256	277	270	310	283	323	337	350	360	390
埋深(m)	1.2	1.5		1.6		1.7		1.8	1.9	2.0	2.5
杆重(kg)	347	425	645	500	692	580	772	910	1129	1222	1500
底盘规格(mm)	600×600					800×800				1000×1000	

(4)10kV以下架空线路工程量清单综合单价分析计算

1)电杆组立清单项目的组价工作内容主要有施工定位、土(石)方挖填、现浇基础、基础垫层、底盘、卡盘、拉盘安装、拉线制作、安装、工地运输等。

2)导线架设清单项目的组价工作内容主要有导线跨越及进户线架设、工地运输等。

3)杆上设备清单项目的组价工作内容主要有支撑架安装、焊压接线端子等。

4)根据《工程量计算规范》附录D中表D.10(表7.1-24)列出的工作内容作为指引,计算各组价项目的安装费用合计,然后计算清单计量单位的价格。

【例7.5】在例题7.1-8中,导线在山地上有1处转角,在平地上跨越公路1处。假设工程所在地在肇庆市,人工单价、辅材价差和机械台班单价均按《综合定额》执行,利润按18%计算。试计算导线架设工程量清单综合单价。

【解】(1)经了解市场价格得知:多股铝绞线LJ-70为103.36元/m。

(2)组价工程量有:导线跨越。

(3)地形系数:丘陵地带,人工和机械乘以地形系数1.20;一般山地,人工和机械乘以地形系数1.60;平地不作调整。

(4)铝绞线损耗率为1.3%。

(5)肇庆市为四类管理费。

(6)依据《综合定额》,导线架设工程量清单综合单价计算分别见表7.5-5。

综合单价分析表 **表7.5-5**

工程名称: 标段: 第 页 共 页

项目编码	030410003001		项目名称		导线架设				计量单位	km	清单工程量		9.0135
清单综合单价组成明细													
定额编号	定额名称	定额单位	数量	单价(元)					合价(元)				
				人工费	材料费	机械费	管理费	利润	人工费	材料费	机械费	管理费	利润
C2-10-95	多股铝绞线LJ-70丘陵地带架设	km	1.5	431.77	250.12	62.99	68.98	77.72	647.65	375.18	94.48	103.47	116.58
C2-10-95	多股铝绞线LJ-70一般山地架设	km	2.4075	575.69	250.12	83.98	68.98	103.62	1385.97	602.16	202.19	166.07	249.47
C2-10-95	多股铝绞线LJ-70平地架设	km	5.106	359.81	250.12	52.49	68.98	64.76	1837.16	1277.11	268.01	352.21	330.69
C2-10-110	导线跨越	处	1	132.19	170.43	34.32	25.34	23.79	132.19	170.43	34.32	25.34	23.79
人工单价		小计							444.11	269.03	66.46	71.79	79.94
51.00元/工日		未计价材料费							104703.68				
清单项目综合单价									105635.00				
材料费明细	主要材料名称、规格、型号					单位	数量		单价(元)	合价(元)		暂估单价(元)	暂估合价(元)
	多股铝绞线LJ-70					m	9130.6755		103.36	943746.62			
	其他材料费								—			—	
	材料费小计								—	104703.68		—	

7.6 配管、配线与照明器具安装工程量清单计价

配管、配线与照明器具安装是建筑电气中最基本的组成部分,其工程量清单计价也是比较简单。常用项目需要组合的工作内容一般也不多,计算不复杂。多是一个清单项目名称对应一个实体名称的安装。

7.6.1 配管、配线定额应用及工程量计算

配管、配线定额包括镀锌电线管敷设、钢管敷设、防爆钢管敷设、可挠金属套管敷设、塑

料管敷设、金属软管敷设、金属线槽敷设、管内穿线、鼓形绝缘子配线、针式绝缘子配线、蝶式绝缘子配线、线槽配线、塑料护套线明敷设、绝缘导线明敷设、钢索架设、母线拉紧装置及钢索拉紧装置制作安装、车间带形母线安装、接线箱安装、接线盒安装等内容。

7.6.1.1　配管、配线定额工程量计算规则

(1)各种配管应区别不同敷设方式、敷设位置、管材材质、规格，按设计图示尺寸以"延长米"计算。不扣除管路中间的接线箱(盒)、灯头盒、开关(插座)盒所占长度。

(2)线槽安装应区别不同材质、规格，按设计图示尺寸以"m"计算。

(3)管内穿线的工程量，应区别线路性质、导线材质、导线截面；线槽配线、绝缘导线明敷设区别导线截面，分别按设计图示尺寸以"单线延长米"计算。

(4)塑料护套线明敷区别导线截面、导线芯数(二芯、三芯)、敷设位置(木结构、砖混凝土结构、沿钢索)按设计图示尺寸以"单线延长米"计算。

(5)钢索架设区别圆钢、钢索直径($\phi6$、$\phi9$)，按图示墙(柱)内缘距离，按设计图示尺寸以"延长米"计算，不扣除拉紧装置所占长度。

(6)母线拉紧装置及钢索拉紧装置制作安装区别母线截面、花篮螺栓直径(12、16、18)按设计图示数量以"套"计算。

(7)车间带形母线安装区别母线材质(铝、钢)、母线截面、安装位置(沿屋架、梁、柱、墙，跨屋架、梁、柱)按设计图示尺寸以"延长米"计算。

(8)接线箱安装区别安装形式(明装、暗装)以及接线箱半周长；接线盒安装区别安装形式(明装、暗装、钢索上)以及接线盒类型，分别按设计图示数量以"个"计算。

(9)配线进入开关箱、柜、板的预留线、连接设备导线预留长度，按表7.1－30规定的长度，分别计入相应的工程量。

7.6.1.2　配管、配线定额应用

(1)配管工程均未包括接线箱、盒及支架制作、安装。钢索架设及拉紧装置的制作、安装，配管支架制作、安装执行铁构件制作、安装相应项目。

(2)管内穿线的线路分支接头线长度已综合考虑在定额中，不得另行计算。

(3)照明线路中的导线截面大于或等于6mm^2时，应执行动力线路穿线相应项目。

(4)灯具、开关、插座、按钮等的预留线，已分别综合在相应项目内，不另行计算。

7.6.1.3　配管、配线定额工程量计算方法

配管、配线定额工程量计算方法与7.1.9.3小节清单工程量计算方法相同。

7.6.1.4　配管、配线工程量清单综合单价分析计算

(1)配管、配线(如管内穿线、线槽配线)、线槽安装、桥架安装、接线箱(盒)安装均无组价工作内容。

(2)电缆桥架安装定额已包括桥架附件的安装，没有包括其价格，可另计材价，但在计算桥架主材价格时，桥架的长度要扣除附件长度后计算。

(3)根据《工程量计算规范》附录D中表D.11(表7.1－28)列出的工作内容作为指引，计算各组价项目的安装费用合计，然后计算清单计量单位的价格。

【例7.6－1】在例题7.1－9中，假设工程所在地在中山市，人工单价、辅材价差和机械台班单价均按《综合定额》执行，利润按18%计算。试计算配线工程量清单综合单价。

【解】(1)假设阻燃铜芯双塑线ZR－BVV－2.5mm^2为2.05元/m。

（2）导线规格虽然相同，但其敷设方式不同（穿管和线槽配线），因此要分别计算综合单价。

（3）阻燃铜芯双塑线 ZR－BVV－2.5mm^{2}管内穿线定额损耗率为16%；线槽配线定额损耗率为5%。

（4）中山市为二类管理费。

（5）依据《综合定额》，配线工程量清单综合单价计算分别见表7.6－1、表7.6－2。

综合单价分析表 **表7.6－1**

工程名称： 标段： 第 页 共 页

项目编码	030411004001	项目名称	配线						计量单位	m	清单工程量	68.6	
清单综合单价组成明细													
定额编号	定额名称	定额单位	数量	单价（元）					合价（元）				
				人工费	材料费	机械费	管理费	利润	人工费	材料费	机械费	管理费	利润
C2－11－297	阻燃铜芯双塑线 ZR－BVV－2.5mm^2 线槽配线	100m	0.686	38.76	6.65		9.70	6.98	26.59	4.56		6.65	4.79
人工单价		小计							0.39	0.07		0.10	0.07
51.00元/工日		未计价材料费							2.15				
清单项目综合单价									2.78				
材料费明细	主要材料名称、规格、型号				单位		数量		单价（元）	合价（元）		暂估单价（元）	暂估合价（元）
	阻燃铜芯双塑线 ZR－BVV－2.5mm^2				m		72.03		2.05	147.66			
	其他材料费								—			—	
	材料费小计								—	2.15		—	

综合单价分析表 **表7.6－2**

工程名称： 标段： 第 页 共 页

项目编码	030411004002	项目名称	配线						计量单位	m	清单工程量	64.2	
清单综合单价组成明细													
定额编号	定额名称	定额单位	数量	单价（元）					合价（元）				
				人工费	材料费	机械费	管理费	利润	人工费	材料费	机械费	管理费	利润
C2－11－203	阻燃铜芯双塑线 ZR－BVV－2.5mm^2 管内穿线	100m	0.642	38.35	19.47		9.60	6.90	24.62	12.50		6.16	4.43
人工单价		小计							0.38	0.19		0.10	0.07
51.00元/工日		未计价材料费							2.38				
清单项目综合单价									3.12				

续表

材料费明细	主要材料名称、规格、型号	单位	数量	单价（元）	合价（元）	暂估单价（元）	暂估合价（元）
	阻燃铜芯双塑线 ZR－BVV－2.5mm^2	m	74.472	2.05	152.67		
	其他材料费			—		—	
	材料费小计			—	2.38	—	

7.6.2 照明器具安装工程量清单计价

照明器具安装定额包括普通灯具安装、装饰灯具安装、荧光灯具安装、嵌入式地灯安装、工厂灯及防水防尘灯安装、工厂其他灯具安装、医院灯具安装、霓虹灯安装、路灯安装、开关、按钮、插座安装、声控（红外线感应）延时开关、柜门触动开关安装、带保险盒开关安装、带保险盒插座安装、安全变压器、电铃、风扇安装、盘管风机开关、请勿打扰灯、须刨插座、钥匙取电器安装、红外线浴霸安装、风扇调速开关安装、多线式床头柜插座连插头、多联组合开关插座、多线插头连座安装、音响系统喇叭连线间变压器安装、有载自动调压器、自动干手装置安装、床头柜集控板安装、艺术喷泉电气设备安装、喷泉防水配电安装、艺术喷泉照明安装等内容。

7.6.2.1 照明器具安装定额工程量计算规则

（1）普通灯具安装区别灯具的种类、型号、规格按设计图示数量以套计算。

（2）吊式艺术装饰灯具根据装饰灯具示意图集所示，区别不同装饰物以及灯体直径和灯体垂吊长度，按设计图示数量以"套"计算。灯体直径为装饰的最大外缘直径，灯体垂吊长度为灯座底部到灯梢之间的总长度。

（3）吸顶式艺术装饰灯具安装根据装饰灯具示意图集所示，区别不同装饰物、吸盘的几何形状、灯体直径、灯体周长和灯体垂吊长度，按设计图示数量以套计算。灯体直径为吸盘最大外缘直径；灯体半周长为矩形吸盘的半周长；吸顶式艺术装饰灯具的灯体垂吊长度为吸盘到灯梢之间的总长度。

（4）组合荧光灯光带安装根据装饰灯具示意图集所示，区别安装形式、灯管数量，按设计图示尺寸以"延长米"计算。

（5）内藏组合式灯安装根据装饰灯具示意图集所示，区别灯具组合形式，按设计图示尺寸以"延长米"计算。

（6）发光棚安装根据装饰灯具示意图集所示，按设计图示尺寸以"m^2"计算。

（7）立体广告灯箱、荧光灯光沿根据装饰灯具示意图集所示，按设计图示尺寸以"延长米"计算。

（8）几何形状组合艺术灯具安装根据装饰灯具示意图集所示，区别不同安装形式及灯具的不同形式，按设计图示数量以"套"计算。

（9）标志、诱导装饰灯具、水下艺术装饰灯具、草坪灯具安装根据装饰灯具示意图集所示，区别不同安装形式，按设计图示数量以"套"计算。

（10）点光源艺术装饰灯具安装根据装饰灯具示意图集所示，区别不同安装形式、不同灯具直径，按设计图示数量以"套"计算。

(11)歌舞厅灯具安装根据装饰灯具示意图所示,区别不同灯具形式,分别按设计图示数量以“套”、“延长米”、“台”计算。

(12)荧光灯具安装区别灯具的安装形式、灯具种类、灯管数量,按设计图示数量以“套”计算。

(13)嵌入式地灯安装区别灯具的安装形式,按设计图示数量以“套”计算。

(14)工厂灯及防水防尘灯安装区别不同安装形式,按设计图示数量以“套”计算。

(15)工厂其他灯具安装区别不同灯具类型、安装形式、安装高度,按设计图示数量以“套”或“个”计算。

(16)医院灯具安装区别不同灯具类型,按设计图示数量以“套”计算。

(17)霓虹灯管安装按设计图示尺寸以“m”计算。霓虹灯控制器、继电器安装按设计图示数量以“台”计算。

(18)路灯安装区别不同臂长,不同灯数,按设计图示数量以“套”计算。

(19)开关、按钮安装区别开关、按钮安装形式,开关、按钮种类,开关极数以及单控与双控,按设计图示数量以“套”计算。

(20)插座安装区别电源数、额定电流。插座安装形式,按设计图示数量以“套”计算。

(21)安全变压器安装区别安全变压器容量,按设计图示数量以“台”计算。

(22)电铃、电铃号码牌箱安装区别电铃号牌箱规格(号),分别按设计图示数量以“个”、“台”计算。

(23)门铃安装区别门铃安装形式,按设计图示数量以“个”计算。

(24)风扇、风扇调速开关安装区别风扇种类,分别按设计图示数量以“台”、“个”计算。

(25)声控(红外线感应)延时开关、柜门触动开关安装、盘管风机三速开关、请勿打扰灯,须刨插座、钥匙取电器、红外线浴霸、有载自动调压器、自动干手装置安装按设计图示数量以“套”、“台”计算。

(26)床头柜集控板安装区别集控板规格(位),按设计图示数量以“套”计算。

(27)艺术喷泉电气设备安装均按设计图示数量以“台”计算。

7.6.2.2 照明器具安装定额应用

(1)各型灯具的引导线,是指灯具吸盘到灯头的连线,除注明者外,均按灯具已配有考虑,如引导线是另行配用的,则另计材价,其他不变。

(2)路灯、投光灯、碘钨灯、氙气灯、烟囱或水塔指示灯,均已考虑了一般工程的高空作业因素,其他器具安装高度如超过5m,则应按册说明中规定的超高系数另行计算。

(3)定额中装饰灯具项目均已考虑了一般工程的超高作业因素,并包括脚手架搭拆费用。

(4)吊式艺术装饰灯具的灯体直径为装饰的最大外缘直径,灯体垂吊长度为灯座底部到灯梢之间的总长度。吸顶式艺术装饰灯具的灯体直径为吸盘最大外缘直径,灯体半周长为矩形吸盘的半周长,灯体垂吊长度为吸盘到灯梢之间的总长度。

(5)除另有说明外,灯具安装均未包括支架制作安装,发生时执行铁构件制作、安装相应项目。

(6)定额已包括利用摇表测量绝缘及一般灯具的试亮工作(但不包括调试工作)。

(7)组合荧光灯光带、内藏组合式灯、发光棚、立体广告灯箱、荧光灯光沿的灯具设计用量与定额不符时可根据设计数量加损耗量调整主材。

(8)普通灯具安装定额适用范围见表7.6-3。

普通灯具安装定额适用范围 **表7.6-3**

定额名称	灯具种类
圆球吸顶灯	材质为玻璃的螺口、卡口圆球独立吸顶灯
半圆球吸顶灯	材质为玻璃的独立的半圆球吸顶灯、扁圆罩吸顶灯、平圆形吸顶灯
方形吸顶灯	材质为玻璃的独立的矩形罩吸顶灯、方形罩吸顶灯、大口方罩顶灯
软线吊灯	利用软线为垂吊材料、独立的,材质为玻璃、塑料罩等各式软线吊灯
吊链灯	利用吊链作辅助悬吊材料、独立的,材质为玻璃、塑料罩的各式吊链灯
防水吊灯	一般防水吊灯
一般弯脖灯	圆球弯脖灯、风雨壁灯
一般墙壁灯	各种材质的一般壁灯、镜前灯
软线吊头灯	一般吊灯头
声光控座灯头	般声控、光控座灯头
座灯头	一般塑胶、瓷质座灯头

(9)装饰灯具安装定额适用范围见表7.6-4。

装饰灯具安装定额适用范围 **表7.6-4**

定额名称	灯具种类(形式)
吊式艺术装饰灯具	不同材质、不同灯体垂吊长度、不同灯体直径的蜡烛灯、挂片灯、串珠(穗)、串棒灯、吊杆式组合灯、玻璃罩(带装饰)灯
吸顶式艺术装饰灯具	不同材质、不同灯体垂吊长度、不同灯体几何形状的串珠(穗)、串棒灯、挂片、挂碗、挂吊蝶灯、玻璃(带装饰)灯
荧光艺术装饰灯具	不同安装形式、不同灯管数量的组合荧光灯光带,不同几何组合形式的内藏组合式灯,不同几何尺寸、不同灯具形式的发光棚,不同形式的立体广告灯箱、荧光灯光沿
几何形状组合艺术灯具	不同固定形式、不同灯具形式的繁星灯、钻石星灯、礼花灯、玻璃罩钢架组合灯、凸片灯、反射挂灯、筒形钢架灯、U形组合灯、弧形管组合灯
标志、诱导装饰灯具	不同安装形式的标志灯、诱导灯
水下艺术装饰灯具	简易形彩灯、密封形彩灯、喷水池灯、幻光型灯
点光源艺术装饰灯具	不同安装形式、不同灯体直径的筒灯、牛眼灯、射灯、轨道射灯
草坪灯具	各种立柱式、墙壁式的草坪灯
歌舞厅灯具	各种安装形式的变色转盘灯、雷达射灯、幻影转彩灯、维纳斯旋转灯、卫星旋转效果灯、飞碟旋转效果灯、多头转灯、滚筒灯、频闪灯、太阳灯、雨灯、歌星灯、边界灯、射灯、泡泡发生器、迷你满天星彩灯、迷你单立(盘彩灯)、多头宇宙灯、镜面球灯、蛇光管

(10)荧光灯具安装定额适用范围见表7.6-5。

荧光灯具安装定额适用范围 表 7.6－5

定额名称	灯 具 种 类
组装型荧光灯	单管、双管、三管、吊链式、吸顶式、现场组装独立荧光灯
成套型荧光灯	单管、双管、三管、四管、吊链式、吊管式、吸顶式、嵌入式、成套独立荧光灯

(11)工厂灯及防水防尘灯安装定额适用范围见表 7.6－6。

工厂灯及防水防尘灯安装定额适用范围 表 7.6－6

定额名称	灯 具 种 类
直杆工厂吊灯	配照(GC_1－A)、广照(GC_3－A)、深照(GC_5－A)、斜照(GC_7－A)、圆球(GC_{17}－A)、双罩(GC_{19}－A)
吊链式工厂灯	配照(GC_1－B)、深照(GC_3－B)、斜照(GC_5－C)、圆球(GC_7－B)、双罩(GC_{17}－A)、广照(GC_{19}－A)
吸顶式工厂灯	配照(GC_1－C)、广照(GC_3－C)、深照(GC_5－C)、斜照(GC_7－C)、圆球双罩(GC_{19}－C)
弯杆式工厂灯	配照(GC_1－D/E)、广照(GC_3－D/E)、深照(GC_5－D/E)、斜照(GC_7－D/E)双罩(GC_{19}－C)、局部深罩(GC_{26}－F/H)
悬挂式工厂灯	配照(GC_{21}－2)、深照(GC_{23}－2)
防水防尘灯	广照(GC_9－A、B、C)、广照保护网(GC_{11}－A、B、C)、散照(GC_{15}－A、B、C、D、E、F、G)

(12)工厂其他灯具安装定额适用范围见表 7.6－7。

工厂其他灯具安装定额适用范围 表 7.6－7

定额名称	灯 具 种 类
防潮灯	扁形防潮灯(GC－31)、防潮灯(GC－33)
腰形舱顶灯	腰形舱顶灯 CCD－1
碘钨灯	DW 型、220V、300～1000W
管形氙气灯	自然冷却式 220V/380V 20kW 内
投光灯	TG 型室外投光灯
高压水银灯镇流器	外附式镇流器具 125～450W
安全灯	(AOB－1、2、3)、(AOC－1、2)型安全灯
防爆灯	CB C－200 型防爆灯
高压水银防爆灯	CB C－125/250 型高压水银防爆灯
防爆荧光灯	CB C－1/2 单、双管防爆型荧光灯

(13)工厂厂区内、住宅小区内路灯、城市道路的路灯安装执行本册定额。路灯安装定额适用范围见表 7.6－8。

路灯安装定额范围 **表 7.6-8**

<table>
<tr><th colspan="2">定额名称</th><th>灯具种类</th></tr>
<tr><td colspan="2">单臂挑灯</td><td>单抱箍臂长 1200mm 以下、臂长 3000mm 以下；
双抱箍臂长 3000mm 以下、臂长 5000mm 以下、臂长 5000mm 以上；
双拉梗臂长 3000mm 以下、臂长 5000mm 以下、臂长 5000mm 以上；
双臂架臂长 3000mm 以下、臂长 5000mm 以下；
成套型臂长 3000mm 以下、臂长 5000mm 以下、臂长 5000mm 以上；
组装型臂长 3000mm 以下、臂长 5000mm 以下、臂长 5000mm 以上</td></tr>
<tr><td rowspan="2">双臂挑灯</td><td>成套型</td><td>双称式臂长 2500mm 以下、臂长 5000mm 以下、臂长 5000mm 以上；
非对称式臂长 2500mm 以下、臂长 5000mm 以下、臂长 5000mm 以上</td></tr>
<tr><td>组装型</td><td>对称式臂长 2500mm 以下、臂长 5000mm 以下、臂长 5000mm 以上；
非对称式臂长 2500mm 以下、臂长 5000mm 以下、臂长 5000mm 以上</td></tr>
<tr><td rowspan="2">高杆灯架</td><td>成套型</td><td>灯高 11m 以下、灯高 20m 以下、灯高 20m 以上</td></tr>
<tr><td>组装型</td><td>灯高 11m 以下、灯高 20m 以下、灯高 20m 以上</td></tr>
<tr><td colspan="2">大马路弯灯</td><td>臂长 1200mm 以下、臂长 1200mm 以上</td></tr>
<tr><td colspan="2">庭院路灯</td><td>三火以下、七火以下</td></tr>
<tr><td colspan="2">桥栏杆灯</td><td>嵌入式、明装式</td></tr>
</table>

7.6.2.3 照明器具安装定额工程量计算方法

(1)照明器具安装定额工程量计算方法与 7.1.10.3 小节清单工程量计算方法相同,并应区分各型灯具及不同安装方式按自然量计算。

(2)照明器具安装定额已包含灯具引导线,不应作为照明器具安装的组合工作内容。

7.6.2.4 照明器具安装工程量清单综合单价分析计算

(1)照明器具安装工程量清单中除一般路灯、中杆灯、高杆灯有基础浇筑、立灯杆、杆座安装、灯架及灯具附件安装、焊、压接线端子等的组价工作内容外,其他灯具均为本体安装,没有组价工作内容。

(2)根据《工程量计算规范》附录 D 中表 D.12(表 7.1-33)列出的工作内容作为指引,计算各组价项目的安装费用合计,然后计算清单计量单位的价格。

【例 7.6-2】在例题 7.1-10 中,假设工程所在地在深圳市,人工单价、辅材价差和机械台班单价均按《综合定额》执行,利润按 18% 计算。试计算荧光灯支架 YG1-1×40W 吸顶安装工程量清单综合单价。

【解】(1)假设荧光灯支架 YG1-1×40W 为 32.75 元/套,日光管 40W 为 8.50 元/支。

(2)荧光灯支架定额损耗率为 1%;日光管定额损耗率为 1.5%。

(3)深圳市为一类管理费。

(4)依据《综合定额》,荧光灯支架工程量清单综合单价计算分别见表 7.6-9。

综合单价分析表 **表 7.6-9**

工程名称： 标段： 第 页 共 页

项目编码	030412005001		项目名称		荧光灯				计量单位		套	清单工程量	30
清单综合单价组成明细													
定额编号	定额名称	定额单位	数量	单价(元)					合价(元)				
				人工费	材料费	机械费	管理费	利润	人工费	材料费	机械费	管理费	利润
C2-12-212	荧光灯支架 YG1-1×40W 吸顶安装(壁装)	10套	3	83.23	25.09		23.92	14.98	249.69	75.27		71.76	44.94
人工单价		小计							8.32	2.51		2.39	1.50
51.00元/工日		未计价材料费							41.71				
清单项目综合单价									56.43				
材料费明细	主要材料名称、规格、型号					单位	数量		单价(元)	合价(元)		暂估单价(元)	暂估合价(元)
	荧光灯支架 YG1-1×40W					套	30.3		32.75	992.33			
	日光管 40W					支	30.45		8.50	258.83			
	其他材料费								—			—	
	材料费小计								—	41.71		—	

7.7 附属工程工程量清单计价

附属工程的工程量清单计价一般没有需要组合的工作内容，都是一个清单项目名称对应一个实体名称的安装。

附属工程定额应用及工程量计算

附属工程定额包括铁构件制作安装、凿(压)槽、打洞(孔)、管道包封、人(手)孔砌筑、人(手)孔防水等内容。

(1)附属工程定额工程量计算规则

1)铁构件制作安装定额工程量计算规则见7.2.4.1小节。

2)凿(压)槽按设计图示尺寸以“m”计算。

3)人工打洞(孔)按设计图示尺寸以“m^3”计算。

4)机械钻洞(孔)按设计图示数量以“个”计算。

(2)附属工程定额应用

1)铁构件制作安装定额应用见7.2.4.2小节。

2)凿(压)槽、打洞(孔)应执行《综合定额》第八册《给排水、采暖、燃气工程》相应项目。

(3)附属工程定额工程量计算方法

附属工程定额工程量计算方法与7.1.11.3小节清单工程量计算方法相同。

(4)附属工程工程量清单综合单价分析计算

1)凿(压)槽、打洞(孔)均无组价工作内容。

2）根据《工程量计算规范》附录 D 中表 D.13（表 7.1 –35）列出的工作内容作为指引，计算各组价项目的安装费用合计，然后计算清单计量单位的价格。

【例 7.7 –1】在例题 7.1 –11 中，假设工程所在地在中山市，人工单价、辅材价差和机械台班单价均按《综合定额》执行，利润按 18% 计算。试计算镀锌角钢支架 ∟ 50 ×50 ×5 工程量清单综合单价。

【解】（1）假设镀锌角钢支架 ∟ 50 ×50 ×5 为 5.25 元/kg。

（2）镀锌角钢支架 ∟ 50 ×50 ×5 定额损耗率为 5% 。

（3）中山市为二类管理费。

（4）依据《综合定额》，镀锌角钢支架工程量清单综合单价计算见表 7.7。

工程量清单综合单价分析表 **表 7.7**

工程名称： 标段： 第 页 共 页

项目编码	030413001001	项目名称		铁构件					计量单位		kg	清单工程量	316.68
清单综合单价组成明细													
定额编号	定额名称	定额单位	数量	单价（元）					合价（元）				
				人工费	材料费	机械费	管理费	利润	人工费	材料费	机械费	管理费	利润
C2 –4 –140	镀锌角钢支架 ∟ 50 × 50 ×5 制作	100kg	3.1668	331.65	42.63	59.05	83.01	59.70	1015.27	135.00	187.00	262.88	189.06
C2 –4 –141	镀锌角钢支架 ∟ 50 × 50 ×5 安装	100kg	3.1668	241.13	19.64	43.54	60.35	43.40	763.61	62.20	137.88	191.12	137.44
人工单价		小 计							5.73	0.62	1.03	1.43	1.03
51.00 元/工日		未计价材料费							5.51				
清单项目综合单价									15.35				
材料费明细	主要材料名称、规格、型号					单位	数量		单价（元）	合价（元）		暂估单价（元）	暂估合价（元）
	镀锌角钢支架 ∟ 50 ×50 ×5					kg	332.514		5.25	1745.70			
	其他材料费								—			—	
	材料费小计								—	5.51		—	

7.8 电气调整试验工程量清单计价

电气调整试验定额包括发电机、调相机系统调试、电力变压器系统调试、送配电装置系统调试、特殊保护装置调试、自动投入装置调试、中央信号装置、事故照明切换装置、不间断电源调试、母线、避雷器、电容器、接地装置调试、电抗器、消弧线圈、电除尘器调试、硅整流设备、可控硅整流装置调试、普通小型直流电动机调试、可控硅调速直流电动机系统调试、普通交流同步电动机调试、低压交流异步电动机调试、高压交流异步电动机调试、交流变频调速电动机(AC - AC、AC - DC - AC)系统调试、微型电机、电加热器调试、电动机组及联锁装置调试、绝缘子、套管、绝缘油、电缆试验等内容。

电气调整试验定额应用及工程量计算

(1)电气调整试验定额工程量计算规则

1)电气调试系统的划分以电气原理系统图为依据。电气设备元件的本体试验均包括在相应的系统调试之内,不得重复计算。

2)供电桥回路的断路器、母线分段断路器,均按独立的送配电设备系统计算调试费。

3)送配电设备系统调试,适用于各种供电回路(包括照明供电回路)的系统调试。凡供电回路中带有仪表、继电器、电磁开关等调试元件的(不包括闸刀开关、保险器),均按调试系统计算。移动式电器和以插座连接的家电设备业经厂家调试合格、不需要用户自调的设备均不应计算调试费用。送配电设备系统调试,系按一侧有一台断路器考虑的,若两侧均有断路器时,则应按两个系统计算。

4)变压器系统调试,以每个电压侧有一台断路器为准。多于一个断路器的按相应电压等级送配电设备系统另行计算。

5)特殊保护装置,均以构成一个保护回路为一套,其工程量计算规定如下:

①发电机转子接地保护,按全厂发电机共用一套考虑。

②距离保护,按设计规定所保护的送电线路断路器台数计算。

③高频保护,按设计规定所保护的送电线路断路器台数计算。

④故障录波器的调试,以一块屏为一套系统计算。

⑤失灵保护,按设置该保护的断路器台数计算。

⑥失磁保护,按所保护的电机台数计算。

⑦变流器的断线保护,按变流器台数计算。

⑧小电流接地保护,按装设该保护的供电回路断路器台数计算。

⑨保护检查及打印机调试,按构成该系统的完整回路为一套计算。

6)自动装置及信号系统调试,均包括继电器、仪表等元件本身和二次回路的调整试验,具体规定如下:

①备用电源自动投入装置,按连锁机构的个数确定备用电源自投装置系统数。一个备用厂用变压器,作为三段厂用工作母线备用的厂用电源,计算备用电源自动投入装置调试时,应为三个系统。装设自动投入装置的两条互为备用的线路或两台变压器,计算备用电源自动投入装置调试时,应为两个系统。备用电动机自动投入装置亦按此计算。

②线路自动重合闸调试系统,按采用自动重合闸装置的线路自动断路器的台数计算系统数。综合重合闸也按此规定计算。

③自动调频装置的调试,以一台发电机为一个系统。

④同期装置调试,按设计构成一套能完成同期并车行为的装置为一个系统计算。

⑤蓄电池及直流监视系统调试,一组蓄电池按一个系统计算。

⑥事故照明切换装置调试,按设计能完成交直流切换的一套装置为一个调试系统计算。

⑦周波减负荷装置调试,凡有一个周率继电器,不论带几个回路,均按一个调试系统

计算。

⑧变送器屏按设计图示数量以“个”计算。

⑨中央信号装置调试，按每一个变电所或配电室为一个调试系统计算工程量。

⑩不间断电源装置调试，按设计图示数量以“套”计算。

7）接地网的调试规定如下：

①接地网接地电阻的测定。一般的发电厂或变电站连为一体的母网，按一个系统计算；自成母网不与厂区母网相连的独立接地网，另按一个系统计算。大型建筑群各有自己的接地网（接地电阻值设计有要求），虽然在最后也将各接地网联在一起，但应按各自的接地网计算，不能作为一个网，具体应按接地网的试验情况而定。

②避雷针接地电阻的测定。每一避雷针均有单独接地网（包括独立的避雷针、烟囱避雷针等）时，均按一组计算。

③独立的接地装置按组计算。如一台柱上变压器有一个独立的接地装置，即按一组计算。

8）避雷器、电容器的调试，按每三相为一组计算；单个装设的如按一组计算，上述设备如设置在发电机、变压器、输、配电线路的系统或回路内，仍应另外计算调试费用。

9）高压电气除尘系统调试，按一台升压变压器、一台机械整流器及附属设备为一个系统计算。

10）硅整流装置调试，按一套硅整流装置为一个系统计算。

11）普通电动机的调试，区别电机的控制方式、功率、电压等级，按设计图示数量以台计算。

12）可控硅调速直流电动机调试按设计图示数量以系统计算。

13）交流变频调速电动机调试按设计图示数量以系统计算。

14）电机不分类别，按设计图示数量以台计算。

15）一般的住宅、学校、办公楼、旅馆、商店等民用电气工程的供电调试应按下列规定：

①配电室内带有调试元件的盘、箱、柜和带有调试元件的照明主配电箱，应按供电方式计算系统数量。

②每个用户房间的配电箱（板）上虽装有电磁开关等调试元件，但如果生产厂家已按固定的常规参数调整好，不需要安装单位进行调试就可直接投入使用的，不得计取调试费用。

③民用电度表的调整校验属于供电部门的专业管理，一般皆由用户向供电局订购调试完毕的电度表，不得另外计算调试费用。

16）高标准的高层建筑、高级宾馆、大会堂、体育馆等具有较高控制技术的电气工程（包括照明工程中由程控调光控制的装饰灯具），应按控制方式计算系统数量。

（2）电气调整试验定额应用

1）成套设备的整套起动调试按专业定额另行计算。主要设备的分系统内所含的电气设备元件的本体试验已包括在该分系统调试定额之内。

如：变压器的系统调试中已包括该系统中的变压器、互感器、开关、仪表和继电器等一、二次设备的本体调试和回路试验。绝缘子和电缆等单体试验，只在单独试验时使用，不得重复计算。在系统调试定额中各工序的调试费用如需单独计算时,可按表 7.8 所列比例计算。

电气调试所需的电力消耗已包括在定额内,一般不另计算。但 10kW 以上电机及发电机的启动调试用的蒸气、电力和其他动力能源消耗及变压器空载试运转的电力消耗,另行计算。

电气调试系统各工序的调试费用 **表 7.8**

项目 比率(%) 工序	发电机调相机系统	变压器系统	送配电系统	电动机系统
一次设备本体试验	30	30	40	30
附属高压二次设备试验	20	30	20	30
一次电流及二次回路检查	20	20	20	20
继电器及仪表试验	30	20	20	20

2)送配电设备调试中的 1kV 以下定额适用于所有低压供电回路,如从低压配电装置至分配电箱的供电回路;但从配电箱直接至电动机的供电回路已包括在电动机的系统调试定额内。凡供电回路中带有仪表、继电器、电磁开关等调试元件的(不包括闸刀开关、保险器),均按调试系统计算。移动式电器和以插座连接的家电设备业经厂家调试合格、不需要用户自调的设备均不应计算调试费用。送配电设备系统调试包括系统内的电缆试验、瓷瓶耐压等全套调试工作。供电桥回路中的断路器、母线分段断路器皆作为独立的供电系统计算。如果分配电箱内只有刀开关、熔断器等不含调试元件的供电回路,则不再作为调试系统计算。

3)起重机电气装置、空调电气装置、各种机械设备的电气装置,如堆取料机、装料车、推煤车等成套设备的电气调试应分别按相应的分项调试定额执行。

4)定额不包括设备的烘干处理和设备本身缺陷造成的元件更换修理和修改,亦未考虑因设备元件质量低劣对调试工作造成的影响。

5)定额是按新的合格设备考虑的,如遇 4)情况时,应另行计算。经修配改或拆迁的旧设备调试,定额乘以系数 1.10。

6)本定额只限电气设备自身系统的调整试验。未包括电气设备带动机械设备的试运工作,发生时应按专业定额另行计算。

7)调试定额不包括试验设备、仪器仪表的场外转移费用。

8)本调试定额是按现行施工技术验收规范编制的,凡现行规范(指定额编制时的规范)未包括的新调试项目和调试内容均应另行计算。

9)调试定额已包括熟悉资料、核对设备、填写试验记录、保护整定值的整定和调试报告的整理工作。

10)电力变压器如有“带负荷调压装置”,调试定额乘以系数 1.12。三卷变压器、整流变压器、电炉变压器调试按同容量的电力变压器调试定额乘以系数 1.20。3 ~ 10kV 母线系统调试含一组电压互感器,1kV 以下母线系统调试定额不含电压互感器,适用于低压配电装置的各种母线(包括软母线)的调试。

11)电气安装配合机械设备单体试运转的用工,包含在《机械设备安装工程》相应项目中。

12）可控硅调速直流电动机调试内容包括可控硅整流装置系统和直流电动机控制回路系统两个部分的调试。

13）交流变频调速电动机调试内容包括变频装置系统和交流电动机控制回路系统两个部分的调试。

14）其他材料费中已包含校验材料费。

7.9 工程量清单计价的有关说明

工程量清单计价必须按国家标准《建设工程工程量清单计价规范》GB 50500—2013 有关规定进行计价。如果采用《综合定额》为计价依据的，则应注意以下相关说明：

（1）各专业工程之间的交叉作业属于正常施工配合范围，不另行计价。

（2）电气安装工程量清单计价中需要计算预留量的项目主要有：独立安装的防雷网（带），接地母线，导线，电缆，软、硬母线等。

（3）金属支架的除锈、刷油、防腐应执行《刷油、防腐蚀、绝热工程》定额相应项目。

（4）电机安装执行《机械设备安装工程》定额相应项目，电机检查接线和干燥执行《电气设备安装工程》定额相应项目。

（5）发生签证用工（借工、时工、停工、窝工）每 4 小时内按半个工日、4 小时外至 8 小时内按一个工日计算。发生签证用工的工资单价应按动态工资单价执行。

（6）借工、时工的管理费不分地区类别标准，统一按 10.00 元/工日执行，停工、窝工的管理费按 5.00 元/工日执行。

（7）管理费以定额人工费为计算基础，按不同标准分摊到各册相应项目中，实际执行时不得因人工、材料、机械等价格变动而调整。管理费全省划分为四个地区类别如下：

1）一类地区：广州、深圳；

2）二类地区：珠海、佛山、东莞、中山；

3）三类地区：汕头、惠州、江门；

4）四类地区：韶关、河源、梅州、汕尾、阳江、湛江、茂名、肇庆、清远、潮州、揭阳、云浮。

（8）综合定额内未注明单价的材料均为未计价材料，基价中不包括其价格，应根据“[　]”内所列的用量计算。

（9）综合定额已综合考虑材料、成品、半成品、设备自施工单位现场仓库或现场指定地点运至安装地点的水平和垂直运输，除定额另有说明外不需要另行计算。

（10）建设单位采购供应到现场或施工单位指定地点的材料设备，由施工单位负责保管的，单价 5 万元以下的材料设备保管费可由双方协商约定计算，没有约定的，施工单位可按照材料设备价格的 1.5% 收取保管费；单价 5 万元以上的材料设备保管费必须经过双方协商约定计算。

(11)综合定额中注有“×××以内”或“×××以下”者，均包括×××本身；“×××以外”或“×××以上”者，则不包括×××本身。

(12)综合定额子目内的规格按长×宽×高(厚)、长×宽(厚)或宽×高(厚)的顺序表示，未有显示计量单位的均表示该长度为mm。

(13)凿槽、刨沟、凿孔(洞)执行《给排水、采暖、燃气工程》相应项目。

(14)如发生土石方工程时，另执行《广东省市政工程综合定额》(2010)相应项目。

(15)组合型成套箱式变电站主要是指10kV以下的箱式变电站，一般布置形式为变压器在箱的中间，箱的一端为高压开关位置，另一端为低压开关位置。组合型低压成套配电装置其外形像一个大型集装箱，内装6~24台低压配电箱(屏)，箱的两端开门，中间为通道，称为集装箱式低压配电室，执行控制设备及低压电器相应项目。

(16)定额所指刚性阻燃管为刚性PVC难燃线管，分轻型、中型、重型，颜色有白、纯白色，弯曲时需要专用弯曲弹簧，管材长度一般为4m/根，管子的连接方式采用专用接头插入法连接，连接处结合面涂专用胶合剂，接口密封。半硬质塑料管为阻燃聚乙烯软管，颜色有黄、红、白色等，管道柔软，弯曲自如而无须专用工具或加热，安装难以横平竖直，管材成捆供应，一般为每捆100m，管子的连接方式采用专用接头抹塑料胶后粘接。

(17)定额所列的可挠金属套管是指普利卡金属套管(PULLKA)，它是由镀锌钢带(Fe、Zn)，钢带(Fe)及电工纸(P)构成双层金属制成的可挠性电线、电缆保护套管，主要用于混凝土内埋设及低压室外电气配线方面。可挠金属套管规格见表7.9。

可挠性金属套管规格表 **表7.9**

规格	10号	12号	15号	17号	24号	30号	38号	50号	63号	76号	83号	101号
内径(mm)	9.2	11.4	14.1	16.6	23.8	29.3	37.1	49.1	62.6	76.0	81.0	100.2
外径(mm)	13.3	16.1	19.0	21.5	28.8	34.9	42.9	54.9	69.1	82.9	88.1	107.3

(18)装饰灯具定额项目与装饰灯具示意图号配套使用。

(19)定额不包括以下内容：

1)10kV以上及专业专用项目的电气设备安装。

2)电气设备(如电动机等)配合机械设备进行单体试运和联合试运转工作。

7.10 工程量清单计价案例

在7.1.14小节的工程量清单编制案例中，假设投标人根据企业的实际情况确定人工单价为120.00元/工日，辅材价差系数为10%，利润为15%，机械费不作调整，未计价材料价格按市场确定。投标人的报价文件如下：

投　标　总　价

招　标　人：（略）

工 程 名 称：广州市辖区内某六层高新建别墅式住宅楼照明安装工程

投　标　价(小写)：182839.61 元

（大写）：壹拾捌万贰仟捌佰叁拾玖元陆角壹分

投　标　人：（略）

（单位盖章）

法定代表人

或其授权人：（略）

（签字或盖章）

编　制　人：（略）

（造价人员签字盖专用章）

编 制 时 间：　　年　　月　　日

总 说 明

表 7.10 – 1

工程名称:广州市辖区内某六层高新建别墅式住宅楼照明安装工程

1. 工程概况:本工程为广州市辖区内某六层高新建别墅式住宅楼照明安装工程,各层高均为 3.5m。总建筑面积约 $1200m^2$。

2. 投标范围:施工图纸范围内的电气安装工程。

3. 投标工期:25 个日历天。

4. 编制依据:根据招标人提供的招标文件及工程量清单以国家标准《建设工程工程量清单计价规范》GB 50500 – 2013、《通用安装工程工程量计算规范》GB 50856 – 2013 、《广东省建设工程计价通则》(2010)、《广东省安装工程综合定额》(2010)及 × × 设计院设计的施工图纸为依据进行投标报价编制。

5. 以一类地区计收管理费,人工价差结合本企业的实际情况取定为 120.00 元/工日。辅材价差为按综合定额调增 10%,机械费不作调整,利润按 15% 计算。

6. 响应招标文件要求,工程质量符合国家有关验收标准。

单位工程投标报价汇总表 表 7.10－2

工程名称:广州市辖区内某六层高新建别墅式住宅楼照明安装工程

序号	汇总名称	金额(元)	其中:暂估价(元)
1	分部分项工程费	29294.97	
1.1	建筑工程		
1.2	装饰装修工程		
1.3	安装工程	29294.97	
1.3.1	电气安装工程	29294.97	
1.3.2	给排水安装工程		
1.3.3	空调工程		
2	措施项目	3036.45	
2.1	其中:安全文明施工费	1999.11	
3	其他项目费	143847.60	
3.1	其中:暂列金额	3800.00	
3.2	其中:专业工程暂估价	132500.00	
3.3	其中:计日工	2189.00	
3.4	其中:总承包服务费	5300.00	
3.5	其中:材料进场检验费	58.60	
4	规费	176.18	
5	税金(含防洪工程维护费)	6484.41	
含税工程造价合计:1＋2＋3＋4＋5		182839.61	

分部分项工程量清单与计价表 表 7.10－3

工程名称:广州市辖区内某六层高新建别墅式住宅楼照明安装工程

序号	项目编码	项目名称	项目特征	计量单位	工程量	金额(元)	
						综合单价	合价
1	030411001001	配管	镀锌电线管 T20 暗敷	m	470	13.07	6142.90
2	030411001002	配管	镀锌电线管 T25 暗敷	m	88.2	18.55	1636.11
3	030411004001	配线	难燃铜芯单塑线 ZR－BV－2.5mm^2 穿管	m	1369	4.09	5599.21
4	030411004002	配线	难燃铜芯单塑线 ZR－BV－6mm^2 穿管	m	203.4	6.58	1338.37
5	030412001001	普通灯具	半圆球吸顶灯 XD27A－1×60 ϕ250	套	59	91.81	5416.79
6	030404034001	照明开关	单相单控单联暗开关 B51/1	个	41	15.28	626.48

续表

序号	项目编码	项目名称	项目特征	计量单位	工程量	金额(元)	
						综合单价	合价
7	030404034002	照明开关	单相单控双联暗开关 B52/1	个	6	18.74	112.44
8	030404034003	照明开关	单相双控单联暗开关 B51/2	个	12	20.09	241.08
9	030411006001	接线盒	镀锌灯头盒 86 型 暗装	个	59	9.23	544.57
10	030411006002	接线盒	镀锌开关盒 86 型 暗装	个	59	8.47	499.73
11	030404018001	配电箱	铁电表箱(ZM)900×500×150 暗装 铜压接线端子 $50mm^2$	台	1	2691.53	2691.53
12	030404018002	配电箱	铁配电箱(ZM1～6)300×200×120 暗装	台	6	740.96	4445.76
本页小计							29294.97
合　计							29294.97
其中人工费							7523.94

综合单价分析表 **表 7.10－4**

工程名称:广州市辖区内某六层高新建别墅式住宅楼照明安装工程

项目编码	030411001001	项目名称		配管				计量单位		m	清单工程量		470
清单综合单价组成明细													
定额编号	定额名称	定额单位	数量	单　价(元)					合　价(元)				
				人工费	材料费	机械费	管理费	利润	人工费	材料费	机械费	管理费	利润
C2－11－8	镀锌电线管 T20 暗敷	100m	4.7	493.20	133.54		60.24	73.98	2318.04	627.64		283.13	347.71
人工单价		小　计							4.93	1.34		0.60	0.74
120.00 元/工日		未计价材料费							5.46				
清单项目综合单价									13.07				
材料费明细	主要材料名称、规格、型号					单位	数量		单价(元)	合价(元)		暂估单价(元)	暂估合价(元)
	镀锌电线管 T20					m	484.1		5.30	2565.73			
	其他材料费								—			—	
	材料费小计								—	5.46		—	

综合单价分析表 **表 7.10－5**

工程名称:广州市辖区内某六层高新建别墅式住宅楼照明安装工程

项目编码	030411001002	项目名称		配管					计量单位	m	清单工程量		88.2
清单综合单价组成明细													
定额编号	定额名称	定额单位	数量	单价(元)					合价(元)				
				人工费	材料费	机械费	管理费	利润	人工费	材料费	机械费	管理费	利润
C2－11－9	镀锌电线管 T25 暗敷	100m	0.882	710.88	163.44	4.82	86.83	106.63	626.87	144.15	4.25	76.58	93.93
人工单价		小计							7.11	1.63	0.05	0.87	1.06
120.00 元/工日		未计价材料费							7.83				
清单项目综合单价									18.55				
材料费明细	主要材料名称、规格、型号					单位	数量		单价(元)	合价(元)		暂估单价(元)	暂估合价(元)
	镀锌电线管 T25					m	90.846		7.60	690.43			
	其他材料费								—			—	
	材料费小计								—	7.83		—	

综合单价分析表 **表 7.10－6**

工程名称:广州市辖区内某六层高新建别墅式住宅楼照明安装工程

项目编码	030411004001	项目名称		配线					计量单位	m	清单工程量		1369
清单综合单价组成明细													
定额编号	定额名称	定额单位	数量	单价(元)					合价(元)				
				人工费	材料费	机械费	管理费	利润	人工费	材料费	机械费	管理费	利润
C2－11－203	难燃铜芯单塑线 ZR－BV－2.5 mm^2 穿管	100m	13.69	90.24	21.42		11.02	13.54	1235.39	293.20		150.86	185.31
人工单价		小计							0.90	0.21		0.11	0.14
120.00 元/工日		未计价材料费							2.73				
清单项目综合单价									4.09				
材料费明细	主要材料名称、规格、型号					单位	数量		单价(元)	合价(元)		暂估单价(元)	暂估合价(元)
	难燃铜芯单塑线 ZR－BV－2.5mm^2					m	1588.04		2.35	3731.89			
	其他材料费								—			—	
	材料费小计								—	2.73		—	

综合单价分析表　　表 7.10－7

工程名称：广州市辖区内某六层高新建别墅式住宅楼照明安装工程

项目编码	030411004002	项目名称	配线				计量单位	m	清单工程量		203.4		
清单综合单价组成明细													
定额编号	定额名称	定额单位	数量	单　价(元)					合　价(元)				
				人工费	材料费	机械费	管理费	利润	人工费	材料费	机械费	管理费	利润
C2－11－231	难燃铜芯单塑线 ZR－BV－$6mm^2$穿管	100m	2.034	72.24	19.50		8.82	10.84	146.94	39.67		17.94	22.04
人工单价		小　计							0.72	0.20		0.09	0.11
120.00 元/工日		未计价材料费							5.47				
清单项目综合单价									6.58				
材料费明细	主要材料名称、规格、型号					单位	数量		单价(元)	合价(元)		暂估单价(元)	暂估合价(元)
	难燃铜芯单塑线 ZR－BV－$6mm^2$					m	213.57		5.21	1112.70			
	其他材料费								—			—	
	材料费小计								—	5.47		—	

综合单价分析表　　表 7.10－8

工程名称：广州市辖区内某六层高新建别墅式住宅楼照明安装工程

项目编码	030412001001	项目名称	普通灯具				计量单位	套	清单工程量		59		
清单综合单价组成明细													
定额编号	定额名称	定额单位	数量	单　价(元)					合　价(元)				
				人工费	材料费	机械费	管理费	利润	人工费	材料费	机械费	管理费	利润
C2－12－3	半圆球吸顶灯 XD27A－1×60 $\phi250$	10套	5.9	194.88	37.80		23.80	29.23	1149.79	223.00		140.42	172.47
人工单价		小　计							19.49	3.78		2.38	2.92
120.00 元/工日		未计价材料费							63.24				
清单项目综合单价									91.81				
材料费明细	主要材料名称、规格、型号					单位	数量		单价(元)	合价(元)		暂估单价(元)	暂估合价(元)
	半圆球吸顶灯 XD27A－1×60 $\phi250$					套	60.18		62.00	3731.16			
	其他材料费								—			—	
	材料费小计								—	63.24		—	

综合单价分析表

表 7.10－9

工程名称：广州市辖区内某六层高新建别墅式住宅楼照明安装工程

项目编码	030404034001	项目名称		照明开关				计量单位		个	清单工程量		41
清单综合单价组成明细													
定额编号	定额名称	定额单位	数量	单价（元）					合价（元）				
				人工费	材料费	机械费	管理费	利润	人工费	材料费	机械费	管理费	利润
C2－12－374	单相单控单联暗开关 B51/1	10 套	4.1	77.04	5.85		9.41	11.56	315.86	23.99		38.58	47.38
人工单价		小计							7.70	0.59		0.94	1.16
120.00 元/工日		未计价材料费							4.90				
清单项目综合单价									15.28				

材料费明细	主要材料名称、规格、型号	单位	数量	单价（元）	合价（元）	暂估单价（元）	暂估合价（元）
	单相单控单联暗开关 B51/1	套	41.82	4.80	200.74		
	其他材料费			—		—	
	材料费小计			—	4.90	—	

综合单价分析表

表 7.10－10

工程名称：广州市辖区内某六层高新建别墅式住宅楼照明安装工程

项目编码	030404034002	项目名称		照明开关				计量单位		个	清单工程量		6
清单综合单价组成明细													
定额编号	定额名称	定额单位	数量	单价（元）					合价（元）				
				人工费	材料费	机械费	管理费	利润	人工费	材料费	机械费	管理费	利润
C2－12－375	单相单控双联暗开关 B52/1	10 套	0.6	80.76	8.20		9.86	12.11	48.46	4.92		5.92	7.27
人工单价		小计							8.08	0.82		0.99	1.21
120.00 元/工日		未计价材料费							7.65				
清单项目综合单价									18.74				

材料费明细	主要材料名称、规格、型号	单位	数量	单价（元）	合价（元）	暂估单价（元）	暂估合价（元）
	单相单控双联暗开关 B52/1	套	6.12	7.50	45.90		
	其他材料费			—		—	
	材料费小计			—	7.65	—	

综合单价分析表 表 7.10－11

工程名称：广州市辖区内某六层高新建别墅式住宅楼照明安装工程

项目编码	030404034003	项目名称		照明开关					计量单位	个	清单工程量		12
清单综合单价组成明细													
定额编号	定额名称	定额单位	数量	单价(元)					合价(元)				
				人工费	材料费	机械费	管理费	利润	人工费	材料费	机械费	管理费	利润
C2－12－380	单相双控单联暗开关 B51/2	10 套	1.2	80.76	7.39		9.86	12.11	96.91	8.87		11.83	14.54
人工单价		小计							8.08	0.74		0.99	1.21
120.00 元/工日		未计价材料费							9.08				
清单项目综合单价									20.09				
材料费明细	主要材料名称、规格、型号					单位	数量		单价(元)	合价(元)		暂估单价(元)	暂估合价(元)
	单相双控单联暗开关 B51/2					套	12.24		8.90	108.94			
	其他材料费								—			—	
	材料费小计								—	9.08		—	

综合单价分析表 表 7.10－12

工程名称：广州市辖区内某六层高新建别墅式住宅楼照明安装工程

项目编码	030411006001	项目名称		接线盒					计量单位	个	清单工程量		59
清单综合单价组成明细													
定额编号	定额名称	定额单位	数量	单价(元)					合价(元)				
				人工费	材料费	机械费	管理费	利润	人工费	材料费	机械费	管理费	利润
C2－11－374	镀锌灯头盒 86 型 暗装	10 个	5.9	40.92	14.74		5.00	6.14	241.43	86.97		29.50	36.21
人工单价		小计							4.09	1.47		0.5	0.61
120.00 元/工日		未计价材料费							2.55				
清单项目综合单价									9.23				
材料费明细	主要材料名称、规格、型号					单位	数量		单价(元)	合价(元)		暂估单价(元)	暂估合价(元)
	镀锌灯头盒 86 型					个	60.18		2.50	150.45			
	其他材料费								—			—	
	材料费小计								—	2.55		—	

综合单价分析表

表 7.10－13

工程名称：广州市辖区内某六层高新建别墅式住宅楼照明安装工程

项目编码	030411006002	项目名称		接线盒					计量单位	个	清单工程量		59
清单综合单价组成明细													
定额编号	定额名称	定额单位	数量	单　价（元）					合　价（元）				
				人工费	材料费	机械费	管理费	利润	人工费	材料费	机械费	管理费	利润
C2－11－373	镀锌开关盒 86 型 暗装	10 个	5.9	43.68	5.67		5.33	6.55	257.71	33.42		31.45	38.66
人工单价		小　计							4.37	0.57		0.53	0.66
120.00 元/工日		未计价材料费							2.35				
清单项目综合单价									8.47				
材料费明细	主要材料名称、规格、型号					单位	数量		单价（元）	合价（元）		暂估单价（元）	暂估合价（元）
	镀锌井关盒 86 型					个	60.18		2.30	138.41			
	其他材料费								—			—	
	材料费小计								—	2.35		—	

综合单价分析表

表 7.10－14

工程名称：广州市辖区内某六层高新建别墅式住宅楼照明安装工程

项目编码	030404018001	项目名称		配电箱					计量单位	台	清单工程量		1
清单综合单价组成明细													
定额编号	定额名称	定额单位	数量	单　价（元）					合　价（元）				
				人工费	材料费	机械费	管理费	利润	人工费	材料费	机械费	管理费	利润
C2－4－30	铁电表箱（ZM）900×500×150 暗装	台	1	218.64	37.43		26.71	32.80	218.64	37.43		26.71	32.80
C2－4－120	铜压接线端子 $50mm^2$	10 个	0.1	125.40	99.99		15.32	18.81	12.54	10.00		1.53	1.88
人工单价		小　计							231.18	47.43		28.24	34.68
120.00 元/工日		未计价材料费							2350.00				
清单项目综合单价									2691.53				
材料费明细	主要材料名称、规格、型号					单位	数量		单价（元）	合价（元）		暂估单价（元）	暂估合价（元）
	铁电表箱（ZM）900×500×150					台	1		2350.00	2350.00			
	其他材料费								—			—	
	材料费小计								—	2350.00		—	

综合单价分析表

表 7.10－15

工程名称：广州市辖区内某六层高新建别墅式住宅楼照明安装工程

项目编码	030404018002	项目名称	配电箱						计量单位	台	清单工程量	6	
清单综合单价组成明细													
定额编号	定额名称	定额单位	数量	单价(元)					合价(元)				
				人工费	材料费	机械费	管理费	利润	人工费	材料费	机械费	管理费	利润
C2－4－28	铁配电箱(ZM1～6)300×200×120暗装	台	6	142.56	29.60		17.41	21.38	855.36	177.61		104.46	128.30
人工单价		小计							142.56	29.60		17.41	21.38
120.00 元/工日		未计价材料费							530.00				
清单项目综合单价									740.96				
材料费明细	主要材料名称、规格、型号					单位	数量		单价(元)	合价(元)		暂估单价(元)	暂估合价(元)
	铁配电箱(ZM1～6)300×200×120					台	6		530.00	3180.00			
	其他材料费								—			—	
	材料费小计								—	530.00		—	

总价措施项目清单与计价表

表 7.10－16

工程名称：广州市辖区内某六层高新建别墅式住宅楼照明安装工程

序号	项目编码	项目名称	计算基础	费率(%)	金额(元)	调整费率(%)	调整后金额(元)	备注
1	031302001001	安全文明施工	分部分项人工费	26.57	1999.11			
2	031301017001	脚手架搭拆	分部分项人工费	4	300.96			
3	031302007001	高层建筑增加	分部分项人工费	2	150.48			
4	031302006001	已完工程及设备保护	分部分项工程费	2	585.90			
合　计					3036.45			

其他项目清单与计价表

表 7.10－17

工程名称：广州市辖区内某六层高新建别墅式住宅楼照明安装工程

序号	项 目 名 称	单位	金额(元)	备　注
1	暂列金额	项	3800.00	按实际发生计算
2	暂估价	项	132500.00	
2.1	材料(工程设备)暂估价/结算价	项	0.00	
2.2	专业工程暂估价/结算价	项	132500.00	按实际发生计算

续表

序号	项目名称	单位	金额(元)	备注
3	计日工	项	2189.00	按实际发生计算
4	总承包服务费	项	5300.00	按实际发生计算
5	材料进场检验费	项	58.60	按分部分项工程费的0.20%计算
合计			143847.60	—

暂列金额明细表 **表7.10－18**

工程名称:广州市辖区内某六层高新建别墅式住宅楼照明安装工程

序号	项目名称	计量单位	暂定金额(元)	备注
1	工程量清单中工程量偏差和设计变更	项	1800.00	
2	政策性调整和材料价格风险	项	1200.00	
3	设计变更新增加的材料、设备	项	500.00	
4	其他	项	300.00	
合计			3800.00	

专业工程暂估价及结算表 **表7.10－19**

工程名称:广州市辖区内某六层高新建别墅式住宅楼照明安装工程

序号	工程名称	工作内容	暂估金额(元)	结算金额(元)	价差±(元)	备注
1	发电机系统安装工程	1.发电机组安装、调试 2.环保工程	132500.00			1.有专业资质 2.必须通过验收
合计			132500.00			

计日工表 **表7.10－20**

工程名称:广州市辖区内某六层高新建别墅式住宅楼照明安装工程

编号	项目名称	单位	暂定数量	实际数量	综合单价(元)	合价	
						暂定	实际
一	人工						
1	油漆工	工日	10		125.00	1250.00	
2	搬运工	工日	6		95.00	570.00	
人工小计						1820.00	
二	材料						

续表

编号	项目名称	单位	暂定数量	实际数量	综合单价（元）	合价	
						暂定	实际
1	镀锌元铁 φ8	kg	30		5.30	159.00	
材料小计						159.00	
三	施工机械						
1	交流电焊机 21kVA	台班	2		105.00	210.00	
施工机械小计						210.00	
四、企业管理费和利润							
合计						2189.00	

总承包服务费计价表 **表 7.10－21**

工程名称:广州市辖区内某六层高新建别墅式住宅楼照明安装工程

序号	项目名称	项目价值（元）	服务内容	计算基础	费率(%)	金额(元)
1	发包人发包专业工程	132500.00	1. 提供施工工作面并对施工现场进行统一管理，竣工资料统一整理汇总。 2. 提供垂直运输机械。 3. 提供施工用水、用电接入点	项目价值	4	5300.00
合计						

规费、税金项目计价表 **表 7.10－22**

工程名称:广州市辖区内某六层高新建别墅式住宅楼照明安装工程

序号	项目名称	计算基础	费率(%)	金额(元)
1	规费			176.18
1.1	危险作业意外伤害保险	工程量清单项目费＋措施项目费＋其他项目费	0.10	176.18
2	税金(含防洪工程维护费)	工程量清单项目费＋措施项目费＋其他项目费＋规费	3.577	6308.23
合计				6484.41

承包人提供主要材料和工程设备一览表 **表 7.10－23**

工程名称：广州市辖区内某六层高新建别墅式住宅楼照明安装工程

序号	名称、规格、型号	单位	数量	风险系数（%）	基准单价（元）	投标单价（元）	发承包人确定单价（元）	备注
1	镀锌电线管 T20	m	470			5.30		综合
2	镀锌电线管 T25	m	88.2			7.60		综合
3	难燃铜芯单塑线 ZR－BV－2.5mm^2	m	1369			2.35		综合
4	难燃铜芯单塑线 ZR－BV－6mm^2	m	203.4			5.21		综合
5	半圆球吸顶灯 XD27A－1×60 ϕ250	套	59			62.00		综合
6	单相单控单联暗开关 B51/1	个	41			4.80		综合
7	单相单控双联暗开关 B52/1	个	6			7.50		综合
8	单相双控单联暗开关 B51/2	个	12			8.90		综合
9	镀锌灯头盒 86 型	个	59			2.50		综合
10	镀锌开关盒 86 型	个	59			2.30		综合
11	铁电表箱(ZM)900×500×150	台	1			2350.00		综合
12	铁配电箱(ZM1～6)300×200×120	台	6			530.00		综合

第8章 通风空调工程工程量清单编制与计价

8.1 通风空调工程工程量清单编制

8.1.1 通风及空调设备及部件制作安装工程量清单编制

8.1.1.1 工程量清单项目设置

工程量清单项目设置依据《工程量计算规范》附录G,以通风及空调设备及部件安装为主项,按设备规格、型号、质量,支架材质、除锈及刷油等设计要求,过滤功效设置工程量清单项目。

通风及空调设备及部件制作安装工程量清单项目设置　　表8.1-1

项目编码	项目名称	项目特征	计量单位	工程量计算规则	工作内容
030701001	空气加热器(冷却器)	1. 名称 2. 型号 3. 规格 4. 质量 5. 安装形式 6. 支架形式、材质	台	按设计图示数量计算	1. 本体安装、调试 2. 设备支架制作、安装 3. 补刷(喷)油漆
030701002	除尘设备				
030701003	空调器	1. 名称 2. 型号 3. 规格 4. 质量 5. 安装形式 6. 隔振垫(器)、支架形式、材质	台		1. 本体安装或组装、调试 2. 设备支架制作、安装 3. 补刷(喷)油漆
030701004	风机盘管	1. 名称 2. 型号 3. 规格 4. 安装形式 5. 隔振器、支架形式、材质 6. 试压要求	台		1. 本体安装、调试 2. 设备支架制作、安装 3. 补刷(喷)油漆
030701009	金属壳体	1. 名称 2. 型号 3. 规格 4. 安装形式 5. 支架形式、材质	个		1. 本体制作 2. 本体安装 3. 支架制作、安装

续表

项目编码	项目名称	项目特征	计量单位	工程量计算规则	工作内容
030701010	过滤器	1. 名称 2. 型号 3. 规格 4. 类型 5. 框架形式、材质	1. 台 2. m^2	1. 以“台”计量，按设计图示数量计算； 2. 以面积计量，按设计图示尺寸以过滤面积计算	1. 本体安装 2. 框架制作、安装 3. 补刷(喷)油漆
030701011	净化工作台	1. 名称 2. 型号 3. 规格 4. 类型	台	按设计图示数量计算	1. 本体安装 2. 补刷(喷)油漆

8.1.1.2　清单项目特征

除尘器形式指重力除尘、惯性除尘、离心除尘、过滤除尘、声波除尘、电除尘等；空调器的安装形式是指吊顶式、落地式、墙上式、窗式、分段组装式。

风机盘管主要由风机、电动机、盘管（热交换器）、凝结水盘、机壳和电器控制部分组成。其盘管由集中的冷热源提供冷水或热水，风机则是将室内的空气吸入机组内，经盘管被冷却或加热后再送入室内。室内空气不断地被机组循环—处理，实现调节空气的目的。风机盘管的安装形式有卧式暗装、立式暗装、卧式明装、立式明装、卡式和立柜式等，其中以卧式暗装风机盘管使用得最多。

挡水板是中央空调末端装置的一个重要部件，它与中央空调相配套，作汽水分离功能。其材质有塑料挡水板、铝合金挡水板、玻璃钢挡水板、不锈钢、ABS、PPS 等多种。

系统末端的通风机设备按附录 A“机械设备安装工程”中“A. 8 风机安装”的要求编制清单。

通风机设备安装支架的制作安装按附录 C“静置设备与工艺金属结构制作安装工程”中“C. 7 工艺金属结构制作安装”的要求编制清单。

8.1.2　通风管道制作安装工程量清单编制

8.1.2.1　通风管道材料

(1)金属薄板性能

金属薄板是制作风管及部件的主要材料。通常用的有普通薄钢板、镀锌钢板、不锈钢板、铝板和塑料复合钢板。它们的优点是易于工业化加工制作、安装方便、能承受较高温度。通风工程常用的钢板厚度是 0.5 ~4mm。

1)普通薄钢板

具有良好的加工性能和结构强度，其表面易生锈，应刷油漆进行防腐。

钢板的理论重量见表 8.1 -2。

钢板的理论重量表 表 8.1-2

钢板厚度（mm）	理论重量（kg/m²）	钢板厚度（mm）	理论重量（kg/m²）	钢板厚度（mm）	理论重量（kg/m²）
0.10	0.785	0.75	5.888	2.0	15.70
0.20	1.570	8.00	8.180	2.5	18.63
0.30	2.355	0.90	7.065	3.0	23.55
0.35	2.748	1.00	7.850	3.5	27.48
0.40	3.140	1.10	8.635	4.0	31.40
0.45	3.533	1.20	8.320	4.5	35.33
0.50	3.925	1.25	8.813	5.0	38.15
0.55	4.318	1.40	10.990	5.5	43.18
0.60	4.710	1.50	11.780	8.0	47.10
0.70	5.495	1.80	14.130	7.0	54.95

2）镀锌钢板

由普通钢板镀锌而成，由于表面镀锌，可起防锈作用，一般用来制作不受酸雾作用的潮湿环境中的风管。

3）铝及铝合金板

加工性能好、耐腐蚀。摩擦时不易产生火花，常用于通风工程的防爆系统。

4）不锈钢板

具有耐酸能力，常用于化工环境中耐腐蚀的通风系统，常用的不锈钢有铬镍钢板和铬镍钛钢板。

5）塑料复合钢板

在普通薄钢板表面喷上一层 0.2～0.4mm 厚的塑料层，常用于防尘要求较高的空调系统和（-10～70℃）温度下耐腐蚀系统的风管。

6）风管的常用连接方式

金属板材的风管常采用咬口连接，常用咬口形式如图 8.1-1 所示。

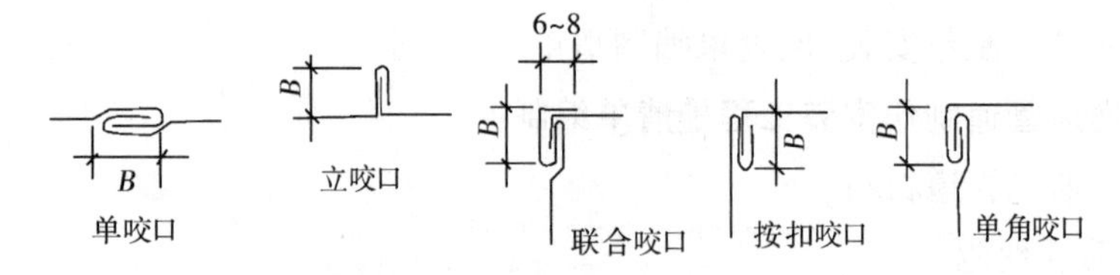

图 8.1-1 风管常用咬口形式

单咬口适用板材的拼接和圆形风的闭合咬口，立咬口适用于圆形弯管或直管的管节咬口，联合咬口适用于矩形风管、弯管、三通管及四通管的咬接；转角咬口适用于矩形直管的咬缝，净化管道、弯管的转角咬口缝，按扣式咬口适用于矩形风管的咬口。

（2）非金属材料

1）硬聚氯乙烯塑料板

硬聚氯乙烯塑料板适用于有酸性腐蚀作用的通风系统，具有表面光滑、制作方便等优点，但不耐高温、不耐寒，只适用于0～60℃的空气环境，在太阳辐射作用下易脆裂。

2）玻璃钢

玻璃钢风管是以中碱玻璃纤维作为增强材料，用十余种无机材料科学地配成胶粘剂作为基体，通过一定的成型工艺制作而成。具有质轻、高强、不燃、耐腐蚀、耐高温、抗冷融等特性。

3）玻璃棉板

玻璃棉板保温效果显著，结构稳固，能有效避免外界对风管可能造成的破损；吸声能力优越，有效防止噪声沿管道传播，有利于营造宁静的环境；风管内壁的防菌抗霉涂层，有效抑制微生物的生长繁殖，避免气流被二次污染，保证室内的空气品质。

玻璃棉板风管重量轻，安装周期短，速度快；由于管道和保温层融于一体，便于在安装过程中根据现场条件或设计进行安装变更，省去保温层操作空间，节省吊顶净空150～200mm，提高空间的利用率；外表造型美观，适合明装。

8.1.2.2　风管与管件的连接形式

各类风管、管件在系统中的连接形式如图8.1－2、图8.1－3所示。

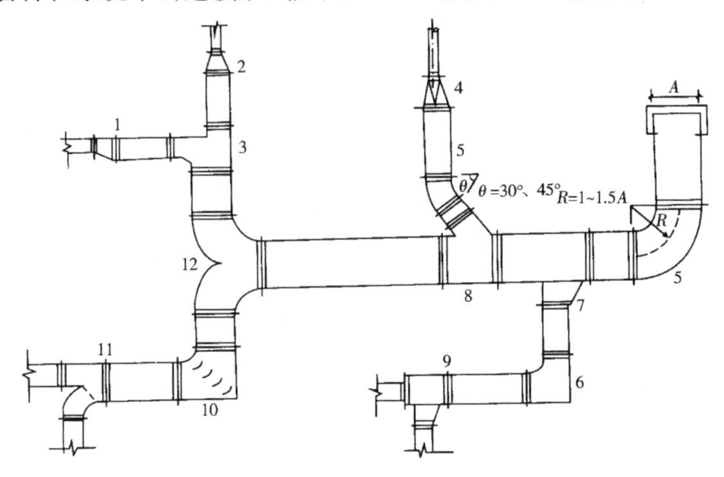

图8.1－2　矩形风管、管件

1－偏心异径管；2－正异径管；3－正交断面三通；4－方变圆异径管；
5－内外弧弯头；6－内斜线弯头；7－插管三通；8－斜插三通；
9－封板式三通；10－内弧线弯头（导流片）；11－加弯三通（调节阀）；12－正三通

（1）金属薄钢板通风管道制作

1）碳钢薄钢板风管

碳钢薄钢板包括镀锌钢板、薄钢板，进行风管加工时，钢板厚度小于或等于1.2mm采用咬口连接；大于1.2mm时，宜采用焊接。镀锌钢板及含有保护层的钢板，应采用咬接或铆接。

圆形风管（不包括螺旋风管）直径大于等于80mm，且其管段长度大于1250mm或总表面积大于$4m^2$均应采取加固措施。常用加固方法如图8.1－4所示。

矩形风管边长大于630mm、保温风管边长大于800mm，管段长度大于1250mm或低压风管单边平面积大于$1.2m^2$、中、高压风管大于$1.0m^2$，均应采取加固措施；一般使用角钢加固风管,也有的采用立咬口或在风管管壁上滚槽压出凸棱等加固方法。风管间的连接一般采用角钢或扁钢法兰。

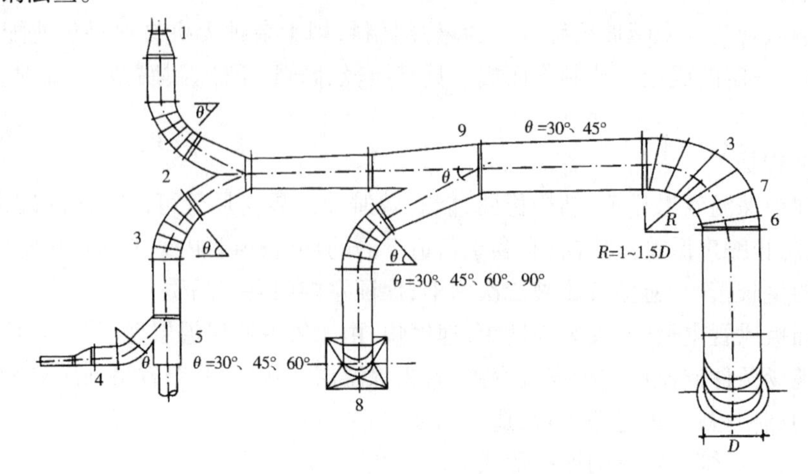

图 8.1-3　圆形风管、管件

1-正异径管;2-正三通;3-弯头;4-偏心异径管;5-封板斜插三通;
6-端节;7-中节;8-天圆地方;9-斜插三通

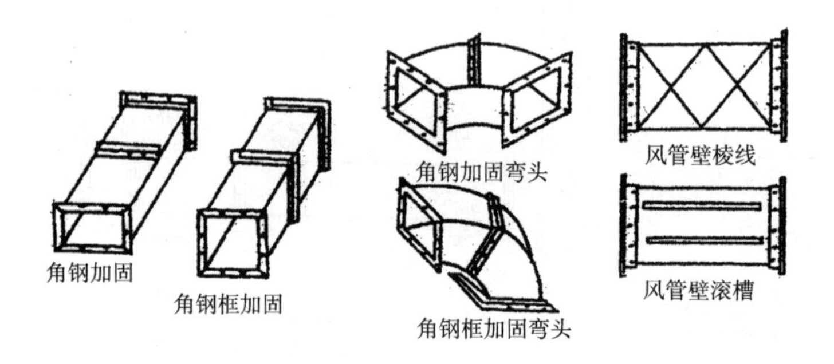

图 8.1-4　风管常用加固方法

风管与设备连接一般采用柔性接口,其目的是为了减少振动的传递,柔性接口的长度一般宜为 150~300mm,其连接处应严密、牢固可靠。

2)不锈钢板风管

不锈钢板厚度 1.0mm 以下采用咬口连接,1.0mm 以上采用焊接,通常采用氩弧焊。不锈钢风管连接,其连接法兰可用不锈钢板剪裁成条形制作,矩形法兰可按尺寸直接焊接而成;圆形法兰宜采用冷弯的方法进行加工。

3)铝板风管

铝板厚度小于 1.5mm 采用咬口连接,大于 1.5mm 采用焊接,通常采用熔化极氩弧焊,不宜选择 CO_2弧焊和埋弧焊。

4)复合钢板风管

复合钢板制作风管时,只允许采用咬口连接和铆接,不允许采用焊接。

(2)非金属通风管道制作

非金属通风管道的制作常采用塑料焊接和粘接。

1)硬聚氯乙烯风管

硬聚氯乙烯风管通常采用热风塑料焊接,风管的纵缝应交错设置,圆形风管在组对焊接时亦需加以考虑。矩形风管在展开划线时,应注意焊缝避免设在转角处,因为四角要加热折方。硬聚氯乙烯塑料板加工成型时需进行加热,加热温度为100~150℃,可采用电加热、蒸汽加热和热空气加热的方法。

矩形风管制作时,可采用普通折方机和两根电加热丝加热折口部位完成,圆形风管用特制的圆木模外包帆布卷成圆筒来制作。

2)玻璃钢风管

玻璃钢风管通常采用粘接。

8.1.2.3　通风管道安装

在风管吊装之前,应先安装好管道的支架或吊架。吊、托架安装结构如图8.1-5所示。风管的支、吊架是根据现场情况和风管的重量,用型钢制作。对于通风管道支、吊、托架的间距,通风管道如无设计要求,水平安装时,风管直径或大边长400mm以内,间距不大于4m;通风管道直径或大边长400mm以上,间距不大于3m。垂直安装间距不大于4m,但每根立管的固定件不少于两个。

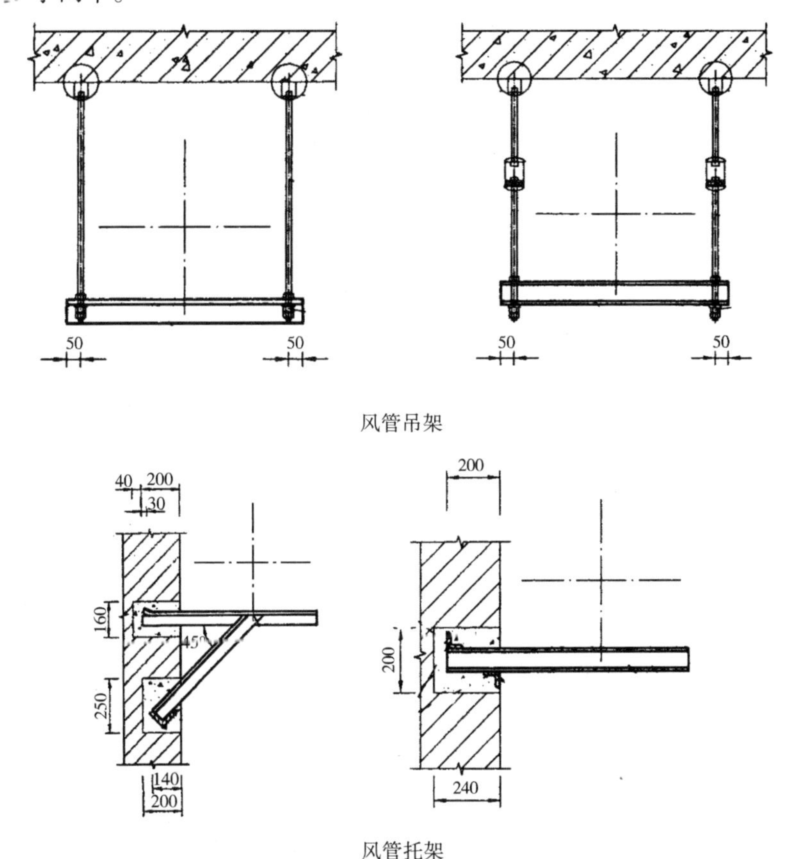

图8.1-5　风管吊、托架

风管进行连接时,接口处应加垫料,以保证严密不漏风。输送介质为一般空气时,可用浸过油的厚纸垫作接口垫料；输送含尘空气的风管，可选用 3 ~ 4mm 厚的橡胶板做垫料；输送含腐蚀性蒸汽或空气的风管，可选用耐酸胶皮或软聚氯乙烯塑料板作垫料。

塑料风管穿墙安装时，应加金属套管保护，套管和风管之间应有 5 ~ 10mm 的间隙，以保证风管自由伸缩。当风管穿过楼板时，楼板处需设置防护圈，以防止水渗入，并保护风管免受意外撞击。

软管制作可选用人造革、帆布等材料，软管的长度一般为 150 ~ 250mm，不得作为变径管；如需防潮，帆布软管可刷帆布漆，不得涂刷油漆，防止失去弹性和伸缩性；软管与法兰组装可采用钢板压条的方式，通过铆接使二者联合起来，铆钉间距为 60 ~ 80mm；柔性接口不得出现扭曲现象，两侧法兰应平行。

通风管道常用的安装材料有型钢和垫料。型钢用来制作法兰、抱箍、支架等。常用的有角钢、扁钢、圆钢等；常用的垫料有厚纸垫、石棉绳、橡胶板、软聚氯乙烯塑料板、石棉板等，用于法兰垫。

8.1.2.4 通风管道制作安装清单项目

《工程量计算规范》列出的通风管道制作安装清单项目共计 11 项，本书仅列出代表性的 6 项，见表 8.1－3。

通风管道制作安装工程量清单项目设置 **表 8.1－3**

<table>
<tr><th>项目编码</th><th>项目名称</th><th>项目特征</th><th>计量单位</th><th>工程量计算规则</th><th>工作内容</th></tr>
<tr><td>030702001</td><td>碳钢通风管道</td><td>1. 名称
2. 材质
3. 形状
4. 规格
5. 板材厚度
6. 管件、法兰等附件及支架设计要求
7. 接口形式</td><td>m^2</td><td rowspan="2">按设计图示内径尺寸以展开面积计算</td><td>1. 风管、管件、法兰、零件、支吊架制作、安装
2. 过跨风管落地支架制作、安装</td></tr>
<tr><td>030702003</td><td>不锈钢板通风管道</td><td>1. 名称
2. 材质
3. 形状
4. 规格
5. 板材厚度
6. 管件、法兰等附件及支架设计要求
7. 接口形式</td><td>m^2</td><td>1. 风管、管件、法兰、零件、支吊架制作、安装
2. 过跨风管落地支架制作、安装</td></tr>
<tr><td>030702006</td><td>玻璃钢通风管道</td><td>1. 名称
2. 形状
3. 规格
4. 板材厚度
5. 支架形式、材质
6. 接口形式</td><td>m^2</td><td>按设计图示外径尺寸以展开面积计算</td><td>1. 风管、管件安装
2. 支吊架制作、安装
3. 过跨风管落地支架制作、安装</td></tr>
</table>

续表

项目编码	项目名称	项目特征	计量单位	工程量计算规则	工作内容
030702008	柔性软风管	1. 名称 2. 材质 3. 规格 4. 风管接头、支架形式、材质	1. m 2. 节	1. 以“m”计量，按设计图示中心线以长度计算 2. 以节计量，按设计图示数量计算	1. 风管安装 2. 风管接头安装 3. 支吊架制作、安装
030702009	弯头导流叶片	1. 名称 2. 材质 3. 规格 4. 形式	1. m^2 2. 组	1. 以面积计算，按设计图示以展开面积平方米计算 2. 以组计量，按设计图示数量计算	1. 制作 2. 组装
030702011	温度、风量测定孔	1. 名称 2. 材质 3. 规格 4. 设计要求	个	按设计图示数量计算	1. 制作 2. 安装

8.1.2.5　通风管道清单项目特征

风管的形状指圆形、矩形、渐缩形等；风管的材质有碳钢、塑料、不锈钢、复合材料、铝材等；风管连接的形式应指咬口、铆接或焊接形式等；风管的法兰垫料有石棉绳、石棉橡胶板、闭孔（乳胶）海绵板、软聚氯乙烯塑料板及新型的密封粘胶带等。

通风管道刷油、绝热按《工程量计算规范》附录 M“刷油、防腐蚀、绝热工程”中“M.8 绝热工程”的要求设置清单项目。

8.1.2.6　通风管道清单项目工程量计算注意事项

（1）风管展开面积，不扣除检查孔、测定孔、送风口、吸风口等所占面积；风管长度一律以设计图示中心线长度为准（主管与支管以其中心线交点划分），包括弯头、三通、变径管、天圆地方等管件的长度，但不包括部件所占的长度。

（2）风管展开面积不包括风管、管口重叠部分面积。

（3）风管渐缩管：圆形风管按平均直径，矩形风管按平均周长。

（4）穿墙套管按展开面积计算，计入通风管道工程量中。

（5）通风管道的法兰垫料或封口材料，按图纸要求应在项目特征中描述。

（6）净化通风管的空气洁净度按 100000 级标准编制，净化通风管使用的型钢材料如要求镀锌时，工作内容应注明支架镀锌。

（7）弯头导流叶片数量，按设计图纸或规范要求计算。

（8）风管检查孔、温度测定孔、风量测定孔数量，按设计图纸或规范要求计算。

通风管道的展开面积按式（8.1－1）和式（8.1－2）计算，参见图 8.1－6；渐缩管的展开面积按式（8.1－3）和式（8.1－4）计算，参见图 8.1－7。

1）圆形直风管展开面积：$F=\pi DL$　　（8.1－1）

2）矩形直风管展开面积：$F=2(A+B)L$　　（8.1－2）

3)圆形渐缩管展开面积：$F = \dfrac{(D_1 + D_2)}{2}\pi L$ (8.1-3)

4)矩形渐缩管展开面积：$F = (A + B + a + b)L$ (8.1-4)

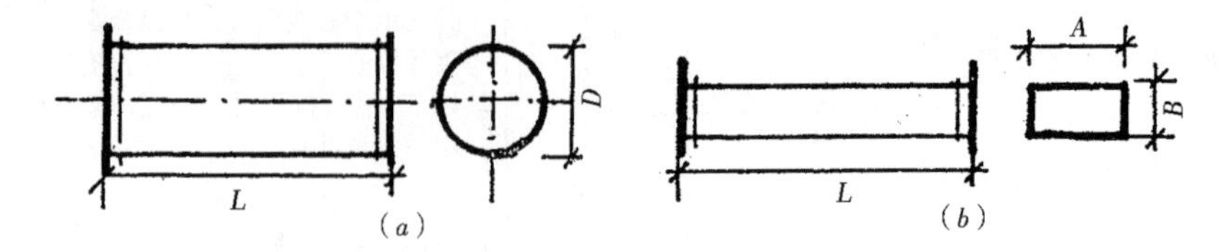

图 8.1-6　通风管道展开面积计算示意图

(a)圆形；(b)矩形

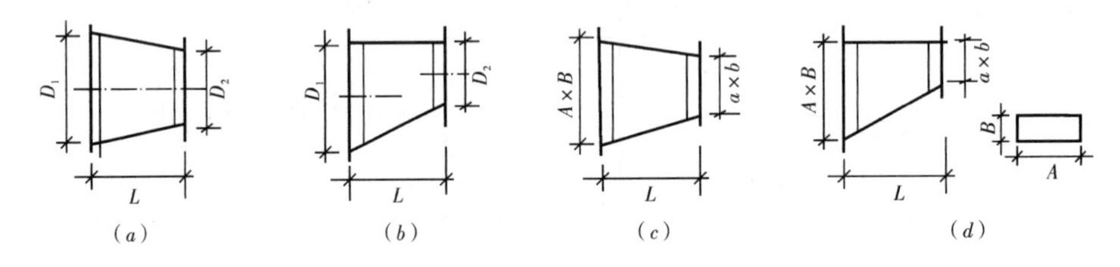

图 8.1-7　渐缩风管

(a)圆形同心；(b)圆形偏心；(c)矩形同心；(d)矩形偏心

【例 8.1-1】　某通风系统设计圆形渐缩风管均匀送风，采用 $\delta = 1$mm 的镀锌钢板，风管直径为 $D_1 = 880$mm，$D_2 = 320$mm，风管中心线长度为 100m；试计算圆形渐缩风管的制作安装清单项目工程量。

【解】(1)圆形渐缩风管的平均直径：

$D = (D_1 + D_2) \div 2 = (880 + 320) \div 2 = 600$(mm)

(2)制作安装清单项目工程量：

$F = \pi LD = \pi \times 100 \times 0.6 = 188.4$($m^2$)

【例 8.1-2】　某空气调节系统的风管采用薄钢板制作，风管截面为 600mm×200mm，风管中心线长度为 100m，要求风管外表面(包括法兰、支架等)刷防锈漆一遍；计算该项目的制作安装清单项目工程量。

【解】(1)风管制作安装清单工程量：

$F_1 = 2(A + B)L = 2 \times (0.6 + 0.2) \times 100 = 160$($m^2$)

(2)风管刷油清单工程量：

$F_2 = F_1 \times 1.2 = 160 \times 1.2 = 192$($m^2$)

8.1.3　通风管道部件制作安装工程量清单编制

8.1.3.1　调节阀制作安装工程量清单编制

(1)调节阀制作安装工程量清单项目设置(表 8.1-4)

(2)阀门制作安装清单项目特征

阀门制作安装工程量清单项目设置时，应明确描述所具有的特征，如碳钢调节阀的类型有三通调节阀(手柄式、拉杆式)、蝶阀(防爆、保温等)、防火阀等；调节阀的规格应按圆形调节阀描述直径、矩形调节阀描述边长；防火阀制作所需钢板厚度不得小于2mm。

通风管道部件制作安装工程量清单项目设置(1)　　表8.1－4

项目编码	项目名称	项目特征	计量单位	工程量计算规则	工作内容
030703001	碳钢调节阀	1. 名称 2. 型号 3. 规格 4. 质量 5. 类型 6. 支架形式、材质	个	按设计图示数量计算	1. 阀体制作 2. 阀体安装 3. 支架制作安装
030703004	不锈钢蝶阀	1. 名称 2. 规格 3. 质量 4. 类型			阀体安装
030703005	玻璃钢蝶阀	1. 名称 2. 型号 3. 规格 4. 类型			

碳钢阀门包括：空气加热器上通阀、空气加热器旁通阀、圆形瓣式启动阀、风管蝶阀、风管止回阀、密闭式斜插板阀、矩形风管三通调节阀、对开多叶调节阀、风管防火阀、各类型风罩调节阀等。

碳钢阀门质量按设计图示规格型号，采用国际通用部件质量标准。

8.1.3.2　碳钢风口、散流器、百叶窗工程量清单编制

(1)碳钢风口、散流器、百叶窗工程量清单项目设置(表8.1－5)

通风管道部件制作安装工程量清单项目设置(2)　　表8.1－5

项目编码	项目名称	项目特征	计量单位	工程量计算规则	工作内容
030703007	碳钢风口、散流器、百叶窗	1. 名称 2. 型号 3. 规格 4. 质量 5. 类型 6. 形式	个	按设计图示数量计算	1. 风口制作、安装 2. 散流器制作、安装 3. 百叶窗安装
030703008	不锈钢风口、散流器、百叶窗				
030703010	玻璃钢风口	1. 名称 2. 型号 3. 规格 4. 类型 5. 形式			风口安装

(2)碳钢风口、散流器、百叶窗清单项目特征

风口按结构有百叶、矩形、旋转、活动箅、网式、钢百叶窗等，按气流输配分类有送风口、排风口，按风口形状有方形或圆形等；散流器类型有矩形空气分布器、圆形散流器、方形散流器及流线形散流器。

碳钢风口、散流器、百叶窗可以现场制作，也可以是成品。

8.1.3.3　风帽制作安装工程量清单编制

（1）风帽工程量清单项目设置参见表8.1－6。

通风管道部件制作安装工程量清单项目设置（3）　　表8.1－6

项目编码	项目名称	项目特征	计量单位	工程量计算规则	工作内容
030703012	碳钢风帽	1.名称 2.规格 3.质量 4.类型 5.形式 6.风帽筝绳、泛水设计要求	个	按设计图示数量计算	1.风帽制作、安装 2.筒形风帽滴水盘制作、安装 3.风帽筝绳制作、安装 4.风帽泛水制作、安装
030703016	玻璃钢风帽				1.玻璃钢风帽安装 2.筒形风帽滴水盘安装 3.风帽筝绳安装 4.风帽泛水安装

（2）风帽清单项目特征

风帽制作安装工程量清单项目设置时，应明确描述所具有的特征，如风帽的形状应描述伞形、锥形、筒形等；风帽的材质应描述材料类别（碳钢、不锈钢、塑料、铝材等）。

8.1.3.4　罩类制作安装工程量清单编制

（1）罩类工程量清单项目设置（表8.1－7）

通风管道部件制作安装工程量清单项目设置（4）　　表8.1－7

项目编码	项目名称	项目特征	计量单位	工程量计算规则	工作内容
030703017	碳钢罩类	1.名称 2.型号 3.规格 4.质量 5.类型 6.形式	个	按设计图示数量计算	1.罩类制作 2.罩类安装
030703019	柔性接口	1.名称 2.型号 3.规格 4.类型 5.形式	m^2	按设计图示尺寸以展开面积计算	1.柔性接口制作 2.柔性接口安装

（2）罩类清单项目特征

碳钢罩类有皮带防护罩、电动机防雨罩、侧吸罩、中小型零件焊接台排气罩、整体分组式槽边侧吸罩、吹吸式槽边通风罩、条缝槽边抽风罩、泥心烘炉排气罩、升降式回转排气罩、上下吸式圆形回转罩、升降式排气罩、手锻炉排气罩。

塑料罩类包括：塑料槽边侧吸罩、塑料槽边风罩、塑料条缝槽边抽风罩。

柔性接口包括金属、非金属软接口及伸缩节。

（3）罩类清单项目工程量计算规则

1）罩类制作安装清单项目工程量按设计图示数量计算，以“个”为计量单位。

2）柔性接口制作安装清单项目工程量按设计图示尺寸以展开面积计量，以“m^2”为计量单位。

8.1.3.5　消声器、静压箱、人防部件制作安装工程量清单编制

(1)消声器、静压箱、人防部件工程量清单项目设置(表8.1-8)

通风管道部件制作安装工程量清单项目设置(5)　　**表8.1-8**

项目编码	项目名称	项目特征	计量单位	工作内容
030703020	消声器	1.名称 2.规格 3.材质 4.形式 5.质量 6.支架形式、材质	个	1.消声器制作 2.消声器安装 3.支架制作安装
030703021	静压箱制作安装	1.名称 2.规格 3.材质 4.形式 5.支架形式、材质	1.个 2.m^2	1.静压箱制作、安装 2.支架制作安装
030703022	人防超压自动排气阀	1.名称 2.规格 3.型号 4.类型	个	安装

(2)消声器、静压箱、人防部件清单项目特征

消声器制作安装工程量清单项目设置时,应明确描述所具有的特征,如类型的描述应按片式、矿棉管式、卡普隆纤维式等进行详细描述。

消声器包括:片式消声器、矿棉管式消声器、聚酯泡沫管式消声器、卡普隆纤维管式消声器、弧形声流式消声器、阻抗复合式消声器、微穿孔板消声器、消声弯头。

静压箱的材质描述应说明所采用材料的成分、板厚,静压箱的规格为(长×宽×高)尺寸以及支架的材质、安装形式等。

人防部件包括:人防超压自动排气阀、人防手动密闭阀及其他人防部件。

(3)消声器、静压箱、人防部件清单项目工程量计算规则

1)消声器制作安装清单项目工程量按设计图示数量计算,以"个"为计量单位;

2)静压箱制作安装清单项目工程量计算规则有两种方法,其一按设计图示"数量"计算,以"个"为计量单位;其二按设计图示尺寸以展开面积计算,以"m^2"为计量单位。

静压箱的面积计算:按设计图示尺寸以展开面积计算,不扣除开口的面积。

人防其他部件安装清单项目工程量按设计图示数量计算,以"个"或"套"为计量单位。

8.1.4　通风工程检测、调试工程量清单编制

8.1.4.1　通风工程检测、调试工程量清单项目设置

通风空调工程的检测、调试工程,清单项目设置具体内容如表8.1-9所示。

通风空调工程检测、调试工程量清单 **表 8.1-9**

项目编码	项目名称	项目特征	计量单位	工程量计算规则	工作内容
030704001	通风工程检测、调试	风管工程量	系统	按通风系统计算	1. 通风管道风量测定 2. 风压测定 3. 温度测定 4. 各系统风口、阀门调整
030704002	风管漏光试验、漏风试验	漏光试验、漏风试验设计要求	m^2	按设计图纸或规范要求按展开面积计算	通风管道漏光试验、漏风试验

8.1.4.2 通风工程检测、调试清单项目特征

通风空调工程检测、调试项目是系统工程安装后所进行的系统检测及对系统的各风口、调节阀、排气罩进行风量、风压调试等全部工作过程。

(1)漏光测试方法

漏光法检测是利用光线对小孔的强穿透力,对系统风管严密程度进行检测的方法。系统通风管道漏光检测时,光源可置于风管内侧或外侧,但其相对侧应为暗黑环境。通风管道的检测,宜采用分段检测、汇总分析的方法。

(2)漏风量测试方法

漏风量测试装置应采用经检验合格的专用测量仪器,正压或负压风管系统与设备的漏风量测试,分正压试验和负压试验两类。一般可采用正压条件下的测试来检验。风管系统漏风量测试可以整体或分段进行。测试时,被测系统的所有开口均应封闭,不应漏风。

低压系统风管的严密性检验,一般按漏光法进行检验,也可直接采用漏风量测试;中压、高压系统风管的严密性检验,应按漏风量试验方法进行漏风量测试。

金属矩形风管漏风量允许值 **表 8.1-10**

序号	项　　目	允许值($m^3/h \cdot m^2$)
1	低压系统风管($P \leqslant 500$Pa)	$Q \leqslant 0.1056P^{0.65}$
2	中压系统风管($500 < P \leqslant 1500$Pa)	$Q \leqslant 0.0352P^{0.65}$
3	高压系统风管($1500 < P \leqslant 3000$Pa)	$Q \leqslant 0.0117P^{0.65}$

说明:Q——系统风管在相应工作压力下,单位面积风管单位时间内的允许漏风量[$m^3/(h \cdot m^2)$];
P——指风管系统的工作压力(P_a)。

8.1.5 有关工程量清单编制要素

8.1.5.1 与《工程量计算规范》相关工程项目的说明

(1)通风空调工程适用于通风(空调)设备及部件、通风管道及部件的制作安装工程。

(2)冷冻机组站内的设备安装及通风机安装,应按《工程量计算规范》附录 A 机械设备安装工程相关项目编码列项。

(3)冷冻机组站内的管道安装,应按《工程量计算规范》附录 H 工业管道工程相关项目编码列项。

(4)冷冻站外墙皮以外通往通风空调设备的供热、供冷、供水等管道,应按《工程量计算规范》附录 J 给排水、采暖、燃气工程相关项目编码列项。

(5)设备和支架的除锈、刷漆、保温及保护层安装,应按《工程量计算规范》附录 L 刷油、

防腐蚀、绝热工程相关项目编码列项。

8.1.5.2　通风空调工程施工图的组成

通风空调工程施工图是设计意图的体现，是进行安装工程施工的依据，亦是编制工程量清单的重要依据。

通风空调工程施工图包括通风空调工程的平面图、剖面图、系统图、详图。图纸上的文字说明是编制施工图预算时必须阅读的技术资料。

(1)通风空调工程施工平面图

通风空调工程平面图表达通风管道、设备的平面布置情况，主要内容包括：

1)工艺设备的主要轮廓线、位置尺寸、标注编号及说明其型号和规格的设备明细表。如通风机、电动机、吸气罩、送风口、空调器等。

2) 通风空调系统通风管道用线段表示，水系统管道用单线表示，风系统管道用双线表达。若用双线表达，则应画出管道中心线。管道中心线用点划线；管道的规格采用符号和数字加以标注，通风管、异径管、弯头、三通或四通管接头，应注明风管的轴线长度尺寸、各管道及管件的截面尺寸(圆形风管以“ϕ”表示，矩形风管以“宽×高”表示)。风管管径或断面尺寸宜标注在风管或风管法兰盘处延长的细实线上方。

3)设备和部件在通风空调工程图上是用规定的图例符号来表示的，导风板、调节阀门、送风口、回风口等均用图例表明，并注明规格型号。用带箭头的符号表明进风口空气流动方向。

4)如有两个以上的进、排风系统或空调系统应加系统编号。

5)注明设备及管道的定位尺寸(即它们的中心线与建筑定位轴线或墙面的距离)。

6)通风管道和设备的安装高度用标高表示，圆形风管指管中心线标高，矩形风管指管底标高。表示的方式为(▽‾)，符号下面为表示高度的界限，符号上面注明标高，标高单位用“m”表示。标高若为负值，则必须加符号“ -”标注。

(2)通风空调工程施工剖面图

通风空调系统剖面图表示管道及设备在高度方向的布置情况。主要内容：与平面图基本相同，所不同的只是在表达风管及设备的位置尺寸时须明确标注出它们的标高。圆管标注管道中心标高，管底保持水平的矩形管及变截面矩形管标注管底标高。

(3)通风空调工程施工系统图

通风空调管网系统图是根据(各层)通风系统中管道及设备的平面位置和竖向标高，用轴测投影法绘制而成，它表明通风系统各种设备、管道及主要配件的空间位置关系，分为风系统图和水系统图。系统图内容完整，标注详尽，立体感强，便于了解整个管网系统的全貌。对于简单的通风系统，除了平面图以外，可不绘剖面图，但必须绘制管网系统轴测图。

(4)通风空调工程施工详图。

详图又称大样图，包括制作加工详图和安装详图。如果是国家通用标准图，则只标明图号，不再将图画出，需用时直接查标准图集即可。如果没有标准图集，必须画出大样图。

8.1.6　工程量清单编制案例

【例8.1-3】工程概况：本建筑物为广州一座研发实验联合厂房，钢筋混凝土框架结构建筑，总建筑面积约18075m^2；地上5层，地下一层为机电设备用房，楼层高度28.30m。建筑物二楼为行政办公区域，按舒适性通风空调标准进行系统设计；三楼为实验研发区域，按设计要求设置工业废气通风管道排放系统；其他区域为一般工业生产区域，不需设置人工通风换气及温度调节系统。

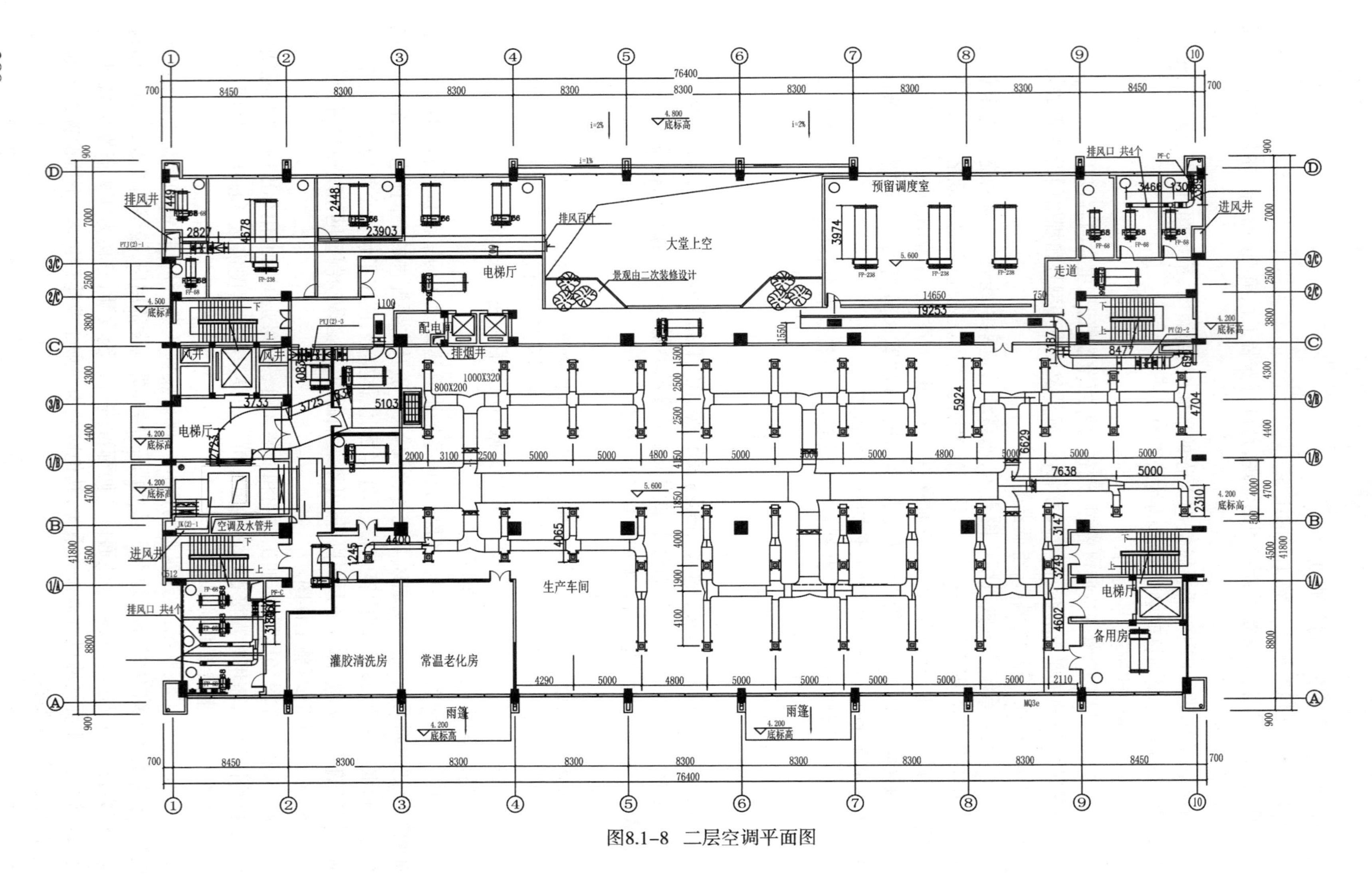

图8.1-8 二层空调平面图

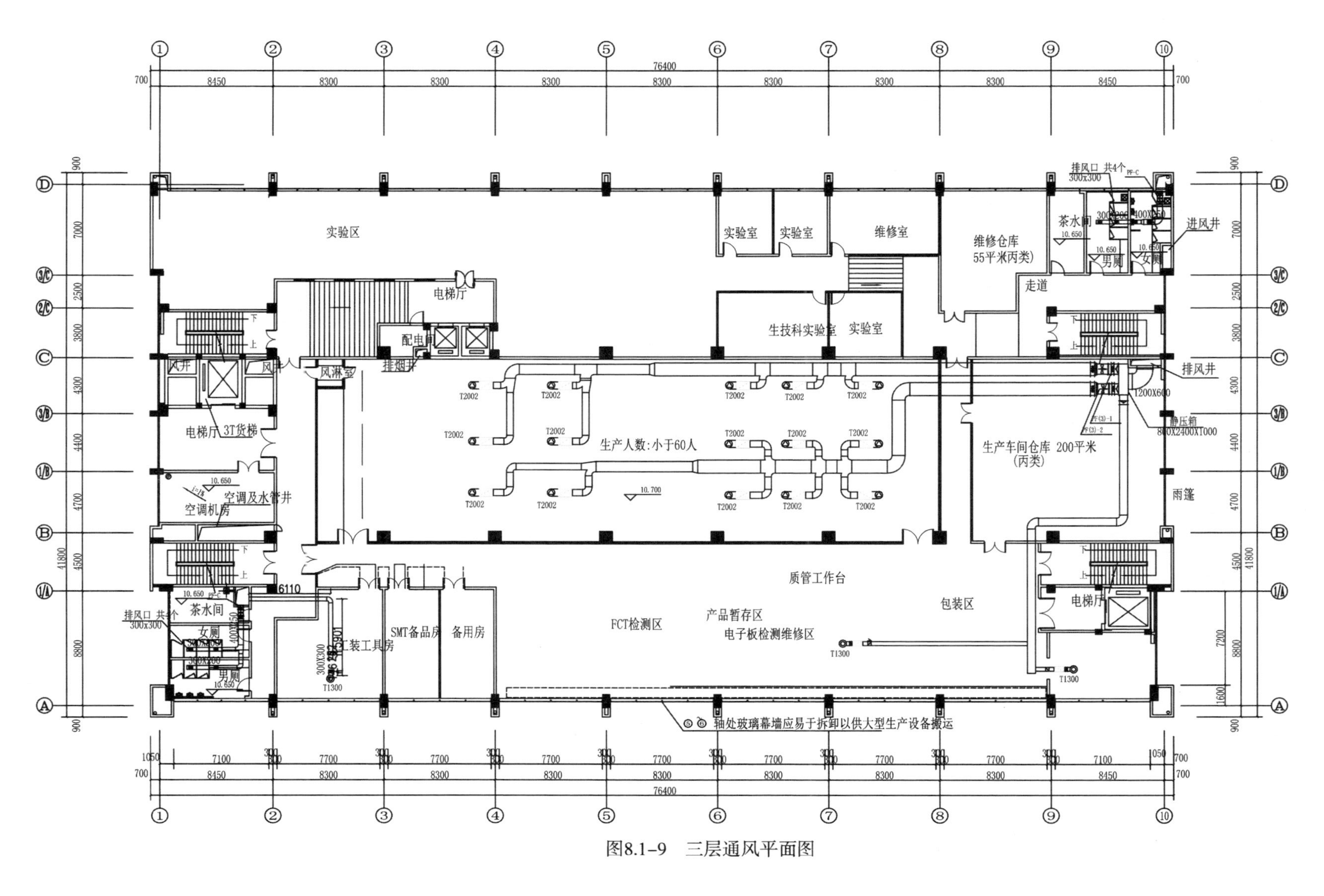

图8.1-9　三层通风平面图

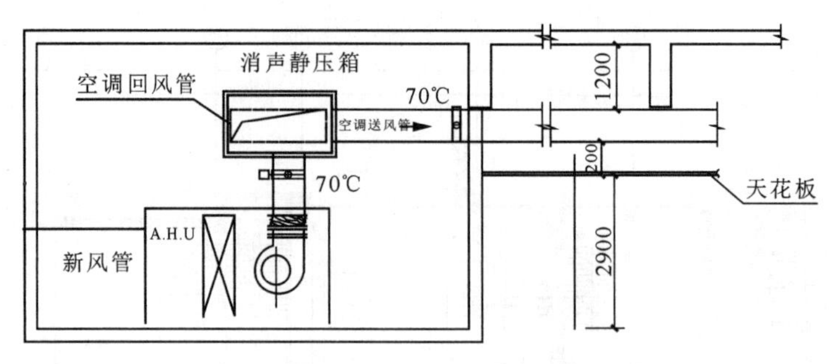

图8.1－10　设备安装立面详图

建筑结构及功能区域划分见图8.1－8及图8.1－9。连接风机盘管的新风支管采用镀锌钢板风管并带钢制蝶阀，规格同风管。连接天花式排气扇的排风支管采用圆形铝制软风管，规格为D100mm，规格同风管。排风管、新风管穿越管井墙、设备房间处设重力式防火阀（动作温度为70°C），并带动作信号输出装置。规格同风管截面尺寸。风管梁底安装，风管阀门尺寸同风管。空调系统安装详图见图8.1－10。

编制该项目通风空调工程的分部分项工程清单。

（1）分部分项清单工程量计算

按照通风空调施工平面图及大样图，对二、三层区域的通风空调工作内容进行计算，依据为《通用安装工程工程计量规范》附录A、G、L及M各条款的清单工程量计算规则。

二层通风空调工程清单工程量计算见表8.1－11。

三层工业通风工程清单工程量计算见表8.1－12。

（2）编制分部分项工程量清单

按分部分项清单工程量计算规则，编制分部分项工程量清单，本案例工程量计算过程见表8.1－11和表8.1－12，其中表8.1－11为建筑物二层工程量计算，表8.1－12为建筑物三层工程量计算，依据表8.1－11编制建筑物二层通风空调工程量清单，见表8.1－13。

工程量计算书　　**表8.1－11**

序号	名称	图上位置	规格型号	计算过程	单位	数量
一	大堂排风系统					
1	设备	①－②3/C－D	轴流风机PY（2）－1	1	台	1
2	风管					
2.1	排风管	①－② 3/C－D	$D=800$；$\delta=1.0$mm；周长＝2.512m	{2.827－（0.3＋0.3）－0.8}×2.512	m²	3.585
		①－⑤ 3/C－D	700×400；$\delta=1.0$mm；周长＝2.2m	{23.903－0.3}×2.2	m²	51.927
2.2	风管软接	①－② 3/C－D	$D=800$；周长＝2.512m	（0.3＋0.3）×2.512	m²	1.507
3	风阀	①－② 3/C－D	280℃排烟防火阀（常闭）700×400	1	个	1
4	风口	④－⑤3/C－D	排烟百叶700×400	1	个	1

续表

序号	名称	图上位置	规格型号	计算过程	单位	数量
二	左边楼梯间前室排风系统					
1	设备	②-③3/B-C	轴流风机 PY(2)-3	1	台	1
2	风管					
2.1	排风管	②-③ 3/B-2/C	周长 = 2.4m	(0.373 + 3.6 + 3.105 - 0.3) × 2.4	m^2	16.267
		②-③ 3/B-C	D = 800; δ = 1.0mm; 周长 = 2.512m	{2.701 - (0.2 + 0.25) - 0.92 - 0.3} × 2.512	m^2	2.590
2.2	风管软接	②-③ 3/B-C	D = 800; 周长 = 2.512m	(0.3 + 0.3) × 2.512	m^2	1.507
3	风阀	②-③ 3/B-C	风管止回阀 D = 800	1	个	1
		②-③ 3/B-C	280℃排烟防火阀(常闭)D = 800	1	个	1
		②-③ 3/B-2/C	280℃排烟防火阀(常闭)800 × 400	2	个	2
4	风口	②-③ C-2/C	排风口 1000 × 500	1	个	1
三	卫生间排风系统(右上方)					
1	设备	⑨-⑩ 3/C-D	轴流排风机 PF-C	1	台	1
2	风管					
2.1	排风管	⑨-⑩ 3/C-D	400 × 250; δ = 0.6mm; 周长 = 1.3m	(1.358 + 1.302) × 1.3	m^2	3.458
		⑨-⑩ 3/C-D	300 × 200; δ = 0.5mm; 周长 = 1.0m	3.466 × 1	m^2	3.466
2.2	风管软接	①-② A-1/A	D = 400; 周长 = 1.256m	(0.3 + 0.3) × 1.256	m^2	0.754
3	风口	①-② A-1/A	排风口 300 × 300	1 + 1 + 1 + 1	个	4
六	生产车间空调系统					
1	设备	①-② B-1/B	柜式空气处理机 JK(2)-1	1	台	1
2	消声静压箱	①-② B-1/B	4300 × 3500 × 1000	1	台	1
		②-③ B-1/B	4500 × 1500 × 1000	1	台	1
3	风管					
3.1	新风管	①-② B-1/B	1500 × 1000; δ = 1.0mm, 周长 = 5.000m	(0.261 + 0.261 + 0.238 + 2.404 - 0.3) × 5	m^2	14.320
3.2	干管	①-④ B-1/B	送风管 3000 × 550; δ = 1.2mm, 周长 = 7.1m	(15.411 - 0.4 - 2.0) × 7.1	m^2	92.378
		③-⑦ B-1/B	送风管 2200 × 400; δ = 1.2mm, 周长 = 5.2m	24.8 × 5.2	m^2	128.960
		⑥-⑨ B-1/B	送风管 2000 × 400; δ = 1.0mm, 周长 = 4.8m	14.863 × 4.8	m^2	71.342
		⑧-⑩ B-1/B	送风管 800 × 200; δ = 0.75mm, 周长 = 2.0m	(7.638 - 0.3) × 2	m^2	14.676
		⑨-⑩ B-1/B	送风管 500 × 150; δ = 0.6mm, 周长 = 1.3m	(5 + 2.31) × 1.3	m^2	9.503

续表

序号	名称	图上位置	规格型号	计算过程	单位	数量
3.3	支管	③－④ 1/B－3/B	1000×400;δ=0.75mm,周长=2.8m	(6.629－0.3)×2.8	m^2	17.721
		③－④ 1/B－3/B	1000×320;δ=0.75mm,周长=2.64m	2.45×2.64	m^2	6.468
		④－⑤ 3/B－C	800×320;δ=0.75mm,周长=2.24m	5×2.24	m^2	11.200
		③－⑥ 3/B－C	800×200;δ=0.75mm,周长=2.0m	(5+3.15)×2	m^2	16.300
		③－⑥ 1/B－C	500×150;δ=0.6mm,周长=1.3m	(2.951+2.871+2.942+2.846+2.954+2.949+2.947+2.947)×1.3	m^2	30.429
		⑥－⑦ 1/B－3/B	1000×320;δ=0.75mm,周长=2.64m	(6.629－0.3)×2.64	m^2	16.709
		⑥－⑦ 3/B－C	800×320;δ=0.75mm,周长=2.24m	5×2.24	m^2	11.200
		⑤－⑧ 3/B－C	800×200;δ=0.75mm,周长=2.0m	(5+5)×2	m^2	20.000
		⑤－⑧ 1/B－C	500×150;δ=0.6mm,周长=1.3m	(2.944+2.916+2.974+2.959+2.98+2.931+2.882+2.875)×1.3	m^2	30.499
		⑧－⑨ B－3/B	1000×400;δ=0.75mm,周长=2.8m	(6.629－0.3)×2.8	m^2	17.721
		⑧－⑩ 3/B－C	800×200;δ=0.75mm,周长=2.0m	(10+2.563)×2	m^2	25.126
		⑧－⑩ 1/B－C	500×150;δ=0.6mm,周长=1.3m	(2.944+2.916+1.933+1.829+2.98+2.931+2.882+2.882)×1.3	m^2	27.686
		③－④ 1/A－B	1000×400;δ=0.75mm,周长=2.8m	(4.304－0.3)×2.8	m^2	11.211
		③－④ 1/A－B	1000×320;δ=0.75mm,周长=2.64m	2.405×2.64	m^2	6.349
		③－⑤ 1/A－B	800×320;δ=0.75mm,周长=2.24m	(5+3.15)×2.24	m^2	18.256
		④－⑥ A－B	800×200;δ=0.75mm,周长=2.0m	(5+3.711)×2	m^2	17.422
		②－⑥ A－B	500×150;δ=0.6mm,周长=1.3m	{2.9+2.9+2.9+2.9+(1.245+4.4)+1.2+1.2+1.2+4.0}×1.3	m^2	32.299
		⑥－⑦ 1/A－1/B	1500×400;δ=1.0mm,周长=3.8m	(7.644－0.3)×3.8	m^2	27.907
		⑥－⑦ A－1/A	1000×320;δ=0.75mm,周长=2.64m	(2.5+2.5)×2.64	m^2	13.200
		⑤－⑧ A－1/A	800×200;δ=0.75mm,周长=2.0m	(5.0+3.486+3.67+3.834+5.0)×2	m^2	41.980
		⑤－⑧ A－1/B	500×150;δ=0.6mm,周长=1.3m	(2.8+2.8+2.8+2.8+4.5+4.5+4.5+4.5)×1.3	m^2	37.960
		⑧－⑨ 1/A－1/B	1000×320;δ=0.75mm,周长=2.64m	(7.769－0.3)×2.64	m^2	19.718
		⑧－⑨ A－1/A	800×320;δ=0.75mm,周长=2.24m	5×2.24	m^2	11.200
		⑧－⑨ 1/A－B	800×200;δ=0.75mm,周长=2.0m	(3.249+3.249)×2	m^2	12.996
		⑧－⑨ A－1/B	500×150;δ=0.6mm,周长=1.3m	(3.147+3.147+4.602+4.602)×1.3	m^2	20.147

续表

序号	名称	图上位置	规格型号	计算过程	单位	数量
3.4	回风管	①－② 1/B－C	3000×550，δ＝1.2mm，周长＝7.1m	(5.309＋0.85＋4.552＋1.308＋3.465＋0.137)×7.1	m^2	110.909
4	风阀	①－② B－1/B	70℃防火阀 1500×1000	1＋1	个	2
		①－② B－1/B	70℃防火阀3000×550	1＋1	个	2
		①－② B－1/B	手动对开式多叶调节阀1500×1000	1	个	1
		③－⑨ B－2/B	手动对开式多叶调节阀1000×400	1＋1＋1	个	3
		⑥－⑨ B－2/B	手动对开式多叶调节阀1000×320	1＋1	个	2
		⑧－⑨ B－1/B	手动对开式多叶调节阀800×200	1	个	1
5	风口	②－⑩ A－C	方形散流器500×500	54	个	54
		③－④ 1/B－3/B	双层百叶回风口2500×1200	1	个	1
七	风机盘管系统					
1	①、②号室	①－② 2/C－D	风机盘管FP－68	1＋1	台	2
			送风管680×120；δ＝0.75mm，周长＝1.6m	{(1.449－0.3)×2}×1.6	m^2	3.677
			风管软接680×120，周长＝1.6m	(0.3＋0.3)×1.6	m^2	0.960
			门铰式百叶回风口692×180	2	个	2.000
			方形散流器500×500	2	个	2.000
2	③号室	①－② 2/C－D	风机盘管FP－238	1	台	1
			送风管1640×120；δ＝1.0mm，周长＝3.52m	(4.678－0.3)×3.52	m^2	15.411
			风管软接1640×120，周长＝3.52m	0.3×3.52	m^2	1.056
			门铰式百叶回风口1652×180	1	个	1.000
			方形散流器500×500	1＋1	个	2.000
3	④、⑤号室	②－④ 2/C－D	风机盘管FP－136	1＋1＋1	台	3
			送风管1280×120；δ＝1.0mm，周长＝2.80m	{(2.448－0.3)×3}×2.8	m^2	18.043
			风管软接1280×120，周长＝2.80m	(0.3＋0.3＋0.3)×2.8	m^2	2.520
			门铰式百叶回风口1292×180	1＋1＋1	个	3.000
			方形散流器500×500	1＋1＋1	个	3.000

续表

序号	名称	图上位置	规格型号	计算过程	单位	数量
4	电梯厅（左上部分）	③-④ 3/C-D	风机盘管 FP-136	1	台	1
			送风管 1280×120;δ=1.0mm,周长=2.80m	(2.448-0.3)×2.8	m²	6.014
			风管软接 1280×120,周长=2.80m	0.3×2.8	m²	0.840
			门铰式百叶回风口 1292×180	1	个	1.000
			方形散流器 500×500	1	个	1.000
5	茶水间和卫生间	①-② A-1/A	风机盘管 FP-68	1+1+1	台	3
			送风管 680×120;δ=0.75mm,周长=1.6m	(1.449-0.3)×3×1.6	m²	5.515
			风管软接 680×120,周长=1.6m	(0.3+0.3+0.3)×1.6	m²	1.440
			门铰式百叶回风口 692×180	1+1+1	个	3.000
			方形散流器 500×500	1+1+1	个	3.000
6	左边走廊	②-③ 1/A-C	风机盘管 FP-136	1+1	台	2
			送风管 1280×120;δ=1.0mm,周长=2.80m	(2.448m-0.3+1.083-0.3)×2.8	m²	8.207
			风管软接 1280×120,周长=2.80m	(0.3+0.3)×2.8	m²	1.680
			门铰式百叶回风口 1292×180	1+1	个	2.000
			方形散流器 500×500	1+1	个	2.000
7	办公室和分板、刻字房	②-③ 1/B-C	风机盘管 FP-136	1+1	台	2
			送风管 1280 ×120;δ=1.0mm,周 长=2.80m	(2.448-0.3)×2×2.8	m²	12.029
			风管软接 1280×120,周长=2.80m	(0.3+0.3)×2.8	m²	1.680
			门铰式百叶回风口 1292×180	1+1	个	2.000
			方形散流器 500×500	1+1	个	2.000
8	中上部走廊	⑤-⑥ C-2/C	风机盘管 FP-136	1	台	1
			送风管 1280×120;δ=1.0mm,周长=2.80m	(2.448-0.3)×2.8	m²	6.014
			风管软接 1280×120,周长=2.80m	0.3×2.8	m²	0.840
			门铰式百叶回风口 1292×180	1	个	1.000
			方形散流器 500×500	1	个	1.000

续表

序号	名称	图上位置	规格型号	计算过程	单位	数量
9	预留调度室	⑦－⑨ 3/C－D	风机盘管 FP－238	1＋1＋1	台	3
			送风管 1640×120;δ＝1.0mm,周长＝3.52m	(4.678－0.3)×3×3.52	m^2	46.232
			风管软接 1640×120,周长＝3.52m	(0.3＋0.3＋0.3)×3.52	m^2	3.168
			门铰式百叶回风口 1652×180	1＋1＋1	个	3.000
			方形散流器 500×500	6	个	6.000
10	右上部茶水间和卫生间	⑨－⑩ 3/C－D	风机盘管 FP－68	1＋1＋1	台	3
			送风管 680×120;δ＝0.75mm,周长＝1.6m	(1.449－0.3)×3×1.6	m^2	5.515
			风管软接 680×120,周长＝1.6m	(0.3＋0.3＋0.3)×1.6	m^2	1.440
			门铰式百叶回风口 692×180	1＋1＋1	个	3.000
			方形散流器 500×500	1＋1＋1	个	3.000
11	右上方走道	⑨－⑩ 2/C－3/C	风机盘管 FP－136	1	台	1
			送风管 1280×120;δ＝1.0mm,周长＝2.80m	(2.448－0.3)×2.8	m^2	6.014
			风管软接 1280×120,周长＝2.80m	0.3×2.8	m^2	0.840
			门铰式百叶回风口 1292×180	1	个	1.000
			方形散流器 500×500	1	个	1.000
12	备用房	⑨－⑩ A－1/A	风机盘管 FP－136	1	台	1
			送风管 1280 ×120;δ＝1.0mm,周 长＝2.80m	(2.448－0.3)×2.8	m^2	6.014
			风管软接 1280×120,周长＝2.80m	0.3×2.8	m^2	0.840
			门铰式百叶回风口 1292×180	1	个	1.000
			方形散流器 500×500	1	个	1.000
八	风管保温	采用带网格线铝箔贴面玻璃棉毡,厚度 30mm,容重 40kg/m^3		$V=2L(A+B+2\delta)\delta$	m^3	34.495
	轴流风机支架	风机支架角钢 100 ×10		1.2×2×15.12×5	t	0.181
	金属结构	支架除轻锈,红丹防锈漆一遍,风管角钢 63×6、间距 4m;设备、静压箱 角钢 100×10		风管支架＋设备支架＋静压箱支架	kg	2044.49
	柔性接口	帆布		按公式 $S=\Pi\times D\times L$ 计算	m^2	21.653

工程量计算书 **表 8.1－12**

序号	项目名称	位置	规格型号	计算过程	单位	数量
	车间废气排放系统(右边)					
1	设备	⑦－⑩ A－1/A	空气净化机 T1 300 带风机风量:2320m³/h,220V/50Hz/1.3kW 尺寸 635×635×545mm	2	台	2
		③－⑧ B－C	空气净化机 T2002 风量:4640m³/h,220V/50Hz/5kW 尺寸 635×1095×545mm	15	台	15
		⑨－⑩ 3/B－C	轴流排风机 PF(3)－1,2 风量:18000m³/h 静压:600Pa 功率:5.5kW 380V W_s≤0.32	2	台	2
2	风管					
2.1	干管	⑨－⑩ 3/B－C	静压箱前 1200×600;δ=1.0mm,周长=3.6m	(1.232+1.243)×3.6	m²	8.910
		⑨－⑩ 3/B－C	最上端 D=800;δ=0.75mm,周长=2.512m	(1.815－0.3－0.2－0.92)×2.512	m²	0.992
		⑤－⑩ 3/B－C	最上端 1000×400;δ=0.75mm,周长=2.8m	33.025×2.8	m²	92.470
		④－⑥ 1/B－C	最上端 800×400;δ=0.75mm,周长=2.4m	(10.594+1.246)×2.4	m²	28.416
		⑨－⑩ 3/B－C	中端 D=800;δ=0.75mm,周长=2.512m	(1.815－0.3－0.2－0.92)×2.512	m²	0.992
		⑤－⑩ B－C	中端 1000×400;δ=0.75mm,周长=2.8m	(14.325+5.91+15.105)×2.8	m²	98.955
		⑤－⑥ 1/B	中端 800×400;δ=0.75mm,周长=2.4m	7.95×2.4	m²	19.080
		⑧－⑩ A－C	下端 600×400;δ=0.6mm,周长=2.0m	(9.717+6.884+11.62－0.3)×2	m²	55.842
2.2	支管	④－⑤ 3/B－C	最上端 800×400;δ=0.75mm,周长=2.4m	1.341×2.4	m²	3.218
		④－⑧ 1/B－C	最上端 500×400;δ=0.6mm,周长=1.8m	{(1.246+0.733+0.438)+(1.246+0.886+0.438)+0.438+(1.006+0.438)+(4.268+1.006+0.438)+(0.438+1.229)+(4.268+1.24+0.438)}×1.8	m²	36.349
		④－⑧ B－3/B	中端 500×400;δ=0.6mm,周长=1.8m	[(2.817+1.999+5.883)+2.82+1.999+(2.92+1.729+2.92+2.195)×3－0.635×8]×1.8	m²	71.514
		⑦－⑨ A－1/A	下端 300×300;δ=0.5mm,周长=1.2m	{13.529+2.606－0.635×2－(0.146+0.252+0.252+0.146)}×1.2	m²	16.883

续表

序号	项目名称	位置	规格型号	计算过程	单位	数量
2.3	风管软接	⑨－⑩ 3/B－C	D＝800；周长＝2.512m	(0.2＋0.2)×2.512	m^2	1.005
		⑨－⑩ 3/B－C	1000×400 ；周长＝2.8m	(0.3＋0.3)×2.8	m^2	1.680
3	风阀	⑨－⑩ 3/B－C	风管止回阀 D ＝800	2	个	2
		⑨－⑩ 3/B－C	风管止回阀 600×400	1	个	1
		⑦－⑩ A－1/A	风管止回阀 300×300	2	个	2
		⑦－⑩ A－1/A	钢制蝶阀 300×300	2	个	2
4	静压箱	⑨－⑩ 3/B－C	800×2400×1000	1	个	1
		⑥－⑧ B－C	1100×650×400	15	个	15
		⑦－⑩ A－1/A	800×400×400	2	个	2
5	轴流通风机支架		角钢 100×10	按设计要求计算	t	1.21047
	金属结构		支架除轻锈，红丹防锈漆一遍，风管角钢 6 3×6、圆钢 ϕ8、间距 4m；设备、静压箱 角钢 100×10		kg	1210.47
	柔性接口		帆布		m^2	2.685

分部分项工程量清单与计价表

表 8.1－13

工程名称：研发综合楼空调安装工程　　　　第　页　共　页

序号	项目编码	项目名称	项目特征描述	计量单位	工程数量	金额(元)		
						综合单价	合价	其中 暂估价
1	030108003001	轴流通风机	消防轴流风机 PY(2)－1－3；风量：12000m/h，静压：600Pa，功率：5.5kW 380V，Ws≤0.32，支架角钢 100×10	台	3			
2	030108003002	轴流通风机	轴流排风机 PF－C；风量：2500m^3/h，静 压：200Pa，功率：0.75kW 380V，Ws≤0.32，支架角钢 100×10	台	2			
3	030701003001	空调器	柜式空气处理机 JK2－1 卧式安装；电源：3ϕ/380V/50Hz $Q_{冷}$＝440kW，L＝50000CMH，N＝30kW，P ＝800Pa，噪声≤75dB(A)，支架角钢 100×10	台	1			

续表

序号	项目编码	项目名称	项目特征描述	计量单位	工程数量	金额（元）		
						综合单价	合价	其中 暂估价
4	030701004001	风机盘管	1. 暗装卧式风机盘管 FP－238； 2. $Q_{冷}$ =12.6kW，$Q_{热}$ =17.6kW，L =2380CMH，N =235W，噪声≤52dB(A)，支架角钢 100×10	台	4			
5	030701004002	风机盘管	1. 暗装卧式风机盘管 FP－136； 2. $Q_{冷}$ =7.6kW，$Q_{热}$ =10.4kW，L =1360CMH，N =148W，噪声≤47dB(A)，支 架角钢 100×10	台	11			
6	030701004003	风机盘管	1. 暗装卧式风机盘管 FP－68； 2. $Q_{冷}$ =4.2kW，$Q_{热}$ =5.3kW，L =680CMH，N =71W，噪声≤42dB(A)，支架角钢 100×10	台	8			
7	030702001001	碳钢通风管道	1. 镀锌薄钢板矩形风管； 2. δ =1.2mm； 3. 采用咬口制作，角钢法兰连接，中间 加垫橡胶板（厚4mm）； 4. 周长：4000mm 以上； 5. 保温厚度：30mm	m^2	332.247			
8	030702001002	碳钢通风管道	1. 镀锌薄钢板矩形风管； 2. δ =1.0mm； 3. 采用咬口制作，角钢法兰连接，中间加垫橡胶板（厚4mm）； 4. 周长：4000mm 以上； 5. 保温厚度：30mm	m^2	85.662			
9	030702001003	碳钢通风管道	1. 镀锌薄钢板矩形风管； 2. δ =1.0mm； 3. 采用咬口制作，角钢法兰连接，中间加垫橡胶板（厚4mm）； 4. 周长：4000mm 以上； 5. 保温厚度：30mm	m^2	151.885			
10	030702001004	碳钢通风管道	1. 镀锌薄钢板矩形风管； 2. δ =0.75mm； 3. 采用咬口制作，角钢法兰连接，中间加垫橡胶板（厚4mm）； 4. 周长：4000mm 以下； 5. 保温厚度：30mm	m^2	167.389			
11	030702001005	碳钢通风管道	1. 镀锌薄钢板矩形风管； 2. δ =0.75mm； 3. 采用咬口制作，角钢法兰连接，中间加垫橡胶板（厚4mm）； 4. 周长：2000mm 以下； 5. 保温厚度：30mm	m^2	163.207			

续表

序号	项目编码	项目名称	项目特征描述	计量单位	工程数量	金额（元）		
						综合单价	合价	其中 暂估价
12	030702001006	碳钢通风管道	1. 镀锌薄钢板矩形风管； 2. $\delta=0.6$mm； 3. 采用咬口制作，角钢法兰连接，中间加垫橡胶板（厚4mm）； 4. 周长：2000mm以下； 5. 保温厚度：30mm	m^2	188.523			
13	030702001007	碳钢通风管道	1. 镀锌薄钢板圆形风管； 2. $\delta=1.0$mm； 3. 采用咬口制作，角钢法兰连接，中间加垫橡胶板（厚4mm）； 4. 周长：4000mm以下； 5. 排风管	m^2	10.89			
14	030702001008	碳钢通风管道	1. 镀锌薄钢板矩形风管； 2. $\delta=1.0$mm； 3. 采用咬口制作，角钢法兰连接，中间加垫橡胶板（厚4mm）； 4. 周长：4000mm以下； 5. 排风管	m^2	133.248			
15	030702001009	碳钢通风管道	1. 镀锌薄钢板矩形风管； 2. $\delta=0.6$mm； 3. 采用咬口制作，角钢法兰连接，中间加垫橡胶板（厚4mm）； 4. 周长：2000mm以下； 5. 排风管	m^2	6.214			
16	030702001010	碳钢通风管道	1. 镀锌薄钢板矩形风管； 2. $\delta=0.5$mm； 3. 采用咬口制作，角钢法兰连接，中间加垫橡胶板（厚4mm）； 4. 周长：2000mm以下； 5. 排风管	m^2	13.139			
17	030703001001	碳钢阀门	280℃排烟防火阀（常闭）700×400	个	1			
18	030703001002	碳钢阀门	280℃排烟防火阀（常闭）800×400	个	4			
19	030703001003	碳钢阀门	280℃排烟防火阀（常闭）$D=800$	个	1			
20	030703001004	碳钢阀门	70℃防火阀1500×1000	个	2			
21	030703001005	碳钢阀门	70℃防火阀3000×550	个	2			
22	030703001006	碳钢阀门	风管止回阀$D=800$	个	2			
23	030703001007	碳钢阀门	手动对开式多叶调节阀1500×1000	个	1			
24	030703001008	碳钢阀门	手动对开式多叶调节阀1000×400	个	3			
25	030703001009	碳钢阀门	手动对开式多叶调节阀1000×320	个	2			

续表

序号	项目编码	项目名称	项目特征描述	计量单位	工程数量	金额（元）		
						综合单价	合价	其中 暂估价
26	030703001010	碳钢阀门	手动对开式多叶调节阀 800×200	个	1			
27	030703007001	碳钢风口	排烟百叶 700×400	个	1			
28	030703007002	碳钢风口	单层百叶排风口 1000×500	个	3			
29	030703007003	碳钢风口	单层百叶排风口 300×300	个	8			
30	030703007004	碳钢风口	双层百叶回风口 2500×1200	个	1			
31	030703007005	散流器	方形散流器 500×500	个	80			
32	030703007006	碳钢风口	门铰式百叶回风口 692×180	个	7			
33	030703007007	碳钢风口	门铰式百叶回风口 1292×180	个	11			
34	030703007008	碳钢风口	门铰式百叶回风口 1652×180	个	4			
35	030703021001	静压箱	4300×3500×1000，支架角钢 100×10	个	1			
36	030703021002	静压箱	4500×1500×1000，支架角钢 100×10	个	1			
37	030703019001	柔性接口	帆布	m^2	21.653			
38	030307005001	设备支架制作安装	轴流风机支架角钢 100×10	t	0.181			
39	031201003001	金属结构刷油	支架除轻锈，红丹防锈漆一遍，风管角钢63×6、间距4m；设备、静压箱角钢 100×10	kg	2044.49			
40	031208003001	通风管道绝热	网格线铝箔贴面玻璃棉毡，厚度 30mm 容重 40kg/m^3	m^3	34.495			
41	030704001001	通风工程检测、调试	二层管道风量测定、风压测定、温度测定、风口、阀门调整	系统	1			
本页小计								
合 计								

8.2 通风空调工程工程量清单计价

依据《广东省安装工程综合定额》(2010)，通风及空调设备安装、通风管道制作安装、通风及空调部件制作安装等适用《综合定额》第九册；通风空调工程的水系统适用《综合定额》第八册，冷热源系统设备适用《综合定额》第一册，冷热源系统管道适用《综合定额》第六册；全系统管道及支架涉及的刷油、绝热等工作内容适用《综合定额》第十一册。

8.2.1 通风及空调设备及部件制作安装定额项目有关说明

(1)定额项目设置

1)通风机的安装按工作原理分离心通风机和轴流通风机，以规格、风机叶轮直径划分子目；安装项目包括电动机安装。

2)除尘器设备安装按重量划分子目。

3)空调器的安装按空气调节方式及安装位置，以设备重量划分子目。

4）诱导器以及 VAV 变风量末端装置安装执行风机盘管的安装子目。

5）部件制作安装定额项目按部件的规格、类型、材质、质量、用途划分定额子目。

6）部件安装所需支架的制作安装定额项目按材质、规格、除锈及刷油设计要求划分相应定额子目。

（2）定额项目工作内容

1）设备工作内容包括：开箱检查设备、附件、底座螺栓、吊装、找平、找正、垫垫、灌浆、螺栓固定。

2）设备支架包括制作和安装工作内容，制作内容包括：放样、下料、调直、钻孔、焊接、成型，安装内容包括：测位、上螺栓、固定、打洞、埋支架。

3）挡水板包括制作和安装工作内容，制作内容包括：放样、下料、制作曲板、框架、底座、零件，钻孔、焊接、成型，安装内容包括：找正、找平、上螺栓、固定。

4）滤水器、溢水盘包括制作和安装工作内容，制作内容包括：放样、下料、配制零件、钻孔、焊接、上网、组合成型，安装内容包括：找正、找平、管道焊接、固定。

5）金属空调器壳体包括制作和安装工作内容，制作内容包括：放样、下料、调直、钻孔、制作箱体、水槽、焊接、组合、试装，安装内容包括：就位、找正、找平、连接、固定、表面清理。

（3）有关说明

1）风机减振台座制作安装执行设备支架子目计价，定额中不包括减振器用量，减振器用量按设计图确定。

2）冷冻机组站内的设备按第一册《机械设备安装工程》执行安装工程综合定额，管道与设备分界起止计算至设备第一个法兰连接位置。

3）风机安装界限的划分：《综合定额》第九册中的风机安装是为生产、生活服务的通风空调风机设备安装。

4）设备安装子目的定额基价中不包括设备费和应配备的地脚螺栓费用。

8.2.2 通风管道制作安装工程工程量清单计价

8.2.2.1 部分工程量清单项目计价指引见表 8.2－1。

碳钢通风管道制作安装工程工程量清单计价指引 **表 8.2－1**

项目编码	项目名称	工作内容	适用综合定额
030702001	碳钢通风管道	1. 风管、管件、法兰、零件、支吊架制作、安装 2. 过跨风管落地支架制作、安装	C9－1－1～C9－1－24 C9－7－17～C9－7－18
030702009	弯头导流叶片	制作、组装	C9－1－45
030702010	风管检查孔	制作、安装	C9－1－47
030702011	温度、风量测定孔	制作、安装	C9－1－48
031208003	通风管道绝热	安装	C11－8－1～C11－8－707
031201002	设备与矩形管道刷油	1. 除锈 2. 调配、涂刷	C11－1－1、C11－1－7、C11－2－1～C11－2－73、C11－2－158～C11－2－217、C11－2－247～C11－2－250
031201003	金属结构刷油	1. 除锈 2. 调配、涂刷	C11－1－7、C11－2－1～73、C11－2－158～C11－2－217、C11－2－247～C11－2－250

8.2.2.2 通风管道制作安装定额项目有关说明

(1)定额项目设置

通风管道分为镀锌钢板、薄钢板风管、不锈钢风管、铝板风管、塑料风管、玻璃钢风管和复合风管,其制作安装定额项目的设置是依据材料、加工方法、板厚、截面形状、尺寸等划分定额子目。若在材料相同、加工方法一致的工况下,圆形风管以板厚和风管直径划分定额子目,矩形风管以板厚和风管周长划分定额子目,柔性风管则以有无保温套管和风管直径划分定额子目。

(2)定额项目工作内容

1)风管制作

风管制作包括放样、下料、卷圆、折方、轧口、咬口,制作直管、管件、法兰、吊托支架,钻孔、铆焊、上法兰、组对,包括弯头、三通、变径管、天圆地方等管件及法兰、加固框和吊托支架的制作用工,但不包括过跨风管落地支架的制作。

2)风管安装

风管安装找标高、打支架墙洞、配合预留孔洞、埋设吊托支架,组装、风管就位、找平、找正,制垫、垫垫、上螺栓、紧固。

(3)有关说明

1)镀锌薄钢板定额项目中的板材是按镀锌薄钢板编制的,如设计要求不同时,板材可以换算,其他不变。

2)薄钢板、净化、玻璃钢风管制作安装定额项目中包括管件、法兰、加固框、吊托支架的制作用工,但不包括过跨风管落地支架,落地支架执行设备支架定额项目。

3)风管导流叶片不分单叶片或香蕉形双叶片均执行同一定额项目。

4)整个通风系统设计采用渐缩均匀送风者,圆形风管按平均直径、矩形风管按平均周长执行相应定额项目,其人工乘以系数2.5。

5)制作空气幕送风管时,按矩形风管平均周长执行相应定额项目,其人工乘以系数3.0,其他不变。

6)柔性软风管是指金属、涂塑化纤织物、聚酯、聚乙烯、聚氯乙烯薄膜、铝箔等材料制成的软风管。

7)软管接头使用人造革而不使用帆布者可以换算。

8)风管刷油工程量按风管制作安装工程量计算;其中风管内、外表面均刷油,刷油工程量按风管制作安装工程量乘以1.1系数计算;风管仅单一表面刷油,刷油工程量按风管制作安装工程量乘以1.2系数计算;包括法兰、加固框,吊托支架的刷油工程量。

9)机制风管拼装执行相应风管制作安装项目,其中人工、机械乘以系数0.6,材料乘以系数0.8(法兰、加固框、吊托支架已综合考虑,不另计算)。机制风管按设计图示以展开面积加2%损耗量计算材价。

10)不锈钢通风管道、铝板通风管道的制作安装子目不包括法兰和吊托支架,法兰和吊托支架可按相应子目计价。

11)不锈钢风管要求使用手工氩弧焊时,其人工乘以系数1.238,材料乘以系数1.163,机械台班乘以系数1.673。

12)铝板风管要求使用手工氩弧焊时,其人工乘以系数1.154,材料乘以系数0.852,机械台班乘以系数8.142。

13）净化风管涂密封胶按全部口缝外表面涂抹考虑；设计要求口缝处不涂抹，而只在法兰处涂抹时，每$10m^2$风管减少密封胶用量1.5kg和人工0.37工日。

14）薄钢板风管、部件及单独列项的支架，其除锈不分锈蚀程度，均按其第一遍刷油的工程量执行除轻锈相应子目。

15）风管支架、法兰、加固框需单独刷油时，其工程量按设计施工图计算，套用金属工艺结构刷油子目定额。

【例8.2-1】按例8.1-2题中条件，人工费按102.00元/工日，薄钢板按板厚1.5mm，薄钢板单价为4630.00元/t，酚醛防锈漆按10.28元/kg，管理费按一类，利润率18%。

1. 计算该项目的制作安装费用

2. 确定主材用量

【解】(1)计价工程量计算

1)通风管道制作安装工程量：

$F=2(A+B)L=2\times(0.6+0.2)\times100=160(m^2)$

2)刷油工程量：

$S=F\times1.2=160\times1.2=172(m^2)$

(2)项目安装费用计算

1)计算风管制作安装工程费用：

定额编号：C9-1-18(一类)

定额基价：912.68元/$10m^2$

其中：人工=435.03元/$10m^2$

主材消耗量=$10.8m^2/10m^2$

计算人工调整系数：102/51=2

计算人工费增量：435.03×2-435.03=435.03(元/$10m^2$)

定额基价费用：$S_1=(912.68+435.03)\times16=21563.36$(元)

其中：人工费=(435.03+435.03)×16= 13920.96

未计价材料费为：$W_1=160\times1.08\times0.0015\times7.85\times4630=9420.75$(元)

利润：L_1=人工费×18% = 13920.96×18% =2505.77(元)

风管制作安装分部分项工程费：

$S=S_1+W_1+L_1=21563.36+9420.75+2505.77=33489.88$(元)

2)计算风管刷油工程定额工程费：

定额编号：C11-2-36(一类)

定额基价：13.96元/$10m^2$

其中：人工费=9.44元/$10m^2$

主材消耗量=1.30kg/$10m^2$

计算人工调增系数：102/51=2

计算人工费增量：9.44×2-9.44=9.44(元/$10m^2$)

定额基价费用：$S_2=(13.96+9.44)\times16\times1.2=449.28$(元)

其中：人工费=9.44×2×16×1.2=362.50(元)

未计价材料费为：$W_2 = 16 \times 1.2 \times 1.30 \times 10.28 = 256.59$（元）

利润：L_2 = 人工费 × 18% = 362.50 × 18% = 65.25（元）

风管刷油工程分部分项工程费：

$S = S_2 + W_2 + L_2 = 449.28 + 256.57 + 65.25 = 771.10$（元）

3）通风管道制作安装费用：

风管制作安装工程费 + 风管刷油工程费 = 33489.88 + 771.10 = 34260.98（元）

（3）计算薄钢板用量

$160 \times 1.08 \times 0.0015 \times 7.8516 = 2.035$（t）

8.2.3 通风管道部件制作安装工程量清单计价

8.2.3.1 部分通风管道部件制作安装工程量清单计价指引见表 8.2－2。

部分通风管道部件制作安装工程量清单计价指引 **表 8.2－2**

项目编码	项目名称	工作内容	适用综合定额
030703001	碳钢阀门	1. 阀体制作	C9－2－1～C9－2－22，C9－5－9
		2. 阀体安装	C9－2－23～C9－2－64
		3. 支架制作安装	C9－7－17、C9－7－18
030703007	碳钢风口、散流器制作安装（百叶窗）	1. 风口制作、安装	C9－3－1～C9－3－93
		2. 散流器制作、安装	C9－3－19～C9－3－23 C9－3－82～C9－3－85
		3. 百叶窗安装	C9－3－82～C9－3－85
030703019	柔性接口	制作、安装	C9－12－42～C9－12－43
030703020	消声器	1. 制作	C9－6－1～C9－6－6
		2. 安装	C9－6－7～C9－6－35
		3. 支架制作安装	C9－7－17～C9－7－18
030703021	静压箱	1. 制作、安装	C9－7－11～C9－7－14，C9－9－5
		2. 支架制作、安装	C9－7－17、C9－7－18

8.2.3.2 通风管道部件制作安装定额项目说明

（1）调节阀制作安装

1）定额项目设置

调节阀制作定额项目按材质、阀口形状、阀芯形状及调节阀功能，分别以重量划分定额子目，调节阀安装定额项目按结构和周长划分定额子目。

调节阀为成品时，只计安装费用，制作费用不再计算。

2）定额项目工作内容

调节阀制作：放样、下料、制作短管、阀板、法兰、零件、钻孔、铆焊、组合成型。

调节阀安装：号孔、钻孔、对口、校正、制垫、垫垫、上螺栓、紧固、试动。

（2）风口、散流器制作安装

1）定额项目设置

风口、散流器制作安装定额项目按风口结构、材质，分别以风口、散流器重量划分制作定额子目；风口、散流器安装，以风口、散流器周长划分定额子目。

2）定额项目工作内容

风口、散流器制作：放样、下料、开孔、制作零件、外框、叶片、网框、调节板、拉杆、导风板、弯管、天圆地方、扩散管、法兰、钻孔、铆焊、组合成型。

风口、散流器安装：对口、制垫、垫垫、上螺栓、找平、找正、固定、试动、调整。

(3)风帽制作安装

1)定额项目设置

风帽制作安装定额项目按材质、风帽形状及结构，分别以风帽重量划分定额子目；其中风帽泛水以泛水面积划分定额子目。

风帽为成品时，只计安装费用，制作费用不再计算。

2)定额项目工作内容

风帽制作：放样、下料、咬口、制作法兰、零件、钻孔、铆焊、组装。

风帽安装：安装、找平、找正、制垫、垫垫、上螺栓、固定。

(4)罩类制作安装

1)定额项目设置

罩类制作安装定额项目按罩的功能划分子目。

2)定额项目工作内容

罩类制作：放样、下料、卷圆、制作罩体、来回弯、法兰、零件、钻孔、铆焊、组合成型。

罩类安装：埋设支架、吊装、对口、找正、制垫、垫垫、上螺栓、固定配重环及钢丝绳、试动调整。

(5)消声器制作安装

1)定额项目设置

消声器制作安装定额项目按消声器的结构、消声材料划分定额子目。

消声器为成品时，只计安装费用，制作费用不再计算。

2)定额项目工作内容

消声器制作：放样、下料、钻孔、制作内外套管、木框架、法兰、铆焊、粘贴、填充消声材料、组合成型。

消声器安装：组对、安装、找正、找平、制垫、垫垫、上螺栓、固定。

静压箱制作：放样、下料、折方、轧口、咬口制作箱体、吊托支架、钻孔、铆焊、上法兰、组对，口缝外表面涂密封胶，箱内表面清洗，箱体两端封口。

静压箱安装：找标高，找平，找正，配合预留孔洞，打支架墙洞，埋设支吊架，箱体就位，组装，制垫、垫垫、上螺栓、紧固，箱体内表面清洗，法兰口涂密封胶。

【例8.2-2】某综合楼(五层)通风空调系统的风管在通过防火分区时，加装70℃的防火阀，矩形风管有1000mm×400mm和800mm×300mm两种规格，每层各有两处安装防火阀，计算该部件制作安装工程量清单综合单价。

工料机单价：人工按102.00元/工日，阀门现场制作，其他(含管理费)均按广东省(2010)安装工程综合定额计取，利润按人工费的18%计取。

【解】(1)工程量计算

1000×400矩形风管：	周长=(1000+400)×2=2800(mm)
防火阀(T356-2)查表：	重量=11.74kg/个，共计：117.4kg
800×300矩形风管：	周长=(800+300)×2=2200(mm)
防火阀(T356-2)查表：	重量=8.24kg/个，　共计：82.4kg

(2)综合单价计算

综合单价分析表

表 8.2－3

工程名称：某综合楼（五层）通风空调系统　　　　第　页共　页

项目编码	030703001001		项目名称	碳钢阀门　防火阀　1000mm×400mm				计量单位	个	工程量	10.00
清单综合单价组成明细											
定额编号	定额项目名称	定额单位	数量	单价				合价			
				人工费	材料费	机械费	管理费和利润	人工费	材料费	机械费	管理费和利润
C9－2－22	防火阀制作	100kg	0.117	458.50	418.72	83.64	146.08	53.64	48.99	9.79	17.09
C9－2－52	防火阀安装	个	1.00	99.14	8.04	8.57	31.59	99.14	8.04	8.57	31.59
	人工调增		2.000								
人工单价		小计						152.78	57.03	18.36	48.68
102元/工日		未计价材料费						0.00			
清单项目综合单价（元）								276.85			
材料费明细	主要材料名称、规格、型号					单位	数量	单价（元）	合价（元）	暂估单价（元）	暂估合价（元）
	其他材料费							—		—	
	材料费小计							—	0.00	—	

综合单价分析表

表 8.2－4

工程名称：某综合楼（五层）通风空调系统　　　　第　页共　页

项目编码	030703001002		项目名称	碳钢阀门　防火阀　800mm×300mm				计量单位	个	工程量	10.00
清单综合单价组成明细											
定额编号	定额项目名称	定额单位	数量	单价				合价			
				人工费	材料费	机械费	管理费和利润	人工费	材料费	机械费	管理费和利润
C9－2－22	防火阀制作	100kg	0.0824	458.49	418.72	83.64	146.08	37.78	103.51	6.89	12.04
C9－2－51	防火阀安装	个	1.00	16.62	6.09	5.40	5.29	16.62	6.09	5.40	5.29
	人工调增		2.000								
人工单价		小计						54.40	109.60	12.29	17.33
102元/工日		未计价材料费						0.00			
清单项目综合单价（元）								193.62			

续表

材料费明细	主要材料名称、规格、型号		单位	数量	单价（元）	合价（元）	暂估单价（元）	暂估合价（元）
	其他材料费				—		—	
	材料费小计				—	0.00	—	

（3）分部分项工程量清单与计价

分部分项工程量清单与计价表 **表8.2－5**

工程名称：某综合楼（五层）通风空调系统 第 页 共 页

序号	项目编码	项目名称	项目特征描述	计量单位	工程量	金额（元）		
						综合单价	合价	其中：暂估价
1	30703001001	碳钢调节阀制作安装	防火阀 1000mm×400mm	台	10.00	276.85	2768.50	
2	30703001002	碳钢调节阀制作安装	防火阀 800mm×300mm	台	10.00	193.62	1936.20	
3		合 计					4704.70	

8.2.4 通风空调工程检测、调试工程量清单计价

8.2.4.1 工程量清单项目工作内容的组成

（1）通风空调工程的检测、调试工程的内容包括：

1）通风管道风量测定；

2）风压测定；

3）温度测定；

4）各系统风口、阀门调整。

（2）风管漏光试验、漏风试验工程的内容包括：

1）漏光试验；

2）漏风试验。

8.2.4.2 工程量清单计价

通风空调系统工程检测、调试清单计价按整个通风空调系统（包括设备、风管系统、水系统）项目人工费的6% 取值计算。

8.2.5 管道与设备刷油、防腐蚀、绝热工程量计算

8.2.5.1 除锈、刷油工程量计算

（1）管道、设备筒体、H型钢结构

管道、设备筒体、H型钢结构表面的除锈工程以工作“面积”计量，以“m^2”为计量单位。

$$S = \pi \times D \times L \tag{8.2-1}$$

式中 S——管道的除锈面积，m^2；

D——设备或管道直径，m；

L——设备筒体高或管道长度，m。

（2）金属结构、管廊结构

金属结构、管廊结构表面的除锈以“重量”计量，以“kg ”计量单位。

设备筒体、管道表面积包括管件、阀门、法兰、人孔、管口凹凸部分。

8.2.5.2　防腐蚀工程量计算

防腐蚀工程以工作“面积”计量，以“m^2”为计量单位。

(1)管道、设备筒体

$$S = \pi \times D \times L \tag{8.2-2}$$

式中　S——管道、设备筒体的防腐蚀面积，m^2；

D——设备或管道直径，m；

L——设备筒体高或管道长度，m。

(2)阀门

$$S = \pi \times D \times 2.5 \times D \times K \times N \tag{8.2-3}$$

式中　S——阀门的防腐蚀面积，m^2；

D——阀门直径，m；

N——阀门数量，个；

K——调整系数，取1.05。

(3)法兰

$$S = \pi \times D \times 1.5 \times D \times K \times N \tag{8.2-4}$$

式中　S——法兰的防腐蚀面积，m^2；

D——法兰直径，m；

N——法兰数量，个；

K——调整系数，取1.05。

(4)弯头

$$S = \pi \times D \times 1.5 \times D \times 2\pi \times N/\beta \tag{8.2-5}$$

式中　S——弯头的防腐蚀面积，m^2；

D——弯头直径，m；

N——弯头数量，个；

β——弯头调整系数；　90°弯头，$\beta=4$；45°弯头，$\beta=8$。

(5)设备和管道法兰翻边

$$S = \pi \times (D + A) \times A \tag{8.2-6}$$

式中　S——法兰翻边的防腐蚀面积，m^2；

D——设备和管道直径，m；

A——法兰翻边的边宽，m。

(6)带封头的设备面积

$$S = L \cdot \pi \cdot D + (D^2/2) \cdot \pi \cdot K \cdot N \tag{8.2-7}$$

式中　S——设备的防腐蚀面积，m^2；

D——直径，m；

N——封头个数；

K——调整系数，取1.5。

计算管道、设备内壁防腐工程量，当壁厚大于10mm时，按其内径计算；当壁厚小于

10mm 时，按其外径计算。

8.2.5.3　绝热工程量计算

绝热工程量以绝热层的“体积”计量，以“m^3”为计量单位。

(1)管道、设备筒体

$$V = L \times \pi(D + \delta + \delta \times 3.3\%) \times (\delta + \delta \times 3.3\%)$$
$$= L\pi(D + 1.033\delta) \times 1.033\delta \quad (8.2-8)$$

式中　1.033——绝热屋厚度允许偏差系数；

δ——绝热层厚度，m；

D——管道、设备筒体直径，m；

L——管道、设备筒体中心线长度，m。

(2)伴热管

将伴热管的综合直径代入式(8.2－8)和式(8.2－16)即是伴热管道的绝热层、防潮层和保护层的工程量。

1)单根伴热管

$$D' = D_{主} + d_{伴} + (10 \sim 20)\text{mm} \quad (8.2-9)$$

式中　D'——伴热管综合直径，m；

$D_{主}$——主管道直径，m；

$d_{伴}$——伴热管道直径，m。

2)双伴热管(管径相同)

$$D' = D_{主} + 1.5 \times d_{伴} + (10 \sim 20)\text{mm} \quad (8.2-10)$$

式中　D'——伴热管综合直径，m；

$D_{主}$——主管道直径，m；

$d_{伴}$——伴热管道直径，m。

3)双伴热管(管径不同)

$$D' = D_{主} + d_{伴大} + (10 \sim 20)\text{mm} \quad (8.2-11)$$

式中　D'——伴热管综合直径，m；

$D_{主}$——主管道直径，m；

$d_{伴大}$——大伴热管道直径，m。

(3)阀门

$$V = (D + 1.033\delta) \times \pi \times D \times 2.5 \times 1.05 \times 1.033\delta \times N \quad (8.2-12)$$

式中　D——阀门直径，m；

δ——绝热层厚度，m；

1.05——调整系数；

N——阀门数量，个。

(4)法兰

$$V = (D + 1.033\delta) \times \pi \times D \times 1.5 \times 1.05 \times 1.033\delta \times N \quad (8.2-13)$$

式中　D——法兰直径，m；

δ——绝热层厚度，m；

1.05——调整系数；

N——法兰数量，个。

(5)设备封头

$$V=[(D+1.033\delta)/2]^2\times\pi\times1.5\times1.033\delta\times N \quad (8.2-14)$$

式中 D——封头直径，m；

δ——绝热层厚度，m；

N——封头数量，个。

(6)弯头

$$V=(D+1.033\delta)\times\pi\times D\times1.5\times2\pi\times1.033\delta\times N/\beta \quad (8.2-15)$$

式中 D——弯头直径，m；

δ——绝热层厚度，m；

N——弯头数量，个；

β——弯头调整系数；90°弯头，$\beta=4$；45°弯头，$\beta=8$。

8.2.5.4 防潮层、保护层工程量计算

防潮层、保护层工程量以绝热层的“面积”计量，以“m^2”为计量单位。

(1)管道、设备筒体

$$S=\pi\times L(D+2.1\delta+0.0082) \quad (8.2-16)$$

式中 δ——绝热层厚度，m；

D——管道、设备筒体直径，m；

L——管道、设备筒体中心线长度，m。

(2)阀门

$$S=\pi\times(D+2.1\delta)\times2.5\times D\times1.05\times N \quad (8.2-17)$$

式中 D——阀门直径，m；

δ——绝热层厚度，m；

10.5——调整系数；

N——阀门数量，个。

(3)法兰

$$S=\pi\times(D+2.1\delta)\times1.5\times D\times1.05\times N \quad (8.2-18)$$

式中 D——法兰直径，m；

δ——绝热层厚度，m；

10.5——调整系数；

N——法兰数量，个。

(4)设备封头

$$S=\pi\times(D+2.1\delta)/2]^2\times1.5\times N \quad (8.2-19)$$

式中 D——封头直径，m；

δ——绝热层厚度，m；

N——封头数量，个。

(5)弯头

$$S=\pi\times(D+2.1\delta)\times1.5\times D\times2\pi\times N/\beta \quad (8.2-20)$$

式中 D——弯头直径，m；

δ——绝热层厚度，m；

N——弯头数量，个；

β——弯头调整系数；90°弯头，$\beta=4$；45°弯头，$\beta=8$。

8.2.6 有关说明

(1)通风空调工程超高增加费按操作物高度离楼地面6m以上时，费用按超高部分人工费的15%计算。

(2)系统调整费按通风空调系统(包括制冷设备安装、水系统安装、风系统安装)项目的人工费6%计算。

(3)脚手架搭拆费按各定额册执行，其中：套用《综合定额》第九册的项目按该册项目人工费3%计算，其他各册套用项目采用各册计算标准。

(4)套用定额时，制作与安装未分别列出的子目，其制作费、安装费的比例按表8.2－6划分。

制作费、安装费比例划分 **表8.2－6**

序号	项　　目	制　作　(%)			安装(%)		
		人工	材料	机械	人工	材料	机械
1	薄钢板通风管道制作安装	60	95	95	40	5	5
2	净化通风管道及部件制作安装	60	85	95	40	15	5
3	不锈钢通风管道及部件制作安装	72	95	95	28	5	5
4	铝板通风管道及部件制作安装	68	95	95	32	5	5
5	塑料通风管道及部件制作安装	85	95	95	15	5	5
6	复合型通风管道制作安装	60	—	99	40	100	1
7	风帽制作安装	95	80	99	25	20	1
8	罩类制作安装	98	99	95	22	2	5
9	消声器制作安装	91	98	99	9	2	1
10	空调部件及设备支架制作安装	86	98	95	14	2	5

8.3 工程量清单计价示例

依据【例8.1－3】工作内容，按表8.1－13《分部分项工程量和单价措施项目清单与计价表》编制工程量清单计价文件，计算分部分项工程费用。

人工费按102.00元/工日；管理费按一类计算，其他均按《综合定额》取价；利润按人工费的18%计取；设备和未计价材料按编制当季广州市市场价格。

【解】(1)综合单价计算

部分工程清单项目计算见表8.3－1～表8.3－15，其余项目读者可参考示例自行计算，未计价材料和设备价格的询价按同行业常用方法。

本案例安装内容未超过定额规定计算高度，不需考虑超高增加费用；由于本案例建筑楼层高度28.30m，符合高层建筑人工降效影响内容，需考虑高层建筑增加措施费用。

综合单价分析表　　　　表 8.3－1

工程名称:研发综合楼空调安装工程

项目编码	030108003001	项目名称		轴流通风机			计量单位		台	清单工程量		3.000	
综合单价分析													
定额编号	子目名称	定额单位	工程数量	单　价(元)					合　价(元)				
				人工费	材料费	机械费	管理费	利润	人工费	材料费	机械费	管理费	利润
C9－8－11	轴流式通风机安装 风机叶轮 直径 700mm	台	3.00	86.04	2.87	0.00	23.85	15.49	516.24	8.61	0.00	71.55	92.92
C9－7－19	减振器安装	个	3.00	15.86	0.50	0.00	4.40	2.85	95.16	1.50	0.00	13.20	17.13
小计									611.40	10.11	0.00	84.75	110.05
人工调增			2.000										
人工单价 (102 元/工日)		合计							203.80	3.37	0.00	28.25	36.68
		未计价材料费							1164.00				
清单项目综合单价									1436.10				
材料费明细	主要材料名称、规格、型号					单位	数量	单价(元)	合价(元)	暂估单价(元)		暂估合价(元)	
	轴流通风机,叶轮直径 700mm					台	3.000	1164.00	3492.00				
	其他材料费							—		—			
	材料费小计							—	3492.00	—			

综合单价分析表　　　　表 8.3－2

工程名称:研发综合楼空调安装工程

项目编码	030701003001	项目名称		空调器			计量单位		台	清单工程量		1.000	
综合单价分析													
定额编号	子目名称	定额单位	工程数量	单　价(元)					合　价(元)				
				人工费	材料费	机械费	管理费	利润	人工费	材料费	机械费	管理费	利润
C9－8－32	空调器安装(落地式)设备重量(t 以内)1.5	台	1.00	707.88	5.51	0.00	196.22	127.42	1415.76	5.51	0.00	196.22	254.84
C9－7－17	设备支架制作	100kg	1.270	199.92	97.27	132.63	55.42	35.99	507.80	123.53	168.44	70.38	91.40
C9－7－18	设备支架安装	100kg	1.270	85.68	35.35	7.00	23.75	15.42	217.63	44.89	8.89	30.16	39.17
小计									2141.18	173.94	177.33	296.77	385.41
人工调差			2.000										
人工单价(元/工日)		合计							2141.18	173.94	177.33	296.77	385.41
102		未计价材料费							1500.00				
清单项目综合单价									4674.63				

续表

材料费明细	主要材料名称、规格、型号	单位	数量	单价（元）	合价（元）	暂估单价（元）	暂估合价（元）
	设备重量（t以内）1.5；柜式空气处理机	台	1.000	1500.00	1500.00		
	其他材料费			—		—	
	材料费小计			—	1500.00	—	

综合单价分析表

表8.3－3

工程名称：研发综合楼空调安装工程

项目编码	030701004001	项目名称	风机盘管			计量单位		台		清单工程量		4.000	
综合单价分析													
定额编号	子目名称	定额单位	工程数量	单　价（元）					合　价（元）				
				人工费	材料费	机械费	管理费	利润	人工费	材料费	机械费	管理费	利润
C9－8－54	风机盘管安装	台	4.000	40.04	2.30	0.00	11.10	7.21	320.32	9.20	0.00	44.40	57.66
C9－7－17	设备支架制作	100kg	1.450	199.92	97.27	132.63	55.42	35.99	579.77	141.04	192.31	80.36	104.36
C9－7－18	设备支架安装	100kg	1.450	85.68	35.35	7.00	23.75	15.42	248.47	51.26	10.15	34.44	44.72
小计									1148.56	201.50	202.46	159.20	206.74
人工调差			2.000										
人工单价（元/工日）		合计							287.14	50.37	50.62	39.80	51.69
102		未计价材料费							950.00				
清单项目综合单价									1429.61				

材料费明细	主要材料名称、规格、型号	单位	数量	单价（元）	合价（元）	暂估单价（元）	暂估合价（元）
	风机盘管安装；暗装卧式风机盘管FP－238	台	4.000	950.00	3800.00		
	其他材料费			—		—	
	材料费小计			—	3800.00	—	

综合单价分析表

表8.3－4

工程名称：研发综合楼空调安装工程

项目编码	030702001001	项目名称	碳钢通风管道			计量单位		m^2		清单工程量		332.247	
综合单价分析													
定额编号	子目名称	定额单位	工程数量	单　价（元）					合　价（元）				
				人工费	材料费	机械费	管理费	利润	人工费	材料费	机械费	管理费	利润
C9－1－16	镀锌薄钢板矩形风管（δ＝1.2mm以内咬口）周长（mm）4000以上	$10m^2$	33.225	240.31	215.20	9.20	66.61	43.26	15968.46	7149.96	305.67	2213.10	2874.32

续表

小计									15968.46	7149.96	305.67	2213.10	2874.32
人工调增		2.000											
人工单价(元/工日)	合计								48.06	21.52	0.92	6.66	8.65
102	未计价材料费								57.08				
清单项目综合单价									142.89				

材料费明细	主要材料名称、规格、型号	单位	数量	单价(元)	合价(元)	暂估单价(元)	暂估合价(元)
	镀锌薄钢板 $\delta=1.2$mm	m^2	378.097	50.16	18963.78		
	其他材料费			—		—	
	材料费小计			—	18963.78	—	

综合单价分析表 **表 8.3-5**

工程名称:研发综合楼空调安装工程 第 页 共 页

项目编码	030703001002	项目名称	碳钢阀门	计量单位	个	清单工程量	4.000

综合单价分析													
定额编号	子目名称	定额单位	工程数量	单价(元)					合价(元)				
				人工费	材料费	机械费	管理费	利润	人工费	材料费	机械费	管理费	利润
C9-2-52	调节阀安装 风管防火阀 周长(mm 以内) 3600	个	4.000	49.57	8.04	8.57	13.74	8.92	396.56	32.16	34.28	54.96	71.38
小计									396.56	32.16	34.28	54.96	71.38
人工调差		2.000											
人工单价(元/工日)	合计								99.14	8.04	8.57	13.74	17.85
102	未计价材料费								1328.00				
清单项目综合单价									1475.34				

材料费明细	主要材料名称、规格、型号	单位	数量	单价(元)	合价(元)	暂估单价(元)	暂估合价(元)
	防火调节阀(280℃)800×400 周长(mm 以内) 2200	个	4.000	1328.00	5312.00		
	其他材料费			—		—	
	材料费小计			—	5312.00	—	

综合单价分析表

表 8.3－6

工程名称:研发综合楼空调安装工程

第　页 共　页

项目编码	030703001006	项目名称		碳钢阀门		计量单位		个	清单工程量		2.000		
综合单价分析													
定额编号	子目名称	定额单位	工程数量	单　价(元)					合　价(元)				
				人工费	材料费	机械费	管理费	利润	人工费	材料费	机械费	管理费	利润
C9－2－37	调节阀安装 圆形、方形风管止回阀 周长(mm 以内)3200	个	2.000	19.84	8.29	7.94	5.50	3.57	79.36	16.58	15.88	11.00	14.28
小计									79.36	16.58	15.88	11.00	14.28
人工调差			2.000										
人工单价(元/工日)		合计							39.68	8.29	7.94	5.50	7.14
102		未计价材料费							972.80				
清单项目综合单价									1041.35				
材料费明细	主要材料名称、规格、型号					单位	数量	单价(元)	合价(元)	暂估单价(元)		暂估合价(元)	
	风管止回阀 D800 周长(mm 以内) 3200					个	2.000	972.80	1945.60				
	其他材料费								—			—	
	材料费小计								—	1945.60		—	

综合单价分析表

表 8.3－7

工程名称:研发综合楼空调安装工程

第　页 共　页

项目编码	030703001010	项目名称		碳钢阀门		计量单位		个	清单工程量		1.000		
综合单价分析													
定额编号	子目名称	定额单位	工程数量	单　价(元)					合　价(元)				
				人工费	材料费	机械费	管理费	利润	人工费	材料费	机械费	管理费	利润
C9－2－44	调节阀安装 对开多叶调节阀 周长(mm 以内)2800	个	1.000	17.85	6.79	6.98	4.95	3.21	35.70	6.79	6.98	4.95	6.43
小计									35.70	6.79	6.98	4.95	6.43
人工调差			2.000										
人工单价(元/工日)		合计							35.70	6.79	6.98	4.95	6.43
102		未计价材料费							393.20				
清单项目综合单价									454.05				

续表

	主要材料名称、规格、型号	单位	数量	单价（元）	合价（元）	暂估单价（元）	暂估合价（元）
材料费明细	手动对开式多页调节阀 800×200 周长（mm 以内）2800	个	1.000	393.20	393.20		
	其他材料费			—		—	
	材料费小计				—	393.20	—

综合单价分析表

表 8.3－8

工程名称：研发综合楼空调安装工程　　　　第　页　共　页

项目编码	030703007001	项目名称		碳钢风口、散流器、百叶窗		计量单位			个		清单工程量		1.000
综合单价分析													
定额编号	子目名称	定额单位	工程数量	单　价（元）					合　价（元）				
				人工费	材料费	机械费	管理费	利润	人工费	材料费	机械费	管理费	利润
C9－3－45	风口安装 百叶风口 周长（mm 以内）2500	个	1.000	26.98	6.67	0.22	7.48	4.86	53.96	6.67	0.22	7.48	9.71
小计									53.96	6.67	0.22	7.48	9.71
人工调差			2.000										
人工单价（元/工日）		合计							53.96	6.67	0.22	7.48	9.71
102		未计价材料费							212.80				
清单项目综合单价									290.84				

	主要材料名称、规格、型号	单位	数量	单价（元）	合价（元）	暂估单价（元）	暂估合价（元）
材料费明细	排烟百叶 700×400 周长（2500mm 以内）	个	1.000	212.80	212.80		
	其他材料费			—		—	
	材料费小计			—	212.80	—	

综合单价分析表

表 8.3－9

工程名称：研发综合楼空调安装工程　　　　第　页　共　页

项目编码	030703007005	项目名称		碳钢风口、散流器、百叶窗		计量单位			个		清单工程量		80.000
综合单价分析													
定额编号	子目名称	定额单位	工程数量	单　价（元）					合　价（元）				
				人工费	材料费	机械费	管理费	利润	人工费	材料费	机械费	管理费	利润
C9－3－66	风口安装 方形散流器 周长（mm 以内）2000	个	80.000	14.28	1.64	0.00	3.96	2.57	2284.80	131.20	0.00	316.80	411.26

续表

小计									2284.80	131.20	0.00	316.80	411.26
人工调差			2.000										
人工单价(元/工日)		合计							28.56	1.64	0.00	3.96	5.14
102		未计价材料费							190.00				
清单项目综合单价									229.30				
材料费明细	主要材料名称、规格、型号					单位	数量	单价(元)	合价(元)	暂估单价(元)		暂估合价(元)	
	方形散流器 500×500 周长(mm 以内) 2000					个	80.000	190.00	15200.00				
	其他材料费							—		—			
	材料费小计							—	15200.00	—			

综合单价分析表 表 8.3-10

工程名称:研发综合楼空调安装工程 第 页 共 页

项目编码	030703021001	项目名称		静压箱			计量单位		个	清单工程量		1.000	
综合单价分析													
定额编号	子目名称	定额单位	工程数量	单 价(元)					合 价(元)				
				人工费	材料费	机械费	管理费	利润	人工费	材料费	机械费	管理费	利润
C9-9-5	静压箱制作安装	$10m^2$	1.505	483.84	171.11	24.75	134.12	87.09	1456.36	257.52	37.25	201.85	262.14
C9-7-17	设备支架制作	100kg	1.2096	199.92	97.27	132.63	55.42	35.99	483.65	117.66	160.43	67.04	87.06
C9-7-18	设备支架安装	100kg	1.2096	85.68	35.35	7.00	23.75	15.42	207.28	42.76	8.47	28.73	37.31
小计									2147.28	417.94	206.15	297.61	386.51
人工调差			2.000										
人工单价(元/工日)		合计							2147.28	417.94	206.15	297.61	386.51
102		未计价材料费							724.15				
清单项目综合单价									4179.64				
材料费明细	主要材料名称、规格、型号					单位	数量	单价(元)	合价(元)	暂估单价(元)		暂估合价(元)	
	镀锌薄钢板 δ=1.0mm					m^2	17.292	41.88	724.15				
	其他材料费							—		—			
	材料费小计							—	724.15	—			

综合单价分析表

表 8.3－11

工程名称：研发综合楼空调安装工程　　　　第　页　共　页

项目编码	030307005001	项目名称		设备支架制作安装		计量单位		t		清单工程量		0.18144	
综合单价分析													
定额编号	子目名称	定额单位	工程数量	单价（元）					合价（元）				
				人工费	材料费	机械费	管理费	利润	人工费	材料费	机械费	管理费	利润
C9－7－17	设备支架制作	100kg	1.81	199.92	97.27	132.63	55.42	35.99	725.47	176.49	240.64	100.55	130.58
C9－7－18	设备支架安装	100kg	1.81	85.68	35.35	7.00	23.75	15.42	310.92	64.14	12.70	43.09	55.96
小计									1036.39	240.63	253.34	143.65	186.55
人工调差			2.000										
人工单价（元/工日）		合计							5712.00	1326.20	1396.30	791.70	1028.16
102		未计价材料费							4576.00				
清单项目综合单价									14830.36				
材料费明细	主要材料名称、规格、型号					单位	数量	单价（元）	合价（元）	暂估单价（元）		暂估合价（元）	
	型钢					t	0.189	4400.00	830.27				
	其他材料费							—		—			
	材料费小计							—	830.27	—			

综合单价分析表

表 8.3－12

工程名称：研发综合楼空调安装工程　　　　第　页　共　页

项目编码	031201003001	项目名称		金属结构刷油		计量单位		kg		清单工程量		2044.487	
综合单价分析													
定额编号	子目名称	定额单位	工程数量	单价（元）					合价（元）				
				人工费	材料费	机械费	管理费	利润	人工费	材料费	机械费	管理费	利润
C11－1－7	手工除锈 一般钢结构 轻锈	100kg	20.445	12.50	2.12	9.70	2.57	2.25	511.12	43.34	198.32	52.54	92.00
C11－2－67	一般钢结构 红丹防锈漆 第一遍	100kg	20.4 45	8.72	1.89	9.70	1.79	1.57	356.56	38.64	198.32	36.60	64.18
小计									867.68	81.98	396.63	89.14	156.18
人工调差			2.000										
人工单价（元/工日）		合计							0.42	0.04	0.19	0.04	0.08
102		未计价材料费							0.11				
清单项目综合单价									0.89				

续表

材料费明细	主要材料名称、规格、型号	单位	数量	单价（元）	合价（元）	暂估单价（元）	暂估合价（元）
	醇酸防锈漆	kg	23.716	9.70	230.05		
	其他材料费			—		—	
	材料费小计			—	230.05	—	

综合单价分析表 **表 8.3－13**

工程名称：研发综合楼空调安装工程 第 页 共 页

项目编码	030703019001	项目名称	柔性接口		计量单位		m²		清单工程量		21.653	
综合单价分析												
定额编号	子目名称	定额单位	工程数量	单价（元）					合价（元）			
				人工费	材料费	机械费	管理费	利润	人工费	材料费	机械费	管理费	利润
C9－1－46	软管接口制作安装	m²	21.653	81.70	150.18	2.45	22.65	14.71	3538.10	3251.85	53.05	490.44	636.86
小计									3538.10	3251.85	53.05	490.44	636.86
人工调差			2.000										
人工单价（元/工日）		合计							163.40	150.18	2.45	22.65	29.41
102		未计价材料费							0.00				
清单项目综合单价									368.09				

材料费明细	主要材料名称、规格、型号	单位	数量	单价（元）	合价（元）	暂估单价（元）	暂估合价（元）
	其他材料费			—		—	
	材料费小计			—	0.00	—	

综合单价分析表 **表 8.3－14**

工程名称：研发综合楼空调安装工程 第 页 共 页

项目编码	031208003001	项目名称	通风管道绝热		计量单位		m³		清单工程量		34.495		
综合单价分析													
定额编号	子目名称	定额单位	工程数量	单价（元）					合价（元）				
				人工费	材料费	机械费	管理费	利润	人工费	材料费	机械费	管理费	利润
C11－9－616	铝箔玻璃棉筒（毡）安装铝箔玻璃棉毡	m³	34.495	304.83	0.00	0.00	62.67	54.87	21030.22	0.00	0.00	2161.80	3785.44
小计									21030.22	0.00	0.00	2161.80	3785.44
人工调差			2.000										
人工单价（元/工日）		合计							609.66	0.00	0.00	62.67	109.74
102		未计价材料费							1584.50				
清单项目综合单价									2366.57				

续表

	主要材料名称、规格、型号	单位	数量	单价(元)	合价(元)	暂估单价(元)	暂估合价(元)
材料费明细	玻璃棉毡(厚度50mm)	m^3	35.875	1260.00	45202.25		
	胶粘剂	kg	344.950	12.41	4280.83		
	保温钉	10套	1655.760	3.00	4967.28		
	铝箔粘胶带21/2×50m	卷	68.990	3.00	206.97		
	其他材料费			—		—	
	材料费小计			—	54657.33	—	

综合单价分析表 **表8.3－15**

工程名称:研发综合楼空调安装工程 第 页 共 页

项目编码	030704001001	项目名称		通风工程检测、调试	计量单位	系统	清单工程量	1.000	
综合单价分析									
定额编号	子目名称	定额单位	工程数量	单价(元)	合价(元)				
				人工费	人工费	材料费	机械费	管理费	利润
	通风工程检测、调试	系统	1.000	103635.90	6218.15	0.00	0.00	0.00	1119.27
小计					6218.15	0.00	0.00	0.00	1119.27
费用系数			0.060						
人工单价(元/工日)		合计			6218.15	0.00	0.00	0.00	1119.27
102		未计价材料费			0.00				
清单项目综合单价					7337.42				

	主要材料名称、规格、型号	单位	数量	单价(元)	合价(元)	暂估单价(元)	暂估合价(元)
材料费明细							
	其他材料费			—		—	
	材料费小计			—	0.00	—	

(2)编制已标价分部分项工程量清单与计价表,见表8.3－16。

分部分项工程量清单与计价表 **表8.3－16**

工程名称:研发综合楼空调安装工程

序号	项目编码	项目名称	项目特征描述	计量单位	工程数量	金额(元)		
						综合单价	合价	其中 暂估价
1	030108003001	轴流通风机	消防轴流风机PY(2)－1－3;风量:12000m^3/h,静压:600Pa,功率:5.5kW 380V,W_s≤0.32,支架角钢100×10	台	3	1436.10	4308.31	
2	030108003002	轴流通风机	轴流排风机PF－C;风量:2500m^3/h,静压:200Pa,功率:0.75kW 380V,W_s≤0.32,支架角钢100×10	台	2	1366.04	2732.08	

续表

<table>
<tr><th rowspan="3">序号</th><th rowspan="3">项目编码</th><th rowspan="3">项目名称</th><th rowspan="3">项目特征描述</th><th rowspan="3">计量单位</th><th rowspan="3">工程数量</th><th colspan="3">金额（元）</th></tr>
<tr><th rowspan="2">综合单价</th><th rowspan="2">合价</th><th>其中</th></tr>
<tr><th>暂估价</th></tr>
<tr><td>3</td><td>030701003001</td><td>空调器</td><td>柜式空气处理机 JK2－1 卧式安装；电源：3ϕ/380V/50Hz $Q_{冷}$＝440kW，L＝50000CMH，N＝30kW，P ＝800Pa，噪声≤75dB(A)，支架角钢 100×10</td><td>台</td><td>1</td><td>4674.63</td><td>4674.63</td><td></td></tr>
<tr><td>4</td><td>030701004001</td><td>风机盘管</td><td>1. 暗装卧式风机盘管 FP－238；
2. $Q_{冷}$＝12.6kW，$Q_{热}$＝17.6kW，L＝2380CMH，N＝235W，噪声≤52dB(A)，支架角钢 100×10</td><td>台</td><td>4</td><td>1429.61</td><td>5718.46</td><td></td></tr>
<tr><td>5</td><td>030701004002</td><td>风机盘管</td><td>1. 暗装卧式风机盘管 FP－136；
2. $Q_{冷}$＝7.6kW，$Q_{热}$＝10.4kW，L＝1360CMH，N＝148W，噪声≤47dB(A)，支架角钢 100×10</td><td>台</td><td>11</td><td>1159.85</td><td>12758.33</td><td></td></tr>
<tr><td>6</td><td>030701004003</td><td>风机盘管</td><td>1. 暗装卧式风机盘管 FP－68；
2. $Q_{冷}$＝4.2kW，$Q_{热}$＝5.3kW，L＝680CMH，N＝71W，噪声≤42dB(A)，支架角钢 100×10</td><td>台</td><td>8</td><td>929.61</td><td>7436.92</td><td></td></tr>
<tr><td>7</td><td>030702001001</td><td>碳钢通风管道</td><td>1. 镀锌薄钢板矩形风管；
2. δ＝1.2mm；
3. 采用咬口制作，角钢法兰连接，中间加垫橡胶板（厚4mm）；
4. 周长：4000mm 以上；
5. 保温厚度：30mm</td><td>m^2</td><td>332.247</td><td>142.89</td><td>47475.28</td><td></td></tr>
<tr><td>8</td><td>030702001002</td><td>碳钢通风管道</td><td>1. 镀锌薄钢板矩形风管；
2. δ＝1.0mm；
3. 采用咬口制作，角钢法兰连接，中间加垫橡胶板（厚4mm）；
4. 周长：4000mm 以上；
5. 保温厚度：30mm</td><td>m^2</td><td>85.662</td><td>133.47</td><td>11433.34</td><td></td></tr>
<tr><td>9</td><td>030702001003</td><td>碳钢通风管道</td><td>1. 镀锌薄钢板矩形风管；
2. δ＝1.0mm；
3. 采用咬口制作，角钢法兰连接，中间加垫橡胶板（厚4mm）；
4. 周长：4000mm 以上；
5. 保温厚度：30mm</td><td>m^2</td><td>151.885</td><td>118.54</td><td>18003.88</td><td></td></tr>
<tr><td>10</td><td>030702001004</td><td>碳钢通风管道</td><td>1. 镀锌薄钢板矩形风管；
2. δ＝0.75mm；
3. 采用咬口制作，角钢法兰连接，中间加垫橡胶板（厚4mm）；
4. 周长：4000mm 以下；
5. 保温厚度：30mm</td><td>m^2</td><td>167.389</td><td>107.10</td><td>17927.90</td><td></td></tr>
</table>

续表

序号	项目编码	项目名称	项目特征描述	计量单位	工程数量	金额（元）		
						综合单价	合价	其中 暂估价
11	030702001005	碳钢通风管道	1. 镀锌薄钢板矩形风管 2. δ =0.75mm; 3. 采用咬口制作，角钢法兰连接，中间加垫橡胶板（厚4mm）; 4. 周长:2000mm 以下; 5. 保温厚度:30mm	m^2	163.207	127.17	20754.33	
12	030702001006	碳钢通风管道	1. 镀锌薄钢板矩形风管 2. δ =0.6mm; 3. 采用咬口制作，角钢法兰连接，中间加垫橡胶板（厚4mm）; 4. 周长:2000mm 以下; 5. 保温厚度:30mm	m^2	188.523	121.12	22834.46	
13	030702001007	碳钢通风管道	1. 镀锌薄钢板圆形风管; 2. δ =1.0mm; 3. 采用咬口制作，角钢法兰连接，中间加垫橡胶板（厚4mm）; 4. 周长:4000mm 以下; 5. 排风管	m^2	10.89	137.20	1494.11	
14	030702001008	碳钢通风管道	1. 镀锌薄钢板矩形风管; 2. δ =1.0mm; 3. 采用咬口制作，角钢法兰连接，中间加垫橡胶板（厚4mm）; 4. 周长:4000mm 以下; 5. 排风管	m^2	133.248	118.54	15795.23	
15	030702001009	碳钢通风管道	1. 镀锌薄钢板矩形风管; 2. δ =0.6mm; 3. 采用咬口制作，角钢法兰连接，中间加垫橡胶板（厚4mm）; 4. 周长:2000mm 以下; 5. 排风管	m^2	6.214	121.12	752.66	
16	030702001010	碳钢通风管道	1. 镀锌薄钢板矩形风管; 2. δ =0.5mm; 3. 采用咬口制作，角钢法兰连接，中间加垫橡胶板（厚4mm）; 4. 周长:2000mm 以下 5. 排风管	m^2	13.139	116.09	1525.35	
17	030703001001	碳钢阀门	280℃排烟防火阀（常闭）700×400	个	1	2131.43	2131.43	
18	030703001002	碳钢阀门	280℃排烟防火阀（常闭）800×400	个	4	1475.34	5901.34	
19	030703001003	碳钢阀门	280℃排烟防火阀（常闭）D =800	个	1	2323.34	2323.34	
20	030703001004	碳钢阀门	70℃防火阀 1500×1000	个	2	4427.09	8854.19	
21	030703001005	碳钢阀门	70℃防火阀 3000×550	个	2	4930.36	9860.73	

续表

序号	项目编码	项目名称	项目特征描述	计量单位	工程数量	金额（元）		
						综合单价	合价	其中
								暂估价
22	030703001006	碳钢阀门	风管止回阀 $D=800$	个	2	1041.35	2082.70	
23	030703001007	碳钢阀门	手动对开式多叶调节阀 1500×1000	个	1	2515.67	2515.67	
24	030703001008	碳钢阀门	手动对开式多叶调节阀 1000×400	个	3	818.35	2456.54	
25	030703001009	碳钢阀门	手动对开式多叶调节阀 1000×320	个	2	697.25	1394.49	
26	030703001010	碳钢阀门	手动对开式多叶调节阀 800×200	个	1	454.05	454.05	
27	030703007001	碳钢风口	排烟百叶 700×400	个	1	290.84	290.84	
28	030703007002	碳钢风口	单层百叶排风口 1000×500	个	3	481.00	1442.99	
29	030703007003	碳钢风口	单层百叶排风口 300×300	个	8	105.53	844.25	
30	030703007004	碳钢风口	双层百叶回风口 2500×1200	个	1	2707.92	2707.92	
31	030703007005	散流器	方形散流器 500×500	个	80	299.30	18344.06	
32	030703007006	碳钢风口	门铰式百叶回风口 692×180	个	7	327.52	2292.66	
33	030703007007	碳钢风口	门铰式百叶回风口 1292×180	个	11	280.11	3081.24	
34	030703007008	碳钢风口	门铰式百叶回风口 1652×180	个	4	430.56	1722.23	
35	030703021001	静压箱	4300×3500×1000，支架角钢 100×10	个	1	4179.64	4179.64	
36	030703021002	静压箱	4500×1500×1000，支架角钢 100×10	个	1	1938.46	1938.46	
37	030703019001	柔性接口	帆布	m^2	21.653	368.09	7970.30	
38	030307005001	设备支架制作安装	风机支架角钢 100×10	t	0.181	14830.36	2690.82	
39	031201003001	金属结构刷油	支架除轻锈，红丹防锈漆一遍，风管角钢 63×6、间距 4m；设备、静压箱角钢 100×10	kg	2044.49	0.89	1821.66	
40	031208003001	通风管道绝热	网格线铝箔贴面玻璃棉毡，厚度 30mm 容重 $40kg/m^3$	m^3	34.495	2366.57	81634.79	
41	030704001001	通风工程检测、调试	二层管道风量测定、风压测定、温度测定、风口、阀门调整	系统	1	7337.42	7337.42	
本页小计							371899.00	0.00
合　计							371899.00	0.00

（3）脚手架搭拆费用计算

脚手架搭拆费用按《综合定额》规定：通风空调项目的脚手架搭拆费率系数 3%，刷油、防腐蚀、绝热工程册项目的脚手架搭拆费率系数 12%，计费基础均为各册计价人工费，如果有制冷机房设备及水系统管网，按适用定额子目所在各册脚手架搭拆费率进行计算。

依据《工程量计算规范》，本案例脚手架搭拆费用按总价措施项目计价，计算结果见表 8.3-20。

建筑物二层通风空调工程安装措施项目费用中的脚手架搭拆费用为 5375.57 元。

(4)高层建筑增加费用计算

本项目楼层高度28.30m,按高度30m以下取费率2%计取高层建筑增加费。

依据《建设工程工程量清单计价规范》,本案例高层建筑增加费用按总价措施项目计价,计算结果见表8.3-19。

(5)安全文明施工费计算

安全文明施工费费用按《综合定额》规定:以人工费为计费基础,按26.57%费率计算,计算结果见表8.3-17。

措施项目清单与计价表 **表8.3-17**

工程名称:研发综合楼空调安装工程

序号	项目编码	项目名称	计算基础	费率(%)	金额(元)	调整费率(%)	调整后金额(元)	备注
1	031301001001	安全文明施工费	人工费	26.57	29655.62			
2	031303001001	高层施工增加	人工费	2	2197.08			
3	031301017001	脚手架搭拆	C9 人工费	3	2695.26			
4	031301017002	脚手架搭拆	C11 人工费	12	2680.30			
合计					37228.27			

第9章　设备安装工程量清单编制与计价

9.1　设备安装工程量清单编制

9.1.1　电梯安装工程量清单编制

中高层写字楼、办公楼、饭店和住宅楼，服务性和生产部门如医院、商场、仓库、生产车间等，拥有大量的乘客电梯、载货电梯等各类电梯及自动扶梯。随着经济和技术的发展，电梯的使用领域越来越广，电梯已成为现代物质文明的一个标志。

在20世纪前半叶，电梯的电力拖动，尤其是高层建筑中的电梯，几乎都是直流拖动，直到1967年晶闸管用于电梯拖动，研制出交流调压调速系统，才使交流电梯得到快速发展，20世纪80年代，随着电子技术的完善，出现了交流变频调速系统。信号控制方面用微机取代传统的继电器控制系统，使故障率大幅下降，电梯的速度也由0.5m/s，发展到目前13.5m/s的超高速电梯。现代电梯向着低噪声、节能高效、全电脑智能化方向发展，具有高度的安全性和可靠性。

9.1.1.1　电梯安装工程量清单项目设置及工程量计算规则见表9.1－1。

电梯安装（编码：030107）　　**表9.1－1**

<table>
<tr><th>项目编码</th><th>项目名称</th><th>项目特征</th><th>计量单位</th><th>工程量计算规则</th><th>工作内容</th></tr>
<tr><td>030107001</td><td>交流电梯</td><td rowspan="5">1. 名称
2. 型号
3. 用途
4. 层数
5. 站数
6. 提升高度、速度
7. 配线材质、规格、敷设方式
8. 运转调试要求</td><td rowspan="7">部</td><td rowspan="7">按设计图示数量计算</td><td rowspan="5">1. 本体安装
2. 电梯电气安装、调试
3. 辅助项目安装
4. 单机试运转及调试
5. 补刷（喷）油漆</td></tr>
<tr><td>030107002</td><td>直流电梯</td></tr>
<tr><td>030107003</td><td>小型杂货电梯</td></tr>
<tr><td>030107004</td><td>观光电梯</td></tr>
<tr><td>030107005</td><td>液压电梯</td></tr>
<tr><td>030107006</td><td>自动扶梯</td><td>1. 名称
2. 型号
3. 层高
4. 扶手中心距
5. 运行速度
6. 配线材质、规格、敷设方式
7. 运转调试要求</td><td>1. 本体安装
2. 自动扶梯电气安装、调试
3. 单机试运转及调试
4. 补刷（喷）油漆</td></tr>
<tr><td>030107007</td><td>自动步行道</td><td>1. 名称
2. 型号
3. 宽度、长度
4. 前后轮距
5. 运行速度
6. 配线材质、规格、敷设方式
7. 运转调试要求</td><td>1. 本体安装
2. 步行道电气安装、调试
3. 单机试运转及调试
4. 补刷（喷）油漆</td></tr>
</table>

续表

项目编码	项目名称	项目特征	计量单位	工程量计算规则	工作内容
030107008	轮椅升降台	1. 名称 2. 型号 3. 提升高度 4. 运行调试要求			1. 本体安装 2. 轮椅升降台电气安装、调试 3. 单机试运转及调试 4. 补刷(喷)油漆

9.1.1.2　电梯的主要参数

(1)电梯的用途:指客梯、货梯、病床梯等,它确定了电梯的服务对象。

(2)额定载重量:电梯的主参数之一。

(3)额定速度:电梯主参数之一。

(4)拖动方式:指电梯采用的动力驱动类型,可分为交流电力拖动、直流电力拖动、液压拖动等。

(5)控制方式:指对电梯运行实行操纵的方式,可分为手柄控制、按钮控制、信号控制、单梯集选控制、并联控制、梯群控制等。

(6)轿厢尺寸:指轿厢内部尺寸和外廊尺寸,以深×宽表示。内部尺寸由梯种和额定载重量(或乘客人数)确定,它也是司梯人员应掌握用以控制载重量的主要内容。外廊尺寸关系到井道的设计。

(7)厅、轿门的型式:指电梯门的结构型式。按开门方向可分为中分式、旁开式(侧开式)、直分式(上下开启)等几种。按材质和功能有普通门、消防门、双折门等。按门的控制方式有手动开关门和自动开关门等。

(8)层站数:各层楼用以出入轿厢的地点为站,电梯运行行程中的建筑层为层。如电梯实际行程15层,有11个出入轿厢的层门,则为15层/11站。

9.1.1.3　电梯的型号

(1)进口电梯型号的表示

随着改革开放,众多国外电梯制造厂家产品涌入国内及兴办合资、独资电梯制造厂。每个国家都有自己的电梯型号表示方法,合资厂也沿用引进国命名型号的规定使用,总体分以下几类:

1)以电梯生产厂家公司及生产产品序号如:TOEC—90,前面的字母是厂家英文字头,为天津奥的斯电梯公司,90代表其产品类型号。

2)以英文字头代表电梯的种类,以产品类型序号区分,如:三菱电梯GPS—Ⅱ,前面字母为英文字头代表产品种类,Ⅱ代表产品类型号。

3)以英文字头代表产品种类,配以数字表征电梯参数,如:"广日"牌电梯,YP—15—CO90,YP表示交流调速电梯,额定乘员15人,中分门,额定速度90m/min。以及其他表示方法等等。因此,必须根据其产品说明书了解其参数。

(2)我国标准规定电梯型号的表示

1986年我国城乡建设环境保护部颁发的《电梯、液压梯产品型号的编制方法》JJ 45—86中,对电梯型号的编制方法作了如下规定:电梯、液压梯产品的型号由类、组、型、主参数和控制方式等三部分组成。第二、第三部之间用短线分开。第一部分是类、组、型和改型代号。类、组、型代号用具有代表意义的大写汉语拼音字母(字头)表示,产品的改型代号按顺序用小写汉语拼音字母表示，置于类、组、型代号的右下方。第二部分是主参数代号，其左上方为电梯的额定载重量，右下方为额定速度，中间用斜线分开，均用阿拉伯数字表示。第三部分是控制方式代号，用具有代表意义的大写汉语拼音字母表示。

产品型号代号顺序如图 9.1－1 所示。

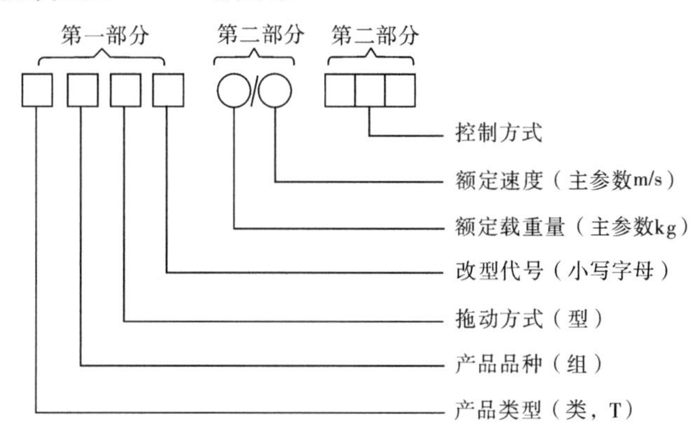

图 9.1－1　电梯产品型号代号顺序

型号表示说明如下：

第一部分：

第一个方格：为产品类型，在电梯、液压梯产品中，取“梯”字拼字字头“T”，表示电梯、液压梯“梯”产品。见表 9.1－2。

类别代号　　**表 9.1－2**

产品类别	代表汉字	拼音	采用代号
电梯	梯	T1	T
液压梯			

第二方格：为产品品种代号，即电梯的用途。K 表示乘客电梯的“客”，H 为载货电梯的“货”，L 表示客货两用的“两”等，见表 9.1－3。

品种（组：用途）代号　　**表 9.1－3**

产品类别	代表汉字	拼音	采用代号
乘客电梯	客	Ke	K
载货电梯	货	Huo	H
客货（两用）电梯	两	Liang	L
病床电梯	病	Bing	B
住宅电梯	住	Zhu	Z
观光电梯	观	Guan	G
杂物电梯	物	Wu	W
汽车用电梯	汽	Qi	Q
船用电梯	船	Chuan	C

第三方格为产品的拖动方式，指电梯动力驱动类型。当电梯的曳引电动机为交流电动机，则可称其为交流电梯，以 J 表示“交”。曳引电动机为直流电动机时，可称为直流电梯，以 Z 表示“直”。对于液压电梯用 Y 表示“液”。见表 9.1－4。

第四方格为改型代号,以小写字母表示,一般冠以拖动类型调速方式,以示区分。

拖动方式代号 **表9.1-4**

拖动方式	代表汉字	拼音	采用代号
交流	交	Jiao	J
直流	直	Zhi	Z
液压	液	Ye	Y

第二部分:

第一圆圈表示电梯的额定载重量,单位为公斤(kg),为电梯的主参数。有:400、800、1000、1250 等。

第二圆圈表示电梯的额定速度,单位为米/秒(m/s)。有0.5、0.63、0.75、1、1.5、2.5m/s等。

第三部分:表示控制方式,见表9.1-5。

控制方式代号 **表9.1-5**

控制方式	代表汉字	采用代号	控制方式	代表汉字	采用代号
手柄控制 手动门	手、手	SS	信号控制	信号	XH
手柄开关控制自动门	手、自	SZ	集选控制	集选	JX
按钮控制(信号电梯)手动门	按、手	AS	并联控制	并联	BL
按钮控制(信号电梯)自动门	按、自	AZ	梯群控制	群控	QK
			微机集选控制	微集选	JXW

(3)电梯按速度分类,见表9.1-6

按速度分类的电梯 **表9.1-6**

名称	额定速度范围
1. 超高速电梯	3~10m/s或更高速的电梯,通常用于超高层建筑物内
2. 高速电梯(甲类梯)	2~3m/s的电梯,如2、2.5、3m/s等,通常用在16层以上的建筑物内
3. 快速电梯(乙类梯)	1m/s<速度≤2m/s的电梯,如1.5、1.75m/s通常用在10层以上的建筑物内
4. 低速电梯(丙类梯)	1m/s及以下的电梯。如0.25、0.5、0.75、1m/s,通常用在10层以下的建筑物或客货两用电梯或货梯

9.1.2 风机安装工程量清单编制

9.1.2.1 风机工程量清单项目设置及工程量计算规则,见表9.1-7。

风机安装(编码:030108)　　表 9.1-7

项目编码	项目名称	项目特征	计量单位	工程量计算规则	工作内容
030108001	离心式通风机	1. 名称 2. 型号 3. 规格 4. 质量 5. 材质 6. 减振底座形式、数量 7. 灌浆混合比 8. 单机试运转要求	台	按设计图示数量计算	1. 本体安装 2. 拆装检查 3. 减振台座制作、安装 4. 二次灌浆 5. 单机试运转 6. 补刷(喷)油漆
030108002	离心式引风机				
030108003	轴流通风机				
030108004	回转式鼓风机				
030108005	离心式鼓风机				
030108006	其他风机				

9.1.2.2　风机的分类

(1)按出口压力(升压)分为:通风机(≤1.5 万 Pa),鼓风机(1.5~35 万 Pa),压缩机(≥35 万 Pa)。按工作原理分为:透平式(离心式、轴流式、混流式、横流式)和容积式(如罗茨风机等)。

(2)离心式风机(气流轴向流入旋转叶道,在离心力作用下被抛向叶轮外缘,具有较高的压力系数、相对低的流量系数)。根据压力高低分为高压(15000~3000Pa)、中压(3000~1000Pa)、低压(<1000Pa)。根据叶片出口安装角不同离心风机分为前向、径向、后向离心风机,其中前向风机又分为一般前向和前向多翼风机两种。

(3)轴流风机(气体轴向进入旋转叶道被加压后再轴向排出,具有低压、大流量、高效特点)。轴流风机按压力高低分为高压(500~5000Pa)、低压(<500Pa)。低压主要用于一般场所的通风换气用。市场品种主要有 T30、T35、T40(工排)、CDZ、SF、DZ、降温风机(APB 系列)等。

(4)混流风机(气体以与主轴成一定角度进入旋转叶道,具有高压大流量的特点)。混流风机介于轴流和离心之间,其结构与轴流相似,一般由叶轮、机壳、集流器和电机组成。其机壳由风筒、导流内筒、导叶等组成。市场上主流的混流风机产品系列主要有:SWF(HWF-Ⅰ)、SJG(HWF-Ⅳ)、HL3-2A(HWF-Ⅴ)。

(5)横流(贯流)风机(气体横贯旋转叶道进入再横贯流出,出口气流扁平,风速高)。

(6)消防排烟风机是一种专用风机,用在有消防要求的民用和公用建筑物等场合,平时多不使用,只在发生火灾事故时使用。该型风机一般都是在普通风机基础上增加了保护电机的风冷装置。根据使用场合对风机性能要求的不同,一般可选用轴流风机、混流风机、柜式离心风机。轴流和混流风机一般加装冷却电机的风冷轮或直接使用耐高温电机,柜机则将电机外置,避免高温气流接触。

9.1.2.3　风机型号组成,参见图 9.1-2。

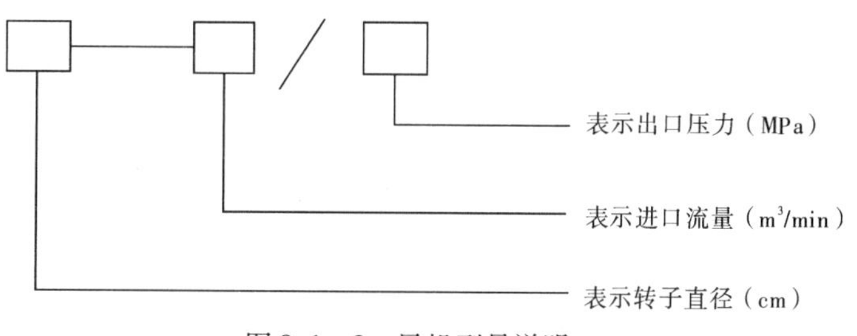

图 9.1-2　风机型号说明

说明:罗茨式代号为L;叶氏代号为Y。如有防腐作用可在结构型式代号加注防腐代号"F"。

举例:型号L-22-15/0.035,L表示罗茨式,转子直径220mm,进口流量15m^3/min,出口压力为0.035MPa,如L(F),则表示该型号产品能防腐。风机产品的代号见表9.1-8。

风机产品的用途及代号表 **表9.1-8**

类别用途	代号		类别用途	代号	
	汉字	简写		汉字	简写
一般通用通风换气空气输送	通用	T	纺织工业通风换气	纺织	FZ
防爆气体通风换气	防爆	B	空气调节	空调	KJ
防腐气体通风换气	防腐	F	降温凉风用	凉风	LF
高温气体输送	高温	W	烧结炉烟气	烧结	SJ
矿井主体通风	矿井	K	空气动力	动力	DL
锅炉通风	锅炉	G	高炉鼓风	高炉	GL
船舶锅炉通风	锅炉	CG	转炉鼓风	转炉	ZL
锅炉引风	锅引	Y	柴油机增压	增压	ZY
工业通风	工业	GY	煤气输送	煤气	MQ
排尘通风	排尘	C	化工气体输送	油气	YQ
煤粉吹送	烟粉	M	天然气体输送	天气	TQ
热风吹吸	热风	R	冷冻用	冷冻	LD
工业冷却水通风	冷却	L			

9.1.3 泵安装工程量清单编制

9.1.3.1 泵工程量清单项目设置及工程量计算规则,见表9.1-9。

泵安装(编码:030109) **表9.1-9**

项目编码	项目名称	项目特征	计量单位	工程量计算规则	工作内容
030109001	离心式泵	1.名称 2 型号 3.规格 4.质量 5.材质 6.减振装置形式、数量 7 灌浆配合比 8.单机试运转要求	台	按设计图示数量计算	1.本体安装 2.泵拆装检查 3.电动机安装 4.二次灌浆 5.单机试运转 6.补刷(喷)油漆
030109002	旋涡泵				
030109003	电动往复泵				
030109004	柱塞泵				
030109005	蒸汽往复泵				
030109006	计量泵				
030109007	螺杆泵				
030109008	齿轮油泵				
030109009	真空泵				
030109010	屏蔽泵				
030109011	潜水泵				
030109012	其他泵				

9.1.3.2 泵的种类及型号

泵广泛用于工业、农业生产和生活,在高层建筑中供水、供热、空调和消防都少不了泵。泵的种类很多,按其结构分3大类,即叶片式泵、容积式泵、真空泵。

水泵型号代表水泵的构造特点、工作性能和被输送介质的性质等。由于水泵的品种繁多，规格不一，所以型号也较紊乱，这里只列出一些常见的水泵型号。

（1）BA 型泵

单级单吸悬臂式离心泵，流量为 4.5 ~ 360m^3/h，扬程为 8 ~ 98m，介质温度在 80℃以下。以 8BA——18A 为例：8——代表吸入管接头为 8 英寸；BA——代表单级单吸悬臂式离心泵；18——代表缩小 1/10 后化为整数的比转数；A——代表缩小了外径的叶轮。

（2）SH 型泵

单级双吸泵壳水平中开的卧式离心泵，流量为 102 ~ 12500m^3/h，扬程为 9 ~ 140m，介质温度小于 80℃。如 48SH - 22：48——代表吸入管接头为 48 英寸，即入口直径为 1.2m；SH——代表单级双吸泵壳水平中开的卧式离心泵；22——代表缩小了 1/10 后化为整数的比转数，即 ns≈220。

（3）DA 型泵

单吸多级分段式离心泵，流量为 25 ~ 350m^3/h，扬程为 25 ~ 550m。如 3DA8 ×9：3——吸入管口径为 3 英寸；DA——本类型多级分段式离心泵，与旧型号 SSM 同类，适用于冷水≤40℃；8——比转数被 10 除后化为整数的商；9——叶轮级数，9 级。

（4）DG 型泵

单吸多级分段式锅炉给水泵。如 DG270—150：DG——锅炉给水泵；270——流量，m^3/h；150——出口压力，150kg/cm^2。

（5）N、NL 型泵

冷凝泵有 N 型、NL 型，用做输送温度在 80℃以下的凝结水。如 8NL—12：8——吸入管口直径英寸数，8 英寸；N——冷凝水泵；L——立式结构；12——单级扬程被 10 除的整数值。

（6）NB、NBA、GN、GNL 型泵

专供热电厂输送温度不超过 80℃的凝结水用。N——凝结水泵；B——悬架式；BA——托架式；G——较高吸程；L——立式。

（7）湘江牌水泵

单级双吸水平中开卧式离心泵，可作为循环水泵用。如湘江 56—28：湘江——大型单级双吸中开卧式离心水泵；56——吸入管口径 56 英寸；28——比转数缩小了 1/10。

（8）PW 型泵

表示供排污水用的悬臂式单级泵。如 6PWL：6——排出管直径英寸数；P——杂质泵；W——污水；L——立式。

9.1.3.3 常见泵

工程中常用的具有代表性的泵见表 9.1 - 10。

工程常用泵类 **表 9.1 - 10**

种　类	型号	流量（$m^3 \cdot h^{-1}$）	扬程 H（m）	电机功率 N（kW）	总重量（kg）
IS 型单级单吸离心泵	IS50 - 32 - 125	12.5	20	2.2	106
	IS65 - 50 - 160A	23.4	28	4	137
	IS100 - 80 - 160B	82.4	21.7	7.5	236

续表

种　类	型号	流量($m^3 \cdot h^{-1}$)	扬程 H(m)	电机功率 N(kW)	总重量(kg)
Sh 单级双吸离心泵	8Sh－13	288	41.3	55	230
	10Sh－19A	430	11	22	320
	12Sh－9B	684	43	132	809
PW 型式污水泵	2×1/2PWA	90	42.7	22	119
	4PWA	160	25.5	18	125
GDL 立式多级管道泵	25GDL2－12×8	2	96	2.2	108
	40GDL6－12×11	6	132	5.5	281
	65GDL24－12×10	24	120	1.5	358

9.1.4　压缩机安装工程量清单编制

压缩机分为容积型及速度型两大类，预算定额中六类压缩机中，其中立式及 L 形压缩机、螺杆式压缩机、活塞式 V・W 形及扇形压缩机、往复式 DMH 型对称平衡压缩机属于容积型压缩机。其工作原理是：气体压力的提高是靠活塞在汽缸内的往复活动，使容积缩小，从而使单位体积内气体分子密度增加而形成。离心式压缩机属于速度型压缩机。其工作原理是：气体的压力是由气体分子的速度转化而来。

9.1.4.1　压缩机安装工程量清单编制

压缩机工程量清单项目设置及工程量计算规则，见表 9.1－11。

压缩机安装（编码：030110）　　**表 9.1－11**

项目编码	项目名称	项目特征	计量单位	工程量计算规则	工作内容
030110001	活塞式压缩机	1. 名称 2. 型号 3. 质量 4. 结构形式 5. 驱动方式 6. 灌浆配合比 7. 单机试运转要求	台	按设计图示数量计算	1. 本体安装 2. 拆装检查 3. 二次灌浆 4. 单机试运转 5. 补刷（喷）油漆
030110002	回转式螺杆压缩机				
030110003	离心式压缩机				
030110004	透平式压缩机				

9.1.4.2　常见压缩机

常见的几种压缩机的型号规格见表 9.1－12～表 9.1－14。

低压活塞式压缩机　　**表 9.1－12**

产品型号名称	形式	排气量(m^3/min)	外形尺寸（长×宽×高）(mm)	质(重)量(t)	冷却方式	压缩介质
5L－40/8－1 型空气压缩机	L	40	3600×1750×2570	5.5	水冷	空气
L8－60/8 空压机	L	60	2500×1830×2390	9.6	水冷	空气
L12－100/7 型空气压缩机	L	100	2860×2070×2660	10	水冷	空气

中、高压活塞式压缩机 **表 9.1-13**

产品型号名称	形式	排气量（m^3/min）	外形尺寸（长×宽×高）(mm)	质(重)量(t)	压缩介质	冷却方式
5L-40/8-1 型空气压缩机	L	40	3600×1750×2570	5.5	空气	水冷
2D12-200/2 型空气压缩机	D	200	4360×1370×1700	11	空气	水冷
4M12Ⅱ-69/96 型无润滑空气压缩机	M	69		20.6	空气	水冷
4M12(7)-160/8 型空气压缩机	M	60	8000×8000×4000	25	空气	水冷
4H12-200/8 型空气压缩机	H	200	7000×5500×2000	28	空气	水冷
H226-262/15 型空气压缩机	H	262	7150×6160×2000	29.1	空气	水冷

螺杆式压缩机 **表 9.1-14**

产品型号名称	形式	排气量（m^3/min）	外形尺寸(mm)（长×宽×高）	质(重)量(t)	压缩介质	冷却方式
LGⅡ12-3/7-D 型螺杆式压缩机	螺杆	3	1876×1076×1250	1	空气	水冷
LGⅡ20-10/35 型螺杆式压缩机	螺杆	10	2330×1310×1370	1.5	空气	水冷
LGY25/20-20/25 型螺杆式压缩机	螺杆	20	7120×2300×2760	8.16	空气	水冷
LGY28-60/3 型螺杆式压缩机	螺杆	60	6880×2400×2460	7.8	空气	水冷

9.1.5 工程量清单编制示例

【例 9.1】某高层建筑水泵房设在地下室内，水泵安装共 4 台，IS50-32-200 两台，转速 $n=2900$r/min，水泵质量 40kg，电机功率 $N=5.5$kW；IS65-40-250 两台，转速 $n=2900$r/min，水泵质量 48kg，电机功率 $N=15$kW。工程所在地为二线城市，试编制分部分项工程清单。

【解】根据工程量清单项目设置表（表 4.1-4）和清单计价规范表 C.2.6，水泵安装应另列电动机接线检查与调试清单项目，分部分项工程量清单见表 9.1-15。

分部分项工程量清单与计价表 **表 9.1-15**

工程名称：某泵房水泵安装工程　　　　标段：　　　　第　页　共　页

序号	项目编码	项目名称	项目特征描述	计量单位	工程量	金额(元)		
						综合单价	合价	其中：暂估价
1	030109001001	离心式泵	名称：单级离心泵 型号：IS50-32-200 质量：泵重 40kg 输送介质：给水 压力：0.5MPa 材质：铸铁	台	2			
2	030109001002	离心式泵	名称：单级离心泵 型号：IS65-40-250 质量：泵重 48kg 输送介质：给水 压力：0.5MPa 材质：铸铁	台	2			

续表

序号	项目编码	项目名称	项目特征描述	计量单位	工程量	金额(元)		
						综合单价	合价	其中:暂估价
3	030406006001	低压交流异步电机检查接线与调试	名称:交流异步电机 型号:Y132S1-2 控制方式:带过流保护 功率:5.5kW	台	2			
4	030406006002	低压交流异步电机检查接线与调试	名称:交流异步电机 型号:Y160M-2 控制方式:带过流保护 功率:15kW	台	2			
本页小计								
合　计								

9.1.6 机械设备安装工程量清单编制应注意的问题

(1)设备安装除各专业设备另有说明外,均不包括下列内容:电气系统、仪表系统、通风系统、设备本体法兰以外的管道系统等的安装、调试,应根据具体内容另列清单项目。

(2)设备的质量均以设备的铭牌标注质量为准。如铭牌没标注质量,则以产品目录、样本、说明书所说的设备净重为准。计算设备质量时,按各章节规定或说明计算;如各章节无规定或说明,应按设备本体及与本体联体的平台、梯子、栏杆、支架、屏盘、电机、安全罩和设备本体第一个法兰以内的管道等全部质量计算。

(3)设备安装工作均已考虑了设备自现场指定堆放地点或施工单位现场仓库运至设备安装地点的水平和垂直运输。

(4)机械设备安装工程的特征是划分清单项目的基础条件,是套用计价的依据,应注意以下方面特征的描述:

1)设备的不同类型、型号、重量、压力、材质、直径、容量、蒸发量、驱动方式等。

2)设备安装工艺方面的特征:如跨距、固定形式、安装高度等。

(5)招标文件或合同中另行约定的工作内容

1)设备的基础及螺栓孔的标高尺寸不符合安装要求,需对此进行铲磨、修整、预压、以及在木砖地层上安装设备所需增加的费用。

2)特殊垫铁(如球型垫铁)及自制垫铁的费用。

3)非设备带有的地脚螺栓费用。

4)设备构件、机件、零件、附件需在施工现场进行修理、加工制作的费用。

5)单机试运转所需的水、电、油、燃料等,以及负荷试运转(起重设备除外)。

6)起重设备负荷试运转时,所需配重的供应和搬运费。

7)因场地狭小,有障碍物(沟、坑)等所引起的设备、材料、机具等增加的二次搬运、装拆工作所增加的费用。

8)特殊技术措施及大型临时设施以及大型设备安装所需的专用机具等费用。

9.2 机械设备安装工程量清单计价

9.2.1 电梯安装定额项目及应用

电梯安装定额包括交流半自动电梯、交流自动电梯及自动快速电梯、直流自动高速电梯、小型杂货电梯、自动扶梯、自动步行道、增减厅门、轿厢门及提升高度、辅助项目等内容，适用于国产标准定型的各种客梯、货梯、病床梯、杂货梯、自动扶梯、自动步行道等机械部分安装，不适用于液压电梯安装。

9.2.1.1 电梯安装定额包括下列工作内容：

(1)准备工作、搬运、放样板、放线、清理预埋件及道架、道轨、缓冲器等安装。

(2)组装轿厢、对重及门厅安装。

(3)稳工字钢、曳引机、抗绳轮、复绕绳轮、平衡绳轮。

(4)挂钢丝绳、钢带、平衡绳。

(5)清洗设备、加油、调整、试运行。

9.2.1.2 电梯安装定额不包括下列内容：

(1)各种支架的制作。

(2)电气工程部分。

(3)脚手架的搭拆。

(4)电梯喷漆。

9.2.1.3 电梯安装工程量计算：

(1)电梯安装均按设计图示数量以部计算。厅门按每层一门、轿厢门按每部一门为准。

(2)电梯增减厅门、轿厢门按设计图示数量以个计算。增减提升高度按设计图示尺寸以"m"计算。

(3)辅助项目的金属门套安装按设计图示数量以套计算。直流电梯发电机组安装按设计图示数量以组计算；角钢牛腿制作安装按设计图示数量以个计算；电梯机器钢板底座制作按设计图示数量以座计算。

9.2.1.4 注意事项：

(1)电梯门厅按每层一门，轿厢门按每部一门为准。如需增减时，按增减厅门和轿厢门的相应定额计算。

(2)主材、紧固件、附件及备件等，按设备带有考虑。

(3)两部及两部以上并列运行及群控电梯，每部应增加工日：30 层以内增加 7 工日，50 层以内增加 9 工日，80 层以内增加 11 工日，100 层以内增加 13 工日，120 层以内增加 15 工日。

(4)安装电梯的楼层高度按平均层高 4m 以内考虑，如超过 4m 时，应按增加提升高度定额计算。

(5)定额是以室内地坪 ±0.000 以下为地坑(下缓冲)考虑的，如遇区间电梯地坑(下缓冲)在中间层时，其下部楼层垂直搬运工作按当地搬运定额另行计算。

(6)小型杂物电梯按载重量 0.2t 以内，无司机操作考虑的，如其底盘面积超过 $1m^2$ 时，人工乘以系数 1.20。载重量大于 0.2t 的杂物电梯，则按客、货梯相应的电梯定额执行。

(7) 定额已考虑了高层作业因素。

9.2.2 **风机安装定额项目及应用**

风机安装定额包括离心式通(引)风机、轴流通风机、离心式鼓风机、回转式鼓风机、其他风机等内容。

9.2.2.1 风机安装定额包括的工作内容

(1)设备本体及与本体联体的附件、管道、润滑冷却装置等的清洗、刮研、组装、调试。

(2)离心式鼓风机(带增速机)的垫铁研磨。

(3)联轴器或皮带以及安全防护罩安装。

(4)设备带有的电动机及减振器安装。

9.2.2.2 风机拆装检查定额包括的工作内容

设备本体及部件以及第一个阀门以内的管道等拆卸、清洗、检查、刮研、换油、调间隙及调配重、找正、找平、找中心、记录、组装原。

9.2.2.3 风机安装定额不包括的内容

(1)支架、底座及防护罩、减振器的制作、修改。

(2)联轴器及键和键槽的加工制作。

(3)电动机的抽芯检查、干燥、配线、调试。

9.2.2.4 风机拆装检查定额不包括的内容

(1)设备本体的整(解)体安装。

(2)电动机安装及拆装、检查、调整、试验。

(3)设备本体以外的各种管道的检查、试验等工作。

9.2.2.5 风机、泵安装工程量计算

(1)风机、泵安装按设计图示数量以台计算。在计算设备重量时,直联式风机、泵,以本体及电机、底座的总重量计算;非直联式的风机和泵,以本体和底座的总重量计算,不包括电动机重量,但包括电动机安装。

(2)深井泵的设备重量以本体、电动机、底座及设备扬水管的总重量计算。

(3)DB 型高硅铁离心泵按设计图示数量以台计算。

9.2.2.6 定额应用注意事项

(1)塑料风机及耐酸陶瓷风机按离心式通(引)风机定额执行。

(2)凡施工技术验收规范或技术资料规定,在实际施工中进行拆装检查工作时,可套用风机拆装检查定额。

9.2.3 **泵安装定额项目及应用**

泵安装定额包括离心式泵、旋涡泵、往复泵、转子泵、真空泵、屏蔽泵、潜水泵安装及拆装检查等内容。

9.2.3.1 水泵安装定额包括的内容

(1)设备本体与本体联体的附件、管道、润滑冷却装置等的清洗、组装、刮研。

(2)深井泵的泵体扬水管及滤水网安装。

(3)联轴器或皮带安装。

9.2.3.2 水泵拆装检查定额包括的工作内容

设备本体及部件以及第一个阀门以内的管道等拆卸、清洗、检查、刮研、换油、调间隙、找平、找正、找中心、记录、组装复原。

9.2.3.3　水泵安装定额不包括的内容

(1)支架、底座、联轴器、键和键槽的加工、制作。

(2)深井泵扬水管与平面的垂直度测量。

(3)电动机的检查、干燥、配线、调试等。

(4)试运转时所需排水的附加工程(如修筑水沟、接排水管等)。

9.2.3.4　泵拆装检查定额不包括的内容

(1)设备本体的整(解)体安装。

(2)电动机安装及拆装、检查、调整、试验。

(3)设备本体以外的各种管道的检查、试验等工作。

9.2.3.5　泵定额应用注意事项

(1) 深井泵橡胶轴承与连接扬水管的螺栓按设备带有考虑。

(2)凡施工技术验收规范或技术资料规定,在实际施工中进行拆装检查工作时,可套用泵拆装检查定额。

(3)设备重量大于0.2t的潜水泵安装套用离心式深水泵相应定额。

9.2.4　压缩机安装定额项目及应用

压缩机定额包括活塞式压缩机、回转式螺杆压缩机、离心式压缩机整体及解体安装等内容。

9.2.4.1　压缩机定额包括的工作内容

(1)除活塞式V、W、S型压缩机组、离心式压缩机(电动机驱动)、回转式螺杆压缩机、活塞式Z型3列压缩机为整体安装以外,其他各类型压缩机均为解体安装。

(2)与主机本体联体的冷却系统、润滑系统以及支架、防护罩等零件、附件的整体安装。

(3)与主机在同一底座上的电动机整体安装。

(4)解体安装的压缩机在无负荷试运转后的检查及调整。

9.2.4.2　压缩机定额不包括的内容

(1)除与主机在同一底座上的电动机已包括安装外,其他类型的压缩机,均不包括电动机、汽轮机及其他动力机械的安装。

(2)与主机本体联体的各级出入口第一个阀门外的各种管道、空气干燥设备及净化设备、油水分离设备、废油回收设备、自控系统及仪表系统安装以及支架、沟槽、防护罩等制作、加工。

(3)介质的充灌。

(4)主机本体循环油(按设备带有考虑)。

(5)电动机拆装检查及配线、接线等电气工程。

9.2.4.3　压缩机安装工程量计算

(1)压缩机安装按设计图示数量以台计算。在计算设备重量时,按不同型号分别计算。

(2)活塞式V、W、S型压缩机及压缩机组的设备重量,按同一底座上的主机、电动机、仪表盘及附件、底座等的总重量计算。

(3)活塞式L型及Z型压缩机、螺杆式压缩机、离心式压缩机,不包括电动机等动力机械的重量。

(4)活塞式D、M、H型对称平衡压缩机的设备重量，按主机、电动机及随主机到货的附属设备的总重量计算。

9.2.5 机械设备安装工程量清单计价示例

【例9.2】试计算例9.1工程量清单项目的综合单价。

【解】本例参考广东省安装工程综合定额做单价分析。综合单价分析。

(1)首先根据清单计价规范中相应条目的“工作内容”确定该清单项目的计价内容，根据表9.1-9，工作内容为本体安装、泵拆装检查、电动机安装、二次灌浆。综合定额水泵安装子目包括了电机安装，故不再另列计价项目。

(2)根据《工程量计算规范》表D.6，电机检查与调试启动项目的“工作内容”为检查接线、干燥和系统调试。根据综合定额2.6.4.2条，电机干燥按50%计算。

(3)综合定额人工单价为51元/工日，当地的动态人工单价为98元/工日，则人工费调整系数为98/51=1.92，利润率按人工费的18%计取。水泵安装在地下室内，应计算地下室施工增加费。

IS65-40-250水泵安装、电机检查接线和调试项目综合单价分析见表9.2-1和表9.2-2。IS50-32-200水泵安装和电机检查接线和调试项目综合单价分析从略。分部分项工程量清单与计价见表9.2-3。

综合单价分析表 **表9.2-1**

工程名称：某宾馆楼给排水工程　　标段：　　第　页　共　页

项目编码	030109001002	项目名称		单级离心泵 IS65-50-200安装			计量单位		台	清单工程量		1	
清单综合单价组成明细													
定额编号	定额名称	定额单位	数量	单　价(元)					合　价(元)				
				人工费	材料费	机械费	管理费	利润	人工费	材料费	机械费	管理费	利润
C1-9-1	单级离心泵安装(0.2t以内)	台	1	119.14	52.35	45.16	41.37	21.45	228.94	52.35	45.16	41.37	41.21
C1-9-124	单级离心泵安装拆装检查(0.5t以内)	台	1	186.86	20.28	0.00	64.88	33.63	359.07	20.28	0.00	64.88	64.63
C1-13-132	二次灌浆($0.03m^3$以内)	m^3	1	543.10	360.89	0.00	188.56	97.76	1043.62	360.89	0.00	188.56	187.85
	分项合计								1631.63	433.52	45.16	294.81	293.69
	利润率		0.18										
	人工调整系数		1.9216										
人工单价		小计							1631.62	433.52	45.16	294.81	381.69
98元/工日		未计价材料							0.00				
清单项目综合单价									2698.81				

续表

材料费明细	主要材料名称、规格、型号	单位	数量	单价（元）	合价（元）	暂估单价（元）	暂估合价（元）
					0.00		0
	其他材料费			—			
	材料费小计			—	0.00		0

综合单价分析表 **表 9.2-2**

工程名称： 标段： 第 页 共 页

项目编码	030406002002	项目名称		电动机检查接线与调试			计量单位		台	清单工程量		1	
清单综合单价组成明细													
定额编号	定额名称	定额单位	数量	单价（元）					合价（元）				
				人工费	材料费	机械费	管理费	利润	人工费	材料费	机械费	管理费	利润
C2-6-14	电机检查接线(30kW 以下)	台	1	151.67	56.62	17.32	37.96	27.30	291.45	56.62	17.32	37.96	52.46
C2-6-48	电机干燥(30kW 以下)	台	0.5	281.78	342.90	0.00	70.53	50.72	270.73	171.45	0.00	35.27	48.73
C2-14-95	电机调试	台	1	574.87	8.92	654.20	143.89	103.48	1104.67	8.92	654.20	143.89	198.84
	分项合计								1666.85	236.99	671.52	217.12	300.03
	利润率		0.18										
	人工调整系数		1.9216										
人工单价		小计							1666.85	236.99	671.52	217.12	300.03
98 元/工日		未计价材料							17.60				
清单项目综合单价									3110.11				

材料费明细	主要材料名称、规格、型号	单位	数量	单价（元）	合价（元）	暂估单价（元）	暂估合价（元）
	金属软管 D40	m	1.25	10	12.50		0
	金属软管活接头 $\phi40$	套	2.04	2.5	5.10		
	其他材料费			—			
	材料费小计			—	17.60		0

分部分项工程量清单与计价表 **表 9.2-3**

工程名称:某泵房水泵安装工程 标段: 第 页 共 页

序号	项目编码	项目名称	项目特征描述	计量单位	工程量	金额(元)		
						综合单价	合价	其中:暂估价
1	030109001001	离心式泵	名称:单级离心泵 型号:IS50-32-200 质量:泵重40kg 输送介质:给水 压力:0.5MPa 材质:铸铁	台	2			
2	030109001002	离心式泵	名称:单级离心泵 型号:IS65-40-250 质量:泵重48kg 输送介质:给水 压力:0.5MPa 材质:铸铁	台	2	2698.81	5397.62	
3	030206006001	低压交流异步电机检查接线与调试	名称:交流异步电机 型号:Y132S1-2 控制方式:直接启动 功率:5.5kW 接线端子:铜接线端子JX2-10	台	2			
4	030206006002	低压交流异步电机检查接线与调试	名称:交流异步电机 型号:Y160M-2 控制方式:直接启动 功率:15kW 接线端子:铜接线端子JX2-40	台	2	3110.11	6220.22	
本页小计								
合 计								

9.3 机械设备安装工程计价有关问题的说明

9.3.1 机械设备安装工程与其他安装工程界线划分

(1)机械设备与静置设备的主要区别

机械设备需要动力带动,它在生产工艺中始终处于转动状态;而静置设备在生产工艺过程中却只起反应、交换、储存、分离等作用,一般不需动力带动。

(2)与热力设备安装工程界线划分

热力设备安装工程中,除蒸发量每小时20t以下工业与民用锅炉使用的风机和泵属机械设备安装范畴外,其他均属热力设备安装工程。

(3)风机安装的界线划分

机械设备安装工程中的风机安装,不适用于通风空调工程;凡属于通风空调工程使用的风机,其安装应执行《通风空调工程》有关条款。

(4)与工业管道工程界线划分

一般以设备本体联体的第一个法兰为界,第一个法兰以内的管道属机械设备安装,第一个法兰以外的管道属工业管道工程,但各章的有关事项中另有说明者除外。

9.3.2 机械设备安装定额应用通用性问题的说明

9.3.2.1 定额除各章另有说明外,均包括的工作内容:

(1)安装主要工序:施工准备,设备、材料及工、机具水平搬运,设备开箱、点件、外观、检查、配合基础验收、铲麻面、画线、定位、起重机具装拆、清洗、吊装、组装、连接、安放垫铁及地脚螺栓,设备找正、调平、精平、焊接、固定、灌浆、单机试运转。

(2)人字架、三角架、环链手拉葫芦、滑轮组、钢丝绳等起重机具及其附件的领用、搬运、搭拆、退库等。

(3)施工及验收规范中规定的调整、试验及无负荷试运转。

(4)与设备本体联体的平台、梯子、栏杆、支架、屏盘、电机、安全罩以及设备本体第一个法兰以内的管道等安装。

(5)工种间交叉配合的停歇时间,临时移动水、电源时间,以及配合质量检查、交工验收、收尾结束等工作。

9.3.2.2 定额除各章另有说明外,均不包括下列内容,发生时应另行计算。

(1)因场地狭小,有障碍物(沟、坑)等所引起的设备、材料、机具等增加的二次搬运、装拆工作,执行第二册《电气设备安装工程》相应项目。

(2)设备基础的铲磨,地脚螺栓孔的修整、预压,以及在木砖地层上安装设备所需增加的费用。

(3)设备构件、机件、零件、附件、管道及阀门、基础及基础盖板等的修理、修补、修改、加工、制作、焊接、煨弯、研磨、防振、防腐、保温、刷漆以及测量、透视、探伤、强度试验等工作。

(4)特殊技术措施及大型临时设施以及大型设备安装所需的专用机具等费用。

(5)设备本体无负荷试运转所用的水、电、气、油、燃料等。

(6)负荷试运转、联合试运转、生产准备试运转。

(7)专用垫铁、特殊垫铁(如螺栓调整垫铁、球形垫铁等)和地脚螺栓。

(8)脚手架搭拆。

(9)设计变更或超规范要求所需增加的费用。

(10)设备的拆装检查(或解体拆装)。

(11)电气系统、仪表系统、通风系统、设备本体第一个法兰以外的管道系统等的安装、调试工作;非与设备本体联体的附属设备或附件(如平台、梯子、栏杆、支架、容器、屏盘等)的制作、安装、刷油、防腐、保温等工作。

(12)金属桅杆及人字架等一般起重机具的摊销费(电梯安装除外),按所安装设备的净重量(包括设备底座、辅轨),12.00 元/t 作为材料费计算。

9.3.3 机械设备安装工程主要相关施工工序

(1)设备基础验收

设备基础一般由土建单位施工,当养护期满,强度达到 75% 时,由基础施工单位书面通知并进行验收交接,如有不合格应及时处理。

(2)设备与基础的连接方法

设备与基础的连接是将机械设备牢固地固定在设备基础上,以免发生位移和倾覆。同时可使设备长期保持必要的安装精度,保证设备的正常运转。设备与基础的连接方法主要是采用地脚螺栓连接并通过调整垫铁将设备找正找平,然后灌浆将设备固定在设备基础上。

(3)地脚螺栓的安装

这是设备安装中最重要的一项工作。地脚螺栓是将机械设备固定在基础上的一种金属件,其安装方法有一次灌浆法和预留孔法两种。

地脚螺栓一般可分为固定地脚螺栓、活动地脚螺栓、胀锚螺栓和粘接地脚螺栓。

1)固定地脚螺栓:又称为短地脚螺栓,它与基础浇灌在一起,用来固定没有强烈振动和冲击的设备。其长度一般为100~1000mm,头部做成开叉形、环形、钩形等形状,以防止地脚螺栓旋转和拔出。固定地脚螺栓在安置时有一次灌浆和二次灌浆。一次灌浆即是预埋地脚螺栓,关键是螺栓定位准确。预埋地脚螺栓的一般定位方法包括模板定位、与钢筋网分别焊接固定等。对于重要设备的预埋地脚螺栓,安装单位应提前介入,避免出现问题。二次浇灌法是在基础上预先留出地脚螺栓孔,安装设备时穿上地脚螺栓,然后把地脚螺栓浇灌在预留孔内。

2)活动地脚螺栓:又称长地脚螺栓,是一种可拆卸的地脚螺栓,用于固定工作时有强烈振动和冲击的重型机械设备。这种地脚螺栓比较长,或者是双头螺纹的双头式,或者是一头螺纹、另一头T字形头的T型式。活动地脚螺栓有时要和锚板一起使用,锚板可用钢板焊制或铸造成型,中间有穿螺栓或不使螺栓旋转的孔。活动地脚螺栓敷设的要点是:螺栓孔内不灌浆;双头式要拧紧;T字式要注意T字的方向,保证与锚板长方孔成90°交角。

3)胀锚地脚螺栓:胀锚地脚螺栓中心到基础边沿的距离不小于7倍的胀锚地脚螺栓直径;钻孔时应防止钻头与基础中的钢筋、埋管等相碰;安装胀锚地脚螺栓的基础强度不得小于10MPa;钻孔处不得有裂缝;钻孔直径和深度应与胀锚螺栓相匹配。

4)粘接地脚螺栓:近些年应用的一种地脚螺栓,其方法和要求与胀锚地脚螺栓基本相同。在粘接时应把孔内杂物吹净,并不得受潮。粘接方法要符合粘接材料的规定。

在地脚螺栓敷设过程中,一旦出现问题而又不能及时发现并解决,会给设备安装质量造成隐患。活动地脚螺栓和预埋地脚螺栓的检查应在设备安装前进行,预留孔地脚螺栓的检查应在设备就位后地脚螺栓灌浆前进行。检查应按国家现行规范《机械设备安装工程施工及验收通用规范》第四章第一节的规定进行。

(4)垫铁安装

垫铁的安装:在设备底座下安放垫铁,主要是为了调整设备的标高和水平度,同时使设备的全部重量通过垫铁均匀地传递到基础。垫铁的种类和用途:垫铁有平垫铁、斜垫铁、开孔垫铁、开口垫铁、钩头成对斜垫铁、调整垫铁、调整螺钉等。

1)平垫铁和斜垫铁:此类垫铁的规格已标准化,斜垫铁分A型和B型两种。A型斜垫铁的代号是斜lA~斜6A,B型斜垫铁的代号是斜1B~斜6B。平垫铁(C型)的代号是平1~平6。平垫铁和斜垫铁的表面一般不进行精加工,如有特殊要求的机械设备(如离心式压缩机、汽轮发电机等),应进行精加工,加工后的结合面还应进行刮研。大量的机械设备的找平找正都使用平垫铁和斜垫铁。

2)开口垫铁和开孔垫铁:用于设备支座(支腿)形式为安装在金属结构或地平面上,支撑面积较小的设备上。其开孔、开口的大小比地脚螺栓直径大2~5mm,其宽度应比设备底脚稍宽,长度应比设备底脚长20~40mm,厚度根据实际要求而定。

3)钩头成对斜垫铁:多用于不需要设置地脚螺栓的金属切削机床上(如磨床)。其钩头的厚度一般为15mm,钩头的高度一般为10mm,斜度一般为1/10~1/20,其他尺寸根据实际而定。

4)调整垫铁:一般用于精度要求较高的金属切削机床(如精密车床、磨床、龙门刨床等)的安装中。调整垫铁分为螺栓调整垫铁和球面调整垫铁。螺栓调整垫铁有分为二块调整垫铁(由垫座、调整螺栓、调整块组成)和三块调整垫铁(由垫座、调整螺栓、调整块、升降块组成)。

(5)设备就位,找正和灌浆

1)设备就位:设备就位前,应按施工图及说明书的要求,找好标高和安装基准线,并将设备底座底面的油污、泥土、地脚螺栓孔中的杂物清除干净。灌浆处的基础或地平面应铲成麻面。设备就位吊装的方法较多,应根据设备重量和现场施工条件确定吊装方案。

2)设备找正:垫铁放好,设备就位,便可找正。找正就是将设备不偏不倚地安放在规定的位置上,使设备的纵横中心线和基础的中心线对正。设备找正包括三个方面:找正设备中心、找正设备标高、找正设备的水平度。

3)基础灌浆:就是将设备底座与基础表面的空隙及地脚螺栓孔用混凝土或砂浆灌满。其作用一是固定垫铁(可调垫铁的活动部分不能灌固),二是可传递一些设备负荷到基础上。

(6)设备清洗:就是对设备的加工面及零部件表面所涂防锈油脂、污垢和杂物进行清除,但设备已作铅封的或技术文件、规范规定不拆洗的,都不能任意拆洗。清洗工作必须认真细致地进行,各机件间的配合不当,制造上的缺陷,运输存放过程中造成的变形和损坏等,都必须在清洗过程中发现和及时处理。

(7)设备试运转:机械设备试运转就是通过试运转全面考核机械设备在设计、制造、安装调试中各阶段存在的缺陷,然后加以正确处理,才能使机械设备投入生产运转。按有关规定,单机试运、无负荷联动试运以施工单位为主,建设单位配合;负荷联动试运以建设单位为主,施工单位配合。

由于设备的用途、作用不同,对设备试运转的要求也有所不同。例如,金属切削设备、压缩机、通风机等只作单机无负荷试运转;而泵类设备需进行额定负荷试运转。

(8)交工验收:这是机械设备安装工作的最后阶段。机械设备安装作为一个分部工程,可以单独向建设单位交工,也可与管道、电气、通风空调等分部工程,作为一个单位工程一起向建设单位交工。工程交工验收后,就完成了安装工程的全部工序。

第10章　工程结算和竣工决算

工程结算是指发承包双方根据合同约定,对合同工程在实施中、终止时、已完工后进行的合同价款计算、调整和确认,包括期中结算、终止结算、竣工结算。期中结算又称中间支付,包括月度、季度、年度结算和形象进度结算。终止结算是合同解除后的结算。工程竣工结算,是指施工企业所承包的工程(单位工程或单项工程)按照合同规定的内容全部完工,竣工验收合格,并经发包单位及有关部门验收点交后,向发包单位进行的最终工程价款结算,它反映发包工程的最终造价和实际造价。

项目竣工决算,是指项目业主(建设单位)在整个建设项目或单项工程竣工验收点交后,由其财务及有关部门,以竣工结算等资料为基础,编制的反映竣工项目的建设成果和财务收支情况的文件。工程结算一般可分为工程价款期中结算和工程竣工结算两种。

10.1　工程价款期中结算

工程价款期中结算是指在工程实施过程中,依据施工合同中关于付款条款的有关规定和工程进展所完成的工程量,按照合同约定进行工程价款结算的一项经济活动。

10.1.1　工程价款期中结算的方式

(1)按月结算方式

按月定期结算是指每月由施工企业提出已完成工程月报表,连同工程价款结算账单,经建设单位签证,交建设银行办理工程价款结算的方法。合同工期在两个年度以上的工程,在年终进行工程盘点,办理年度结算。

(2)竣工后一次结算方式

建设项目或单项工程全部建筑安装工程的建设期在12个月以内,或者工程承包合同价值在100万元以下的工程,可以实行工程价款每月月中预支,竣工后一次结算。当年结算的工程款应与年度完成的工作量一致,年终不另清算。

(3)分段结算方式

当年开工,且当年不能竣工的工程,按照工程形象进度,划分不同阶段进行结算。分段的划分标准,按合同规定。分段结算可以按月预支工程款,当年结算的工程款应与年度完成的工作量一致,年终不另清算。

10.1.2　工程预付款结算

工程项目开工前,为了确保工程施工正常进行,建设单位应按照合同规定,拨付给施工企业一定限额的工程预付备料款。此预付款构成施工企业为该工程项目储备主要材料和结构件所需的流动资金。

(1)工程预付款

工程预付款,又称工程备料款,是指在开工前,发包人按照合同约定,预先支付给承包人用于购买合同工程施工所需的材料、工程设备,以及组织施工机械和人员进场等的款项。工程备料款的数额,取决于主要材料(包括构配件)占建筑安装工作量的比重、材料储备期、施工期等因素,在确定工程类型、承包方式等情况下,可按下列公式计算:

$$预付备料款限额 = 工程合同造价 \times 预付备料款额度$$

包工包料工程的预付款的支付比例不得低于签约合同价(扣除暂列金额)的10%,不宜高于签约合同价(扣除暂列金额)的30%。包工不包料(包清工)工程则不需预付款。承包人应在签订合同或向发包人提供与预付款等额的预付款保函(如有)后向发包人提交预付款支付申请。

(2)工程进度款

在合同工程施工过程中,发包人按照合同约定对付款周期内承包人完成的合同价款给予支付的款项,也是合同价款期中结算支付。

(3)工程预付款的扣还

预付款应从每一个支付期应支付给承包人的工程进度款中扣回,直到扣回的金额达到合同约定的预付款金额为止。承包人的预付款保函(如有)的担保金额根据预付款扣回的数额相应递减,但在预付款全部扣回之前一直保持有效。发包人应在预付款扣完后的14天内将预付款保函退还给承包人。

10.1.3 安全文明施工费的结算

合同双方当事人应按照建设行政主管部门的规定在合同中约定安全文明施工费的预付金额、支付办法和抵扣方式。发包人应在工程开工后的28天内预付不低于当年施工进度计划的安全文明施工费总额的60%,其余部分应按照提前安排的原则进行分解,并应与进度款同期支付。

10.1.4 工程进度款结算

在合同工程施工过程中,发包人按照合同约定对付款周期内承包人完成的合同价款给予支付的款项,也是合同价款期中结算支付,一般在月初结算上月完成的工程进度款。

进度款的支付比例按照合同约定,按期中结算价款总额计,不低于60%,不高于90%。发包人应按照合同约定的质量保证金比例从结算款中预留质量保证金。

发承包双方应按照合同约定的时间、程序和方法,根据工程计量结果,办理期中价款结算,支付进度款。进度款支付周期应与合同约定的工程计量周期一致。

已标价工程量清单中的单价项目,承包人应按工程计量确认的工程量与综合单价计算;综合单价发生调整的,以发承包双方确认调整的综合单价计算进度款。

已标价工程量清单中的总价项目和按照规范规定形成的总价合同,承包人应按合同中约定的进度款支付分解,分别列入进度款支付申请中的安全文明施工费和本周期应支付的总价项目的金额中。

发包人提供的甲供材料金额,应按照发包人签约提供的单价和数量从进度款支付中扣除,列入本周期应扣减的金额中。承包人现场签证和得到发包人确认的索赔金额应列入本周期应增加的金额中。

承包人应在每个计量周期到期后的7天内向发包人提交已完工程进度款支付申请一式四份,详细说明此周期认为有权得到的款额,包括分包人已完工程的价款。支付申请应包括下列内容:

(1)累计已完成的合同价款;
(2)累计已实际支付的合同价款;
(3)本周期合计完成的合同价款:
1)本周期已完成单价项目的金额;
2)本周期应支付的总价项目的金额;
3)本周期已完成的计日工价款;
4)本周期应支付的安全文明施工费;
5)本周期应增加的金额。
(4)本周期合计应扣减的金额:
1)本周期应扣回的预付款;
2)本周期应扣减的金额。
(5)本周期实际应支付的合同价款。

10.1.5 措施项目费用计量支付方法

分部分项工程费是实体性消耗项目费,在施工过程中,能很直观地计量出完成的数量,进度款按实际完成的工程计量支付。但是措施性项目的计量并不那么直观,是一个比较复杂的活动,其发生有的与实体工程中的具体活动相关,有的与实体工程的具体活动无直接关联性,却与工期存在直接相关性,需根据其费用发生特点进行措施项目费的支付。

措施项目费用按其发生特点可以作如下划分:

(1)与分部分项工程中的某些活动存在直接关联的活动,随着实体工程的进展而发生,如混凝土及钢筋混凝土模板工程、施工排水降水等。

(2)与分部分项工程的具体活动不存在直接关联,其费用的支出随着时间推移而发生,与工期存在相关性(正比例)。这一类活动又可以分为两部分:

1)一次性投入费用,在项目开始时一次性投入的工程,如大型机械设备进场及安拆费、临时设施等。

2)期间费用,在工程实施过程中,随着时间的进展而逐步投入的活动,与工期密切相关,如夜间施工、环境保护、安全施工、文明施工等。

(3)与分部分项工程具体活动和工期都有关系,但没有强相关性,如脚手架。

(4)与工程所需材料用量有直接关联的费用,如二次搬运。

措施项目费用根据活动延续时间,结合工程的形象进度,可以考虑费用在整个工程中投入的特点,分别采用比例法(0/100% 法、50%/50% 法、30%/70%、20%/80% 等)、百分率完成法、工期进展百分率法、形象进度法进行支付结算。

10.2 合同价款调整

由于建设工程在实施过程中受外界影响因素多,容易造成工程价款变化。当发生了法律法规变化、工程变更、项目特征不符、工程量清单缺项、工程量偏差、计日工、物价变化、暂估价、不可抗力、提前竣工(赶工补偿)、误期赔偿、索赔、现场签证、暂列金额以及发承包双方约定的其他调整事项时,双方应当按照合同约定调整合同价款。

10.2.1 报价浮动率

承包人报价浮动率可按公式(10.2－1)或式(10.2－2)计算。

招标工程：

$$L=(1-\text{中标价}/\text{招标控制价})\times 100\% \quad (10.2-1)$$

非招标工程：

$$L=(1-\text{报价值}/\text{施工图预算})\times 100\% \quad (10.2-2)$$

10.2.2 工程量偏差

承包人按照合同工程的图纸(含经发包人批准由承包人提供的图纸)实施,按照现行国家计量规范规定的工程量计算规则计算,得到的完成合同工程项目应予计量的工程量与相应的招标工程量清单项目列出的工程量之间出现的量差。

施工过程中,由于施工条件、地质水文、工程变更等变化以及招标工程量清单编制人专业水平的差异,往往会造成实际工程量与招标工程量清单出现偏差。工程量偏差过大,对综合成本的分摊带来影响。如突然增加太多,仍按原综合单价计价,对发包人不公平;如突然减少太多,仍按原综合单价计价,对承包人不公平。在工程招投标时,这种情况给有经验的承包人的不平衡报价打开了大门。因此,为维护合同的公平,《13 计价规范》作了以下规定。

对于任一招标工程量清单项目,如果工程量偏差和工程变更等原因导致工程量偏差超过15%,调整的原则为:当工程量增加15%以上时,其增加部分的工程量的综合单价应予调低;当工程量减少15%以上时,减少后剩余部分的工程量的综合单价应予调高。可按下列公式调整:

当 $Q_1>1.15Q_0$ 时:

$$S=1.15Q_0\times P_0+(Q_1-1.15Q_0)\times P_1 \quad (10.2-3)$$

当 $Q_1<0.85Q_0$ 时:

$$S=Q_1\times P_1 \quad (10.2-4)$$

式中 S——调整后的某一分部分项工程费结算价;

Q_1——最终完成的工程量;

Q_0——招标工程量清单中列出的工程量;

P_l——按照最终完成工程量重新调整后的综合单价;

P_0——承包人在工程量清单中填报的综合单价。

当工程量变化超过15%,且该变化引起相关措施项目相应发生变化时,按系数或单一总价方式计价的,工程量增加的措施项目费调增,工程量减少的措施项目费调减。

10.2.3 工程变更

合同工程实施过程中由发包人提出或由承包人提出经发包人批准的合同工程任何一项工作的增、减、取消或施工工艺、顺序、时间的改变;设计图纸的修改;施工条件的改变;招标工程量清单的错、漏从而引起合同条件的改变或工程量的增减变化。

(1)因工程变更引起已标价工程量清单项目或其工程数量发生变化时,应按照下列规定调整:

1)已标价工程量清单中有适用于变更工程项目的,应采用该项目的单价;但当工程变更导致该清单项目的工程数量发生变化,且工程量偏差超过15%时,该项目单价应进行调整。

2)已标价工程量清单中没有适用但有类似于变更工程项目的,可在合理范围内参照类似项目的单价。

3)已标价工程量清单中没有适用也没有类似于变更工程项目的,应由承包人根据变更工程资料、计量规则和计价办法、工程造价管理机构发布的信息价格和承包人报价浮动率提出变更工程项目的单价,并应报发包人确认后调整。

4)已标价工程量清单中没有适用也没有类似于变更工程项目,且工程造价管理机构发布的信息价格缺价的,应由承包人根据变更工程资料、计量规则、计价办法和通过市场调查等取得有合法依据的市场价格提出变更工程项目的单价,并应报发包人确认后调整。

(2)工程变更引起施工方案改变并使措施项目发生变化时,承包人提出调整措施项目费的,应事先将拟实施的方案提交发包人确认,并应详细说明与原方案措施项目相比的变化情况。拟实施的方案经发承包双方确认后执行,并应按照下列规定调整措施项目费:

1)安全文明施工费应按照实际发生变化的措施项目按规定计算。

2)采用单价计算的措施项目费,应按照实际发生变化的措施项目确定单价。

3)按总价(或系数)计算的措施项目费,按照实际发生变化的措施项目调整,但应考虑承包人报价浮动因素,即调整金额按照实际调整金额乘以承包人报价浮动率计算。

如果承包人未事先将拟实施的方案提交给发包人确认,则应视为工程变更不引起措施项目费的调整或承包人放弃调整措施项目费的权利。

(3)当发包人提出的工程变更因非承包人原因删减了合同中的某项原定工作或工程,致使承包人发生的费用或(和)得到的收益不能被包括在其他已支付或应支付的项目中,也未被包含在任何替代的工作或工程中时,承包人有权提出并应得到合理的费用及利润补偿。

10.2.4 项目特征不符

(1)发包人在招标工程量清单中对项目特征的描述,应被认为是准确的和全面的,并且与实际施工要求相符合。承包人应按照发包人提供的招标工程量清单,根据项目特征描述的内容及有关要求实施合同工程,直到项目被改变为止。

(2)承包人应按照发包人提供的设计图纸实施合同工程,若在合同履行期间出现设计图纸(含设计变更)与招标工程量清单任一项目的特征描述不符,且该变化引起该项目工程造价增减变化的,应按照实际施工的项目特征,重新确定相应工程量清单项目的综合单价,并调整合同价款。

10.2.5 工程量清单缺项

(1)合同履行期间,由于招标工程量清单中缺项,新增分部分项工程清单项目的,应按照本书第10.2.3工程变更所述的相应规定确定单价,并调整合同价款。

(2) 新增分部分项工程清单项目后,引起措施项目发生变化的,应在承包人提交的实施方案被发包人批准后调整合同价款。

(3)由于招标工程量清单中措施项目缺项,承包人应将新增措施项目实施方案提交发包人批准后,调整合同价款。

10.2.6 其他项目价款调整

10.2.6.1 计日工

任一计日工项目实施结束后,承包人应按照确认的计日工现场签证报告核实该类项目的工程数量,并应根据核实的工程数量和承包人已标价工程量清单中的计日工单价计算,提出应付价款;已标价工程量清单中没有该类计日工单价的,由发承包双方商定计日工单价计算。每个支付期末，承包人应向发包人提交本期间所有计日工记录的签证汇总表，并应说明本期间自己认为有权得到的计日工金额，调整合同价款，列入进度款支付。

10.2.6.2　物价变化

(1)承包人采购材料和工程设备的，应在合同中约定主要材料、工程设备价格变化的范围或幅度；当没有约定，且材料、工程设备单价变化超过5%时，超过部分的价格应计算调整材料、工程设备费。

(2)发包人供应材料和工程设备的，应由发包人按照实际变化调整，列入合同工程的工程造价内。

(3)发生合同工程工期延误的，应按照下列规定确定合同履行期的价格调整：

1)因非承包人原因导致工期延误的，计划进度日期后续工程的价格，应采用计划进度日期与实际进度日期两者的较高者。

2)因承包人原因导致工期延误的，计划进度日期后续工程的价格，应采用计划进度日期与实际进度日期两者的较低者。

10.2.6.3　暂估价

(1)发包人在招标工程量清单中给定暂估价的材料、工程设备属于依法必须招标的，应由发承包双方以招标的方式选择供应商，确定价格，并应以此为依据取代暂估价，调整合同价款。

(2)发包人在招标工程量清单中给定暂估价的材料、工程设备不属于依法必须招标的，应由承包人按照合同约定采购，经发包人确认单价后取代暂估价，调整合同价款。

(3)发包人在工程量清单中给定暂估价的专业工程不属于依法必须招标的，应按规范的规定确定专业工程价款，并应以此为依据取代专业工程暂估价，调整合同价款。

(4)发包人在招标工程量清单中给定暂估价的专业工程，依法必须招标的，应当由发承包双方依法组织招标选择专业分包人，并接受有管辖权的建设工程招标投标管理机构的监督，还应符合下列要求：

1) 除合同另有约定外，承包人不参加投标的专业工程发包招标，应由承包人作为招标人，但拟定的招标文件、评标工作、评标结果应报送发包人批准。与组织招标工作有关的费用应当被认为已经包括在承包人的签约合同价(投标总报价)中。

2)承包人参加投标的专业工程发包招标，应由发包人作为招标人，与组织招标工作有关的费用由发包人承担。同等条件下，应优先选择承包人中标。

3)应以专业工程发包中标价为依据取代专业工程暂估价，调整合同价款。

10.2.6.4　不可抗力

发承包双方在工程合同签订时不能预见的，对其发生的后果不能避免，并且不能克服的自然灾害和社会性突发事件。因不可抗力事件导致的人员伤亡、财产损失及其费用增加，发承包双方应按下列原则分别承担并调整合同价款和工期：

(1)合同工程本身的损害、因工程损害导致第三方人员伤亡和财产损失以及运至施工场地用于施工的材料和待安装的设备的损害，应由发包人承担；

(2)发包人、承包人人员伤亡应由其所在单位负责，并应承担相应费用；

(3)承包人的施工机械设备损坏及停工损失，应由承包人承担；

(4)停工期间，承包人应发包人要求留在施工场地的必要的管理人员及保卫人员的费用

应由发包人承担;

(5)工程所需清理、修复费用,应由发包人承担。

10.2.6.5　提前竣工(赶工补偿)费

承包人应发包人的要求而采取加快工程进度措施,使合同工程工期缩短,由此产生的应由发包人支付的费用。

(1)招标人应依据相关工程的工期定额合理计算工期,压缩的工期天数不得超过定额工期的20%,超过者,应在招标文件中明示增加赶工费用。

(2)发承包双方应在合同中约定提前竣工每日历天应补偿额度,此项费用应作为增加合同价款列入竣工结算文件中,应与结算款一并支付。

10.2.6.6　误期赔偿

承包人未按照合同工程的计划进度施工,导致实际工期超过合同工期(包括经发包人批准的延长工期),承包人应向发包人赔偿损失的费用。

(1)发承包双方应在合同中约定误期赔偿费,并应明确每日历天应赔额度。误期赔偿费应列入竣工结算文件中,并应在结算款中扣除。

(2)在工程竣工之前,合同工程内的某单项(位)工程已通过了竣工验收,且该单项(位)工程接收证书中表明的竣工日期并未延误,而是合同工程的其他部分产生了工期延误时,误期赔偿费应按照已颁发工程接收证书的单项(位)工程造价占合同价款的比例幅度予以扣减。

10.2.6.7　现场签证

专指在工程建设的施工过程中,发承包双方的现场代表(或其委托人)对施工过程中,由于发包人的责任致使承包人在工程施工中于合同内容外发生了额外的费用,或其他与合同约定事项不符的情况(即发包人要求承包人完成合同以外零星项目),由承包人通过书面形式向发包人提出并予以签字确认的证明。

(1)现场签证的工作如已有相应的计日工单价,现场签证中应列明完成该类项目所需的人工、材料、工程设备和施工机械台班的数量。

(2)如现场签证的工作没有相应的计日工单价,应在现场签证报告中列明完成该签证工作所需的人工、材料设备和施工机械台班的数量及单价。

(3)现场签证工作完成后的7天内,承包人应按照现场签证内容计算价款,报送发包人确认后,作为增加合同价款,与进度款同期支付。

10.2.6.8　暂列金额

已签约合同价中的暂列金额应由发包人掌握使用,发包人按规定支付发生的相关费用后,暂列金额余额应归发包人所有。

10.2.6.9　总承包服务费

分包工程不与总承包工程同时施工,且总承包单位不提供相应服务或虽在同一现场同时施工,但总承包单位未向分包单位提供相应服务的不应收取总承包服务费。计取了总承包服务费后,总包单位不应再就已约定的服务内容另行计算相关费用。

工程项目总承包单位经发包人同意将承包工程中的部分工程发包给具有相应资质的分包单位,所需的总包管理费由总包单位与分包单位自行协商确定,总包单位不应向发包人收取总承包服务费。同时,总包单位对分包工程的质量、安全和工期承担连带责任。

10.3 工程竣工结算

工程竣工结算，是指一个单位或单项建筑安装工程完工，并经发包人及有关部门验收点交后，工程竣工验收合格，发承包双方依据合同约定办理的工程价款清算，是期中结算的汇总，它是工程的实际造价。工程竣工结算，意味着承发包双方经济关系的最终结束和财务往来结清。结算根据“工程结算书”和“工程价款结算账单”进行。前者是承包商根据合同条文、合同造价、设计变更增（减）项目、现场签证费用和施工期间国家有关政策性费用调整文件编制确定的工程最终造价的经济文件，是向业主应收的全部工程价款。后者表示承包单位已向业主收取的工程款。以上二者由承包商在工程竣工验收点交后编制，送业主审查无误、并征得有关部门审查同意后，由承发包单位共同办理竣工结算手续，才能进行工程竣工结算。

竣工结算包括单位工程竣工结算、单项工程竣工结算和建设项目竣工结算。单项工程竣工结算由单位工程竣工结算组成，建设项目竣工结算由单项工程竣工结算组成。

10.3.1 工程竣工结算的内容及编制方法

工程竣工结算分为单位工程竣工结算、单项工程竣工结算和建设项目竣工总结算。

工程竣工结算书的编制，随合同定价形式的不同而有差异。

采用固定总价合同的，若没有发生设计、质量要求、工期要求的重大变更，合同价就是结算价，不再编制结算书。

采用可调价总价合同或可调量总价合同的，施工竣工结算书是在原合同总价基础上，根据合同条文规定，对允许调整的“价”或“量”按照合同规定的调整方法进行调整，即在原合同价（预算书）的基础上，根据合同规定和施工实际，对已发生变化且允许调整的“价”或“量”，添置增、减项目作为结算书。

采用单价合同的，施工竣工结算则根据实际完成的工程量，用编制预算书的方法，重新编制结算书。采用成本加酬金合同的，施工竣工结算书是根据实际完成的工程量和约定的成本计算方法计算出工程实际成本，然后根据约定的酬金计算方法计算出酬金和总造价，作为结算价。采用工程量清单招标的，中标人填报的清单分项工程单价是承包合同的组成部分，结算时按实际完成的工程量，以合同中的工程单价为依据计算结算价款。

10.3.2 工程竣工结算的编制依据

工程竣工结算应根据下列依据编制和复核：

(1)《13 计价规范》和《工程量计算规范》；

(2) 工程合同；

(3) 发承包双方实施过程中已确认的工程量及其结算的合同价款；

(4) 发承包双方实施过程中已确认调整后追加（减）的合同价款；

(5) 建设工程设计文件及相关资料；

(6) 投标文件；

(7) 其他依据。

10.3.3 分部分项工程费结算

分部分项工程费应依据双方确认的工程量、合同约定的综合单价计算；如发生调整的，以发、承包双方确认调整的综合单价计算。工程计量时，若发现工程量清单中出现漏项、工程量计算偏差，以及工程变更引起工程量的增减，应按承包人在履行合同义务过程中实际完成的工程量计算。若施工中出现施工图纸（含设计变更）与工程量清单项目特征描述不符的，发、承包双方应按新的项目特征确定相应工程量清单的综合单价。

10.3.4 工程竣工结算价的计算

竣工结算由承包人或受其委托具有相应资质的工程造价咨询人编制，由发包人或受其委托具有相应资质的工程造价咨询人核对。

工程竣工结算价的计算 表10.3

费用名称		计算方法
分部分项工程费		分部分项工程和措施项目中的单价项目应依据发承包双方确认的工程量与已标价工程量清单的综合单价计算；发生调整的，应以发承包双方确认调整的综合单价计算
措施项目费	安全文明施工费	按实计算，不浮动
	其他	依据合同约定的项目和金额计算；如发生调整的，以合同双方当事人确认调整的金额计算
其他项目费	计日工费	按照合同双方当事人实际签证确认的项目、数量和合同约定的综合单价计算
	暂列金额	由建设单位根据工程特点，按有关计价规定估算。施工过程中由建设单位掌握使用、扣除合同价款调整后如有余额，归建设单位
	暂估价	材料和设备单价：应按照合同双方当事人最终确认的单价，并相应调整清单项目的综合单价 专业工程价款：应按照中标价或合同双方当事人与分包人最终确认价计算
	计日工	由建设单位和施工企业按施工过程中的签证计价
	总承包服务费	总承包服务费应依据已标价工程量清单金额计算；发生调整的，应以发承包双方确认调整的金额计算
	索赔费用	依据合同双方当事人确认的索赔事件及其金额计算
	现场签证费用	依据合同双方当事人签证资料确认的项目、数量和金额计算
	暂列金额	按照招标人在招标控制价列出的相应金额减去索赔、现场签证费用以及合同双方当事人确认的工程价款调整金额计算；如有剩余，应将剩余金额归还发包人
	误期赔偿费	根据工程实际情况，按照合同约定计算并在工程结算价中扣除；除合同另有约定外，误期赔偿费的最高限额为合同价款的5%。误期赔偿费列入进度支付文件或竣工结算文件中，在进度款或结算款中扣除。 如建设工程竣工前，建设工程内某单位工程已通过竣工验收，工期并未延误，而是建设工程其他部分产生工期延误，则误期赔偿费应按照已颁发工程接收证书的单位工程造价占合同价款的比例幅度予以扣减
其他项目费	提前竣工奖	应根据工程实际情况，按照合同约定；除合同另有约定外，提前竣工奖的最高限额为合同价款的5%。提前竣工奖列入竣工结算文件中，与结算款一并支付
	工程优质费	应根据工程实际情况，按照合同约定；工程优质费列入竣工结算文件中，与竣工结算款一并支付。在竣工结算后获得优质奖项的，发包人应在获得奖项后的28日内支付
	文明工地增加费	应根据工程实际情况，按照合同约定；文明工地增加费列入进度支付文件或竣工结算文件中，发包人应在获得文明工地奖项后的28日内支付
规费		规费中的工程排污费应按工程所在地环境保护部门规定的标准缴纳后按实列入
税金		必须按国家或省级、行业建设主管部门的规定计算，不得作为竞争性费用

10.3.5 结算款支付

承包人应根据办理的竣工结算文件向发包人提交竣工结算款支付申请。申请应包括下列内容：

(1)竣工结算合同价款总额；

(2)累计已实际支付的合同价款；

(3)应预留的质量保证金；

(4)实际应支付的竣工结算款金额。

10.3.6 合同解除的价款结算与支付

发承包双方协商一致解除合同的，应按照达成的协议办理结算和支付合同价款。由于不可抗力致使合同无法履行解除合同的，发包人应向承包人支付合同解除之日前已完成工程但尚未支付的合同价款，此外，还应支付下列金额：

(1) 由于不可抗力导致的损失按规范规定应由发包人承担的费用；

(2) 已实施或部分实施的措施项目应付价款；

(3) 承包人为合同工程合理订购且已交付的材料和工程设备贷款；

(4) 承包人撤离现场所需的合理费用，包括员工遣送费和临时工程拆除、施工设备运离现场的费用；

(5) 承包人为完成合同工程而预期开支的任何合理费用，且该项费用未包括在本款其他各项支付之内。

发承包双方办理结算合同价款时，应扣除合同解除之日前发包人应向承包人收回的价款。当发包人应扣除的金额超过了应支付的金额，承包人应在合同解除后的56 天内将其差额退还给发包人。

10.4 项目竣工决算

项目竣工决算，是在整个建设项目或单项工程竣工验收点交后，由业主的财务及有关部门以竣工结算等资料为基础编制的，全面反映竣工项目的建设成果和财务收支情况的文件。

竣工决算是竣工验收报告的重要组成部分，它包括建设项目从筹建到竣工投产全过程的全部实际支出费用。即建筑安装工程费、设备工器具购置费、预备费、工程建设其他费用和投资方向调节税支出费用等。它是考核建设成本的重要依据。对于总结分析建设过程的经验教训，提高工程造价管理水平，积累技术经济资料，为有关部门制定类似工程的建设计划和修订概预算定额指标提供资料和经验，都具有重要的意义。

10.4.1 竣工决算的作用

(1)建设项目竣工决算是综合、全面地反映竣工项目建设成果及财务情况的总结性文件，它采用货币指标、实物数量、建设工期和各种技术经济指标综合、全面地反映建设项目自开始建设到竣工为止的全部建设成果和财物状况。

(2)建设项目竣工决算是办理交付使用资产的依据，也是竣工验收报告的重要组成部分。

(3)建设项目竣工决算是分析和检查设计概算的执行情况，考核投资效果的依据。

10.4.2 项目竣工决算的内容

竣工决算由竣工决算报告说明书、竣工决算报表、工程竣工图、工程造价比较分析等4部分组成。前两部分又称项目竣工财务决算，是竣工决算的核心内容和主要组成部分。

10.4.2.1 竣工决算报告说明书

竣工决算报告说明书主要包括以下内容：

(1)建设项目概况。

(2)对工程建设项目的总的评价(主要对进度、质量、安全、造价的说明)。

(3)各项技术经济指标的完成情况说明。

(4)建设成本和投资效果分析说明。

(5)建设过程中的主要经验、存在问题及问题处理意见等说明。

10.4.2.2 竣工决算报表

建设项目竣工决算表主要有大中型项目财务决算报表、财务决算审批表、项目概况表、财务决算表、项目交付使用资产总表、项目交付使用资产明细表。

10.4.2.3 工程竣工图

工程竣工图真实地记录各种地上、地下建筑物和构筑物的状况，是国家重要的技术档案，是进行竣工验收、维护保养及改、扩建的重要依据。

10.4.2.4 工程造价比较分析

批准的概算是考核建设工程造价的依据。在分析时，可先对比整个项目的总概算，然后将建筑安装工程费、设备工器具费和其他工程费用逐一与竣工决算表中所提供的实际数据和相关资料及批准的概算、预算指标、实际的工程造价进行对比分析，以确定竣工项目总造价是节约还是超支，并在对比的基础上，总结先进经验，找出节约和超支的内容和原因，提出改进措施。在实际工作中，应主要分析以下内容：

(1)主要实物工程量　主要实物工程量的增减，必然会引起概算造价与实际造价的差异。因此，在对比分析中，应审查项目的建设规模、结构、标准是否符合设计文件的规定。审查变更部分是否按照规定的程序办理、以及变更对造价的影响。影响较大时应追查变更原因。

(2)主要材料消耗量　按照竣工决算表中所列明的三大材料实际超概算的消耗量，查清是在工程的哪一环节超出量最大，再进一步查明超量原因。

(3)建设单位管理费、土地征用及迁移的补偿费　概算对建设单位管理费和土地征用及迁移补偿费列有控制额，将实际开支与控制额相比较，确定其结余或超支额，并进一步查清原因。

10.4.3 竣工决算的编制依据

编制竣工决算的依据主要有：

(1)建设工程项目可行性研究报告和有关文件；

(2)建设工程项目总概算书和单项工程综合概算书；

(3) 建设工程项目设计图纸及说明，其中包括总平面图、建筑工程施工图、安装工程施工图及相应竣工图纸；

(4) 建筑工程竣工结算文件；

(5) 设备安装工程竣工结算文件；

(6) 设备购置费用竣工结算文件；
(7) 工器具和生产用具购置费用结算文件；
(8)其他工程和费用的结算文件；
(9) 国家和地方主管部门颁发的有关建设工程竣工决算文件；
(10)施工中发生的各种记录、验收资料、会议纪要等其他资料。

附录 A 管道托架重量

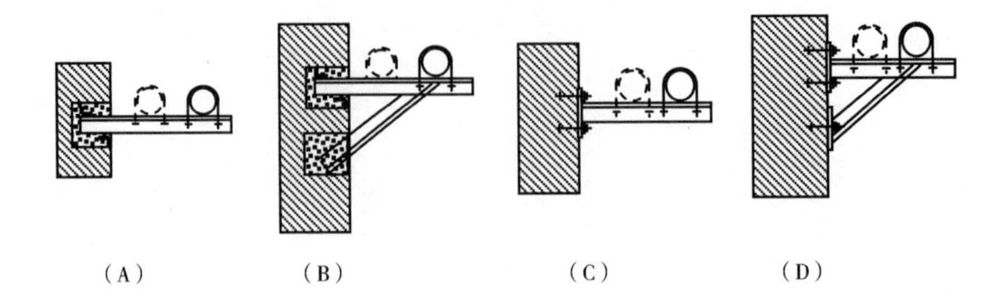

附图 A 管道托架示意参考图

(A)沿墙安装单管或双管托架(DN15 ~150mm);
(B)沿墙安装单管或双管托架(DN200 ~300mm);
(C)膨胀螺栓固定单管或双管托架(DN15 ~150mm);
(D)膨胀螺栓固定单管或双管托架(DN200 ~300mm)

管道托架重量参考表(单位:kg/个) **附表 A**

托架型式	管道种类		公称直径(mm)									
			40	50	65	80	100	125	150	200	250	300
A 型	单管	保 温	1.26	1.29	1.34	1.40	2.04	2.15	4.59			
		不保温	1.01	1.04	1.10	1.18	1.70	1.85	3.08			
	双管	保 温	1.84	2.64	2.83	4.40	5.95	6.63	12.28			
		不保温	1.42	2.07	2.60	4.10	5.61	6.29	8.60			
B 型	单管	保 温								7.95	9.56	10.08
		不保温								7.19	8.79	9.46
	双管	保 温								19.15	30.20	44.35
		不保温								13.38	19.1	29.27
C 型	单管	保温	0.85	0.89	1.02	1.09	1.20	2.02	3.34			
		不保温	0.78	0.81	0.95	1.04	1.13	1.95	2.09			
	双管	保 温	1.43	2.22	2.55	2.70	4.56	5.24	9.98			
		不保温	1.23	1.95	2.28	2.51	4.10	4.90	6.81			
D 型	单管	保 温								4.59	7.71	8.42
		不保温								4.32	7.30	7.86
	双管	保 温								17.13	28.95	41.27
		不保温								10.17	17.03	28.78

附录 B　管道吊架重量参考曲线

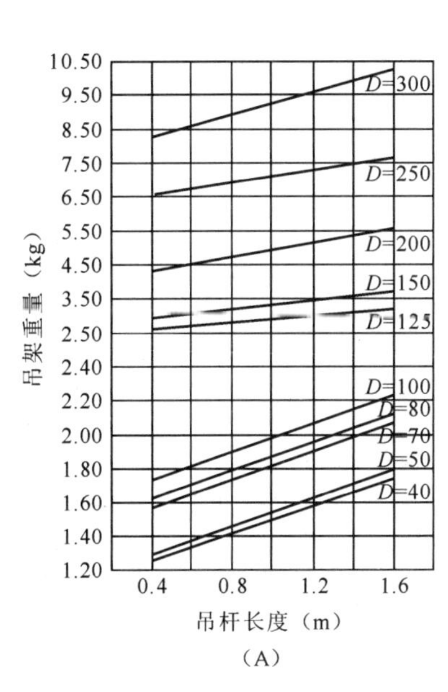

（A）

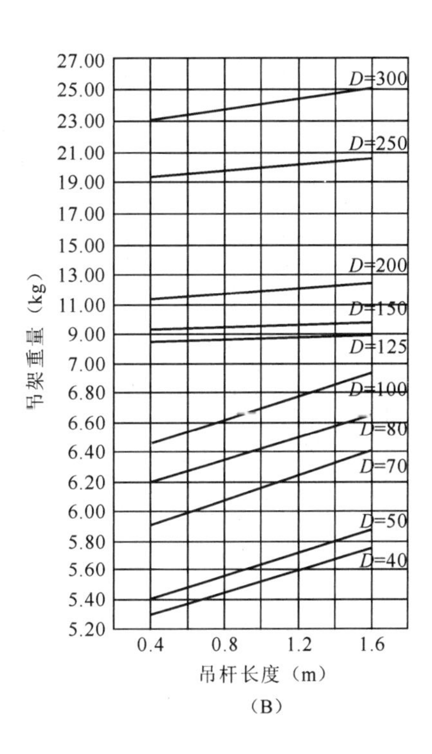

（B）

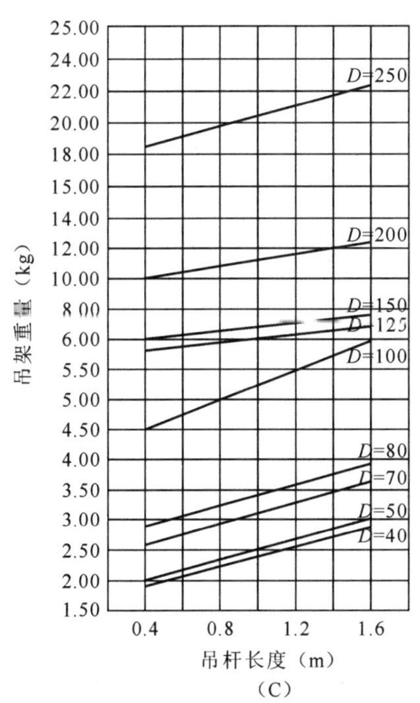

（C）

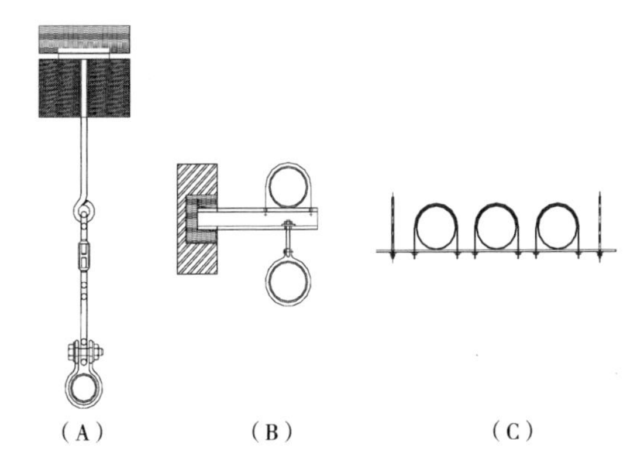

（A）　　（B）　　（C）

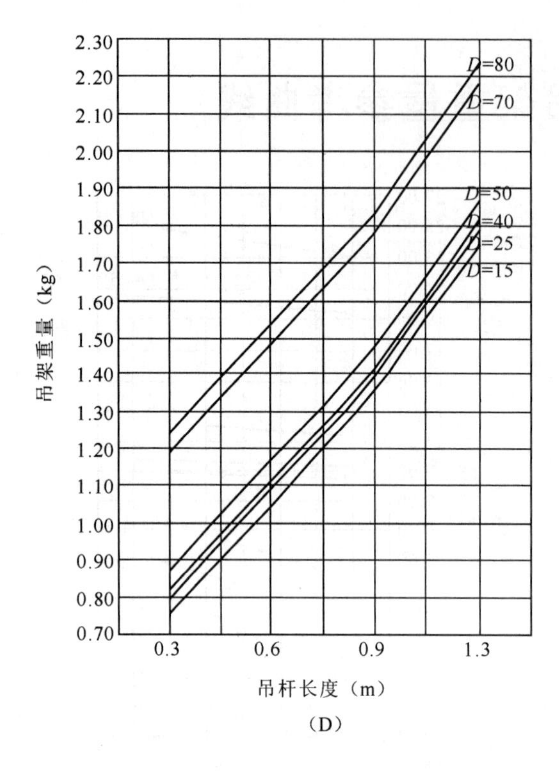

2.30
2.20
2.10
2.00
1.90
1.80
1.70
1.60
1.50
1.40
1.30
1.20
1.10
1.00
0.90
0.80
0.70
吊架重量（kg）
D=80
D=70
D=50
D=40
D=25
D=15
0.3
0.6
0.9
1.3
吊杆长度（m）

（D）

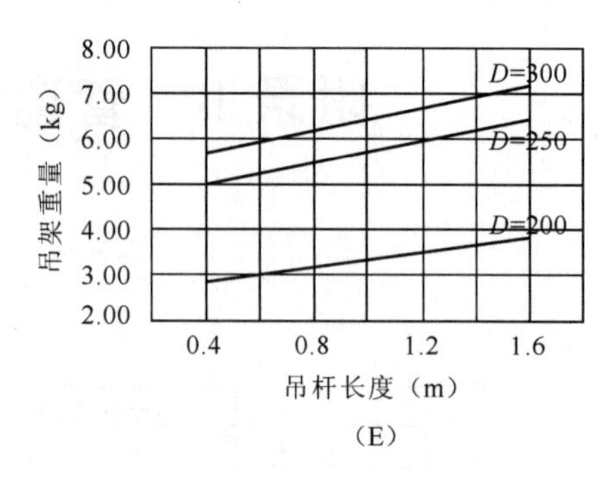

8.00
7.00
6.00
5.00
4.00
3.00
2.00
吊架重量（kg）
D=300
D=250
D=200
0.4
0.8
1.2
1.6
吊杆长度（m）

（E）

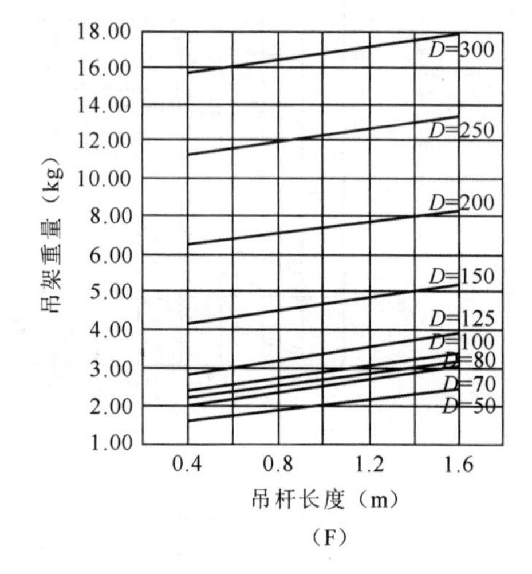

18.00
16.00
14.00
12.00
10.00
8.00
6.00
5.00
4.00
3.00
2.00
1.00
吊架重量（kg）
D=300
D=250
D=200
D=150
D=125
D=100
D=80
D=70
D=50
0.4
0.8
1.2
1.6
吊杆长度（m）

（F）

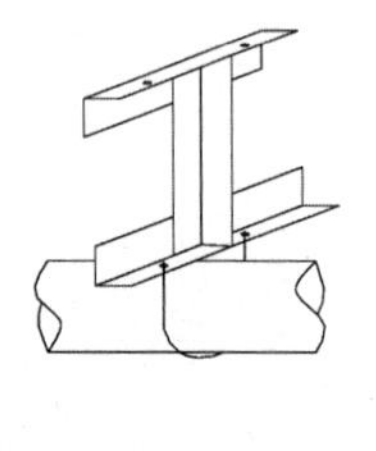
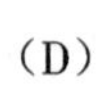
（D）

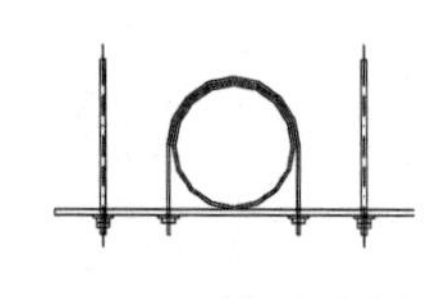
（E）

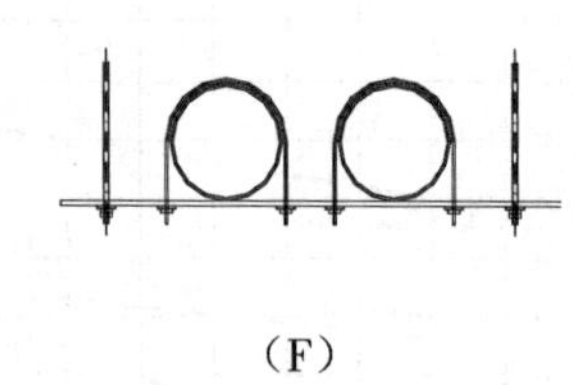
（F）

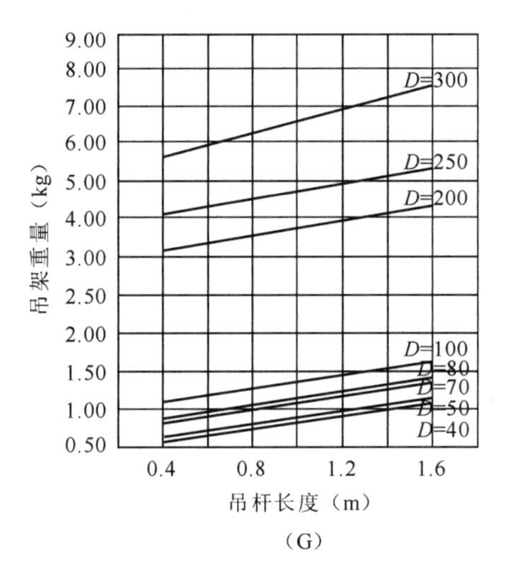
9.00
8.00
7.00
6.00
5.00
4.00
3.00
2.50
2.00
1.50
1.00
0.50
吊架重量（kg）
D=300
D=250
D=200
D=100
D=80
D=70
D=50
D=40
0.4
0.8
1.2
1.6
吊杆长度（m）

（G）

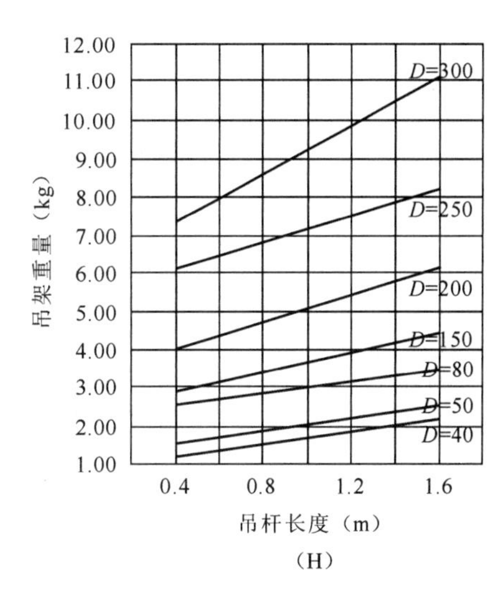
12.00
11.00
10.00
9.00
8.00
7.00
6.00
5.00
4.00
3.00
2.00
1.00
吊架重量（kg）
D=300
D=250
D=200
D=150
D=80
D=50
D=40
0.4
0.8
1.2
1.6
吊杆长度（m）

（H）

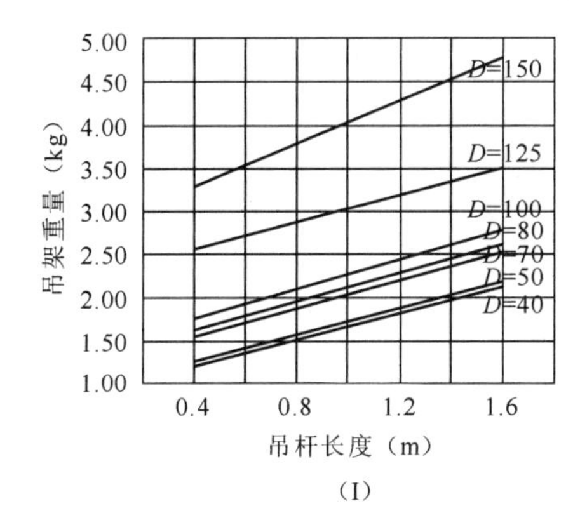
5.00
4.50
4.00
3.50
3.00
2.50
2.00
1.50
1.00
吊架重量（kg）
D=150
D=125
D=100
D=80
D=70
D=50
D=40
0.4
0.8
1.2
1.6
吊杆长度（m）

（I）

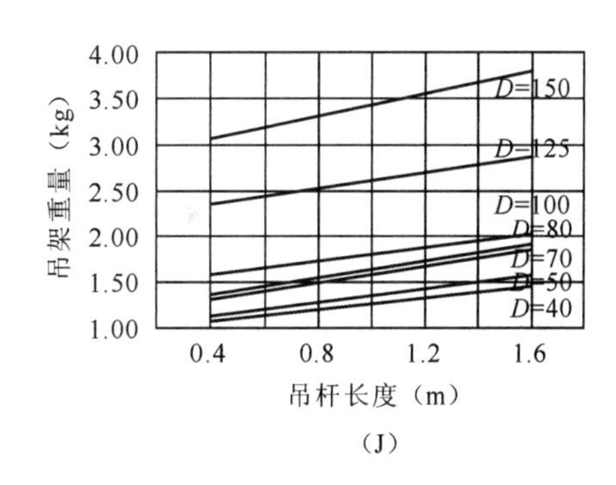
4.00
3.50
3.00
2.50
2.00
1.50
1.00
吊架重量（kg）
D=150
D=125
D=100
D=80
D=70
D=50
D=40
0.4
0.8
1.2
1.6
吊杆长度（m）

（J）

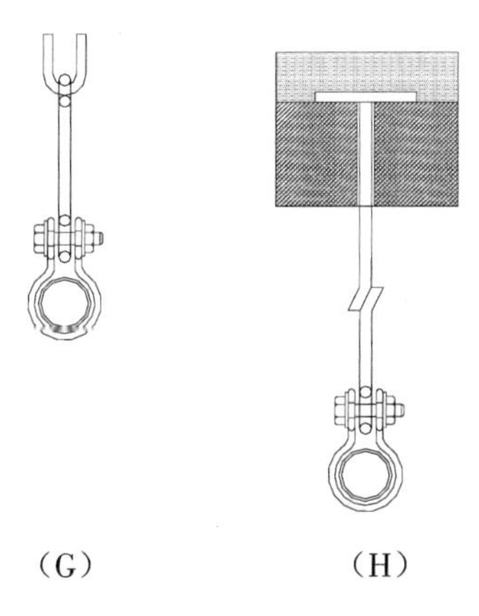

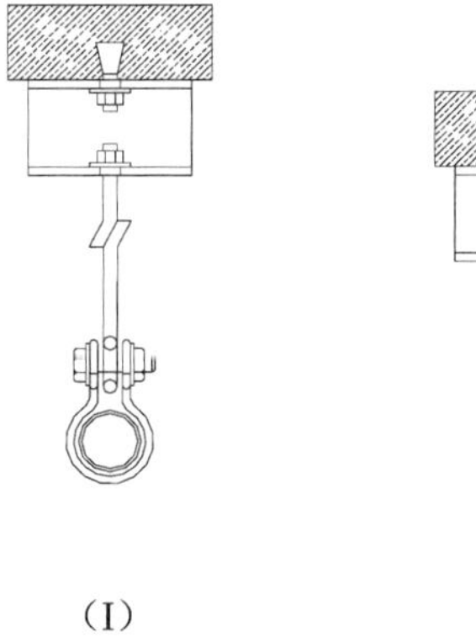

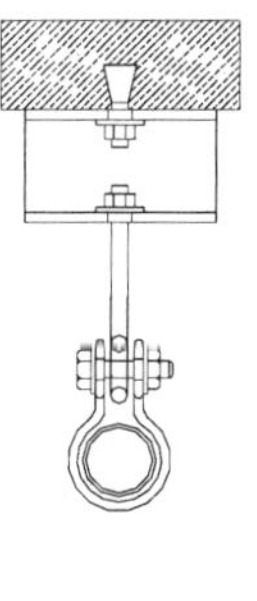

（G）　（H）　（I）　（J）

附录C　管道参考资料

附录C.1　钢管管道支架最大间距

钢管管道支架最大间距(m)　　　　**附表C.1**

公称直径(mm)	15	20	25	32	40	50	70	80	100	125	150	200	250	300
保温管	2.0	2.5	2.5	2.5	3	3	4	4	4.5	6	7	7	8	8.5
不保温管	2.5	3	3.5	4	4.5	5	6	6	6.5	7	8	9.5	11	12

附录C.2　塑料管和复合管管道支架最大间距

塑料管和复合管管道支架最大间距(m)　　　　**附表C.2**

管径(mm)		12	14	16	18	20	25	32	40	50	63	75	90	110
立　管		0.5	0.6	0.7	0.8	0.9	1.0	1.1	1.3	1.6	1.8	2.0	2.2	2.4
水平管	冷水管	0.4	0.4	0.5	0.5	0.6	0.7	0.8	0.9	1.0	1.1	1.2	1.35	1.55
	热水管	0.2	0.2	0.25	0.3	0.3	0.35	0.4	0.5	0.6	0.7	0.8		

附录C.3　镀锌钢管的规格及重量

镀锌钢管的规格及重量(6m定尺)　　　　**附表C.3**

规格	*DN*15	*DN*20	*DN*25	*DN*32	*DN*40	*DN*50	*DN*65	*DN*80	*DN*100	*DN*125	*DN*150
英寸	1/4	3/4	1	1¼	1½	2	2½	3	4	5	6
外径	21.3	26.9	33.7	42.4	48.3	60.3	76.1	88.9	114.3	140.00	168.3
kg/m	1.36	1.76	2.55	3.56	4.10	5.61	7.54	8.88	11.53	15.94	19.27
kg/根	8.41	10.56	15.32	21.36	24.60	33.64	45.21	53.28	69.18	98.65	115.62

附录C.4　镀锌钢管、塑料管的规格对照表

镀锌钢管、塑料管的规格对照表　　　　**附表C.4**

镀锌钢管(*DN*)	*DN*15	*DN*20	*DN*25	*DN*32	*DN*40	*DN*50	*DN*65	*DN*80	*DN*100	*DN*125	*DN*150
塑料管(de)	20	25	32	40	50	63	75	90	110	140	160

附录D 通用设备安装工程设备材料划分

通用设备安装工程设备材料划分见附表D。

通用设备安装工程设备材料划分 附表D

类别	设备	材料
机械设备工程	机加工设备、延压成型设备、超重设备、输送设备、搬运设备、装载设备、给料和取料设备、电梯、风机、泵、压缩机、气体站设备、煤气发生设备、工业炉设备、热处理设备、矿山采掘及钻探设备、破碎筛分设备、洗选设备、污染防治设备、冲灰渣设备、液压润滑系统设备、建筑工程机械、衡器、其他机械设备、附属设备等及其全套附属零件	设备本体以外的行车轨道、滑触线、电梯的滑轨、金属构件等； 设备本体进、出口第一个法兰阀门以外的配管、管件、密封件等
电气设备工程	发电机、电动机、变频调速装置； 变压器、互感器、调压器、移相器、电抗器、高压断路器、高压熔断器、稳压器、电源调整器、高压隔离开关、油开关； 装置式（万能式）空气开关、电容器、接触器、继电器、蓄电池、主令（鼓型）控制器、磁力启动器、电磁铁、电阻器、变阻器、快速自动开关、交直流报警器、避雷器； 成套供应高低压、直流、动力控制柜、屏、箱、盘及其随设备带来的母线、支持瓷瓶； 太阳能光伏，封闭母线，35kV及以上输电线路工程电缆； 舞台灯光、专业灯具等特殊照明装置	电缆、电线、母线、管材、型铜、桥架、立柱、托臂、线槽、灯具、开关、插座、按钮、电扇、铁壳开关、电笛、电铃、电表； 刀型开关、保险器、杆上避雷针、绝缘子、金具、电线杆、铁塔，锚固件、支架等金属构件； 照明配电箱、电度表箱、插座箱、户内端子箱的壳体； 防雷及接地导线； 一般建筑、装饰照明装置和灯具，景观亮化饰灯
热力设备工程	成套或散装到货的锅炉及其附属设备、汽轮发电机及其附属设备、热交换设备； 热力系统的除氧器水箱和疏水箱、工业水系统的工业水箱、油冷却系统的油箱、酸碱系统的酸碱储存槽； 循环水系统的旋转滤网、启闭装置的启闭机械、水处理设备	钢板闸门及拦污栅、启闭装置的启闭架等； 随锅炉墙砌筑时埋置的铸铁块、预埋件、挂钩、支架及金属构件等
炉窑砌筑工程	依附于炉窑本体的金属铸件、锻件、加工件及测温装置、仪器仪表、消烟、回收、除尘装置； 安置在炉窑中的成品炉管、电机、鼓风机、推动炉体的拖轮、齿轮等传动装置和提升装置； 与炉窑配套的燃料供应和燃烧设备； 随炉供应的金具、耐火衬里、炉体金属预埋件	现场砌筑、制作与安装用的耐火、耐酸、保温、防腐、捣打料、绝热纤维、白云石、玄武岩、金具、炉管、预埋件、填料等
静置设备与工艺金属结构制作工程	制造厂以成品或半成品形式供货的各种容器、反应器、热变换器、塔器、电解槽等非标设备； 工艺设备在试车必须填充的一次性填充材料、药品、油脂等	由施工企业现场制作的容器、平台、梯子、栏杆及其他金属结构件等

续表

类别	设　备	材　料
管道工程	压力≥10MPa,且直径≥600mm的高压阀门; 直径≥600mm的各类阀门、膨胀节、伸缩器; 距离≥25km金属管道及其管段、管件(弯头、三通、冷弯管、绝缘接头)、清管器、收发球筒、机泵、加热炉、金属容器; 各类电动阀门,工艺有特殊要求的合金阀、真空阀及衬特别耐磨、耐腐蚀材料的专用阀门	一般管道、管件、阀门、法兰、配件及金属结构等
电子信息工程	雷达设备、导航设备、计算机信息设备、通信设备、音频视频设备、监视监控和调度设备、消防及报警设备、建筑智能设备、遥控遥测设备、电源控制及配套设备、防雷接地装置、电子生产工艺设备、成套供应的附属设备; 通信线路工程光缆	铁塔、电线、电缆、光缆、机柜、插头、插座、接头、支架、桥架、立杆、底座、灯具、管道、管件等; 现场制作安装的探测器、模块、控制器、水泵结合器等
给排水、燃气、采暖工程	加氯机、水射器、管式混合器、搅拌器等投药、消毒处理设备; 曝气器、生物转盘、压力滤池、压力容器罐、布水器、射流器、离子交换器、离心机、萃取设备、碱洗塔等水处理设备; 除污机、清污机、捞毛机等拦污设备; 吸泥机、撇渣机、刮泥机等排泥、撇渣、除砂设备,脱水机、压榨机、压滤机、过滤机等污泥收集、脱水设备; 开水炉、电热水器、容积式热交换器、蒸汽—水加热器、冷热水混合器、太阳能集热器、消毒器(锅)、饮水器、采暖炉、膨胀水箱; 燃气加热设备、成品凝水缸、燃气调压装置	设备本体以外的各种滤网、钢板闸门、栅板及启闭装置的启闭架等; 管道、阀门、法兰、卫生洁具、水表、自制容器、支架、金属构件等; 散热器具,燃气表、气嘴、燃气灶具、燃气管道和附件等
通风空调工程	通风设备、除尘设备、空调设备、风机盘管、热冷空气幕、暖风机、制冷设备; 订制的过滤器、消声器、工作台、风淋室、静压箱	调节阀、风管、风口、风帽、散流器、百叶窗、罩类法兰及其配件,支吊架、加固框等; 现场制作的过滤器、消声器、工作台、风淋室、静压箱等
自动化控制仪表工程	成套供应的盘、箱、柜、屏及随主机配套供应的仪表; 工业计算机、过程检测、过程控制仪表,集中检测、集中监视与控制装置及仪表; 金属温度汁、热电阻、热电偶	随管、线同时组合安装的一次部件、元件、配件等; 电缆、电线、桥架、立柱、托臂、支架、管道、管件、阀门等

主要参考文献

[1]中华人民共和国住房和城乡建设部. 建设工程工程量清单计价规范 GB 50500－2013. 北京:中国计划出版社,2013.

[2]中华人民共和国住房和城乡建设部. 通用安装工程工程量计算规范 GB 50856－2013. 北京:中国计划出版社,2013.

[3]中华人民共和国住房和城乡建设部. 市政工程工程量计算规范 GB 50857－2013. 北京:中国计划出版社,2013.

[4]广东省住房和城乡建设厅. 广东省建设工程计价通则(2010). 北京:中国计划出版社,2010.

[5]广东省住房和城乡建设厅. 广东省安装工程综合定额(2010). 北京:中国计划出版社,2010.

[6]王和平主编. 安装工程工程量清单计价原理与实务(第一版). 北京:中国建筑工业出版社,2010.

[7]何康维编写. 建设工程计价原理与方法. 上海:同济大学出版社,2012.

[8]赵明,福昭主编. 工程量清单计价编制与实例详解. 北京:中国建材工业出版社,2007.

[9]王和平主编. 建设工程计价应用——安装工程部分(2004). 北京:中国建筑工业出版社,2004.

[10]马楠,张国兴等. 工程造价管理. 北京:机械工业出版社,2009.